「環境工学への誘い」刊行委員会［編］

環境マインドで未来を拓け

衛　生

いのちをまもる工学の60年

京都大学学術出版会

環境工学に若い力を──刊行にあたって

言うまでもなく，環境問題は，今を生きる私たちにとって，取り組むべき最も大きな課題です。しかし，一言で「環境問題」と言っても，身近なゴミの問題から，水や土，大気の汚染，そして地球規模の環境変動まで，事柄の範囲も規模も様々で，全体を統一して見ながら個別の問題を解決するのは，容易なことではありません。地球規模の根本的本質を考え、身近な足元から解決に取り組むという，「Think globally, Act locally」が重要だとしばしば言われますが，そうしたマインドを持って人類のために地球の将来を救う，優秀な科学者・技術者・政治家・行政官・経営者・農水畜産の生産者等の輩出が求められているのです。

この問題を歴史的に捉えれば，人口増加による大規模な都市集積と，それを可能にするエネルギー・資源の大量消費の結果，健康障害と農業・林業・水産業の荒廃が進み，今や，多くの生物種の絶滅さえ懸念されるに至ったというように語れますが，その歴史を人が自覚したのは，ごく最近のことです。本書を出版する主体になった，京都大学工学部の環境工学コースの前身，工学部衛生工学科が設立されたのは，今からちょうど60年前（1958年／昭和33年）のことですが，当時，指導教官も入学した学生も誰一人，そのころ顕在化し始めた「公害」や地域の環境問題が，このように大きな地球環境問題に発展するとは思っていませんでした。しかし，時々に発生し深刻化する問題に向き合う中で，学科は大きく発展し，今や，京都大学でも特に重要な教育研究組織になっています。

ところが残念なことに，京都大学ばかりでなく，今日，大学に進学する若者たちの間で，環境問題に身を賭して取り組もうという人は，決して多くありません。実際，評論家のように環境を論じることはたやすいですが，現実に具体的に取り組むには，相応の知識と意欲が必要です。

そこで私たちは，知性と活力に溢れた若い人々に，環境工学の魅力を知っていただこうと考え，本書を刊行しました。まずは〈環境マインド〉を育て実践してきたOBによる座談会，その内容を深く理解するための歴史的解説，さらに，60年にわたって環境工学を牽引してきた新旧の教員からの若い世代へのメッセージ，最後に，今私たちが取り組んでいる課題と教育内容が，本書の中で紹介されます。

実は，これから進路を選ぶ若者にとって，環境工学は非常に将来性のある分野です。本書を読んでいただけば，卒業生が活躍する分野，職種の多様さに驚かれると思いますが，そうした人材を育成できる秘密が，京都大学にはありました。その秘密を知っていただき，ぜひ，多くの若者に，情熱を持ってこの分野に馳せ参じていただきたいと思います。

「環境工学への誘い」刊行委員会

環境マインドで未来を拓け——いのち（衛生）をまもる工学の60年

◉

目次

環境工学に若い力を——刊行にあたって …………… i

第1部 座談会　産・官・学それぞれの中での挑戦
〈環境マインド〉を育み，社会に実装する … 1

環境工学は「不人気学問」か？ 4
行政マンとして，難しいが社会に活かせる環境工学　8
環境工学という〈マーケット〉は確実に広い　11
問題への「予防接種」のように効いてくる環境工学　15
「終わった分野に何故？」という変化球で考える　21
公害国家からの脱却をリードした環境工学出身者　23
社会（マーケット）の要求と環境工学　27
「環境オリエンテッド」の中で，環境工学の特色を出す　30
現実の問題に，科学的根拠を持って向き合う力　33
「環境屋で生きるんだ」という意欲をどう集めるか　35
学部時代に基礎的トレーニングを積むことの大切さ　38

コラム　**溶融**　16
コラム　**上下水道のアセットマネジメントとPPP／PFI**　22
コラム　**水循環基本法**　26

第2部 人は環境問題とどう闘ってきたか
環境工学の歴史と課題 ………………………… 41

はじめに——**衛生（命を衛る）の思想**　42
1 人類史の中で捉える環境工学の課題　42
1-1 産業革命による人の生の大変革　42

1-2 産業革命がもたらす環境変動　44

1-3 地球規模の環境問題と，それを解決する国際社会の取り組み　48

1-4 脱炭素革命のはじまりとSDGs達成に向けた課題
── これからの地球環境問題と国際社会　58

ティータイム **日本のCO_2排出量**　59

コラム **社会・科学・地球環境政策の橋渡しをする環境システム学**　61

2　日本の環境問題との闘い　63

2-1 日本における〈環境問題と政策〉の推移　63

2-2 大気汚染，騒音・悪臭の歴史　69

2-3 水質汚濁・土壌汚染　74

2-4 廃棄物　85

2-5 放射能汚染　108

2-6 地球規模での環境問題　119

コラム **膜ろ過**　81

ティータイム **大気中のCO_2濃度**　121

3　京都大学衛生工学科の設立とその後の展開　128

3-1 衛生工学科の創設　128

3-2 学部教育プログラムの変遷　130

3-3 教育研究組織の変遷　134

3-4 大学院教育プログラムの変遷　137

3-5 社会的活動と卒業生の動向　139

3-6 国際化と国際協力　139

第3部 Invitation from Pioneers 先達からの招待状 ………………………… 145

〈強制〉から生まれる新分野への挑戦………………… 末石 冨太郎 146

大転換期に環境問題を研究する者の使命
――弱者優先の技術開発と自然共生文明の創出 …… 内藤 正明 150

世界の廃棄物処理の潮流 ………………………………… 田中 勝 155

私の『環境学』講義……………………………………… 稲場 紀久雄 159

私立大学での研究・教育に従事して……………………… 山田 淳 164

エコトキシコロジーの世界へ…………………………… 青山 勳 168

将来世代に優しい社会・環境を ……………………… 笠原 三紀夫 172

初心忘れがたし ………………………………………… 松井 三郎 177

PCから離れてフィールドに出よう,
通説も疑ってみよう, 環境は変わる ……………………海老瀬 潜一 183

生物工学のすすめ――個人史から ………………… 塩谷 捨明 188

変容する課題に惑わされない武器をもつ
――多様な学問の知見という拠り所……………………… 芝 定孝 192

環境放射能安全研究に従事して ……………………… 福井 正美 197

衛生工学研究の真髄と本懐 …………………………… 森澤 眞輔 202

循環型社会研究の経験から再考する持続可能性
――環境学の変遷と課題 ………………………………… 盛岡 通 206

生命危機の総合的な把握と管理
――私の研究史と水環境の将来…………………………… 河原 長美 212

水質保全を担う環境工学 ……………………………… 津野 洋 216

社会システム論としてみた環境問題と環境学の未来… 岡田 憲夫 220

快適環境研究と途上国での技術実装
――一卒業生の経験と若い力への期待………………… 河村 清史 226

時を超えて人類に貢献する環境工学
――断片的な研究の記憶から …………………………… 小山 昭夫 230

衛生工学の面白さに魅かれた人生…………………………松下 潤 234
難しくて面白い環境技術の世界…………………………竺 文彦 239
研究と技術を最適化する若い力への期待
——水環境に関する水工学的アプローチの経験から…松尾 直規 243
閃きと感動——渦の発生数研究に取り組んで…………八木 俊策 247
４大学を渡り歩いて…………………………………………石川 宗孝 252
工学のコアとしての環境工学………………………………松岡 譲 256
これから環境学を学ぶ若い人たちへ
——環境学を開発途上国で実践する………………………酒井 彰 263
大きな責任と学問的妙味……………………………………細井 由彦 267
公害・環境問題の社会・経済性……………………………若井 郁次郎 272
環境工学への誘い……………………………………………市川 新 275
リスクマインドが開く環境工学の明日……………………内山 巌雄 278
持続可能な環境の創成を担う………………………………中西 弘 282

第4部 研究室紹介 京都大学の環境工学の現在 …………………… 285

循環型社会における，
廃棄物の有効利用および適切な管理を目指して
……………………………………………………環境デザイン工学講座 286
環境からの健康リスクの低減を求めて
……………………………………………………環境衛生学講座 289
健全な水環境の保全と創造を目指して
……………………………環境システム工学講座　水環境工学分野 291
ひとと環境の健康・安全を科学する
……………………………環境システム工学講座　環境リスク工学分野 294
統合評価モデルを用いた地球環境シミュレーションと政策提言
……………………………環境システム工学講座　大気・熱環境工学分野 296

都市・地域への水供給問題を通じ，
生を衛る「衛生」理念の実現へ向けて
……………………………環境システム工学講座　都市衛生工学分野　299

分子レベルから流域レベルまでの環境質管理を研究
……………………………………物質環境工学講座　環境質管理分野　303
（流域圏総合環境質研究センター）

環境質の向上と評価，環境汚染の防止と環境の修復のために
……………………………………物質環境工学講座　環境質予見分野　306
（流域圏総合環境質研究センター）

廃棄物から社会を視る，その知見を循環型社会形成へ
………………………………物質環境工学講座　環境保全工学分野　309
（環境科学センター）

安全で安心な職場を支える新技術を探究する
………………………………物質環境工学講座　安全衛生工学分野　312
（安全科学センター）

放射能等の汚染物質の環境動態・安全評価・環境浄化の研究
……………………………物質環境工学講座　放射能環境動態分野　314
（複合原子力科学研究所）

放射性廃棄物管理に関する工学的研究
…………………………物質環境工学講座　放射性廃棄物管理分野　317
（複合原子力科学研究所）

水環境の保全・管理，物質の循環利用の促進，省エネルギー産業の構築
……………　地球環境学堂 地球親和技術学廊　環境調和型産業論　319

大気環境科学とLCTに基づく人間活動の環境影響評価
…………　エネルギー科学研究科　エネルギー社会・環境科学専攻
エネルギー環境学分野　323

〈環境マインド〉のルーツと京都の知の伝統――あとがきに代えて　327

索引　330

編者略歴　335

©Africa Studio-Fotolia

◎第1部　座談会　産・官・学それぞれの中での挑戦

〈環境マインド〉を育み、社会に実装する

■参加者

内藤 正明
京都大学名誉教授

坂本 弘道
元一般社団法人日本水道工業団体連合会専務理事・
元厚生省水道環境部長

笠原 三紀夫
京都大学名誉教授

松井 三郎
京都大学名誉教授

西野 昭男
元株式会社クボタ代表取締役副社長（誌上参加）

塚田 高明
元鹿島建設常務執行役員環境本部長

松岡 譲
京都大学名誉教授

藤木 修
日本水工設計株式会社代表取締役社長・
元国土技術政策総合研究所下水道研究部長

©akiyoko-Fotolia

「環境問題」という言葉は，いまや毎日の生活の中で，実に身近に語られる言葉です。ところが，これから大学を目指そうという人たちにとって，いざそれを学びの対象として捉えると，そう簡単な話ではないでしょう。まして，身近な環境の問題が，地球レベルの「環境問題」にまで拡大してその連続性が語られると，話も難しくなってきます。都市環境問題や自然多様性保全の課題，さらにはすべての国に共通する地球温暖化対策など，複雑で規模の大きなテーマがある一方，途上国では依然として基本的な衛生問題が解決されずに，多くの人々が命を失っています。それどころか，日本や先進国でも，同じような基本的な課題が別の次元で問題化し，解決が迫られています。

さらに，そうしたテーマを自分の職業として，環境問題の解決に取り組んでみようとすれば，どのようなことが自分にできて，どのような解決の道筋が見えるのか，それが自分の一生をかける仕事として相応しいのか，等々の疑問がわいてくるに違いありません。

そこで第1部では，京都大学の環境工学の源流である旧衛生工学科を卒業し，行政，民間企業，大学や各種の研究機関で活躍した人たちに，率直な経験談を語っていただきます。日本の公害克服に携わり，より良い日本の環境創造に取り組み，今も新しい問題に向き合っている方々の，〈環境マインド〉はどう培われたのか。そして，そうした志を，様々な利害が渦巻く複雑な社会の中で，どう実現してきたのか。大学で学んだことから独自に課題を見つけ，それぞれの矜持と先見性を持って，創造的な仕事を行ってきた幾多の物語がある一方，実現できていない課題，さらには未来に向けて，根本的に心配な事柄も率直に語られます（2018年2月5日，京都大学百周年時計台記念館会議室にて）。

第2部の「環境工学の歴史と課題」と合わせて読んでいただき，一人でも多くの若者に，環境工学の世界に関心を持っていただければと思います。

写真◀コンビナートから吐き出される黒煙に煙る1970年頃の四日市。初期の衛生工学は、大工業による大気汚染の解決に力を尽くしたが、現在では、自動車など個々には小さな排出主体による汚染問題が課題になっている〈毎日新聞社／アフロ〉

松井——本書の第２部では，あえて人類史の中で環境工学の歴史的意味を位置付けてみましたが，第１部では，20世紀半ば以降の話に焦点をあてたいと思います。日本では，第二次世界大戦の敗戦後，アメリカを中心とした占領軍の指導もあって，大学に続々と化学工学科がつくられました。その一方で，やはり占領軍の勧告によって，北海道大学，京都大学，東京大学の順で，三つの大学に衛生工学科が設けられました。衛生工学者で北海道大学の学長をされていた丹保憲仁先生は，この二つの動きが，その後の日本社会の在り方に，無視できない影響を与えたと指摘しています（丹保憲仁「環境衛生工学の回顧と展望」土木学会論文集 No.552／Ⅶ-1, 1-10, 1996. 11）。

すなわち，化学工学が重化学工業の発展を促し，石油化学時代を日本に招来する一方，それが必然的にもたらす環境への負荷を考える衛生工学の分野は当初わずかに三大学のみにしかなく，しかも1968年に大阪大学に環境工学科がつくられる頃には，社会の問題は上下水道を中心とした古典的な衛生工学から公害問題を中心とした課題へと移っていました。環境にまだ余裕のある工業化前期の成長型社会にあっては，社会の産業分類に対応したかたちでの工学教育は有用だったでしょうが，一気に複雑化し地球規模に広がる環境問題に対処するには，量的にも，質的にも不十分であったということでしょう。つまり，今，「環境」について考えるには，この大学における工学研究の歴史的な問題点を自覚した上で，新たに事を考え直す必要があるということです。

本書の出版の目的も，そうした認識に立って環境工学の果たしてきた役割と今後の責務を明らかにすることで，できるだけ多くの優秀な若者に環境工学の分野に関心を持ってもらい，その担い手として参加してほしいと呼びかけたいというものです。ですが，環境問題は，大学での研究課題であるとともに，実のところ，政治・経済という社会の問題です。実際，京都大学工学部の環境工学コース（旧衛生工学科）で学んだ卒業者の多くは，大学での教育・研究職だけではなく，産業界や官界で活躍しておられます。環境問題というのは，持続的発展という社会要請にこたえる重要かつ慎重に取り扱わなければならない課題ですから，産業界や官界にあっては，大学とは別の大きな苦労があります。しかしそうした苦労こそがやりがいにもなるわけでして，そうした事柄を伝えることも，意欲ある若者に魅力を感じてもらうためには必要なのではないかと考えました。そこで，この座談会では，環境派の経済人，行政マンとして活躍されてきた方々にもお話を伺いたいと思います。

環境工学は「不人気学問」か？

松岡――最初に，教育の立場からの問題意識を示しておきたいと思います。私は，まだ京大を退職して数年ですけれども，現役の終わりの頃には，入学して来られる学生さんの質というか意気込みについて，危機感を持っていました。ご存知の通り，近年わが国では，環境インフラは十分に整備されてきたという充足感が蔓延しており，それに伴い「大学で環境工学を学んで，何かやることがあるんだろうか？」というような雰囲気が出てきています。もちろん，後述するように，やることは依然としてたくさんあるわけですが，かつてあった環境工学技術者という職業に対する訴求力が低下しているのは事実でしょう。一方，世界的に見れば，国連のMDGs（ミレニアム開発目標）とかSDGs（持続可能な開発目標）が目標とするような，「古典的衛生工学」のテーマ，すなわち，安全な水や衛生環境の確保といった，人の命に関わる基本的な問題の重要性が発展途上国を中心に改めて認識されてきています。ところが，その重要性が十分に若者たちに伝わっていない。政治課題としてはいろいろ出てきているんですけれども，若者たちは，他人ではなく自分の職業の選択肢としては，あまり取り上げてくれないと感じるようになりました。

京大工学部は全体で６学科あり，環境工学コースはその一つの地球工学科に属していますが，正直言って地球工学科の入学難易度は高くありません。最近では「京大工学部に入りたいけれど自分は偏差値があまり良くないから地球工学科志望と書

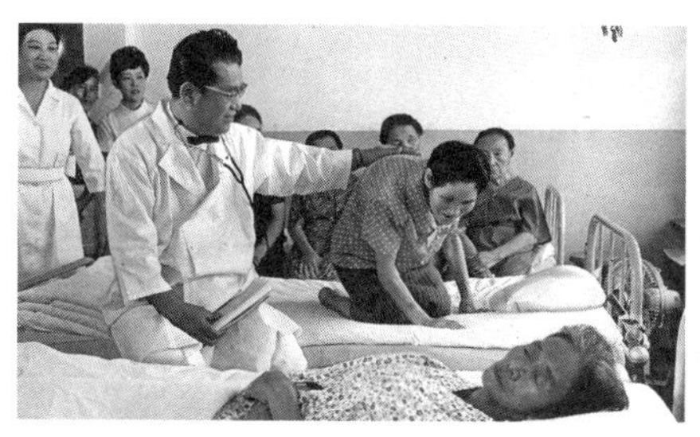

写真◀鉱山から排出されたカドミウム汚染によるイタイイタイ病を告発した萩野昇医師と患者たち。創立間もない衛生工学には，こうした深刻な公害問題の解決を志した学生が集った〈毎日新聞社／アフロ〉

いておこう」という人がかなりいるようです。そんな中で，確かに東日本大震災の翌年は，人を衛(まも)る，生(いのち)を衛る工学ということで志望者が増えました。でもその次の年にはまた元に戻ってしまいました。自分の一生を託す仕事とは，なかなか思ってもらえていないと言って良いでしょう。

入学時はそんな様子ですが，地球工学科に入り３年次になりますと，専門コースを決めないといけません。地球工学科には大きく分けて土木工学，資源工学，環境工学の三つのコースがあります。各コースへの進学は志望と１，２年生のときの成績によって決まりますが，10年以上前までは環境工学コース志望が多く，難易度第１位でした。それがエネルギー問題などがマスコミに頻繁に取り上げられるようになると資源が１位，２位が土木となってしまいました。そうしますと，学力は二の次で，コース振り分けの結果「余儀なく環境工学に入った」という意識を持つ人が増えました。もちろん，こうした振り分けは以前からあったわけですが，当時の学生はのびのびとしていて，縁あって入ったんだし，話を聞いてみるとやりがいがある仕事のようだし，一つここで頑張ってやろうと思ったものです。ところが最近はそう思う学生が減っており，「強制されてここに入ってきた」と思う学生も目立つようになってきました。つまり学力というよりも意欲の問題ですね。これは京大だけではない。東大や北大，つまり先ほどお話の出た日本の環境工学の中心的な役割を担っている大学にも共通する悩みのようです。

しかし先ほど言ったように，世界的には，環境工学・衛生工学の研究者・技術者が果たすべき役割は非常に大きいわけで，MDGsとかSDGsとか，そういうことを「これは俺のやることだ」と思う若者が環境工学・衛生工学を引っ張ってくれないと，世界の将来はメチャクチャになってしまいます。東日本大震災を始め，近年の災害を省みても，地球工学は絶対に必要な学問ですが，とりわけ環境工学は大変重要であり，その魅力がまだ十分に伝えられていないというのが，この本の企画に込めた私の思いです。

内藤——その点，私は環境工学徒の中でもシニアな方ですから，歴史のことも多少は語れますけれど，何より考え方は非常にラディカルですよ。今でも高校，中学に呼ばれて行くことがけっこうあるのですが，講演が終わってから2時間も3時間も生徒たちに取り囲まれて，熱心に質問される。ラディカルだからこそ，反応はすごく良いですよ。

私は，ある大学の農学部の開学に関わりました。京大に比べればいわゆる「偏差値」は高くないのかもしれない。けれども，入学して何年か学ぶうちにすごく前向きになりますね。なぜだか未だによくわからないんですけど，「思想教育」(笑)は相当やります。農を学ばなくて，食を学ばなくて，世の中はどうなるのか，日本はどうなるのか，人類はどうなるのかというようなことを常日頃言って発破をかけますから，卒業する頃は本当に前向きになりますね。その点，環境工学の現役教員の先生方は，「この学問をやらなかったら人類はどうなるのか」くらいの過激なメッセージを伝えきっていないと苦言を呈したい。本気で喋ったらそれなりに若い子はついてくると思います。

もう一つ，思いつくままにラディカルなことを言いますと，学生や受験生を取り巻く大人たち，両親とか学校の先生とかの影響は確かに大きいですよね。主体的に考える子が少なくなっているのは事実。松岡先生が指摘された最近の学生の問題は，彼らの親がどういう世代の人たちかということとも関係しているんじゃないですか。バブル世代の後くらいかな。その世代がどういう価値観を持っているか。

藤木——安定志向ですよね。息子，娘には苦労しないで一生を送ってほしいという。

内藤——そうそう，そのあたりがものすごく厄介です。でも，実は子どもの方がわかっていますよ。京大，東大を出ても出世するとは限らない。「それだったら田舎で農業やったろうか」というような，いい子がたくさんいます。「こんなところへ来たってろくに就職もできひん」と言われても，「就職したら何がいいんですか」(笑)みたいな確信犯的な子だっている。面白いのは入学してきた途端，みんなで会社を

内藤 正明
京都大学名誉教授。略歴は154ページ。

松井 三郎
京都大学名誉教授。略歴は182ページ。

つくっちゃう。このごろは田舎の農地や家はほとんどただ同然ですから，そうしたものを利用して，つくったものをマーケットで売っている。そういう生活力が実際にはあるので，そうした力を環境工学にも結集したい。

松井――内藤先生の問題提起は非常に深いものがあると思います。日本の国土の保全を考えると，農地が荒れてしまうということは一番危険な状態なわけで，農地をきちんとした状態で保全するためには農業が健全に営まれている必要がある。健全な農業というのは農家の人が収入がしっかりあって仕事が楽しいというところまでつくり上げないとできないので，そこに先生は着目されたわけですね。しかも，そういう方向性が現実のものとして芽生えてきたということでしょうか。

内藤――そうです。そういう仕掛けをつくる必要がある。

松井――それは水道と下水道の分野で言いますと，コミュニティの水道や下水道をつくったけれども，どんどん人口が減って維持管理できないという問題とも重なります。集落が残ってくれないとシステムとして存在できない。農業と地域の環境インフラの問題は文字通り裏腹な関係ですよね。

内藤――それとまた裏腹ということで言えば，東京にあれだけヒト，モノ，カネが一極集中する。こういう国土構造自体が間違っている。こんなの正しいわけがない。このまま一極集中が続いたら，地方の何百という限界集落が間違いなく崩壊する。一次産業をちゃんとやらなかったらこの国が成り立たない。この正しさと信念が伝わったら，学生は変わります。

松井――まず若い人たちに，正面から問題を提起するということですね。その点で，大学教育はもちろんですが，政治の在り方が大きく関わってくる。坂本さんは日本の環境行政の最も古い時代から，行政マンとして仕事をしてこられたので，昔のことを踏まえながら，現代を見通していただければと思います。

行政マンとして，
難しいが社会に活かせる環境工学

坂本——私は1965（昭和40）年に学部を卒業して厚生省（現 厚生労働省）に入りました。大学院も受験して合格はしていたのですが，国家公務員試験にも合格していて，厚生省から，衛生工学出身の者を採りたいと言ってきたんです。

というのも，厚生省は衛生工学の仕事を医学部出身者が中心になってやっていた時代ですからね。ところが医者の世界だけでやっていてもこれからは成り立たないと，医学部出身の行政マンの一人が衛生工学出身の学生採用を働きかけました。橋本道夫さんという大阪大学医学部出身の方で，厚生省の最初の公害課長です。まじめな人で若い頃は朝一番に来て掃除をして，課長の頃も一人で風呂敷を提げて行って国会対応をされていましたね。公害対策第一人者ということで，ミスター公害と呼ばれた方です。この人が，これからは衛生工学が必要だ，工学部の人にも来てもらわないことには国が成り立たないと盛んに言ってくれたわけです。

私は合田健先生（京大土木昭和22年卒）の研究室にいましたので，合田先生が水質汚濁防止の国際会議で東京に行かれるときに同行して，大橋文雄水道課長の面接を受けました。大橋課長は京大土木工学科の出身でした。結局，厚生省は衛生工学専攻者を３人採用しました。京大衛生工学科から片山徹さんと２人が役所に入りました。いずれも公害課配属でした。そのうち私は水道課と兼務になり，机は水道課でした。東大土木からは小田代信治さんが国立公衆衛生院（現 国立保健医療科学院）に入りました。

京大衛生工学科の卒業生で初めて国の組織に入ったのは奥井英夫さん（昭和38年卒）ですが，建設省（現 国土交通省）ですね。私たちが入省したとき，厚生省には，土木系の専門家は他組織に出向している人も含めて８人しかいませんでした。彼らが何をしているかというと，廃棄物処理や水道整備といったことが主な仕事でした。河川などの水質汚濁対策は経済企画庁（総理府外局，1971年環境庁発足で業務移管）でやっ

坂本 弘道
昭和40年京都大学工学部衛生工学科卒業。厚生省入省後、経済企画庁、環境庁等を経て、厚生省水道環境部長。退官後は、水資源開発公団監事、理事、日本水道工業団体連合会専務理事を歴任。現在、一般社団法人スマート水道推進協会会長。

ていた，そんな時代です。

そういう中に放り込まれて霞が関の役所の内部に32年ほどおり，その後も水資源開発公団（現 独立行政法人水資源機構）に理事などで行ったりして，気がついたら五十数年，ずっと環境行政に関わってきました。

しかし，先ほどの内藤先生のお話に絡めて言えば，私も京大を受験したときは，なぜ衛生工学科なんていうものが京大にあるのか，知りませんでした。志を持って何になりたいというわけでもありませんでした。当時は１年生のときから専攻を決めるという制度でしたが，原子核工学科がものすごく合格点が高かったですね。ですから，面白いのかどうかわからないけど衛生工学科に入ってみようか，というのが正直なところです。しかし，役所でやってきたことを振り返ると，たった４年学部で学んだだけのことをずっと引きずって歩いていましたね，最初から最後まで，ほんとに。

別に何か特別の研究をしたわけでもない。実験だって，例えばBOD（生物化学的酸素要求量）を学生実験で１回しか測っていないですけど，素地にはやっぱりそういう衛生工学科で習ったこと，衛生工学科に所属したことがある，という感じですね。それが染みついているからこそ，環境をめぐる大きな問題が起こって国や世の中がぐちゃぐちゃになるたびに，こんなのでいいのかなと思いながら，いろんな人に相談して仕事をしてきました。それで，迷惑をおかけした方も少なくありません。政治の世界というのは一筋縄ではいかないので，大学の先生方があらぬ方向に引っ張られるということもあります。

末石冨太郎先生（京大土木昭和28年卒）が本書に諫早湾の話を書かれていますけど，当時諫早湾を閉め切って淡水湖にして水道にも使おうという計画がありました。水道原水に使えるかということで，県は諫早湾水質検討委員会を設けることになりました。末石先生は，宍道湖の淡水化問題に携わっておられました。長崎県からの依頼で，私が末石先生に電話して，委員長に就任いただきました。

私も長崎に一緒に行きましたが，諫早湾埋め立て，南総開発（長崎県南部総合開発）を

写真◀産業廃棄物の野焼き等による和歌山県橋本市のダイオキシン汚染（2000年）。焼却灰に含まれるダイオキシンを，焼却システムの改善（コラム「溶融」参照）によって処理する方法を開発したのも，京大環境工学の成果である〈読売新聞／アフロ〉

推進している県の人たちが宴席を設けました。その宴席の畳の部屋で，先生が私の方ににじり寄ってこられて，「おい，君，俺はこんな酒飲んだからって，君が考えているようなことやらへんぞ」って（笑）。「いや，先生の思うようにやってくださったら結構です」と即答しました。それで先生は大変な目にも遭われたんですけど，あれはあれで先生の信念で良かったと思います。

また，私が厚生省水道環境部長だった1995（平成7）年頃，廃棄物焼却場から出るダイオキシンが問題になりました。平岡正勝先生（京大化学機械昭和28年卒）に廃棄物の焼却施設のダイオキシン対策の委員長をやっていただいた。そうしたら，テレビで，対応が遅いと先生はえらい悪者に仕立て上げられましてね。私は事情がわかっていますからテレビの思惑通りには嵌まらないように，のらりくらりとかわしました。しかし平岡先生は，テレビ局のシナリオに嵌め込まれてしまって，亡くなるまで苦情を言っておられました。テレビ局はシナリオをつくり，それに嵌め込んだわけです。私は，そういう，何というか，学問をないがしろにするような，科学といろいろな人の思惑がごちゃごちゃになったような世界で生きてきたわけです。

松井――どうしても環境工学，衛生工学は，政治に巻き込まれやすい問題をいっぱい抱えていますからね。

坂本――もともと土木系の学問はそうですよね。我々が厚生省に入る前から，河川工学や土木工学の人たちは，国の行政と政治に関わってきました。鉱山，石炭産業が隆盛のときは，鉱山学科出身の人が，役所でも羽振りをきかせていましたけどね。その後は衛生にも採用対象が広がってきて，私が入ったとき，厚生省には衛生工学科専攻者は8人しかいなかったのが，今日では霞が関の役所に，現役だけでも100人以上いるんじゃないでしょうか。

松井――環境省，厚生労働省，国土交通省と経済産業省ですね。

坂本――一番多いのは環境省です。大事な仕事を彼らが担っています。私が現役時代は，京大と北大の衛生工学科，東大の都市工学，東北大，九州大などの衛生工学専攻の研究室から，国家公務員試験合格者をピックアップして採用していました。最近は衛生工学専攻の職員で環境省事務次官を二人出しています。事務次官は省庁の職員のトップです。一人は東北大，もう一人は東大出身です。衛生工学というのは，国の行政という場で言えば，トップでやろうという志を持つ人にとってはいいと思います。自分の甲斐性次第だということになっていますからね。そういう意味では，自分のやりたいこともできます。それとどんどん話題が変わりますからね。省庁を異動になるとその省庁の立場で発言しますから，昨日言っていたことと明日言うことと，まったく反対になることもあります(笑)。政治の世界でよくある話で，それがいいのか悪いのかはともかくとしてね。そういう感じの世界ではあります。

環境工学という〈マーケット〉は確実に広い

松井――誌上参加になりますが，西野さんは，水道事業・農業機械の老舗企業に就職して新しい事業部を立ち上げて，総合環境会社に発展させた方です。

西野――私は内藤先生もおられた高松研(高松武一郎教授・京大化学機械昭和22年卒)で卒業論文を書き，1966(昭和41)年久保田鉄工株式会社(現 株会社クボタ)に入社しました。明治時代にコレラ等水系伝染病が流行り，その対策で水道事業が急がれました。1893年に国内で初めて水道用鋳鉄管の量産に成功したのが，久保田鉄工です。現在，農業機械を含めた環境の総合会社になりました。入社した当時は，日本が遅れている下水道事業に参加しました。

1976年に岩井重久教授が，台北市で京都大学土木系学科の同窓会に参加される機会にご一緒したことで，台北市の下水処理場建設の仕事に関わることになりました。アメリカのエンジニアリングサイエンス社が，処理場機械設備を設計したところに，日本製の機械設備も認めてもらい，国際競争入札に参入して落札することができま

西野 昭男

昭和41年京都大学工学部衛生工学科卒業。久保田鉄工株式会社入社後、焼却炉技術部長、リサイクルエンジニアリング部長、水環境エンジニアリング事業部長、環境エンジニアリング事業本部長等を経て、代表取締役副社長兼株式会社クボタ建設会長を歴任。

した。入札条件に間に合わせるために日本のJIS規格をアメリカ基準に合わせたりして苦労して入札に勝ち残りましたが，日本の下水処理機械設備を台湾に搬入設置することに大変な経験をしました。ようやく通水にこぎ着けて，1978年の通水式は台北市長の李登輝氏（後の中華民国第８・９代総統，1943年京都大学農学部留学）が当事者。しかし，日中平和友好条約が1978年８月に結ばれ，日本と台湾の関係が断絶になることから，日本の政治家が誰も参加しない状況になり，急遽岩井教授に代表参加してもらいました。このとき，弱冠30歳代に大きな国際経験をしました。その後久保田鉄工は，都市ゴミの廃棄物焼却炉事業を始めることになり，焼却炉技術部長として後発会社の技術を他社に負けない技術に育てました。

焼却事業の話は後に回しますが，是非とも紹介しておきたいことは，クボタ寄附講座のことです。東大都市工学科の強い要請で，産学連携を成功させるため，最初に都市工学科にクボタ寄附講座（５年間），続いて京大環境工学専攻にクボタ寄附講座（水資源質総合計画講座，1997年から99年）を，最後に北海道大学に（３年間）寄附しました。東京大学都市工学科から市川新教授を招いていただき，新鮮な学風を京大に入れていただきました。

松井――一方で，塚田さん，建設産業界での衛生工学科出身のご経験というのは，どういうものだったのでしょう。

塚田――私は1971（昭和46）年に，鹿島建設に入社しました。当時は公害が顕在化してきた時代で，鹿島建設は総合建設業というくらいだからそうした問題にも対処できないと役割を果たせないので，私の入る前の年に環境専門の部署が新しくできました。ですから私は，ダムとかをつくりたいと思って鹿島建設に入ったのではなくて，最初から環境のことをやるんだと思って，確信犯で入りました。

ビジネスマンって何だ，と一言で言えと言われたら，私はマーケットを見ている人だと答えます。マーケットにしか答えはないとわかっているものが優秀なビジネスマンです。わが国の上水道，下水道，廃棄物処理等のインフラ投資額を見ますと，

塚田　高明
昭和46年京都大学工学部衛生工学科卒業。鹿島建設株式会社入社。環境技術部長、執行役員環境本部長、常務執行役員環境本部長等を歴任。現在は、㈱環境構想研究所特別顧問。日建連環境委員会地球環境部会長、経団連廃棄物リサイクル部会、中央環境審議会、科学技術振興機構等、経済界、行政・学術界の委員を務める。

1990年代後半をピークに減ってきますが，こういうふうにインフラへの投資が減ってくるものを，ビジネスマンの方から変えることは絶対にできない。アンコントローラブルだからこそ，こうした状況にどう対応するかを考えるのがビジネスマンです。インフラの世界が変わってくるのは外的条件だから当然の話で，環境部門だって，時代の変化に対応できないビジネスマンは生き残ることはできないというのが私の確信です。その話と裏腹ですが，衛生工学科・地球工学科の入学難易度は地球サミットのとき（1992年）と東日本大震災の直後（2012年）には京大工学部の中で一，二を争いました。これだって京大を目指す生徒がマーケットを感じたから，こういうふうになったんでしょうね。

私は丸47年，鹿島でいろいろ仕事をして環境分野の責任者もやりましたが，私が入社したときの部長――日本有数のダムの所長だった人です――が，自分は土木屋で環境のことはわからないから，君が自分で考えてやってくれと言われて，初めからそういうふうにやってきました。時代の流れ，マーケットの流れに応じて，上下水道や廃棄物処分場をつくったり，青森県で日本最初の風車を建てて，風力発電所をやりました。建設会社は土地の上にものをつくるので土の話がわからないとどうにもならないというので，土壌汚染対策という事業も始めました。1990年くらいから地球環境問題がクローズアップされるようになってくると，逸早く「鹿島の環境方針」をつくりました。2000年頃からは，エネルギー，地球環境問題がより顕在化してくる。建設業というのはライフサイクルが長いものをつくります。しかもいっぱい資源を使って。例えば，東京から京都まで新幹線で移動してくるあいだに目にするものは，ほとんど建設業――住宅産業やコンサルタントも入れて広義の建設業――がつくっているわけですね。ここが環境に反したことをやったらどうにもならない。清水建設さんは「子どもたちに誇れるしごとを。」というのが今のキャッチフレーズですが，鹿島はその前から「100年をつくる会社」というのがキャッチコピーです。

そんな気持ちでいろいろなことをやってきて，思い出に残る仕事としては，東日本大震災の後，東北の災害廃棄物を片付ける仕事をさせていただきました。この仕事をビジネスなんて思いませんが，病気の人にお医者さんが必要なように，これは自分たちの役割だなと思ってやらせていただきました。福島原発の事故について言えば，鹿島に直接的に責任はないですけれども，原発をたくさん建設してきたのは事実。ですから現在，責任を持って廃炉の仕事にも携わっています。いろいろ言われますが，数千人の技術者が日夜，苛酷な環境の中で働いています。私は原発の内部に関わる事柄にはあまりタッチしていないんですが，外のいわゆる除染・中間貯蔵とかの仕事には，関わっています。そうした仕事はやはり総合建設業がメインの業種になります。

本書の第２部や第３部を読むと，改めて，京大の環境工学の間口の広さを感じます。私もそのうちの一端をかじったので，福島原発の除染・中間貯蔵の仕事は環境省の所管だから，鹿島としての事業も環境屋のお前がやれということで，役員として担当しておりました。そういう素地があったから，除染や中間貯蔵は平時では考えられないような事業になっていますけれども，何とかついていけます。いろいろな意味で京大の衛生工学とその後の環境工学が積み上げてきたことが基礎にはなっているし，直接勉強しなかったことも京都大学に教えてもらいながらやってきました。

今，環境分野でマーケットが何を欲しているかというと，地球温暖化問題，それから資源循環問題，この二つが最大の関心事だと思います。だから例えば自動車産業に対しては，スピードを競うスポーツカーなどを重点にしたりしないで，エコに特化していただきたいと言いたい。化石燃料がなくなって，地球が温暖化しては自動車産業のビジネスモデルは50年続きませんよと。これからの主たる収益はエコカーです，エコに特化していきますよと言えば世界は納得するでしょう。

私は自他共に認める環境派経済人として振る舞ってきました。経済界でも環境と経済の両立は難しかったのは事実です。再生可能エネルギーなどは電力会社さんとしては違和感があり，難しい時代でした。私は裕福な家庭の子どもではなかったの

写真◀香川県豊島の産廃処分地内に積み残された処理困難な廃棄物(2014年)。豊島問題の解決にも、京大環境工学の研究者たちが中心的に関わっている〈毎日新聞社/アフロ〉

で経済が大事だというのはわかる。けれども，経済が大事だと言って地球を壊してどうするんですか。経済と地球はどちらが大事ですかと言われたら，そりゃ地球でしょというくらいの志を持たないといけない。でも，東日本大震災以降は環境派経済人もエネルギーに関して思ったことが言えるようになりました。ここまでのことを総じて言うと，マーケットがこれだけ要請しているのに環境工学の人気がないとは，なぜだろうということです。

内藤——そうです。それこそ奇異ですよ。

問題への「予防接種」のように効いてくる環境工学

松井——これもラディカルに話を展開していただきありがとうございます。原発事故の話が出ました。原発事故以前に，産業廃棄物の不法投棄で苦労された誌上参加の西野さんの意見を聞きたいと思います。

西野——戦後最大の産業廃棄物不法投棄事件が，香川県豊島で発生しました（1990年頃）。不法投棄されたものは，廃プラスチック・廃油・汚泥・重金属等です。この廃棄物を掘削して取り出し，運搬・中間貯蔵・排水処理・溶融処理・再利用・復元するといった事業は，大変複雑で未知の課題を抱えていました。豊島廃棄物等処理技術検討委員会の委員長の永田勝也教授（早稲田大学），副委員長の武田信生教授（京大環境工学）には大変お世話になり，再生処理事業はクボタが引き受けることになりました。2017（平成29）年段階で掘削した積算廃棄物総量が約90万トン，そのうち処理済みが約88万トンになりました。とくにプラスチック廃棄物を回転式表面溶融炉で固化して資源再利用する技術を開発し，2017年6月には無事に全量処理を完了しました。ダイオキシン類の発生を防ぎ，重金属の処理回収等再利用を目指して，多くの新技術を投入しました。産業革命が始まって以来，生み出してきた産業廃棄物を

コラム　溶融

ごみを焼却すると，不燃分が灰として残る。この灰の一部はリサイクルされることもあるが，多くは埋め立て処分される。地域によっては埋め立て処分場を確保するのが極めて困難である。このような地域ではごみの溶融処理が用いられる場合がある。溶融処理とは，ごみを焼却するよりも高温で加熱して，灰をスラグといわれるガラス状の物質に変換する処理を指す。焼却処理に比べて，さらなる減容化をはかることができる。

溶融処理には二つの種類がある。ごみを熱分解ガス化させた後のその熱分解ガス等のエネルギーを使いながら溶融する方式を「ガス化溶融」，ごみを一旦焼却して灰にした後，外部エネルギーにより灰を溶融する方式を「灰溶融」と呼ぶ。いずれにせよ，1200℃以上の高温の処理過程において，ダイオキシン類などの有害な有機物は完全分解されるとともに，鉛やカドミウムのような重金属は揮発し，溶融飛灰に移行する。このことによって，スラグは土木資材などとしてリサイクルでき，重金属を含む溶融飛灰は非鉄製錬産業に引き取ってもらうことにより，金属資源としてリサイクルすることができる。つまり，ごみ処理を完結することが可能であり，ゼロ・エミッション及びダイオキシン類対策に加え，溶融設備の付設が国からの建設支援の要件となったことから1990年代半ばから導入する自治体が増加した。特に埋め立て処分場が逼迫しているところでは，過去に埋め立てた物を掘り起こして溶融処理し残余容量を確保・延命化する，いわゆる最終処分場の再生を行っているところもある。

このような特長がある一方で，ごみの質によってはガス，油，電気エネルギーなどの外部エネルギーが必要となる場合があること，及び高温のプロセス故に使用する材料の選択や運転における注意が必要であるなど，配慮すべき点もある。近年ではそれらの特徴を勘案した上で採用が進められている。

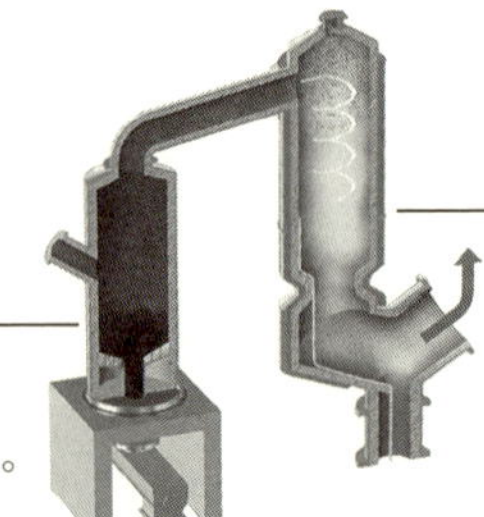

図　溶融炉の構造

出典:㈱神鋼環境ソリューションHP
〈http://www.kobelco-eco.co.jp/product/haikibutushori/ryudo_q3.html#A2〉

写真◀2005年、兵庫県尼崎市の大手機械メーカー・クボタの旧工場の周辺住民にアスベスト疾患が発生していることが明らかになり、アスベストによる健康被害の問題が社会の関心を集めた。この問題では、住民への補償を誠実に行う上で、企業内の環境工学者たちが大きな役割を果たした〈読売新聞／アフロ〉

いかに再利用・処理処分するかは大問題ですが，その解決のために，クボタは世界に役立つこれらの新技術を開発してきたと自負しています。これからも，若者が夢を持って環境事業に参加してほしいです。

松井――西野さんの活躍で是非とも加えて紹介しておきたいことは，クボタの工場内外で発生したアスベスト（石綿）障害にたいする補償のことです。被害者の告発から問題の発生を認定して自主的に対応をした一連の出来事は「クボタショック」と呼ばれました。2006年４月に「クボタの旧神崎工場周辺の石綿疾病患者並びにご家族に対する救済金支払」を決定して，自社従業員にたいする補償と工場から１キロ以内の範囲に１年以上の居住歴，あるいは通学・通勤歴がある健康被害者への支給を行いました。この工場近辺の居住者にも補償対応を決めたことにたいして，厚労省，経産省から見直すように働きかけがあった際に，当時副社長だった西野さんは，断固として拒否したそうです。衛生工学技術者の誇りが彼の行動を促したそうです。後日談になりますが，クボタは総合環境会社としての評価を高めることになったと思います。

ところで，藤木さんの場合は官僚の経験があり，しかも現在は会社の社長として実務を経験されています。藤木さんは，日本の優れた水処理技術を国際的に認めてもらうには，世界標準を自ら設定しないといけない。ところが実際には，よその国が勝手にISOスタンダード（国際標準規格）をつくってしまって，その後を日本の企業がついていく。それでは駄目だということをずっとおっしゃっていましたね。

藤木――その話をする前に，先ほど内藤先生が学科の人気は受験生の親が決めると言われましたが，その通りだと思います。私はこの中では一番若いんですけれども，京大工学部のどの学科を受けようかと決めるときに，当時は公害国会の余韻も非常に強かったですし，毎日のように新聞紙上を公害問題が賑わせていた時代ですから，「これをやっていけば一生飯に困らないかな」くらいの気持ちで衛生工学を勉強したいと思いました。もちろん，日本の公害問題の解決に少しでも役立ちたいという

写真◀悪臭を放ちながら流れ出るチッソ水俣工場の排水（1973年）。排水に含まれる有機水銀が魚介類の食物連鎖によって生物濃縮され、こうした魚介類を知らずに摂取した不知火海沿岸の住民が深刻な水銀中毒症に苦しんだ。同様の公害は新潟県でも発生し、四日市大気汚染、イタイイタイ病とならんで4大公害と呼ばれた〈毎日新聞社／アフロ〉

純粋な気持ちもあったんですが。

松井――ご出身が富山ですからね，イタイイタイ病の地元ですね。小学校，中学校の教育の中でもそういう話はされていたのですか。

藤木――いやいや，逆になかったですね。あまりにも深刻で，ある意味で地元の恥みたいなところもあったと思います。若いですから，日本の産業界というのはひどいな，罪もない人たちがなんでこんなに苦しまなきゃいけないんだろうとずっと思っていました。それを少しでも解決するためには衛生工学科がいいんじゃないかなと思って高校の先生に相談したら，「君は建築工学科の方がいいんじゃないか，その方がずっと格好いいよ」とか言われる。「君が衛生工学を勉強して世の中に出ても瀬戸内海なんてすぐにはきれいにならないよ」と。それはそうだと思いましたけど初志貫徹という気持ちで衛生工学科を志願しました。

運良く合格して入学してみると，ここは何を学ぶところなのか？ 衛生工学科の仲間は私も含めて40人おりましたけれども，自分たちはどういう教育を受けているんだろう，何か実験台にされているんじゃないかと(笑)，お互い不安になってよく話し合いました。というのも，何の脈絡もなくというんでしょうか，我々学部学生にいろんなことを学ばせる。水道・下水道はいいんです。けれども水道・下水道と大気汚染防止は，汚染解析に同じ拡散方程式を使うという側面はあるにしても，技術の内容はかなり違いますね。さらには騒音とか悪臭，放射線に至っては何でこんなことまで学ぶのか？ そんな具合に，自分たちはいったい何をやっているのかと愚痴を言い合いながら酒を飲む機会がけっこうありました。

今となってみると素晴らしい教育を受けたと確信を持って言えます。けれども，当時は土木工学科の方ですと，構造力学とか水理学とか土質力学とか，系統立っていて歴史もありますし，ある種美しい。しかも実学ですぐに役立ちそうだなあと思ったこともあります。そういうこともあって，古典的な土木工学の科目もいくつか選択していましたので，公務員試験を受けるときにはそれが役に立ったわけですけれども，先に結論を言ってしまえば，別に実験台でも何でもいいんですよ。系統立っていようとなかろうと，いろんな学問分野の初歩を学ぶことは，ある種の予防接種，つまり学生に免疫をつくる効果がある。頭の中に免疫ができていると，何か問題にぶつかったときに必ず効いてくる。たとえ成績が「可」であっても，別に単位を取らなくてもいいんですよ。何も勉強していない，教科書を持っていないというのと，授業に出たことがあるのとではずいぶん違います。

例えば東日本大震災で福島第一原発の事故があったとき，浄水場で放射性セシウムが検出されて東京都の水道水が飲料不可になるという事態が発生しました。水道水に入っている放射性セシウムは，やがて下水道に排出されて下水処理の過程で汚泥に濃縮され，再び環境中に戻っていくことになる。しかし，ほとんどの人はそのことに気がつかないですね。私は学生時代に放射線衛生工学の科目を選択していたので，すぐに気がついて大変心配になりました。というのも，下水汚泥は有効利用することが推奨されていて，肥料として農地に還元されたり，セメントに混ぜ込まれていたりして，我々の身近な場所で利用されているのです。しかし，放射線核種というのは煮ても焼いても壊れない。これはまずいんじゃないかと思い，国交省の下水道部にいる京大衛生工学科出身の後輩に電話で話してみたところ，彼も放射線衛生工学を学んでいたから，すぐにピンと来た。

ところが，役所としてはなかなか動かない。彼は組織の中で一生懸命説得を試みたようですが，埒が明かないんです。放射性物質問題は，国交省の所掌範囲ではないと。もちろん京都大学の先生にも相談しました。周りにいる人々との雑談の中でもその話題が出ていましたので，記者がそれを聞きつけたかどうかわかりませんが，ある週刊誌に下水汚泥は危ないかも知れないという記事が載りました。その記事がきっかけになって，福島県が下水汚泥中の放射性物質を測らざるを得なくなり，測ったら検出された。検出されたら発表せざるを得なくなるでしょ。発表したら，関係機関は対策のため動かざるを得なくなるわけです。だから，学部時代に放射線のこ

写真◀福島第一原子力発電所の事故で水道水から放射性物質が検出された金町浄水場。しかし、水道水に入った放射性セシウムが、やがて下水道に排出され処理の過程で汚泥に濃縮されて再び環境中に戻ることに気づいたのは、京大衛生工学出身者に限られていた〈築田純／アフロ〉

とを学んでいて，ちょっとでも知っているということが，大事なことの気づきに繋がるわけです。昔はクラスメートと申し訳ないような愚痴をこぼしていましたが，今となっては衛生工学科できわめて素晴らしい教育を受けたと感謝しています。

もう一つありがたかったのは，末石先生を囲んで行われた環境経済学の自主ゼミですね。あれは今でも役に立っています。そこで経済学の基礎を勉強したことは，役所に入ってからとにかく役に立ちました。経済学的な素養というのは一般の工学部を出た人はそんなに持っているわけではないですね。法律屋さんもそんなに持っていない。中央官庁の中では経済学部出身の人は比較的少ないのです。しかし経済理論というのは施策を考える上で非常に重要なので，それを理解する上で自主ゼミでの学びが役に立ちました。環境問題の様相は多種多様ですから，その解決のためにはいろいろな方法を動員しなければならない。だから別に系統立っていなくてもいいんです。学生時代に多様な分野の入口の知識を身につけることは，環境問題に立ち向かうためには意味があると思います。

また個人的なスキルで言えば，高木興一先生についたことで鍛えられたと思います。卒論をあの先生のもとで書いたのは当時私一人だったんですよ。

松井――騒音の関係ですね。

藤木――そうです。私が修論を書くときには何人か高木先生のもとで卒論を書く仲間がいましたが，その２年前の私が卒論を書くときは修論生を含めて私一人でしたので，毎週空いている教室を選んで，「藤木君，ここでやろう」と対面で指導を受けました。クラスメートからは「藤木は京大助教授を家庭教師にやとっている」と言われましたけどね（笑）。私の研究テーマは道路騒音です。そのときは入学当初の純粋な気持ちで決めたわけではないんですが，何だか面白そうだというので騒音を卒論テーマに選んだ。実際面白かったんですけれども，10年くらい前に改めて勉強し直してみて気づいたんです。当時習っていた数学は特殊な数学で，リスク論を研究するときにものすごく役に立つんですよ。高木先生が亡くなられてずいぶん経ちましたが，当時習った勉強は，ずっと後になって全然違う局面でリスク論に応用し，博士論文をまとめることができました。いずれにしても，衛生工学科の学生として最高の教育を受けたと私は思っております。

「終わった分野に何故？」という変化球で考える

藤木――先ほど坂本さんから役所のお話がありましたが，役所の雰囲気はどこもだいたい同じです。私は主に下水道行政に携わっていましたけれども，先ほど話のあったインフラ投資額に関連して言いますと，1990年代後半の投資額のピークを挟んだ，予算が潤沢にあったきわめて恵まれた時期を過ごしておりました。今は民間で小さいコンサルタント会社をやっていますが，やっぱり水道・下水道が中心で，その目から見ると，一般の人，とくに18歳，19歳くらいの受験生たちの目には，建設段階の終わった水道・下水道は成長が止まった産業に見えるでしょうね。そこで私は去年の入社式で，「水道・下水道は斜陽産業だ。君たちは何でこんな分野を選んだのか？」という話からスタートしました。もちろんそれで終わるわけじゃなくて，結論は，「君たちは正解を選んだんだ」というふうに持っていくわけですが，実際にそう思います。既存の設計マニュアルを使えば，環境インフラをつくることは土木とか機械など古典的な学問の専門知識があればそんなに難しいわけではありません。しかし，それを維持運用し経営するには，もはや狭い意味での土木工学や機械工学だけでは歯が立ちません。「環境管理」とか「環境マネジメント」という言葉がありますね。これから「管理」や「マネジメント」を含む本当の意味での衛生工学が必要になるんじゃないかと思います。

どうも自分も長いこと役人生活をしてきて，内藤先生のように純粋に直球を投げられないような性格になってしまったんですよね（笑）。変化球を覚えるんですよ，役所というのはね。

内藤――わかる，わかる。

藤木――向こうも変化球を投げるから，こっちも変化球で返すわけですよね。心の中では直球も持っているんだけど，この球を通すためにはどうしたらいいか，直球ではうまくいきそうにないからどう変化させるか，そういうことばかりを勉強してきました。だけど何か新しいことを始めたいという気持ちは今でもありまして，先

コラム　上下水道のアセットマネジメントと PPP／PFI

高い普及率を達成し成熟期を迎えた我が国の上下水道事業は，施設の老朽化，人口減による料金収入の低減，地方公共団体の熟練技術職員の大量退職という厳しい環境のなか，持続可能なサービスを提供するため，適切な施設の維持管理と再構築が大きな課題となっています。そこで近年注目を集めているのが，アセットマネジメントです。2014年にアセットマネジメントに関するISOの国際規格ISO 55000シリーズが発行され，国内ではまず仙台市の下水道事業に適用されました。現在では，ISO規格に準拠した日本工業規格JIS Q 55000シリーズも発行され，これを上下水道の仕事に活用しようという民間企業が増えています。

他方で，公的サービス・資産の民間開放は政府の基本政策であり，上記の上下水道事業の課題解決策として，PPP/PFIに対する期待が高まっています。PPPはPublic-Private Partnership，PFIはPrivate Finance Initiativeの略で，公共施設等の建設，維持管理，運営等に民間の資金，経営能力，技術的能力を活用する新しい手法です。ISO 55000シリーズにはアウトソーシング（外部委託）に関する規定も含まれており，官民双方にこの規格を適切に適用することがPPP/PFI成功の鍵を握ると考えられます。

写真◀イラーハーバードの水道で水浴びするインド人女性。国連によれば，今でも世界の6人に1人は，安全な飲料水を得ることができていない〈AP／アフロ〉

ほど松井先生に紹介していただいた国際標準化の話もその一つです。国際標準化の会議に出ていると，みんな思惑を持って来ている。ただ，純粋な気持ちもある。国際規格って，一種のインフラじゃないですか。良いインフラをつくろうという純粋な気持ちもあるけれど，みんなそれぞれに出自があるので自分のところに有利な内容に持っていこうと，ない交ぜになった気持ちでやっている。そこが逆にいいなと思っています。向こうの戦略なんかも見えたりして，それって悪くない。

もう一つ最近やっているのはアセットマネジメント。京大土木工学コースの小林潔司先生を中心に日本アセットマネジメント協会を立ち上げたりしています。水道・下水道はとくにそうですが，やはり経営という感覚を持たないとできないんですよね。先ほども内藤先生がおっしゃったように，過疎地域で農業を成り立たせるためには人に住んでもらわなきゃいけない。そのためにずっと補助金を入れていたのではサステイナブルではないので，そこでビジネスを起こしたり，新しいことを始めたりしてお金を回すようにしないといけない。例えば飲み水のリスク，水環境のリスクも水道，下水道の経営のリスクと大いに関係していて，それこそアセットマネジメントじゃないか，みんながアセット（公共財）と認めていないものの中に本当のアセットとしての価値を見出して，そこでお金を回す，価値を生み出しそれを実現させる，ビジネスに繋げる，そこに魅力を感じて，今はアセットマネジメントの世界に入っています。最近では銀行や証券会社の方とお話をしたりして，私にとってはこれまで経験したことがない刺激を感じています。

公害国家からの脱却をリードした環境工学出身者

松井――ありがとうございます。先ほどのお話にあった放射線衛生工学は，京都大学衛生工学科の創設の目的にも入っています。創設をリードした石原藤次郎は，衛生工学科を創設する一方で，大学が独立した原子炉を持つことの重要性を力説し，それが京都大学原子炉実験所（現 京都大学複合原子力科学研究所）の創設に繋がります。国や産業界任せにするのではなく，大学がそうした機能を持つことで，放射線衛生工学の研究ができた。その研究をしてきたことで不幸な事故のときに対応できた。歴史を遡れば，京都大学という大学は２番目にできた帝国大学ですから，国に何かあったとき，政治や行政任せにするのではなく，専門家が考えていかないといけない。そのための大学だというグランドデザインがあって，そのグランドデザインの中で京大の衛生工学科が誕生したということは，環境工学を学ぶ魅力を語る上では押さえておきたいですね。ということで，大学・教育界にはない話をまず一巡して伺いました。今度は大学教員の方から，今までのご発言をどう受け止めるか，話をしてみたいと思います。

笠原――環境工学を学びたいか否かということで言えば，出口側の話も重要だと思うんですね。入口側の，つまり「これこれの問題があるから，ここで学びたい」というだけでなく，出口側，つまり環境工学を出てどういう仕事をしていくかという話が，これまで欠けていたのは確かだと思います。入口側だけの話で出口側の話がまったくないから，環境工学に入ったらこんなワクワクすることがあるんだということが出て来ない。ですから皆さんのお話の中で，いろいろ出口側の話も聞かせていただいて良かったと思っております。私は衛生工学科を出て，そのまま京大で教員を務めましたが，入学するときから大気環境，大気汚染をやりたいと思っていました。ところが入ってみると当時は大気の研究室がなかった。辛うじて庄司光先生がされていて，その後，高橋幹二先生との繋がりで，原子炉の安全性の問題そして大気汚染問題へと展開しましたが，私自身は入学時から大気環境研究に強い興味を持っていましたので，松岡先生の話を伺って，正直愕然としました。だからこそ，出口側も含めて，若い者のやる気が出るような話をもう少し詳しく聞きたいですね。

坂本――卒業して役所に入って世の中を見渡すにつけてこれはえらいところに来たと思いましたね。厚生省（現 厚生労働省）に公害課ができたのが1964（昭和39）年。

笠原 三紀夫
京都大学名誉教授。略歴は176ページ。

1967（昭和42）年には公害対策基本法ができましたが，当時は水質汚濁防止には公共用水域の水質の保全に関する法律（通称水質保全法）と工場排水規制法の二つの法律がありました。日本が戦後の復興途上で，経済の発展優先の時代でしたから経済との調和がうたわれて，緩やかな規制の法律でした。

1970（昭和45）年に大阪で万博が開かれますが，華やかなイベントとは裏腹に，日本は濁った金魚鉢の中で生きているような公害国家だった。国として本気で対応しなければいけないということで，公害対策の一括審議が国会で行われ，翌1971（昭和46）年に環境庁（現 環境省）ができたわけですが，ここに衛生工学専攻から優秀な人がたくさん来てくれた。これが後にボディブローのように効いていまして，その後採用の職員が，今日キラ星のように幹部として志を持って仕事してくれています。

1970年に経済企画庁で水質環境基準のランク表をつくったときには，当時の幹部が「君よくやってくれた。素人なのにね」と言いましたよ。こっちはプロフェッショナルだと思ってやっているのに，衛生工学なんて知らなかったんでしょう。

笠原——工学屋がそういうことをできると思っていなかったんじゃないですか。

松井——経済や法律の卒業生しかね。

坂本——経済企画庁で南部祥一先生（京大土木昭和29年卒）が江戸川の水質基準を初めておつくりになった。その2代後を私が引き継ぎまして，南部先生の資料がいっぱい残っていた。それをまとめて一つの冊子にしたんですよ。そうしたら事務的な手続きを担当している隣の水質保全課長がね，「君はこんなものをまとめて厚生省の回し者か」と言うんですよ。あまり世の中に波風を立てたくなかったのでしょうね。江戸川ですから，一番難しい川なんですよ。1958（昭和33）年に本州製紙の廃液問題を糾弾する漁業組合の筵旗（むしろばた）が立って，それが原点で水質保全法ができたほどですから，せっかくまとめたのにえらい怒られましてね。「わかりました，それならやりません」と，しばらく夕方から仕事しないでトランプばっかりして遊んでいた。そういう嫌らしいところはいっぱいあるんですが，そういう中でも辛抱してやっている連中はいる。とくに厚生省なんて，当時お医者さんは局長になるけれども，衛生工学科出身者は課長までしかなれなかった。いまでこそ環境省で次官までやってくれるようになり，そういう時代になってきたので，衛生工学，環境工学の役割も今までとは変わると思います。この仕事は国の原点ですから，決して止めになることはない。今，環境省は放射性廃棄物まで扱っていますが，東日本大震災の原発事故の前までは，科学技術庁の仕事でした。

松井——法律自体，放射能の方は法体系が違いますからね（注：平成25年，放射性物質による環境汚染を防止するための措置が環境基本法の対象となる）。

コラム　水循環基本法

水にかかわる法律の全体を包括する法律である。水関連の法律は，河川法，水道法，下水道法等数多くあるが，いずれも個別法である。この法律は，超党派の国会議員連盟等の尽力により，2014年に議員立法により全会一致で成立した。

この法律で「水循環」とは，水が，蒸発，降下，流下又は浸透により，海域等に至る過程で，地表水又は地下水として河川の流域を中心に循環することとしている。また「健全な水循環」とは，人の活動及び環境保全に果たす水の機能が適切に保たれた状態での水循環としている。基本理念として，水が国民共有の貴重な財産であることも明記している。

政府は，水循環基本計画を策定し，国及び地方公共団体は，流域連携の推進等，基本的施策を推進することになっている。

健全な水循環の実現のため，既存の水関連法，水関連行政機関の見直しを行う必要がある。また，地下水全般に関する個別の法律の制定についても，検討が行われている。

坂本――それだけに衛生工学，環境工学の出身者はこれからやることがいっぱいあります。人手は足りないし，既存の知識だけでは追いつきませんしね。大事なのは広い視野です。我々の学部時代は，吉田の教養部で２年間勉強して，あそこでいろんな実験もした。プリズムを使ったり，明治時代からやっていた延長線みたいなことで，当時は「大したことないな」と思っていましたけど，ああいう基礎的な知識をきちんと持っていないと，上辺だけの「専門知識」だけではついていけないことがたくさんある。ですから，広い基礎的な事柄を勉強して，その上で大学院を出た人材に来てほしいですね。私は学びの途中で役所に引っぱりこまれましたけど，教育というのは大事でね。年を取ってからやるといってもなかなか追いつかないですよ。

社会（マーケット）の要求と環境工学

塚田――先ほど笠原先生がおっしゃった出口という話と私のマーケットという話は繋がっていると思うんですよ。第３部の大学の先生方のエッセイを読んでつくづく思うのは，環境工学ってあまりにも幅が広いから一本の幹がどんなものかというのが示しにくいんですね。それはそれでしょうがないと思います。それはいいとして，研究のメニューはいろいろあって，それを活かしながら，皆さんいろんな出口で活躍されています。京大環境工学コースで出している案内パンフレットによれば，京大地球工学科の環境工学コースは米国スタンフォード大学工学部の環境工学コースよりもたくさん教員がいて，幅広くいろいろな学問をやっている。ちょっと辛口のことを言わせていただくと，こんなに教員がいて，こんなに人気がないのはなぜ？という話ですよね。いろいろやっています，学術的にも優れていますというのは，もちろん大事なんだけれども，対社会性，学校教育とか社会への発信ということで言うと，いろいろなマーケットといまいち繋がっていないと感じます。もっと言わせていただけば，京都大学の中には環境工学コースだけではなくて，エネルギー科学研究科もあり地球環境学大学院みたいなところもあって，フィールドには琵琶湖もあって，すごい広範囲をカバーした研究をされていますが，それらと社会といいますか，マーケットといいますか，笠原先生が言われた出口といいますか，との関係がいまいちよく見えない。一種の広報戦略，PR 戦略とも繋がってくるんですけど，マーケティングの原則から言うと，そこが繋がっていない。ちょっと失礼な言い方をすると内向き，自己満足的になっている。

私は世界の環境分野のマーケットの関心は地球環境あるいは資源循環にあると思います。「品質は良いけど環境に悪いよ」なんてものは，今の時代誰も買わない。私がいる建築業界が力を入れているのはゼロエネルギービル，ゼロエネルギーハウスだし，創エネルギーだって課題にしている。車だってエコカーとか軽自動車がよく売れますが，飛行機だってそうです。石油を使いまくっているような飛行機はナンセンスという時代。そういうところに民間企業もがんがん進まないと，ものは売れない。「良いビルだけどエネルギーはどんどん使います」などと我々が言ったら誰も買わない時代です。そういう時代の潮流と研究の中身が繋がるように語られていない。その点，たぶん資源工学というのはそこが繋がっているんだと思います。見えやすいという特色もあるんでしょうけど。

松井——確かにそうです。我々の近代的な生活には，例えば電気とか鉄道とか航空とかも必要ですが，水がなかったら生活は成り立たない。この水という部分は衛生工学の一つの大きな柱で，我々はこれだけ水の問題をやっているんですけど，どうしても水というと河川工学の話になる。多くの人は頭の中にダムと川があって，それが水だと思っているようなところがある。重要なのは自分の毎日飲む水，毎日出す水で，ここに環境工学が役割を果たしているのに，うまく説明できないんですね。

塚田——河川屋さんがそういうことを意識していないかというとそうでもないんです。むしろ，水の質とか，そういうことをやっている専門家が河川屋さんに遠慮し

写真◀芋焼酎工場副産物のバイオマス・エネルギー利用。バイオマス（有機物資源）は、木質系、食品廃棄物、下水汚泥等さまざまな種類があり、エネルギーへの活用が幅広く進んでいる〈鹿島建設株式会社提供〉

て肉薄していない。役所で言えば，環境省が経産省や国交省に乗り込んで，一緒にやりましょう，お役に立ちますよ，くらい言ってやればいいんです。環境は時代が要求しているんだと。

藤木――塚田さんのおっしゃる通りなんですけど，何となくお役所というのは領空侵犯をしないんです（笑）。

内藤――領空侵犯すると撃ち落とされる（笑）。

塚田――これからは再生可能エネルギーの時代だと思うんですよ。バイオマスという話もあります。このバイオマスというのは地域分散型エネルギーを生み出そう，資源も生み出そうという話ですから，主役は地方自治体の市長ですよね。下水道課長でもないし廃棄物課長でもない。自治体が関係する農業だ林業だといった課長を全部集めて，こうやれば雇用も生まれる，エネルギーも資源も生まれるといったことを，こういう時代ですからどこかがどこかに遠慮するようなことではなくて共同して進める。バイオマスが成功する秘訣は私はそこだろうなと思います。

松井――その通りです。まさに市長が頑張ってくれないと総合化はできないわけですが，ここで私たちの取り組みを少し紹介させていただきますと，兵庫県に養父市というところがあって，農業特区（国家戦略特区 中山間農業改革特区）に指定されています。農業特区は新潟市と養父市の二つしかないんですね。新潟市の場合は大きな市ですから産業の集積もあるし優秀な企業もありますけど，養父市は純粋の中山間地なんです。僕は市になる前の養父町がつくった養父町開発株式会社の顧問をさせていただいているので，養父市のバイオマスを循環させましょうと提案して，市長もやろうと動いている。養父市で発生する下水汚泥，浄化槽汚泥，農村集落排水汚泥を全部まとめて循環型の堆肥にして有機肥料に回そうという話がやっと繋がりました。ところが市長さんは南隣の朝来市と一緒にゴミ焼却炉をつくってしまったんです。つくったんだけど朝来市の市長さんが頑張って，生ゴミは焼かないでそれ以外は焼きますと言ってくれた。生ゴミはメタン発酵しますというようなところまで動いているんです。ところが，メタン発酵した汚泥を農業に使おうとしたら農家が使ってくれないから，この汚泥を燃やすという。これはナンセンスですが，ここで話が止まっているんですよ。何とか養父市の市長さんを説得して，この残ったものを下水汚泥と一緒にして堆肥化しましょう，地域循環しましょうと，そういう話をしかけています。現状はそういうところですが，この方向性は正しいと思います。

エネルギーについては松岡先生が，日本のエネルギーの問題と資源と人口減少の問題を考えて研究をされていますが，そういった観点から環境工学とエネルギー問題との係わりについてコメントをいただけませんか。

「環境オリエンテッド」の中で，環境工学の特色を出す

松岡——松井先生のご質問にお答えする前に，このあたりで，大学教員という立場で問題を提起してみたいと思います。確かにバイオマスエネルギーは重要であり，とくに今後数十年のうちに必ず実現しなければならない低炭素社会の基盤です。環境工学の一翼を担う重要な要素でありますが，それでは翻って今の時代，環境工学というのはいったい何を学ぶ学問なのかを考えますと，バイオマスを含め，その範囲は大変広い。

塚田さんのおっしゃるように，今の時代，環境は必須のキーワードですから，ほとんどの学問は環境の方向を向いている。「環境××学」「××環境学」というのがたくさんある。その中で環境工学コースでは何を習得すればいいのか。先ほど古典的衛生工学と言いましたけれども，これまでは衛生工学自体がやるべきことははっきりわかっていたし，それに必要な技術は習得しなければいけなかった。しかし今はどうか。今，環境工学コースには学年あたり38人の学生がおります。口幅ったい言い方ですが，京大衛生工学は日本，あるいは世界の環境保全をリードする使命を帯

写真◀いわゆる「PM2・5」の言葉がよく知られるようになった現代中国の大気汚染問題。エアロゾル(大気中の様々な大きさの微粒子)は、動態やその影響を掴むことが難しく、その研究は最新の環境工学にとって挑戦的な課題の一つである〈AP/アフロ〉

びております。そうした中で，上から数人の学生は，放っておいても時宜にかなった課題を選び道を切り拓き世界をリードしていく。しかし，それだけでは足りない。残りの人たちも，自分の仕事に対する社会からの手応えを十分体感し，俺（私）の人生は良かったな，と思ってもらえるようにしないといけない。そのためには何が必要か。

私はCOP3（国連気候変動枠組条約第3回締約国会議）のときにわが国で可能なCO_2削減目標を算定しました。環境庁はそれを根拠に，当時としては大胆とも言える削減目標を主張し，通産省（現 経済産業省）や電力会社などエネルギー業界と大論争になりました。そのときにさんざん言われたのは，「エネルギーというのはエネルギー屋がやるものだ，お前たち素人は黙っておれ」。その通りかも知れません。エネルギーシステムを変えるというのは非常に難しい。とりわけ，1990年代には一部の人を除いて省エネなんて頭になかった。「バイオマスとか自然エネルギーなんてとんでもない。そんな質の悪いエネルギーで高度工業化社会を支えていけるか」とも言われました。でも，今は違う。エネルギー分野の人たちは未だに不可能と主張しているけども，国際社会はパリ協定（COP21で採択された温室効果ガス排出削減等のための新たな国際枠組み）を認めざるを得なかった。確かに技術的困難は山積みです。その詳細を詰めていくのはエネルギー工学，資源工学あるいは電気工学の人々かも知れませんが，環境条件などから決まる将来目標を見据え，それらの大宗を決めるのは環境工学の役目じゃないでしょうか。

松井――今はもう，先ほど塚田さんがおっしゃったように，建設会社がそれを言わないと時代遅れの建物になる，そのくらい変わったんですね。結局20年かかったわけです。

松岡――環境工学が取り扱う課題はその性質上，時宜にかなうというよりも，ともすれば先取的にならざるを得ない。また，一方ではベーシック・ヒューマン・ニーズ（水・衛生・健康など人間生活にとって最低限かつ基本的に必要とされるもの）を支える工学と

写真◀愛知県境川流域下水道の土地収用反対運動の拠点。1981年、終末処理場予定地の農地地主によって、名古屋地裁に収用裁決取消訴訟が提訴された。原告側・被告側の双方に京大衛生工学出身の証人が加わり、大規模な流域下水道方式の妥当性、工場排水の下水道への受入れ是非等をめぐり激しい論戦が行われた。2002年最高裁判決。原告敗訴〈愛知県提供〉

しての役目も疎かにできず，それらをどうバランスを取って特徴付けていくかが環境工学を学ぶ者にとって大きな問題となります。

内藤──衛生工学科，環境工学コースが何を特徴として存在意義を持つかということですね。まず，一番次元の低いところで言えば，いろんなものづくりの工学の中でほかがつくらない分野を持つということが一つはある。工学の隙間の分野を一生懸命やっていくという次元ではないかと思います。それは等しくこの御三人がおっしゃったキーワードの中に埋め込まれていて，やっぱり今は市場，マーケットと言われましたが，確かに世の中の要請はマーケットのかたちで来る。

ただし，そのマーケットなるものが本当に正しいのかどうか。藤木さんが環境経済学が役に立ったとおっしゃったのは，そういう論理をベースに持っていたということですよね。これまで主流になってきた経済の論理はおかしいんじゃないかという議論が今やっとできるようになってきた。だからこそ末石先生の仕事が今生きてきている。逆に言えば，末石先生は何十年か先に行き過ぎていたような気がします。環境工学はそういうものを武器にすればいい。つまり，ものづくりだけではなくて，つくるものがいったいどんな意味を持つのかという，根源的な問いまでちゃんと配慮できる論理を持つしかないと思うんです。それが言えるようにするというのが次の次元ですね。たくさんの研究があって，それ自体は大きな柱なんですが，もう一つ大きな柱は，そこに貫く理念というのかな，哲学ですよ。ほかの工学には必ずしも必要がないかも知れない哲学を標榜することです。

塚田──松岡先生のおっしゃった通りで，環境工学屋が発電屋になるとか機械屋になるとか言ったって始まらない。だけど，京大環境工学にはこれだけの蓄積がある。松岡先生が今から20年，30年前に温暖化対策の方法論というところまで踏み込んだ。その結果をあの時代に言っても電力会社さんには十分理解されなかったわけですけど，それが今の時代のマーケットに対峙するときにはすごく有効なところまで来ている。エネルギーはすべて長所と短所があるけれど，化石燃料と原子核エネルギーには短所はないのかと言ったら短所はいっぱいあるわけで，そういうことを語れる人間は，電機会社や機械会社のハードはちょっと難しいけれど，商社やシンクタンクや行政や建設会社などなら特色を発揮できる。自動車メーカーで機械屋と対峙できるはずがないし，電機メーカーで電気屋とは対峙できないけれども，自分の特色の出しどころがどういうふうに関連付けられてマーケット側と供給側とを繋げ得るのかというところを詰めていって，それを社会にも発信できます。

さらに言わせていただくと，このあいだ，米田稔教授（都市環境工学・環境リスク工学）が東京に来られて，豊洲市場の問題で科学的に言えばこうですよと発言された。あれは少なくともこの問題の当事者からはすごく評価されているんです。科学的に言えばこうですよ，お互いに科学的な根拠はこうですよという土俵に乗った上で議論しましょう，ということを発信されたことは，東京の多くの当事者にはすごく受け容れられている。専門家委員会には内山巌雄先生（京都大学名誉教授・都市環境工学専攻・環境衛生学）も参加されていましたが，そこの幅広さが京都大学の特色なのであって，リスクを論じるときに，人の肺がどうとか塚田が言ったってお前の言うことなんか信用できるかという人が，肺の専門家の内山先生が言うのならしょうがないとなるわけです。そういう幅広い特色があるから，こういうことはもっと声を大にして京都大学ここにありと言うべき話だと思います。

現実の問題に，
科学的根拠を持って向き合う力

松井――福島の事故の後もね，一番苦労したのは国環研（国立環境研究所）にいる京都大学衛生工学科の卒業生なんです。彼らは率先して放射能問題を扱ったんですね。

塚田――実は私も環境放射能学会の副会長をやらせていただいているんですよ。この問題は，それこそ科学的にちゃんとした議論をしないといけない。科学的根拠に

基づかず，何でもかんでも放射能は恐い，けしからんと言ってしまえば，精神論だけの議論になってしまう。その点で，国環研におられた酒井伸一先生（京都大学環境科学センター教授）や今おられる大迫政浩さん（国立環境研究所 資源循環・廃棄物研究センター長）はこの話の中心におられます。歴代三代の資源循環センター長は京大衛生工学科出身の人だと思います。そして，環境リスクを論ずるとなれば米田先生が担当される。幅広い環境工学分野の方々がきちんと言うことで，議論が科学的根拠に基づいて先に行きます。

松井――実際の，現実の問題を解決できる，もちろん解決には根本的な解決と当面の解決がありますけれども，とりあえず解決できるソリューションを常に出しているのが環境工学なんですね。その上で内藤先生がおっしゃるように，さらにその根本の理念の部分を常に明確にしながら先取りしていかないといけない。時代に合うものだけやっていたのでは陳腐化しますよということでしょう。

坂本――ここでまた役所の話で，なぜ霞が関に衛生工学科出身の人がいて，活躍できるのかということですけれども，もちろん役所では，衛生工学科出身であってもなくてもちゃんと仕事ができればいいわけです。しかしそんな中でも衛生工学科出身の連中はどこか違う。それは何かと言えば，工学畑の出身者は現実の「もの」をいつも意識している。ものをつくるということに生き甲斐を感じる一方で，どうしたらものをつくらないで済むかということも考える。そういうことを考えるのは衛生工学，環境工学の人たちです。庄司光先生始めいろんな先生のもとで培ってきたことが，衛生工学，環境工学出身者の肌身に染みついているから，霞が関のセンスからすると，そういう幅広い，学際的なことも頭に入れながら，バランス良く仕事をしてくれる人がほしいわけです。細かい専門的な仕事ばかりする人は役所には向かない。国会対応など短時間にやらねばならないとき，時間切れでは仕事にならない。

学者の方はどうか知りません。ノーベル賞を取ろうと思えばそんなに幅広く仕事はできないと思いますけれども。役所というのはそういうところなので，それに合う人が求められる。

内藤――環境省で頑張っていて最近大学教授に転身した袖野玲子（平成８年卒）という卒業生がいるでしょ。京大環境工学コースの募集案内の中に彼女が書いていますが，「在学中は環境問題を科学だけでなく，社会科学的な観点からも学ぶことができ，今の仕事にとても役立っています」という言葉がそれを象徴していますね。

坂本――衛生工学科では細かいことだけじゃなくてあっちやこっちや学ぶ。その代わり，「何を習って来たの？」と言われることもありますよ。例えば昔，現業を担当している東京都水道局の幹部の一人は私に，衛生工学科出身者は要らないと言ったことがあります。あの連中は小うるさいことばっかり言って，設計書を書けと言っても書けないし，それだったら純粋土木出身者の方がよっぽど良いとね。だいぶ前の話だから，今はそんなことは言っていないと思いますけど。

ともかく職場にもよりますが，霞が関の場合は広い視野を持った人でないと世の中を引っ張っていけない。その点で，環境工学出身者は，活躍しやすいわけです。しかし，だからこそなんですが「環境工学が第二志望だったからやる気が出ない」というのではあきません。

「環境屋で生きるんだ」という意欲をどう集めるか

藤木――確かに志望学科の順位というのは重要なんですよね，とくに役所においては。例えば国土交通省では，昔の建設省時代は河川とか道路の仕事をしたいという優秀な人が全国から集まってきました。本流だから，次官とか事務次官になったりしますので。だけど今は昔ほどの人気はないと聞いています。国土交通省の方も危機感を持っていると思います。京大にも国交省からリクルート活動に来ているのではないでしょうか。それに役所に入ると，やっぱり法律屋が優先する面があるんです。東大・京大などでは工学部に入るより法学部に入る方が難しい，偏差値が高いですね。それって案外卒業生の見かけの評価に影響しているような気がします。そりゃあ法律は大事ですよ。だけど扱っている問題は法律だけではないですからね。技術的な問題で重要なこともいっぱいありますから，そんな中でも技術屋が頑張らないといけない。だから環境工学科に入ってから鍛えるのはもちろん大事ですが，そもそもの入試時点での第一志望者数を増やすとか，合格最低点を上げるためにはどうしたらいいかということも考えないといけない。

その点では，理念というのは大事ですね。これまで出身学科の理念ということについてあまり考えたこともなかったんですが，土木工学科から派生したという点では，「公共財」というのが一つの柱となり得るでしょう。「私的財」というか，要するに希少価値があるものを取引するような分野であれば普通の経済の論理でうまくいくわけですよ。簡単に言うと，ものが足りなくなれば値段が上がって，自然と供給も増えてくる。そういうところは市場経済に任せておけばいい。だけど公共財——道路もそうですし，河川もそうですし，環境も公共財ですが——は取引は普通できない，しない世界です。いわゆるマーケットから抜け落ちているけれど価値のあるものですね。これをどうしたらいいかというときには，普通の経済学でも駄目だし，狭い意味での古典的な衛生工学だけでも駄目なので，さっきの「予防接種」という話じゃないですけど広く，工学はもちろんだし経済学とか経営学とか，あるいは行政学とか金融とか，そういう分野の先生から少しだけでも教えを受けるようにする。そうしたトレーニングは実際，卒業後に役に立ちます。

松井——私も賛成です。学部教育で，少しでもかまわないから，今おっしゃったような「市場経済至上主義」には流れない，「自由主義経済」にも流れない，「公共経済学」というものがあるということをしっかり理解した上で役人になってもらうとこれは役に立つ。もちろん産業界でも，創業するときにアセットつまり公共の財を半分民間，半分公共で経営できるような人材が要りますよと。実際，現在の環境工学コースの

写真◀ネパール、カトマンズのバグマティ川では、汚染された川で子どもたちがプラスチックボトルを探している。環境工学を学ぶ者が解決に携わるべき「古典的」な衛生問題は、日本では目に見えなくなった。しかし世界各地には、まだたくさんの問題が残っている〈AP/Kusumadireza/アフロ〉

プログラムにも入っていますが，これをアピールすることは重要だと思います。

内藤——最近の国際会議での議論を見ると，塚田さんもおっしゃっていた通り，もう投資する側自身が，環境を意識しない事業には投資しないということをはっきりと言っている。そのことは，環境工学にとっては大きな強みですよ。近頃では，ファンディングを自らやるという動きが盛んです。私もファンドの代表をしていますが，社会的な事業には見事に金が集まります。それを若い子の起業とか福祉的な事業に活用していく。それは新しいマーケットとしてどんどん発展すると思います。今までは理念として，志としてやったらいいという意識だった。ISOもそうだし企業の社会的貢献もそうだったんですけど，もう貢献じゃあないんですよ，現実にそうしないと金が来ない。海洋の風力発電の戸田建設の事例がテレビで紹介されていましたが，開発したのに日本では注文がなかったが，外国の会議に行ったら出資の話がいっぱい来たとのことですね。

塚田——建設業も2020年の東京オリンピックまでは何とか景気が保つと言われていますけれども，その後は先細りになるのがわかっていますから，多くのゼネコンはどこも再生可能エネルギーの発電事業者になってきていますね。だから世の中的にはそういう多角経営の時代になるのは間違いない。京都大学というのは工学部（工学研究科）だけでもたくさんの講座を有していて，工学研究科以外にエネルギー科学研究科だとか地球環境学大学院だとかがある。そういうメニューに加えて，京大が培ってきたそれを支える哲学がある。実際，「2050年以降にCO_2排出量を実質ゼロにすると言うけれど，どうやってやるんですか」と聞かれて，松岡先生が「京都大学にはこれだけの用意がありますよ」と答えたら，これから勉強しようという中学生なんかビリビリ来るんじゃないですかね。

松井——私は今，農学部の森林の先生と一緒に森林再生活動を行っているんですよ。森林を伐採してもういっぺん植林すれば二酸化炭素の吸収材に回るんですね。今は森林を伐っても儲からないというので伐らないものだから吸収できない。でも儲かる仕組みを考えようとして一生懸命やっています。北海道でビジネス化しているのは柳と白樺の木を伐ってチップにして，これを亜臨界水反応で処理すると生産したものが牛のセルロース飼料（粗飼料）になるんですよ。日本の和牛飼育者は，セルロース飼料を輸入しています。輸入価格より安く生産できることになりました。

塚田――だから松井先生がおっしゃったようなことをもっと社会にアピールしてほしい。森林だってこれからは金をつぎ込みましょうという時代です。

坂本――森林税は税金納めている人一人あたり1,000円ずつ上乗せで年間600億円集める。

塚田――森林税なんか当たり前でしょというふうに京大から発信してくれればいいんですよ。「再生可能エネルギーを使って電気代が500円高くなったってそれがどうした。あんた携帯電話にいくら使っているんだ」と松井先生が言ってくだされば……（笑）。

学部時代に
基礎的トレーニングを積むことの大切さ

松岡――先ほど坂本さんが衛生工学がなぜ役所で認められているかということをおっしゃった。いろいろ学んでいるのが良いということでした。しかし実際，今日ここにおられる大学教員，内藤先生，笠原先生，松井先生そして僕も地球環境学大学院やエネルギー科学研究科でそうした教育をしてきましたけれども，ああやっていろいろなものを学ぶということはそれだけツッコミが浅いということで，とくに定量的な話やものをどのようにしてつくるんだという話については，地球環境学大学院などではできない。エネルギー問題は定量的にやらないと意味がないですが，社会科学や人文科学出身の皆さんはいろいろ発言されるんですけど，その実現可能性についてはほとんど考えておられない。でも，何か設計したりデザインしたり考え

藤木 修
昭和54年京都大学大学院工学研究科衛生工学専攻修士課程修了。建設省入省。国土交通省国土技術政策総合研究所下水道研究部長，下水道新技術推進機構下水道新技術研究所長兼技術評価部長等を経て，日本水工設計株式会社代表取締役社長。

松岡 譲
京都大学名誉教授。略歴は262ページ。

るには，やっぱりそうしたトレーニングを受ける工学部を出ないと駄目です。その上で地球環境学大学院などへ進学して社会科学や人文科学を勉強すれば良い。

ところが最近のキャリア形成というのは，そういうところはあまり見ていただけていない。どうしても弁の立つ人が目立ってしまう。弁だけでなく，ちゃんとした論理的思考，さらにそれらが定量的な根拠を持っていればより良いんですが，そうした論理性が必須です。そうした観点から問題や現場を見る能力を持つことが重要です。環境工学コースでは学部3年のときに水質工学実験なるものをやらせていて，坂本さんもおっしゃっていたBODをマニュアルで測らせる。機器でやったらすぐじゃないかというものを古典的な手法でやらせています。けっこう「暗い」んですが，そういうなるべく基本的かつ素朴なアプローチで環境マインドを養ってきたという自負を，我々は持っています。先ほどアセットマネジメントという言葉が出ましたが，上下水道などの歴史を紐解きますと，明治時代の衛生工学技術者たちは同様の議論を真剣に行ってきた。衛生工学にはそうした奥深い歴史と知恵がつまっている。それを忘れ，目の前の問題だけを考えて流行りのキーワードで論ずるようなチャラチャラした評論家になってほしくない。

内藤――そのチャラチャラしているやつとコンピートしたら勝つの，負けるの？

松岡――負ける。うちの卒業生は口下手が多いからなあ。

内藤――負けるのならしょうがないなあ(笑)。何か強みがあると言いたいわけでしょ。

松岡――ただ，その場では負けるかも知れないけれども，しっかりした実務的なトレーニングを受けながら，着実に真剣に環境工学・衛生工学をやってきた我々は，やがては必ず認められると思っています。そのことは，ここにおられる方々をはじめとして，卒業生の活躍と実績が物語っているという自負はある。

藤木――理念は理念でいいんですけれども，徹底した基礎的トレーニングは役所にいても産業界に移っても本当に重要です。私は京大衛生工学科で，数学モデルは徹底して教えてもらったと思いますね。建設省に入ってすぐ土木研究所の水質研究室に配属されたんですけど，ほかの大学出身者とまったく違っていましたよ。モデル化には何の抵抗もありませんでしたので，コンピュータも夜間に独り占めして使いたい放題で，河川や湖沼の水質解析をやっていたんですが，自分でモデル化したものをバンバン計算させていました。大学では想像できないぐらいの贅沢でしたね。でもこんな研究員は周りにはほとんどいませんでした。そのとき自分の受けた教育というのはすごかったんだなと実感しました。自然科学的なことだけではなく，経済だってモデル化して考えて，モデルの上で議論できるわけじゃないですか。会社の経営だってモデルですよね。その素養さえあればいろんなところに入っていける，それが非常にありがたいことの一つだなと思っています。

松井――衛生工学には構造力学的なこと，水理学の流体も入って，公衆衛生の流れとして医学も入って，微生物学も入っています。エネルギーの問題が入ると熱力学もやっていないといけない。幅広い素養を持って出ると，官僚になったときに対応できる。放射能なんて途轍もないものも入っていますからね。たくさんのものを教え込まれて学生時代は大変だったけれども，卒業後は武器になっていると思いますよ。衛生工学は総合学問。

内藤――基本のところは大学で一応勉強したという自信。そこに積み上げていく。

松岡――おっしゃることはわかりますが，今は学ばないといけないことが非常に多い。取り組むべき課題の広がりや学問の進展を大学教育の中でどれだけ反映するか。

藤木――水道も下水道もいわゆるエンジニアリングだけではなくて，経営とか民営化とか，ニューパブリックマネジメントの考え方を上下水道に適用する場合にどういう問題があるかとか，いろんな議論がありますよね。そういう領域が必要なんでしょう。

松岡――でもまずは水道の目的・技術やその限界はわかっていないといけない。わかるためにはね……。

松井――わかるためには身体汚してBOD測ることが必要なんでしょ(笑)。この問題はたぶん永遠の課題ですが，若い人たちには，この大切さを知ってほしいですね。

◉第2部　人は環境問題とどう闘ってきたか

環境工学の歴史と課題

はじめに――衛生（命を衛る）の思想

工学の歴史を「思想」から語り始めることに違和感を覚える読者もいるだろう。しかし，環境工学とは，文字通り人が生きることそのものがもたらす問題を扱う学問であり，したがって，生きるとは何か，命とは何か，という人の根本的問いと切り離せないのである。

環境工学の源流が衛生工学にあることは，第1部の座談会で紹介された。この「衛生」という言葉は，英語のHygieneの訳語であり，その由来は，古代ギリシャ語のヒュギエイヤ（ὑγίεια 健康）に遡る。この語に「衛生」の訳語を当てたのは，緒方洪庵の開いた適塾で福澤諭吉の後輩であった医師，長與専斎（1838～1902年）で，専斎が明治政府に内務省衛生局を組織した時に採用し，日本で定着した。ここで「日本で」というのは，この漢語が中国の古典に由来するものだからで，もともとは，「荘子――庚桑楚篇」に「衛生の経」という言葉で登場する。「衛生の経」とは，健康維持のために雑念を捨て忘念となる身体調整方法で，後に禅宗の座禅に通ずるような考え方だが，ひと言で言えば「養生」の道と解釈して良いだろう。すなわち，生を養う根本原理ということである（森三樹三郎『老子・荘子』講談社学術文庫，1994年）。専斎はそれを転じて，漢字の字義どおり，「生きることを衛る」すなわち「命を守る」術として，Hygieneの訳語としたのだろう。そして，衛生局の初代局長として，コレラなど伝染病の流行に対して水道・下水道工事を推進し，衛生思想の普及に尽力した。今日では，環境問題というと，すぐさま温暖化など地球規模の事柄が思い浮かぶが，環境の問題は，安全な水の確保という，ごく身近な問題として始まったわけである。

……人類史の中で捉える環境工学の課題

1-1 産業革命による人の生の大変革

ここで「始まった」と書いたように，もともと，水や空気あるいは土壌は，人を含めた生物界の環境として当たり前に存在し，特別な場合を除いて，人を傷つけるものではなかった。しかし，この状況を大きく変えたのが，18世紀に始まる産業革命である。

周知の通り，産業革命は，人類の生活・生存状況を全く変えた。今日，多数の人類が享受する生活の利便性・快適性は，産業革命による成果である。化石燃料を大量

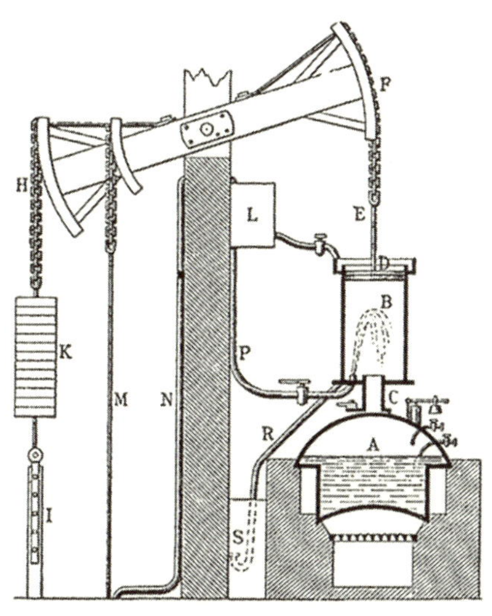

図1　トーマス・ニューコメンの蒸気圧利用の鉱山排水ポンプ

鉱山のわき水を汲み出す自動の「つるべ井戸」。ヨーロッパで1,500台以上利用された〈Wikipediaより〉

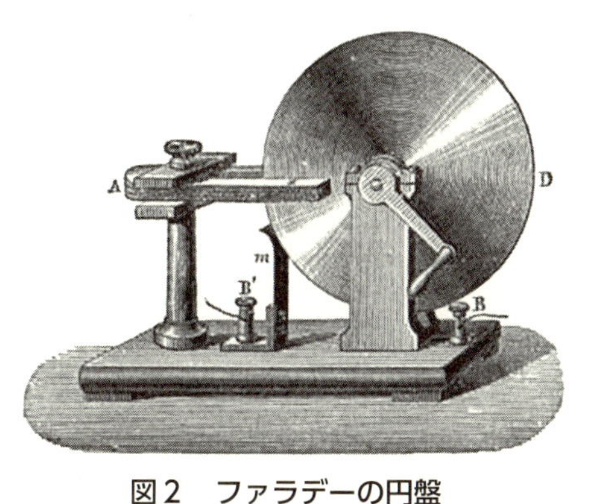

図2　ファラデーの円盤

ファラデーが1832年に世界で初めて製作した電磁式発電機〈Wikipediaより〉

に消費することで成立するテクノロジーは，人類に大きな恩恵をもたらした。英国のトーマス・ニューコメンによる蒸気圧を利用した鉱山排水ポンプの発明や，ジェームズ・ワットによる蒸気機関の発明等により，石炭エネルギー革命が始まった（図1）。それには，ニュートン以来の近代科学，すなわち力学，熱冷却，微積分学等の理論的発展，19世紀に入ってのボイルとシャルル達の気体の法則研究が寄与した。熱機関の技術と理論は，フランスのサディ・カルノーが熱力学第２法則を確立することで統一され，それ以後，大勢の技術者達の発明の積み重ねと，それを理論化した科学者達の貢献で，鉄道・船舶・自動車そして飛行機が発明され，大量の物資と人を遠方に移動することが可能になった。

一方，電気に関する研究は19世紀になって本格化する。ドイツのゲオルク・オームが電流と電位の法則を，英国のマイケル・ファラデーが電磁誘導現象を発見し（図2），電気と磁気の統一理論が確立した。19世紀後半，トーマス・エジソンはニューヨークで世界初の直流電力供給網を完成させ，その後ニコラ・テスラが変圧器と交流で使用できる誘導電動機を発明・開発すると，ナイアガラ瀑布に設けられた水車発電機から2,200ボルトの交流で送電される電気が，アルミの精錬とカーボンランダム（炭化珪素，混合砂）の生産に使用された。さらにはチャールズ・アルジャーノン・パーソンズが蒸気タービンを発明し，現在の火力発電の先駆けとなった。交流送電方式による電気エネルギーの利用が拡大し，交流の電動機が実用になると，電力が動力に使用されるようになり，巨大な発電所から送電される安価な電力は，機械産業・電気電子産業を起こし，様々な生活商品が大量に生産されるようになった。こうした19世紀末の，電気，化学，鉄鋼，石油分野の飛躍的発展は第２次産業革命と呼ばれるが，現在の情報・通信技術の飛躍的発展を，第３次産業革命と呼ぶ歴史家もいる。

産業革命を語る際，化学分野の急速な発展は，特筆しておかねばならない。20世紀に入り，アンモニアを空気の窒素から製造するハーバー・ボッシュ法が開発され，大量の窒素肥料生産が可能となった。このことが飛躍的な食糧増産を可能にし，トウモロコシ・小麦・コメ等穀物の飛躍的な増産は，連動して家畜の頭数・羽数を飛躍的に増やし，蛋白質摂取が増え，人々の食生活は激変した。またアルフレッド・ベルンハルド・ノーベルは，19世紀半ばにニトログリセリンを安全に扱いやすくしたダイナマイトを発明したが，ハーバー・ボッシュ法の導入は，ニトログリセリンの原料である硝酸の製造をより安く大量に行うことを可能にした。このことは，土木工事や鉱山採掘活動の効率化，大規模化をもたらしたが，言うまでもなく，戦争の規模が拡大する影響も生み出した。

大規模土木事業が可能にした灌漑用水事業とダム建設によって，都市には電気やガスとともに豊富な水が常時供給されるようになり，水道水不足が解消された先進国の都市では，快適で利便性に富んだ生活が送れるようになった。石炭を乾留して石炭ガス，コールタール及びコークスを製造することは17世紀に始まっていたが，19世紀には石炭ガスを街灯照明に使いはじめた。20世紀初め石炭の液化法（ベルギウス法）が開発され，ドイツや日本など油田が確保できない先進国では，化学合成産業の原料製造に使われるようになった。石油原料の化学合成産業は，プラスチック生産や医薬品製造を発展させ，利便性が向上した社会で，人類の寿命は大幅に伸び，その結果，人口は爆発的に増加した。この快適社会の実現追求は今後も進行し，人口は現在の75億人から2050年には97億人に増加すると予測されている。

1-2 産業革命がもたらす環境変動

しかし，このように急速な人々の生の変化によって，将来，エネルギー，水，そして食糧の問題が，大規模に同時に複合して起きるであろうことが懸念されている。21世紀前半の現代，産業革命の負の側面である地球と地域が抱える環境問題は深刻であり，地域的な環境問題を解決することはある程度可能となったが，残念ながら地球規模問題の根本的解決策は見つかっていない。地球温暖化・気候変動の予測は明るいものではなく，温暖化ガス濃度の上昇は続いている。発展途上国では工業化のはじまりとともに産業公害が発生し，先進国が辿った道を進みつつある。先進国では，過去の産業活動や鉱山活動の残渣である廃棄物や排水問題が顕在化し，それらによる地下水汚染が問題になっている。これらの問題については，第２章で日本での歴史として詳述するが，ここで，簡単に概観しておこう。

1-2-1　大気汚染の始まり

産業革命は欧州から北米に広がり，遅れてアジアで日本が先頭きって導入に成功したが，その展開にともなって，現在にいたる，地球規模・地域の環境問題が拡大してきた。鉄道や産業が求める動力を供給する石炭燃焼は，媒塵と二酸化炭素による大気汚染の始まりとなった。

明治の日本では鉄道駅舎を市街の中心から外す傾向があったというが，それはともかく石炭燃焼の蒸気機関車による大気汚染の影響は沿線に限られ，人々は受忍した。一方，石炭による蒸気動力は羊毛紡績・紡織機を動かし大量生産の繊維業が広がった。ルドルフ・ディーゼルが軽油燃焼のエンジン動力車を発明するまで，蒸気機関車は鉄道の主力動力であったが，鉄道レールや機関車，鉄橋，工場機械など大規模な機械製造の原料となる製鉄業は，高炉を運転するために良質石炭から作られるコークスを大量消費する。この過程で大量の大気汚染媒塵や二酸化炭素が排出される。コークスの製造過程で生じる排水は，毒性物質のシアン等を含むが，この排水処理に成功するのは，ようやく1970年代になってのことである。

1-2-2　大気汚染の性質が変化

工場だけでなく，一般家庭でも大量に消費される電力の供給は，当初はダムによる水力発電が主体であったが，日本は第２次大戦以降，石油燃焼の火力発電が中心になった。その結果，大気汚染の性質が，石炭燃焼による媒塵型から，重油燃焼による二酸化硫黄・二酸化窒素等のガス成分による汚染型に移行した。

重工業と呼ばれる製鉄業や石油産業は，自前の発電において重油を使う。同時に，自動車の普及が進みガソリン・軽油燃焼排ガスが新しく加わった結果，大気汚染において，媒塵のような粒子径の大きな物質に加え，微小粒子やガス成分が人体の呼吸器や肺に影響を生じさせた。代表的なものが光化学スモッグと呼ばれる大気汚染である。これは粒子成分とガス化学成分が太陽光紫外線により発生する新しい大気汚染であった。すなわち，石油・ガソリン燃焼で発生するオゾンやアルデヒドなどの気体成分（O_x 光化学オキシダントとよばれる）と，空気中の窒素が酸化されて発生するNO_x（窒素酸化物）や重油中に含まれる硫黄が酸化することで生成するSO_x（硫黄酸化物）などが，太陽光の紫外線を受けて連鎖反応により化学合成する。これらが微粒子媒塵と一緒になり大気の見通し（視程）が低下する。媒塵汚染をスモークと呼び，霧のような大気状態をフォッグと呼ぶことから，合成新語としてスモッグと呼ばれるようになった。光化学スモッグは，夏の暑い日の昼間に多く，特に日差しが強く風の弱い日に発生しやすい。日本では光化学オキシダントが発生しやすい天気の日には警報を発している。

1-2-3　鉱山排水・工場排水の問題

蒸気機関の発明は，大量の石炭鉱山事業を呼び起こし，また鉄・非鉄金属の鉱山事業も大規模化した。それに伴って鉱山排水処理問題が発生した。よく知られているように，日本の産業公害の始まりは，早くは19世紀後半に問題となった，足尾銅山の鉱山排水汚染であった。しかし，戦前はその規模が限定されていたため，鉱山排水・工場排水の問題は社会問題化しにくかった。しかし第２次大戦以降，化学工業の分野が石炭産業から石油産業に変わると，重油原料を起点として軽油・ガソリン・ナフサ分留／分解による化学物質の合成が盛んになり，高分子化学産業・医薬品産業・食品産業が発展すると，新しい形での産業排水汚染が発生した。

化学産業は，硫酸・塩酸・硝酸など大量の酸を使う。酸の中和のために大量のアルカリが必要となる。アルカリは，塩化ナトリウム（NaCl）を原料として苛性ソーダ（水酸化ナトリウム NaOH）を製造することで得られるが，その製造工程では，水銀を触媒にして塩化ナトリウムの電気分解を行う。触媒が溶けて電気分解槽の沈殿汚泥となるが，水銀汚泥の処理対策を適切に行わないと，水環境中で食物連鎖により魚介類が水銀に汚染され，生物濃縮されて人体に強い影響を及ぼす。また砂金採掘現場では砂金と水銀を鍋に入れてアマルガム（合金）を作り，それを加熱して水銀を蒸発させ金を取り出しているが，蒸発した水銀の処理がされないで環境汚染を引き起こした。

一方，電気産業，機械産業は鉄以外の亜鉛・鉛・銀など非鉄金属を必要とする。非鉄金属鉱山排水や金属精錬工場の排水に存在するカドミウムは，適切に処理されれば新しい材料として活用されるが，そのまま流されたことで発生したのが，「イタイイタイ病」である。

1-2-4　都市環境問題の発生

産業革命は農村社会から工業地域に人口移動を引き起こし，大規模な産業都市社会が生まれて「都市型汚染」が始まった。人類社会が農業・林業・畜産・水産などの１次産業と手工業を基盤とした産業形態を営んでいた時代は，人口が集中する都市の規模はさほど大きくはなかった。都市規模を決める要因は，市民の飲料水がどれだけ多く確保できるかにかかっていた。古代ローマでは，都市の外側から山岳地下水をレンガの水道橋を通じて導入し，まとまった小都市を形成していたことはよく知られている。しかし前述したように，産業革命によって都市で多量の飲料水が得られるようになると，人口が増加した。

都市に大量に流入した人々によって，工場で働く労働者階級が形成され，彼らが集合都市で生活をするために必要な飲料水を供給する水道事業，下水を排除・処理する下水道事業，ゴミの収集などの都市衛生事業が始まった。欧米では19世紀半ばからこれらの事業が始まったが，下水処理事業は遅れ，都市河川の汚染が進行した。大規模な社会投資でその解決が始まるのは，第２次世界大戦が終わってからである。

1-2-5　戦争と平和，原子力産業の不幸な出発

第１次，第２次の二つの世界大戦では，人類は科学技術を最大限に軍事力に活用した。中でも原子･素粒子の科学とその利用は，原子爆弾の発明と使用にまで繋がり，日本の広島・長崎が犠牲都市となって多くの市民が亡くなり，また被爆者となった。戦後，原子力は，化石燃料に代わるエネルギー資源として使われ，放射能科学は医学分野に活用されてがん治療法の一つともなっている。今後も放射能科学はこうした平和利用を発展させるであろう。

しかし，アメリカ・スリーマイル島原子力発電所事故（1979年3月28日）で始まった原子力発電所の管理の失敗は続き，ソ連邦時代のウクライナ・チェルノブイリ原子力発電所事故（1986年４月26日）は，国際原子力事象評価尺度最悪のレベル７（深刻な事故）に分類された。さらに日本では予期せぬ自然災害と重なる事故が起こった。2011年３月11日の東北地方太平洋沖地震による地震と津波の影響により，東京電力の福島第一原子力発電所で発生した原子力事故である。これも国際原子力事象評価尺度最悪のレベル７に分類された。福島，宮城等の東北地方では，放射能汚染物質の除去作業が進められているが，まだ時間が必要である。

日本は，大変不幸にも原子力の悪い影響を，戦争と平和利用の中で受けた国になった。

1-3 地球規模の環境問題と，それを解決する国際社会の取り組み

このように概観すると，結局，環境問題の歴史は，化石燃料に依存した高度消費社会が生み出した様々な「不都合な真実」であると言える。そして今，化石燃料依存の社会が二酸化炭素やメタンガスなどの温室効果ガスを大気中に大量に排出し，地球全体の温暖化，気候変動を引き起こしている。

表1は，国連が中心となって地球環境問題解決を行ってきた年表である。

表1 地球環境問題を解決する国際社会の取り組みの歴史

年	国連等の取り組み	問題の発生と対応	内容
1891		足尾銅山鉱毒問題の国会提起	日本の産業公害の最初の事例
1955		イタイイタイ病（富山県）が社会問題化	鉱山排水カドミウムによる水質汚染がコメに濃縮
1958		熊本・水俣病公式認定	水俣・チッソ工場排水のメチル水銀汚染が魚類に濃縮
1961		四日市市にぜんそく患者が多発	石油コンビナート大気汚染の硫酸ガス
1962		『沈黙の春』発表	アメリカ女性科学者レイチェル・カーソン、DDT等有機性塩素化合物の生態毒性を警告
1968		カネミ油症事件発生	PCB／ダイオキシン混入の米ぬか油を摂取して「黒い赤ちゃん」生まれる。内分泌かく乱病の認定は2002年
1970		光化学スモッグ	東京・大阪・四日市・北九州等の工業都市で発生
1971	ラムサール条約採択		湿地帯環境保全と水鳥生息地の保護に関する条約
1972		ローマクラブ『成長の限界』発表	アメリカの私的クラブが世界の賢者の議論をまとめた。地球有限資源の限界と人類の繁栄の関係に警告
	国連人間環境会議（ストックホルム会議）		環境問題についての世界で初めての大規模な政府間会合。「人間環境宣言」及び「環境国際行動計画」が採択され国際連合に環境問題を専門的に扱う国際連合環境計画（UNEP）がケニアのナイロビに設立された。
1973	国連環境計画（UNEP）発足		国連組織として地球環境の現状把握と将来を示す
	ワシントン条約採択		絶滅のおそれのある野生生物種の国際取引制限に関する条約
1974	海洋汚染防止条約（IMCO条約）採択		
	第6回国連特別総会（資源と開発がテーマ）		
	第3次国連海洋法会議が開幕（カラカス）		
	世界人口会議（ブカレスト）・世界食糧会議（ローマ）		
	OECD第1回環境大臣会議		先進国が経済開発機構（OECD）を発足。経済と環境問題を初めて議論
1975	第7回国連特別総会（開発と経済協力がテーマ）		
1976		セベソ事件	イタリア北部の都市セベソの農薬工場で起きた爆発事故でダイオキシン類が飛散し、家畜などの大量死、人への影響
	第4回国連貿易開発会議（UNCTAD）総会		貿易と環境問題の議論始まる
	国連人間居住（HABITAT）会議（バンクーバー）		人間の都市居住環境を議論する
1977	国連水会議（マルデルプラータ）		地球の水資源問題を初めて議論

年	国連等の取り組み	問題の発生と対応	内容
1977	国連砂漠化防止会議（ナイロビ）		砂漠問題の議論始まる
	環境教育政府間会議（トビリシ）		環境問題解決を教育の中に取り組む
1979		アメリカ・スリーマイル原子力発電所 放射能の排出事故	
1980		フロン生産能力の凍結	EC（欧州共同体、現在の欧州連合 EU）閣僚理事会において冷媒フロンの生産削減を決定
1982	セベソ指令		ECが、有害物質による汚染を減らし人々の安全を守るための規制を求めた指令
	UNEP 理事会特別会合		国連人間環境会議（ストックホルム）10周年記念ナイロビ会議
1983	熱帯雨林木材協定		熱帯木材貿易の円滑かつ安定的な拡大を目的
1984	「環境と開発に関する世界委員会」（ブルントラント委員会）発足		
1985	オゾン層保護全権会議 ウィーン条約採択		
		ウクライナ・チェルノブイリ原子力発電所事故 最悪の放射能事故	
1986	ＯＥＣＤ有害廃棄物輸出禁止		有害廃棄物の域外への輸出に関する決定・勧告
1987	ブルントラント委員会最終会合（東京）		日本政府の提案で発足した委員会が報告書『我ら共有の未来』発表
	オゾン層保護条約 （モントリオール議定書）採択		
1988	IPCC（気候変動政府間パネル）設立		地球温暖化問題を議論する組織のはじまり
	EU ソフィア議定書		欧州各国の窒素酸化物の排出量を凍結
	オゾン層保護法を公布、施行		日本の加入
	ウィーン条約に加入		日本の加入
	日本モントリオール議定書に加入		日本の加入
1989	バーゼル条約		有害廃棄物の越境移動を管理するための制令を実施・日本加入93年
	ハーグ宣言		地球温暖化問題に対する特別機関の設置条約などを提案
		ベルリンの壁崩壊	東西ドイツ統一、ソ連邦解体、東欧諸国民主化が始まる。東西冷戦が終わる。
1990	世界気候会議（ジュネーブ）		
1992	国連環境開発会議（地球サミット）（リオデジャネイロ）		地球環境問題を国連が解決する基本理念と将来像を初めて決定
	アジェンダ21とリオ宣言、森林原則宣言の採択		
	気候変動枠組条約と生物多様性条約の調印		
	ロンドン条約採択		廃棄物、その他のものの投棄による海洋汚染の防止
1993	世界人権会議（ウィーン）		
	日本の環境基本法成立		公害対策基本法を改正し環境保全に対する基本的な枠組み成立
1994	砂漠化対処条約採択		砂漠化の防止と干ばつの緩和の国際的な連携
	国際人口開発会議（カイロ）		
		ルワンダ虐殺	フツ族とツチ族抗争　1994年4月6日発生
1995		阪神・淡路大震災	1月17日に発生。日本は国際社会に自然災害に対する防災の重要性を訴える。

年	国連等の取り組み	問題の発生と対応	内容
1995	社会開発サミット（コペンハーゲン）		
	世界女性会議（北京）		
1996		『奪われし未来』発表	シーア・コルボーン他の環境ホルモン問題の告発
1997	第３回気候変動枠組条約締約国会議（COP3）京都		京都議定書採択
		コソボ紛争	バルカン半島南部のコソボで発生した二つの武力衝突を示す。ユーゴスラビア軍およびセルビア人勢力と、コソボの独立を求めるアルバニア人との戦闘。NATOによるユーゴスラビア軍攻撃とアルバニア人勢力のユーゴスラビア軍戦闘。コソボにおいて大規模な人口の流動が起こった
1998	地球温暖化対策推進大綱発表		地球温暖化防止行動計画
1999	日本においてダイオキシン類対策特別措置法・特定化学物質排出管理法（PRTR法）成立		焼却炉からのダイオキシン排出量規制値・特定化学物質の排出量把握および管理改善の促進
2000	第６回気候変動枠組条約締約国会議（COP6）ハーグ		
	国連ミレニアム・サミット「国連ミレニアム宣言」採択		1990年代に開催された主要な国際会議やサミットをまとめ「ミレニアム開発目標（Millennium Development Goals: MDGs）」設定。MDGsは国際社会の支援を必要とする課題に対して2015年までに達成するという期限付きの八つの目標、21のターゲット、60の指標を掲げている
2001	POPs（残留有機汚染物質）規制条約が採択		ダイオキシン・PCB・DDT等や塩素系農薬の規制
2002	持続可能な開発に関する世界首脳会議（ヨハネスブルグ・サミット）（リオ＋10）		「アジェンダ21」についての包括的レビューをして、「持続可能な開発に関する世界首脳会議実施計画」を採択
2003	内陸開発途上国（LLDC）の開発に関するアルマティ行動計画が策定		
	生物多様性（カルタヘナ）条約発効		
2004	廃棄物に関する3Rイニシアティブ閣僚会合（東京）		「3Rイニシアティブ」が本格的に開始され、日本は「3Rを通じた循環型社会の構築を国際的に推進するための日本の行動計画」（ゴミゼロ国際化行動計画）を発表し、世界に３Rによる環境への取り組みを提案
			12月10日、「持続可能な開発、民主主義と平和への貢献」により、環境分野の女性活動家でもあるワンガリ・マータイ氏（ケニア）がアフリカ女性史上初のノーベル平和賞を受賞した。後に日本の「もったいない」理念に共鳴して理念普及
		スマトラ島沖地震	12月26日、インドネシア西部スマトラ島北西沖のインド洋で発生したマグニチュード9.0の地震
2005	国連持続可能な開発のための教育の10年（UNDESD）開始		
	国連防災世界会議にて兵庫行動の枠組み2005-2015が採択		
	地球温暖化防止京都議定書発効		
2007	安倍総理（当時）「美しい星2050」ハイリゲンダムG8サミット（COP13/CMP3）バリ行動計画採択		

年	国連等の取り組み	問題の発生と対応	内容
2007		地球温暖化対策活動にノーベル平和賞	IPPCパネル代表アルバート・アーノルドとゴア・ジュニア元米副大統領とともに2007年ノーベル平和賞
2008	洞爺湖G8サミット招致		2020 年排出削減目標、2005年比 −15%（国内排出量で達成）（自民）、その後、1990年比 −25%（海外クレジット活用）（民主） COP15/CMP5 コペンハーゲン合意。
	援助効果向上に関するアクラ行動計画を採択		
	国連環境計画（UNEP）がグリーンエコノミー・イニシアティブを開始		
2010	生物の多様性に関する名古屋議定書採択		生物多様性に関する遺伝資源の取得の機会及びその利用から生ずる利益の公正かつ衡平な配分
	社会的責任の国際規格 ISO 26000の発行開始		
2011	第4回援助効果向上に関するハイレベル・フォーラム（釜山）にて成果文書を合意。		
		東日本大震災	3月11日に発生した東北地方太平洋沖地震・津波による災害およびこれに伴う福島第一原子力発電所事故による災害。マグニチュード9.0
2012	国連持続可能な開発会議（通称：リオ＋20）が開催 ブラジル		1. 持続可能な開発のための制度的枠組みづくりと貧困根絶の文脈におけるグリーンエコノミーの重要性 2. 持続可能な開発に関する主要なサミットの成果の実施における現在までの進展及び残されたギャップを評価すること 3. 新しい又は出現しつつある課題を扱うこと
2014	生物多様性（名古屋）議定書の発効		遺伝資源の取得の機会及びその利用から生ずる利益の公正かつ衡平な配分がなされるよう，遺伝資源の提供国及び利用国がとる措置等について定める
2015	国連持続可能な開発サミット開催		「我々の世界を変革する：持続可能な開発のための2030アジェンダ」採択。2030年までの持続可能な開発（SDGs）目標をかかげ、ミレニアム開発目標（MDGs）の後継であり、17の目標と169のターゲットからなる
2016	地球温暖化対策パリ協定署名（4月）発効（11月）		米中締結。日本締結
	G7伊勢志摩サミット（5月）		
	モントリオール議定書第28回締約国会合（MOP28）が開催		HFCの生産及び消費量の段階的削減を求める議定書の改正が採択
			2016年8月8日、国際シンクタンクの「グローバル・フットプリント・ネットワーク（GFN）」は、この日が2016年の「アース・オーバーシュート・デー」であると発表。これは、人類による自然資源の消費が、地球が持つ一年分の再生産量と CO_2 吸収量を超えた日、を意味する。つまりこの日以降の2016年の残された日々を、人類は地球の生態系サービスの「原資」に手を付けながら、「赤字状態」で使っていくことになる
	第22回気候変動枠組条約（COP22）及び第12回京都議定書締約国会合（CMP12）が開催		
2017	地球環境京都会議2017（ＫＹＯＴＯ＋20）が開催。		パリ協定からトランプ大統領離脱表明
	温暖化対策の国際会議（COP23）ドイツ・ボン		アメリカやアラブ・中国など大企業が牽引する脱炭素経済社会が始まる

アメリカの女性科学者レイチェル・カーソンは，鳥の大量死の原因を調べて，殺虫剤DDTなどの有機性塩素化合物が，昆虫からはじまる食物連鎖によって生物濃縮され，鳥や人に影響を及ぼす危険性を指摘した。有名な『沈黙の春（*Silent Spring*）』の出版である。化学合成産業が生産する殺虫剤や殺菌剤などの農薬の環境中の挙動と生態系への影響を考慮しなければならないことを初めて告発したこの出版は，人類の生存，さらには他の生物との共存のあり方を考える出発点となった。

一方，イタリア・オリベッティ社の会長であったアウレリオ・ペッチェイとイギリスの科学者アレクサンダー・キングは，資源・人口・軍備拡張・経済・環境破壊などの全地球的な問題に対処するために「ローマクラブ」を設立した。会員は世界の科学者・経済人・教育者・各種分野の学識経験者など100人からなり，デニス・メドウズらによる第一報告書『成長の限界（*The Limits to Growth*）』は，今後，技術革新が全くないと仮定すると，現在のままで人口増加や環境破壊が続けば，資源の枯渇や環境の悪化によって100年以内に人類の成長は限界に達すると警鐘を鳴らした。破局を回避するためには，地球が無限であるということを前提とした従来の経済のあり方を見直し，世界的な均衡を目指す必要があることが指摘されたのである。国際社会に対して，初めて地球と人類の将来について考えるべきことを警告した画期的なものであった。

1-3-1 環境問題の顕在化と，軍事・経済の対立を超えた議論の始まり──1970年代

1971年，イランのラムサールで，水鳥と湿地に関する国際会議が開催され，「特に水鳥の生息地として国際的に重要な湿地に関する条約」（ラムサール条約）が採択された。日本は1980年に締約国となる。条文の前文では，

> 締約国は，人間とその環境とが相互に依存していることを認識し，水の循環を調整するものとしての湿地の及び湿地特有の動植物特に水鳥の生息地としての湿地の基本的な生態学的機能を考慮し，湿地が経済上，文化上，科学上及びレクリエーション上大きな価値を有する資源であること及び湿地を喪失することが取返しのつかないことであることを確信し，湿地の進行性の侵食及び湿地の喪失を現在及び将来とも阻止することを希望し，水鳥が，季節的移動に当たって国境を越えることがあることから，国際的な資源として考慮されるべきものであることを認識し，湿地及びその動植物の保全が将来に対する見通しを有する国内政策と，調整の図られた国際的行動とを結び付けることにより確保されるものであることを確信して，次のとおり協定した。

と強調されている。人類が人間中心の環境観から他の生物との共存を考える大きな一歩となった。

1972年には，国連人間環境会議（ストックホルム会議）が開催された。環境問題についての世界で初めての大規模な政府間会合であった。「人間環境宣言」及び「環境国際行動計画」が採択され国際連合に環境問題を専門的に扱う国際連合環境計画（UNEP）が設立され，ケニアのナイロビに本部が置かれた。当時の国際政治は，アメリカを中心とする西側資本主義諸国とソビエト連邦を中心とする東側社会主義諸国が，軍事と経済ブロックで対立していた。また植民地から独立した途上国は，貧困な状態で南側諸国と呼ばれていた。そのような中，ストックホルム会議は，軍事中立国のスウェーデンが主導し，人類が初めて軍事と経済対立を超えて，人類と地球環境の将来を議論する画期的な場となった。

当時，ソ連邦は国内の環境汚染状況を示す水質汚染や大気汚染の情報は国家機密としており，西側諸国にはその実態が解らない状況があった。また中国は，国内で公害は一切なく，資源を有効に使っているとして，環境問題の重要性に関心を示さなかった。一方，欧米諸国は，産業公害や都市環境問題よりも自然環境の保護に関心を置いていた。そのような中，日本代表団は，水俣病やイタイイタイ病等の公害問題の重要性を提起した。このように環境問題への関心は大きく異なっていたのだが，この会議以後，国連は本格的に環境問題を取り上げることになる。

最初の自然保護に関する国際条約は，先に紹介したラムサール条約であるが，続いて，絶滅のおそれのある野生生物種の国際取引制限に関するワシントン条約が1973年に採択される。さらに，海洋汚染防止条約（IMCO条約）採択（1974年），第３次国連海洋法会議の開幕（カラカス）と続き，海洋汚染と海洋環境の意識が高まる。しかし日本では，自然保護・希少生物保護の動きは遅かった。一方，ローマクラブの指摘を受けて，世界人口会議（ブカレスト）・世界食糧会議（ローマ）が開かれ，先進国は経済開発機構（OECD）を発足させて経済と環境問題を初めて議論した。そして1975年の第７回国連特別総会は，開発と経済協力がテーマとなった。南北問題と呼ばれる開発途上国をどのように支援するかの会議が，環境問題とあわせて議論されることとなったのである。

こうして環境問題への関心が高まる中，イタリア北部の都市セベソで大きな事故が起こる（1976年）。農薬工場で起きた爆発事故でダイオキシン類が飛散し，家畜などが大量死，人への影響も生じたのである。ダイオキシン類の危険性については，1960年代後半にベトナム戦争で使用された枯葉剤に含まれていたことから，それによる深刻な影響は指摘されていたが，この事故は，人々の環境問題への関心を一気に高めた。

この頃から，個別の社会課題についての国際会議でも，環境がキーワードになってきた。貿易と環境問題を議論する第4回国連貿易開発会議（UNCTAD）総会，都市居住環境を議論する国連人間居住（HABITAT）会議（バンクーバー），地球の水資源問題を初めて議論した国連水会議（マルデルプラータ），砂漠化問題を議論する国連砂漠化防止会議（ナイロビ），さらには環境問題の解決を教育の中で取り組むための，環境教育政府間会議（トビリシ）などである。

1-3-2　持続可能性概念の登場と地球温暖化対策の開始――1980年代

1980年代になると，EC閣僚理事会において冷媒フロンの生産削減が決定されるなど，EC（欧州共同体，現在の欧州連合EU）が，有害物質による汚染を減らし人々の安全を守るための規制を求めた指令を発する。また，国連人間環境会議（ストックホルム）10周年記念ナイロビ会議が開催され，熱帯木材貿易の円滑かつ安定的な拡大を目的に熱帯雨林木材協定も結ばれた。

さらに国連総会決議に基づいて「環境と開発に関する世界委員会」が発足し，この委員会は，2000年以降の「持続可能な開発（Sustainable Development）」を達成するための戦略を策定するという責任を負った。21か国の著名な学識経験者や政治家などで構成され，2年半にわたる世界各国での会合と公聴会の結果，1987年，最終報告書『我ら共有の未来（*Our Common Future*）』がロンドンで発表された。この報告書はブルントラント・レポートと呼ばれ，二酸化炭素などによる地球温暖化，フロンガスによるオゾン層の破壊，酸性雨，砂漠化，有害廃棄物，森林破壊などが地球規模で発生していることを指摘している。そして環境保全と開発は対立するものではなく，両者を調和させ，将来の世代の経済発展の基盤をそこなわないような開発を目指す必要性が強調された。これを契機に，1970年代はじめから一部の開発専門家が説いていた「持続可能な開発」という概念が，開発の基本的な考え方として国際的に認められるようになった。

こうした動きと並行して，オゾン層保護条約（モントリオール議定書）が採択され（1987年），フロンの生産・使用規制が始まり，地球温暖化問題を議論する世界的な組織のはじまりであるIPCC（気候変動政府間パネル）が設立された。欧州各国の窒素酸化物の排出量を凍結するEUソフィア議定書が結ばれ，このあと他の地域でも光化学スモッグ・地球温暖化ガスの一つとして，NO_x 規制が始まる。有害廃棄物の越境移動を管理するためのバーゼル条約が発効し，日本も加入（1993年），地球温暖化問題に対する特別機関の設置条約などを提案する「ハーグ宣言」が出された。

そんな中に起こったベルリンの壁の崩壊（1989年11月9日）は，東西冷戦の終焉へと繋がった。冷戦時代，東欧諸国，ソ連邦，中国では深刻な環境問題が発生していたが，水質汚染・大気汚染のデータは国家秘密とされ，国際学会でも東側の研究者は，自国のデータを使った研究発表ができなかった。東側諸国は国連が進める地球環境問題の対策に熱心でなく，総論には賛成するが実効的な措置はとらないという対応を続けていた。しかし冷戦の終焉とともに，東側諸国も自国の環境問題解決に動きだしたのである。

1-3-3　人権，平和の諸課題と環境問題の統合――1990年代

東西冷戦が終焉に向かう過程で，世界気候会議（ジュネーブ）が開催され，続いて国連環境開発会議（地球サミット・UNCED）（ブラジル・リオデジャネイロ）が，1992年に開催された。このリオ・サミットで取り上げられた地球環境問題を整理し，問題群間の関係を説明したのが，図3である。先進国と発展途上国との間の南北問題が，地球環境問題と関連して存在している。この会議は，地球環境問題を全体的・根本的に取り上げた画期的な会議となった。1972年の「人間環境会議」にはじまる国連の様々な宣言や議決が，お題目のまま実施されずに終わった反省から，リオ・サミットで採択された「アジェンダ21」は課題と解決方向を具体的に示した。また「リオ宣言」（後述），「森林原則宣言」が採択され，「気候変動枠組条約」と「生物多様性条約」の調印

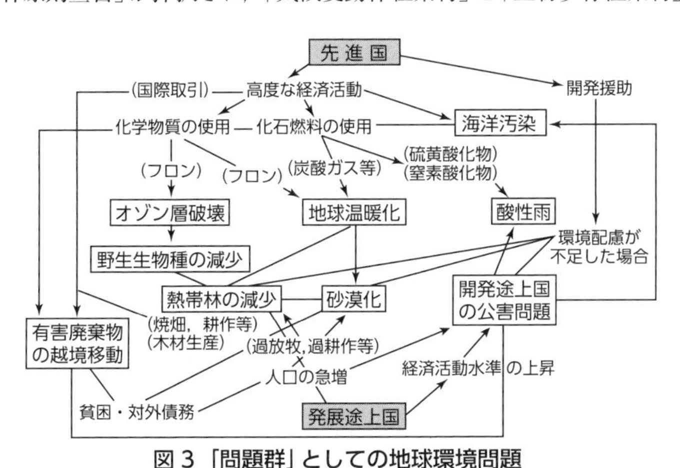

図3 「問題群」としての地球環境問題

出典：塚本瑞天，池田善一「地球環境問題と世界の動き――地球サミットに向けて」，造園雑誌 55（4）：316－319（1992年）から作成。

がなされた。しかし，アメリカのジョージ・H・W・ブッシュ大統領は，この会議に遅れて参加し条約調印はせず，積極的に関与しなかった。国連が進める地球環境改善の取り組みには，アメリカ共和党政権は一貫して反対・棄権の立場を取り続けている。

「リオ宣言」は，人類が共有する地球環境倫理といえる理念を打ち出した。第１原則において，「人類は，持続可能な開発への関心の中心にある。人類は，自然と調和しつつ健康で生産的な生活を送る資格を有する」と定義された。これは，持続的な人類の開発・発展の立場を明確にしたもので，人間中心主義から自然・他生物との共存を目指す立場への転換の表明である。

宣言では，世代間の衡平，開発と保護は不可分，先進国と途上国の共通のしかし差異のある責任，環境情報の公開，有害物質の国境移動禁止，環境被害の賠償，環境アセスメント実施，予防原則，汚染者負担原則，パートナーシップ，自然災害の国境を越えた通知，女性の役割，先住民の役割，戦争と環境保護など重要な理念が確認された。宣言の中では，「持続可能な開発」の理念が，目標としても手段としても両方で使われている。以後，現在に至るまで国連の環境問題解決の基本的立場は，「持続可能な開発」である。いわゆる世界の東西問題と南北問題のうち，東西問題はEU国家グループの形成で国際関係が変わり，南北問題と言われてきた先進国と発展途上国の問題に関しては，低開発国への経済支援と環境問題対策を合わせて行う方向が打ち出された。

リオ・サミットの成功は，多数の先進・途上国が，地球環境問題・自然保護・地域の公害問題に止まらず人権・女性の権利・先住民少数民族問題等の政治課題を取り上げる契機となった。1993年には世界人権会議（ウィーン）が開催され人権・女性の社会進出等の民主化運動を進めることになった。日本はそれまでの「公害対策基本法」を改正し環境保全に対する基本的な枠組みとなる「環境基本法」を成立させた。砂漠化の防止と干ばつの緩和の国際的な連携となる「砂漠化対処条約」が採択され・途上国の貧困や食糧不足と密接に関係する「国際人口開発会議」（カイロ）が開催された。

1990年代後半になると，途上国発展のために社会開発サミット（コペンハーゲン）が開催され，中国が積極的に国連活動に参加した世界女性会議（北京）が開催される。一方，シーア・コルボーンらが動物のホルモンに似た環境化学物質が，生殖や発達をかく乱しているとして『奪われし未来（*Our Stolen Future*）』を発表した。環境ホルモン問題は依然として化学物質製造工業との間で論争が継続しているが，WHOやUNEPは，環境ホルモン物質の規制を始めている。

1997年には，第３回気候変動枠組条約締約国会議（COP3）が京都で開催され，京都議定書を採択して，二酸化炭素・メタン・亜酸化窒素 N_2O 等の排出抑制がはじまった。日本でも，地球温暖化対策推進大綱，地球温暖化防止行動計画が発表され，ダイオキシン類対策特別措置法・特定化学物質排出管理法（PRTR法）が成立した。また焼却炉からのダイオキシン排出量規制，特定化学物質の排出量把握および管理改善が促進された。こうした動きがある一方で，戦争という，最大の環境破壊は止まず，21世紀の地域紛争を予感させるコソボ紛争がはじまった。

1-3-4　途上国支援と環境問題（MDGs），「3R」の提起 ── 2000年代

西暦2000年を迎え，第6回気候変動枠組条約締約国会議（COP6）がハーグで開催され，国連ミレニアム・サミットは「国連ミレニアム宣言」を採択した。ここでは，1990年代に開催された主要な国際会議やサミットでの議論をまとめ，数値目標を持った「ミレニアム開発目標（Millennium Development Goals: MDGs）」が設定された。MDGsは国際社会の途上国支援を必要とする課題に対して2015年までに達成するという期限付きの八つの目標，21のターゲット，60の指標を掲げている。国連は特に途上国の社会経済発展を重視する，南北問題解決に本格的な取り組みを開始した。国連環境計画（UNEP）が提案したPOPs（残留有機汚染物質）規制条約が採択（2001年）され，ダイオキシン・PCB・DDT等や塩素系農薬の規制が始まった。

一方，リオ・地球サミットから10年が経過して「持続可能な開発に関する世界首脳会議」（ヨハネスブルグ・サミット，リオ＋10）が開催され，「アジェンダ21」についての総括を行い，「持続可能な開発に関する世界首脳会議実施計画」を採択した。また，内陸開発途上国（LLDC）の開発に関するアルマティ行動計画が策定され，ラムサール条約，ワシントン条約に続き，生物多様性条約（カルタヘナ条約）が発効（2003年）した。また日本は，廃棄物に関する「3Rイニシアティブ閣僚会合」を東京で開催し，「3Rイニシアティブ（Reduce 減らす；Reuse 繰り返し使う；Recycle 再資源化）」を提案し「3Rを通じた循環型社会の構築を国際的に推進するための日本の行動計画」（ゴミゼロ国際化行動計画）を発表，世界に対して，3Rによる環境への取り組みを提案した。アフリカ人女性として史上初のノーベル平和賞を受賞したケニアのワンガリ・マータイ氏が日本の「もったいない」理念に共鳴してMOTTAINAI運動を広げたのも，「3R」の提唱と呼応した動きであるが，同じ時期，IPCCパネルとアルバート・アーノルド・ゴア・ジュニア元米副大統領がノーベル平和賞を受賞したことも印象的な出来事である。

そして，環境保全を効果的にするには，環境保全活動が経済効果を上げるスタイルが重要であることが強調され，国連環境計画（UNEP）がグリーンエコノミー・イニ

シアティブを開始した。環境保全と開発を両立するために，経済メカニズム自体を新しいスタイルに変える重要性が認識されるようになったのである。

なお，この時代，2004年12月26日，インドネシア西部スマトラ島北西沖のインド洋でマグニチュード9.0の地震が発生し，インド洋沿岸諸国に，極めて大規模な被害を与えた。しかし，このような規模での自然災害が日本で起こり，それが大規模な環境汚染を引き起こすということは，まだ誰も予想していなかったろう。

1-4 脱炭素革命のはじまりとSDGs達成に向けた課題 ──これからの地球環境問題と国際社会

このように，人類社会の在り方の根幹に環境問題を位置付ける一方で，個別課題としての環境問題の解決を求める国際的動きは加速している。そうした中，2010年代後半になって，南極上空をはじめ，オゾンホールの縮小が観測され，国際社会の削減努力の成果が見られるようになった。この成果は，温暖化ガスの削減等の努力を勇気づけている。2016年のモントリオール議定書第28回締約国会合（MOP28）では，HFC（ハイドロフルオロカーボン Hydro Fluoro Carbon，塩素を含まずオゾン層を破壊しないことから代替フロンの一つとして使用される一方，強い温室効果をもたらす）の生産及び消費量の段階的削減を求める議定書の改正が採択された。

国際シンクタンク「グローバル・フットプリント・ネットワーク（GFN）」は，2016年8月8日が，2016年の「アース・オーバーシュート・デー」であると発表した。このことは，人類による自然資源の消費が，地球が持つ2016年一年分の再生産量とCO_2吸収量を8月8日をもって超えたことを意味する。つまりこの日以降の2016年の残された日々を，人類は地球の生態系サービスの「原資」に手を付けながら，「赤字状態」で使っていくことになるということである。

人類の消費が，地球の自然資源の再生産量とCO_2吸収量を加えたものと等量になることが，これから人類の活動改善の目標となる。化石燃料消費を減らし，再生エネルギー量を増加させ，一方で森林・土壌・海洋の植物がCO_2を吸収する活動を高める人類活動，すなわち脱炭素革命を行うことの意義を，「アース・オーバーシュート・デー」は説明しているわけだ。

日本は，国土の70%近くが森林で覆われる森林王国であり，周囲に広い経済水域を持っている。地震の被害がある一方，地下には温泉を生み出す地熱が豊富である。農業後継者が増加することで休耕地を減らし有効利用が可能となる。太陽光発電パネルを2000年初頭に，最初に商業化したのは日本であるが，それが世界に広がり中国が安い生産体制を生み出して，重要な産業にまで育てている。高度な科学技術立国の日本は，太陽光・風力・地熱・バイオマス・海洋エネルギーの再生エネルギー源をもっと経済的に活用することが十分に可能である。将来の科学・技術者の夢はこの分野にある。

一方，国連が2000年に設定した「ミレニアム開発目標（MDGs）」には，未達成のターゲットがある。そこで，2015年，国連は「持続可能な開発サミット」を開催して，「我々の世界を変革する：持続可能な開発のための2030アジェンダ」を採択した。これは2030年までの持続可能な開発「Sustainable Development Goals（SDGs）」の17目標を掲げ，169のターゲットからなる。図4にその17目標を一覧したが，気候変動，生物多様性，クリーン・エネルギーといった今日的な課題と並んで，目標の6番目に

ティータイム｜日本の CO_2 排出量

地球温暖化の最大原因物質は二酸化炭素（CO_2）といわれており，CO_2 の排出量削減が国際的な課題となっています。地球温暖化問題において CO_2 量は，通常 CO_2 XX億トンとかXXkg などと表現されていますが，それらの量を実感することができますか。実感できない方が多く，それが CO_2 削減を身近な問題として取り組めない原因の一つではないでしょうか。

いま，直径が1mの風船を考えてみましょう。その体積は $(\pi/6)\times 1^3 = 0.524\text{m}^3$ となります。CO_2 は0℃，1気圧の標準状態の場合，22.4m^3 が44kg で温度や圧力に依存し，10℃，1気圧とすると，$22.4\times(283/273) = 23.2\text{m}^3$ が44kg となり，直径1m の風船に CO_2 が満たされていると，ちょうど1kg となります。直径が10m の風船の場合には1,000倍の1トンになります。

BP統計によれば，2016年の CO_2 排出量は，世界で334億トン，日本はその約3.6% で11.9億トンです。日本の人口は1.27億人ですので，日本人1人当たりの1年間の CO_2 排出量は約9.4トン / 年・人，直径10m の風船9.5個分です。CO_2 量，少しは実感できましたか？

Q：日本の CO_2 排出量は，標準状態で年間何 m^3 ですか。また，日本の地上に CO_2 が溜ったとすると，何 mの高さになるでしょう。日本の面積を 3.78×10^5 km^2 とします。

A：年間排出量 $= 11.9\times10^{11}$ kg / 年 × 22.4/44 (m^3/kg)

$= 6.06\times10^{11}\ \text{m}^3$ / 年 $=$ $\underline{6.06\times10^2\text{km}^3 / 年}$

高さ $= 6.06\times10^2 / 3.78\times10^5 = 1.60\times10^{-3}\ \text{km} = \underline{1.6\text{m}}$

は，「安全な水とトイレを世界中に（Clean Water and Sanitation；Ensure availability and sustainable management of water and sanitation for all.）」という印象的な課題がある。すなわち，本章冒頭に述べた，衛生（命を衛る）という古典的な課題が，未だに，世界では達成されていないということだ。

そして日本では，2011年3月11日に発生した東北地方太平洋沖地震・津波による災害が福島第一原子力発電所の事故を引き起こし，原子力発電所が自然災害の被害を受け，それが周辺環境に被害を及ぼすことへの想定の甘さが露呈した。チェルノブイリ事故以来最悪の放射能事故は，いまだ続いていると言って良く，深刻な汚染をどう食い止めて解決するかが，喫緊の課題となっている。

古典的・地域的な課題から，地球規模の先端的な課題まで，環境工学の果たす役割は，ますます大きくなっているのである。

“2030年までに貧困に終止符を打ち，持続可能な未来を追求しよう”。大胆かつ新しい「持続可能な開発のための2030アジェンダ」が2015年9月に国連総会で採択された。世界を変えるための17の目標「SDGs（エス・ディー・ジーズ）」。途上国も先進国も含めた世界中の一人ひとりに関わる取り組みで，2016年1月から実施が始まった。

シリーズ「なぜ大切か」は，SDGsの17の目標別に，なぜこの目標が設定されたのか，何が問題となっているのか，取り組まなかったらどうなるのか，私たちには何ができるのかなどを，短くわかりやすくまとめた〈http://www.unic.or.jp/news_press/info/24453/〉。

目標1　貧困をなくすことはなぜ大切か
目標2　飢餓をゼロにすることはなぜ大切か
目標3　すべての人に健康と福祉をもたらすことはなぜ大切か
目標4　質の高い教育の普及はなぜ大切か
目標5　ジェンダー平等を実現することはなぜ大切か
目標6　安全な水とトイレの普及とはなぜ大切か
目標7　手ごろな価格のクリーン・エネルギーの普及とはなぜ大切か
目標8　ディーセント・ワーク（人並みの仕事）と経済成長を両立させることはなぜ大切か
目標9　産業と技術革新の基盤をつくることはなぜ大切か
目標10　人や国の不平等をなくすことはなぜ大切か
目標11　住み続けられるまちづくりはなぜ大切か
目標12　責任ある消費と生産とはなぜ大切か
目標13　気候変動に具体的な対策を取ることはなぜ大切か
目標14　海（河川・湖沼）の豊かさを守ることはなぜ大切か
目標15　陸の豊かさを守ることはなぜ大切か
目標16　平和，正義と充実した制度機構はなぜ大切か
目標17　パートナーシップで目標を達成することはなぜ大切か

図4　持続可能な開発「SDGs」の17目標

出典：国際連合広報センターのプレスリリースより

コラム　社会・科学・地球環境政策の橋渡しをする環境システム学

環境問題とりわけ地球環境問題には多くの事柄が絡む。生活スタイル，消費・生産などの経済活動あるいは技術の進歩などといった人々や社会の事情や，それらに影響され反応する自然のメカニズムなどである。人々の活動が広くなく強くないときは，それらの絡みを総観し，適切な対応策を立てるのは，それほど困難な仕事ではなかった。しかし，現代のように，地球規模になり複雑かつ強大になるとそうではなくなる。関連要素を系統的に取り上げそれらの関係をシステム的に統合することによって，必要な政策策定や世論喚起を行わなければならず，環境システム学と言う環境工学に属する学問のテーマである。『成長の限界』（52ページ）は，そうした統合作業をコンピューター・モデルを用いて行ったもので，人々が薄々とは感じていたものの確たる論拠がなかった地球の有限性が，人類成長の限界となることを論理的に明示することによって世界の知識人に大きな衝撃を与えた。こうしたコンピューター・モデルで地球規模の環境問題を検討するやりかたは，その後，酸性雨（EU ソフィア議定書，54ページ）・オゾン層保護（モントリオール議定書，54ページ）・生物多様性（名古屋議定書）などの条約・議定書策定時にその科学的根拠を確立するための標準作業となったが，特にそれを決定づけたのは地球温暖化問題である。国連は，気候変動に関する諸科学を取りまとめ評価する目的で IPCC（54ページ）を設立したが，それらの政策策定・評価への取りまとめには，気候変動問題に焦点をあて上記のアプローチで開発されたコンピューター・モデル（統合評価モデル）が使用された。京都大学の松岡 譲と国立環境研究所の森田恒幸らが開発したAIM，オランダ環境研究所が開発したIMAGE，国際応用システム分析研究所（IIASA，在オーストリア）が開発したMESSAGE などが，その代表的なものである。AIM は地球温暖化問題のほか，国連が行った様々の地球環境問題の評価作業，例えば，ミレニアム生態系評価（MA），地球環境概観（GEO）などにも使用されているほか，日本を含むアジア諸国の温室効果ガス排出削減政策の検討作業にも使われている。

1997年に行われた地球温暖化防止京都会議（COP3，56ページ）に際し，わが国政府は自国内での温室効果ガス排出削減目標を定めそれをベースとして会議に臨もうとした。これに関し，京都大学・国立環境研のチームはAIMのエネルギー消費部分を使用したモデル解析から，1990年比で2010年に6～8%の削減（国内削減分のみ）が可能，との結果を出していた。また，別途，環境庁（現環境省）も同モデルを使い独自の解析を行いほぼ同様の結果を得ており，それらを根拠に環境庁は，適切な政策を行うことにより2010年にて90年比6～7%削減を目指すのが妥当である，と主張した。一方，通産省（現 経済産業省）・エネルギー業界は，最大限の対策を積み上げても90年レベルに抑制するのがせいぜいで環境庁目標は不可能であると主張しこれに反対した。マスコミもこの論争に参戦し大騒ぎとなった。こうした中，首相官邸は５％削減（内，国内削減分は2.5%）としてCOP３に臨んだものの，京都会議では国際世論によって６％削減（内3.7%は森林吸収）に押し戻されてしまった。

AIM推計と通産省・エネルギー業界推計の違いの原因としては，具体的には手法や採用政策の違いなどがあったが，より基本的な違いとしては，AIMでは，暖冷房・照明・厨房・移動や鉄鋼・セメント・化学製品生産などエネルギー消費の推進力となる量（エネルギーサービス量）に注目しそれらのエネルギーサービスが，ライフスタイル・社会・技術の進展によってどう変化していくかを描いていた（エンドユーズモデル）のに比べ，通産省推計は，わが国の将来像をこれまでのライフスタイル・社会構造・生産構造の外挿的な延長として思い浮かべていたことにある。こうした社会・技術などの将来観の違いが，採用した政策や技術の違いと相俟って削減程度の違いとして現れたのである。

環境政策策定にあたり，こうした社会・技術などの将来観の違いは，しばしば激しい論争を引き起こす。1970年代，わが国では乗用車排気ガスに含まれる窒素酸化物の規制基準（日本版マスキー法）を設けようとしたが，その基準設定による経済的影響がどれほどになるかが大きな論争となった。通産省（現 経済産業省）は，この規制によって自動車価格が5%値上がりし自動車産業の雇用力は１万4,000人，全産業では３万人減少するなどと主張した。また，違うモデルでは規制によって活発化される対策技術や公害防止産業が産業連関の過程を通じプラスの効果を与え，経済全体としても好影響を与えるとの結果を出した。結果的にはこの後者の道を歩み，さらにこの規制はわが国自動車産業の技術力を大きく高めることにも繋がったが，この論争の根底に横たわっていたのは，技術革新や産業構造変革のダイナミズムをどう見るかの違いであった。

2015年12月，世界はパリ協定を採択し，地球の温度上昇を2℃未満に抑えることを決定した（123ページ）。この目標は決して甘いものではなく，今後，排出できる温室効果ガス量でいえば約7,000億トン以下となる。これは現在の年間排出量400億トンから試算すると20年弱しか持たないことになる。これまでも再生エネルギー転換や省エネの普及など温室効果ガス排出量の抑制に努めてきたが，このままのスピードでは到底追いつかない。エネルギーシステムだけではなく，ライフスタイルや社会・経済構造の改革をより基本的なレベルから検討しなければならず，環境システム研究者の役割は極めて大きい。

2 ……日本の環境問題との闘い

2-1 日本における〈環境問題と政策〉の推移

一言で「環境問題」といっても，その内実は時代によって大きく変化する。それについては第1章でも概観したが，各論に移る前に，日本社会の中で，「環境問題」が問題の性格としてどのように推移したか，環境政策とも関連づけて簡単に触れておこう。図5は，それを概略したものだが，ここから分かるように，日本における環境問題は，まず，産業公害とその対策から始まり，自然環境の保全やエネルギー問題，さらに有限な資源の有効活用，地球規模の持続的社会の実現へと主軸を移して行った。

2-1-1 急速な工業化が引き起こした【公害】とその対策──「公害国会」まで

第二次世界大戦での敗北によって，食糧危機や経済活動の混乱に見舞われた日本だったが，急速な経済成長を遂げ，1960年代には経済成長率は10％を超えた。この間，高度経済成長を支える産業活動に起因した公害が問題となったが，社会情勢は環境保全より経済成長を優先させたことから，各地で公害問題が激甚化し住民の苦情が相次いだ。中でも，三重県四日市における硫黄酸化物による四日市ぜんそく，熊本県水俣市における有機水銀による水俣病，新潟県阿賀野川流域における新潟水俣病，富山県神通川流域におけるカドミウムによるイタイイタイ病は，多数の人々に重大な健康被害を及ぼし，四大公害病と呼ばれている。四大公害病は，表2に示し

表2　四大公害裁判

	四日市ぜんそく	水俣病	新潟水俣病 (第二水俣病)	イタイイタイ病
	大気汚染	水質汚染	水質汚染	水質汚染
発生地域	三重県四日市市	熊本県水俣市 不知火海沿岸	新潟県阿賀野川流域	富山県神通川流域
原因企業・工場	四日市 石油コンビナート	新日本窒素肥料 (現チッソ)・水俣工場	昭和電工(現新潟昭和)・ 鹿瀬工場	三井金属鉱業・ 神岡鉱山
原因物質	硫黄酸化物	メチル水銀化合物（有機水銀）		カドミウム
症状	気管支炎，気管支ぜんそく など呼吸器疾患，肺気腫	四肢末梢神経の感覚障害，運動失調，聴力障害， 平衡機能障害，言語障害，手足の震え等		骨軟化症， 腎機能障害
発生時期	1959年頃	1942年頃より水俣病に似た症例あり，1956年5月公式確認	1965年	1910年頃
裁判提訴	1967年	1969年	1967年	1968年
判決	1972年患者側全面勝訴	1973年患者側全面勝訴	1971年患者側全面勝訴	1972年患者側全面勝訴
公害健康被害補償法の被認定者数(2017年3月時点)	慢性気管支炎，気管支ぜん息，ぜん息性気管支炎及び肺気しゅ並びにこれらの続発症 生存者34,230人	総数2,282人， 生存者376人	総数705人， 生存者152人	総数200人， 生存者5人 要観察者4人

地球環境をめぐる日本と世界の動き

1950〜60年代

4大公害（水俣病、新潟水俣病、イタイイタイ病、四日市ぜん息）を始め、全国各地で公害問題が発生

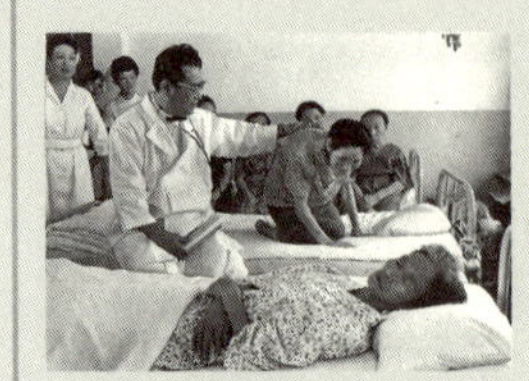

イタイイタイ病を告発した萩野医師と患者たち

水俣病をもたらした工場廃水

1972年

ストックホルム国連人間環境会議で人間環境宣言採択

1973年

石油ショック

1975年

ラムサール条約、ワシントン条約発効

1950's	60's	70's

地球環境をめぐる日本政府の動き

コンビナートから吐き出される黒煙に煙る四日市（1970年頃）

香川県豊島の産廃処分地内に積み残された処理困難な廃棄物

1967年

公害対策基本法を制定

1968年

大気汚染防止法・騒音規制法制定

1970年

公害国会
公害対策本部を設置
水質汚濁防止法制定

1971年

環境庁発足

1972年

自然環境保全法を制定

図5　日本と世界の環境問題と政策の推移

出典：環境省パンフレットより作成

1987年
ブルントラント委員会が東京会合で「我ら共有の未来」を発表し、「持続可能な開発」の概念を提唱

1992年
リオデジャネイロで地球サミット開催
気候変動枠組条約・生物多様性条約署名

1997年
京都議定書の採択

2002年
南アフリカ・ヨハネスブルグで持続可能な開発に関する世界首脳会議開催

2005年
京都議定書発効

2008年
北海道洞爺湖サミット開催
生物多様性基本法制定

2009年
気候変動枠組条約第15回締約国会議（COP15）開催

2010年
生物多様性条約第10回締約国会議（COP10）愛知県名古屋市開催

2016年
地球温暖化対策パリ協定発効

80's **90's** **2000's**

1988年
オゾン層保護法制定

2001年
環境省発足

2004年
外来生物法制定

橋本市のダイオキシン汚染（2000年）

2000年
循環型社会形成推進基本法等、循環関係法6本が成立

1995年 容器包装リサイクル法制定

1998年 家電リサイクル法制定
地球温暖化対策推進法制定

1992年
自動車NOx法制定
種の保存法制定

1993年
環境基本法制定

表3　日本の環境基準対象事象

大気汚染	大気汚染	SO_2等5物質
	有害大気汚染物質	ベンゼン等3物質
	ダイオキシン類	
	微小粒子状物質	
水質汚濁	人の健康の保護のため	カドミウム等27物質
	生活環境の保全のため	河川：BOD 等5種 湖沼：COD 等5種 海域：油分等5種
	地下水の水質汚濁	カドミウム等28物質
土壌汚染		カドミウム等28物質
騒音	一般騒音，道路交通騒音	一般騒音：地域の類型，昼夜別 道路騒音：地域の区分，昼夜別 幹線道路騒音：昼夜別
	航空機騒音	地域の類型別
	新幹線鉄道騒音	地域の類型別
ダイオキシン類*	大気，水質，水底の底質，土壌	

*ダイオキシン類の環境基準は，ダイオキシン類対策特別措置法第7条の規定

たように1967～1969年に提訴され，いずれも患者側全面勝訴となった。

このような産業公害の激甚化の中，東京都，神奈川県，大阪府など，公害の著しい地域を中心に地方公共団体が公害防止条例を制定し，公害防止に取り組み始めた。国においては，1958年に水質二法（水質保全法と工場排水規制法），1962年に煤煙排出規制法が制定され，水質，大気に係る規制が始まった。そして1967年には，国民の健康を保護し，生活環境を保全することを目的とした「公害対策基本法」が制定され，その中で公害とは，事業活動などに伴い生じる(1)大気汚染，(2)水質汚濁，(3)土壌汚染，(4)騒音，(5)振動，(6)地盤沈下，(7)悪臭，と定義された。これらを総称して「典型7公害」と呼んでいる。また，表3に示すように大気汚染，水質汚濁，土壌汚染，騒音については，人の健康を保護し，生活環境を保全する上で維持されることが望ましい基準として「環境基準」が定められた。

このように1960年代には，産業公害が深刻な社会問題となり，国民の公害に対する意識が高まり，法整備が進められた一方，法の中には経済発展を重視した経済調和条項が規定されているなど国民の批判も大きく，政治においても公害問題は大きな課題となっていった。1970年には政府内に公害対策本部が設置され，公害対策の基本的な問題について検討された。また，同年11月に開催した臨時国会，いわゆる「公害国会」では，公害関連法令の抜本的整備を目的とした集中審議が行われ，水質汚濁防止法や海洋汚染防止法など6法を新規に制定するとともに，公害対策基本法や下水道法，大気汚染防止法など8法が改正された。

2-1-2 自然環境の保全，エネルギー問題への関心の高まり——環境庁の設置

公害国会の後，環境政策の進展のため，環境庁（現環境省）が設置されることになり，1971年に環境庁が発足，公害の防止，地球環境の保全，自然環境の保護，環境政策の企画調整など，各省庁に分散していた公害，環境に係る行政を一元化する組織体制が整った。翌72年には，自然環境の適切な保全，生物の多様性の確保，健康で文化的な生活の確保などを総合的に推進するために，自然環境保全法が制定された。

この時期は，いわゆる「石油危機（オイルショック）」が世界に衝撃を与えた年でもある。1973年，第四次中東戦争を機に，アラブ原油国が原油の減産・大幅な値上げを行い，1バレル2ドルの原油価格は約5ドルへと高騰，インフレが進み経済成長が鈍化するなど世界経済が混乱した（第一次石油危機）。また，1979年には，イラン革命により原油不足となり，原油価格は1バレル12ドルから約30ドルまで値上がり（第二次石油危機），それらの影響で，1960年代に10％を超えた日本の経済成長率は，1973～1980年の8年間では平均3.8％まで減少し，日本の高度経済成長は終息した。

化石燃料の利用や原子力発電などエネルギーの生産やその使用は，公害問題や地球温暖化をはじめとした地球環境問題と深く関わる。環境への影響を減じるには，環境保全対策上エネルギーの高効率化や省エネルギー化，再生可能エネルギーの導入促進などが不可欠である。石油危機を契機として，省エネルギー化の重要性が指摘され，工場や建築物，運輸，機械・器具等の省エネ化を進め，エネルギーを効率的に使用することを目的として，1979年に「エネルギーの使用の合理化等に関する法律（省エネ法）」が制定され，その後の省エネの推進に大きく貢献した。また同法の1998年の改正では，エネルギーを大量に消費する商品（特定機器）について，「目標年度を定め，それまでに現在使用されている製品のうち，エネルギー消費効率が最も優れているもの（トップランナー）以上の性能を有する商品とする」という考え方が導入され，各機器の省エネ性能を飛躍的に高めた。対象となる特定機器には，定められた省エネラベルや統一省エネラベルを表示することが規定されており，購入する際，各々の商品の省エネ性能等を知ることができる。

2-1-3 産業廃棄物とリサイクル，地球温暖化問題——都市型・生活型環境問題の出現

資源を保全し，廃棄物を削減することを目的に1991年に「再生資源の利用の促進に関する法律」（再生資源利用促進法 リサイクル法）が，また，2000年には循環型社会形成推進基本法が制定された。ここでは，品質のよい商品を造り廃棄物の発生量を抑制する（Reduce），使用済みとなったものでもできる限り再利用する（Reuse），再資源

として再生利用する（Recycle），いわゆる3Rを通し，環境を保全し，資源の有効利用・再利用を促進することが目的となっている。

1990年代に入り地球温暖化やオゾン層破壊などの地球規模の環境問題が，国際的な緊急課題として認識されるようになった。従来の公害対策基本法や自然環境保全法では対応できない，都市型・生活型環境問題の新たな出現，環境負荷物質の多様化，影響の広域化，地球規模での環境問題の発現など，新たな枠組みによる環境政策が必要となり，公害対策基本法，自然環境保全法に代わり環境基本法が1993年に制定された。同法は，環境の保全についての施策を総合的かつ計画的に推進し，国民の健康や文化的な生活を確保し，人類の福祉に貢献することを目的とし，国や国民などの責務，環境基準の設定，地球環境保全に関する国際協力など，環境政策の基本的方向を定めている。

また1997年に環境影響評価法が制定された。環境影響評価は環境アセスメントとも呼ばれ，空港や鉄道建設など大規模な開発事業を計画する際，その事業が環境にどのような影響を及ぼすかについて，あらかじめ事業者自らが調査・予測・評価をし，環境保全の観点からよりよい事業計画を策定することを目的とした制度である。

1997年に開催された地球温暖化対策を取り決める地球温暖化防止京都会議（COP3）で，拘束力をもつ京都議定書が採択された。日本は2008～12年の温室効果ガスの排出量を1990年比で6％削減することが決められた。2008年には生物多様性基本法が制定され，生物多様性の保全と持続可能な利用に関する施策を，総合的・計画的に推進することが謳われている。

このように，環境問題の捉え方が国際規模になり，また，人類史的な重要課題として扱われるようになる一方で，有害物質による汚染問題も次々にクローズアップされ，環境工学の知見に基づく，様々な対策がなされた。

人の生命や健康に重大な影響を及ぼすダイオキシンについては，1999年にダイオキシン類対策特別措置法が制定され，環境基準や排出規制が定められた。また2001年にはPCB特別措置法が制定された。PCB（Polychlorinated biphenyl）はポリ塩化ビフェニル化合物の総称で，多数の異性体があるが，中でもコプラナーPCBは毒性が極めて強い。PCBは，不燃性，耐熱性，電気絶縁性が高く，化学的に安定などの特長を持ち，電気機器の絶縁油や熱交換器の熱媒体などに広く利用されてきたが，1968年のカネミ油症事件で有毒性が問題となり，製造・輸入・使用が原則禁止となった。ダイオキシンとPCBについては，2-4節で詳述する。

さらに2005年に石綿障害予防規則が制定された。石綿（アスベスト）は，不燃性，耐熱性，耐摩耗性，保温性など優れた性能を有し，日本では1970～1990年頃を中心に各種建築資材など，日常生活で使用する製品に多々使用されてきた。しかしながら，石綿の有害性については早くは1964年に報告され，その後じん肺や肺がん，悪性中皮腫など健康影響が明らかとなり，労働安全衛生法などにより規制が進んだ。2006年には，事実上石綿の製造，使用等が全面禁止となった。兵庫県尼崎市にあったクボタ旧神崎工場周辺の一般住民が石綿被害にあったことが明らかとなり，石綿被害が各地で大きな問題となったのは2005年のことであるが，断熱材や防音材等として建造物等に使用されていた石綿は，使用ピーク時が1970～1990年であったことから，それらの解体や改築は2020年から2040年頃にピークを迎えると予測されている。

このように環境問題の性格が変わり，また個別対策も細かく必要となる中，2001年には中央省庁の再編により，環境庁は環境省に改組され，地球環境の保全，公害の防止，自然環境の保護及び整備，その他の環境の保全，廃棄物リサイクル対策，原子力の研究・開発・利用における安全の確保などを任務とするようになった。

2-2 大気汚染，騒音・悪臭の歴史

以上のような歴史を踏まえた上で，ここからは，主に国内の事件，問題を中心に紹介しながら，個別課題ごとに環境問題を概観してみよう。

2-2-1 大気汚染の歴史

環境問題とりわけ大気環境問題は，エネルギーの生産や利用と密接に関わっている。図6は1955年以降の１次エネルギー供給量と主要な大気汚染問題の変遷を示したものである。本節ではまず，身近な大気環境に関わる問題，すなわち，大気汚染と騒音・悪臭について概観する。地球規模での大気環境の問題，すなわち地球温暖化や酸性雨などについては，後の２-６節で述べる。

第二次世界大戦後，1950年に始まった朝鮮戦争に伴う朝鮮特需を足掛かりに工業化が進んだ。石炭を主要エネルギーとした工業復興は，各地で降下煤塵や硫黄酸化物（SO_x）を主とする大気汚染問題を引き起こし，住民の苦情が相次ぎ，東京都や大阪府など先導的な地方公共団体が公害防止条例を制定した。

石炭を中心とした初期の公害全盛期には黒煙が空を覆い，降下煤塵が各家庭を襲い「咳が出る」，「眼が痛い」，「洗濯物が汚れる」といった健康や生活環境への影響が中心であった。なお，石炭に関しては1952年にロンドンにおいて，石炭燃焼により発生した二酸化硫黄（SO_2）や煤塵が，５日間にわたり霧に覆われた市内に滞留し，

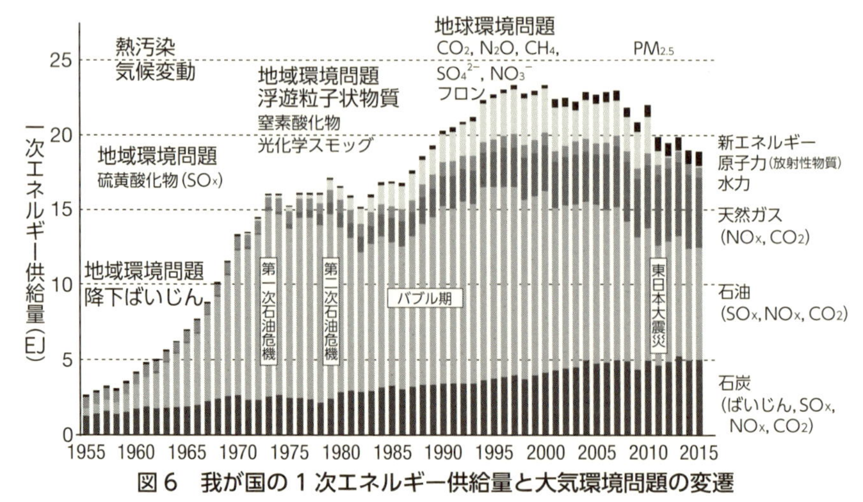

図６　我が国の１次エネルギー供給量と大気環境問題の変遷

１万人を超える死亡者がでたといわれるロンドンスモッグ事件が発生した。過去最悪の大気汚染問題で,「黒いスモッグ」ともいわれている。

1962年に，大気汚染に関する日本の最初の法律である煤煙規制法が制定され，煤煙発生施設に排出基準を設けた。

三重県四日市市では，石油化学コンビナートが運転を開始した1960年頃から，硫黄酸化物によるぜん息患者が増え，1967年患者側が企業を提訴し，いわゆる四日市公害裁判が始まり，1972年に患者側全面勝訴となった。

1970年代に入ると，煤塵や硫黄酸化物の除去技術が進む一方，急速なモータリゼーション化に伴い，大気汚染問題の主体は，浮遊粒子状物質（SPM）や窒素酸化物（NO_x），光化学スモッグ（O_x）問題へと移行した。

1970年に，東京の環状７号線沿いにある学校で目の刺激や喉の痛みを訴える日本で初めての光化学オキシダント（O_x）事件が発生した。O_x は，自動車や工場の排ガス中に含まれる窒素酸化物（NO_x）と，ガソリンなどに含まれる揮発性有機化合物（VOC）が，太陽光により光化学的反応を起こし生成する強い酸化性物質である。光化学スモッグは，光化学オキシダントの高濃度時に空が白くモヤがかった状態をいう。なお，光化学スモッグが初めて話題となったのは，1944年頃にアメリカのロサンゼルスで発生したときである。これは，ロサンゼルス型スモッグとか，ロンドン事件での「黒いスモッグ」に対し「白いスモッグ」と呼ばれた。

1973年には，主要な五つの大気汚染物質――二酸化硫黄（SO_2），二酸化窒素（NO_2），一酸化炭素（CO），浮遊粒子状物質（SPM），光化学オキシダント（O_x）の環境基準が設

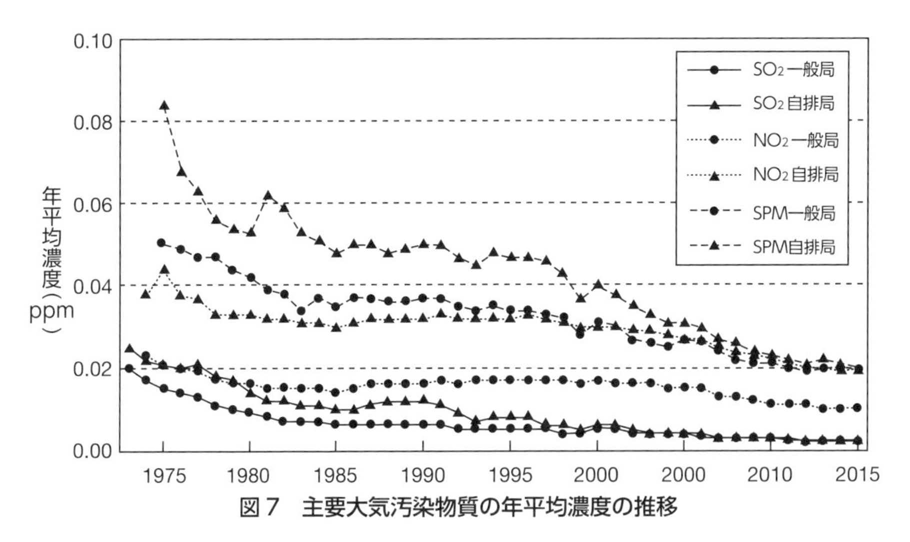

図７　主要大気汚染物質の年平均濃度の推移

定された（表３参照）。また2009年には，６番目として，微小粒子状物質（PM2.5）に対する環境基準が設定された。これら６汚染物質は，１時間平均値として連続的に測定され，最大１年間に8,760個のデータが得られる。これらのデータは，統計的に処理され年平均濃度や環境基準達成率など，汚染状況の解析・評価に用いられている。

なお，上記６大気汚染物質以外に，ベンゼン等３種とダイオキシンの計４種について環境基準が1999年に規定された。これらは，通常１か月に１回測定された12データを基にした年平均値により，環境基準の達成状況が評価されている。

大気汚染常時監視測定局における SO_2，NO_2，SPM の年平均濃度の推移を図７に示した。技術的，行政的対策が種々講じられ，いずれも年平均濃度は年々減少し，それに伴い環境基準達成率は改善され，現在は O_x と2009年に環境基準に追加されたPM2.5を除き，環境基準はほぼ100％達成されている。

なお，図中の自排局は道路端など沿道近くに設置された自動車排出ガス測定局を，一般局は環境大気の汚染状況を常時監視する測定局を意味し，2016年3月末の測定局数は，一般局が1,471局，自排局が413局，合計1,884局である。

ガソリンにはオクタン価を高めるためにアルキル鉛化合物を微量に添加した有鉛ガソリンが以前使用されていたが，1970年に新宿区内の交差点付近で発生した鉛中毒事件が大きな社会問題となり，これをきっかけとしてレギュラーガソリンは1975年に，ハイオクガソリンは1987年に完全無鉛化となった。

このような状況の中，自動車排出ガスによる健康被害も少なくなく，1978年に大阪・西淀川公害訴訟，1996年に東京大気汚染公害訴訟，1998年に尼崎大気汚染公害訴訟などが提訴され，いずれも和解した。

東京都では，1999年８月から，ディーゼル車から排出される黒煙防止対策として，ディーゼル車の走行禁止やアイドリングストップなどを含む「ディーゼル車NO作戦」が開始され，PMの削減に貢献した。

また，1970年代より関心がもたれていたが進展の遅れていた，電気自動車や天然ガス車など，NO_xやCO，CO_2，PMなどの大気汚染物質の排出量が少ない低公害車が，1997年頃より見直されるようになり，特にハイブリッド車の普及が急速に進んだ。

2017年７月にフランス政府とイギリス政府が，大気汚染対策，地球環境保全を目的に2040年にガソリン車とディーゼル車の新規販売を禁止し，電気自動車の普及を図る方針を発表した。普及戦略や電力不足など未定な問題も少なくないが，日本の自動車メーカーでも電気自動車の普及に向けた動きが，今後急速に進むものと考えられる。

1990年代後半には，ダイオキシンやDDT，PCB，環境ホルモンなど人体に有害な化学物質が問題となった。毒性のきわめて高いダイオキシン類は，1960年代に大量に使用された除草剤やプラスチックの焼却などから発生し，当時の排出量の約80%は廃棄物焼却炉に起因すると推定された。1997年，大阪府内の廃棄物焼却施設敷地内とその周辺で高濃度のダイオキシンが検出され，ダイオキシン問題が議論されるきっかけとなった。1999年にダイオキシン類対策特別措置法が制定され，小規模焼却炉の廃止を含め，廃棄物焼却炉の改築・管理体制の改善が進み，その後急速に解消に向かっている。

大気中の粒子状物質の健康影響は，濃度や化学組成とともに粒子の大きさ（粒径）が重要な因子である。粒径が約2.5μm以下の微粒子は，工場や自動車などから排出される人為起源の粒子，及び大気中でガスから生成される粒子（二次粒子）よりなり有害性が高い。一方，粒径が約2.5μm以上の粗大粒子は，土壌粒子など自然起源の粒子が主体で有害性が低い。アメリカでは1997年に，10μm以下の粒子を対象としたPM10についての環境基準に加え，より健康影響の大きいPM2.5粒子についての環境基準を新たに設けた。日本でも2009年に，粒径が2.5μm以下の微小粒子状物質（PM2.5）に対する環境基準を新たに設定した。

2013年1月に，中国ではPM2.5の高濃度汚染が大きな関心事となった。日本やアメリカなどのPM2.5の環境基準値は日平均値で35μg/m^3であり，300～500μg/m^3になると危険レベルといわれる中，北京市などでは900μg/m^3を超える高濃度を記録するなど，市民の呼吸器系や循環器系への健康影響とともに，日本への越境汚染が危惧された。その後，中国での石炭対策や自動車対策などが進み，2017年には状況が好転したといわれている。

2-2-2　騒音，悪臭の歴史

典型７公害の中で，騒音と悪臭は，不快な音，不快な臭いといったように，人の感覚を刺激し生活環境を損なうものであり，「感覚公害」とも呼ばれ，日常生活と深く関連した公害といえる。これらの公害状況の評価は，苦情件数で評価されることが多い。2016年度における典型７公害の全国の苦情件数はおよそ７万件で，騒音が32%，悪臭が20%で半分以上を占めていた。

工場や事業場，建設工事に伴う騒音を規制し，自動車騒音の許容限度を定めた騒音規制法は，1968年に制定された。規制の内容については，先の表３に示した。騒音に関する訴訟は，ピアノや犬の鳴き声など近隣騒音から，工場騒音，鉄道騒音，基地騒音，空港騒音など多数の事例がある。

基地騒音訴訟では，1976年から住宅街に位置する米軍厚木基地に対する騒音訴訟が始まった。2007年に提訴された第４次訴訟で，初めて自衛隊機や米軍機の夜間飛行差し止めを訴え，地裁，高裁では自衛隊機の夜間飛行差し止めが認められたが，2016年の最高裁判決で覆された。

空港騒音訴訟では1969年に，深刻な騒音被害を受けていた大阪国際空港（伊丹空港）近隣の住民が，国に対し夜間の空港使用の差し止めと過去及び将来の損害賠償を求めて提訴した。1981年最高裁は，過去の損害賠償については認めたものの，飛行差し止めと将来賠償については却下した。なお，伊丹空港の騒音問題の抜本的な解決を図るため，海上空港として関西国際空港が1994年に開港した。また，低騒音ジェット機への転換などの対策が図られている。

最近では，市街地に立地する幼稚園や保育所の子どもの声を騒音とした訴訟もある。2015年に東京都は，子どもの声騒音に関する条例を改め，保育所や幼稚園などの子どもの声を一律規制しないように変更した。また，園児の遊ぶ声に対し慰謝料などを求めた訴訟において，2017年最高裁判所は提訴人敗訴の判決を下した。

悪臭に関しては1971年に，工場や事業場の事業活動で発生する悪臭を規制することにより生活環境を保全し，国民の健康の保護に資することを目的とした，悪臭防止法が制定された。規制は，不快な臭いの原因となり生活環境を損なうおそれのある物質を，政令で特定悪臭物質と指定し，個々の悪臭原因物質の濃度を測定し規制する方式である。アンモニアなど，現在22物質が特定悪臭物質に指定され，規制基準が定められている。畜産農業の悪臭対策など一定の効果を上げることができ，悪臭苦情件数は1972年をピークとし以後減少したが，1993年より増加傾向となり，新たな対応が必要となっている。

1995年に悪臭防止法の一部が改正され，悪臭の測定方法として従来採用されていた機器分析法に加え，人の嗅覚によって測定する嗅覚測定法とそれに基づく臭気指数[1)]規制が導入された。臭気指数規制は，複合臭や未規制物質にも対応できるうえに，住民の臭気感覚により合致したもので，より適切な苦情対策が可能となった。

2-3 水質汚濁・土壌汚染

2-3-1 水質汚濁

我が国は，様々な形態の水質汚濁問題を経験し，大きく甚大な影響をこうむってきた。その歴史的な概要を表４に示す。

水質汚濁による被害が広く認識されたのは，明治初め（1878～1881年頃）の足尾銅山の排水による渡良瀬川の鉱毒問題であった。銅を含む排水によって渡良瀬川が汚染され下流の田畑が広域に汚染された。田畑での農作物が作れなくなり，河川では魚をはじめ水生生物が壊滅した。この時期には「欧米に追い付き追い越せ」の富国強兵の時代であり，また行政的・社会的対策の枠組みのない時代であった。国会での議論，被害住民の請願などにより，政府・内閣に鉱毒調査会が設置されるなどの政府としての取り組みがなされるようになったのは20年以上もたった後であり，その後も長らく影響はつづいた。その他の地域でも鉱山排水による問題が生じた。

1900～1950年代には，製紙・繊維・食品工場排水に起因する，細菌等によって分解可能な有機物による水質汚濁問題が日本各地で頻発し，漁民と会社側との衝突も生じた。しかし，この時期には水質保全や汚濁に関する認識が低く，会社操業の権利の方が優先され，漁民や住民の立場の弱い状況であった。

また1950年代には，富山県神通川で奇病が発生した。これは，神岡鉱山の排水中に含まれるカドミウムにより河川が汚染され，飲み水や汚染された田より収穫された米に濃縮されたカドミウムを摂取することにより骨がもろくなり骨折する病気であり，その苦痛からイタイイタイ病と命名された。また，熊本県水俣湾でとれた魚介類を食した人々の神経系統が破壊され，視野狭窄，運動神経麻痺等になりやがて

1）臭気指数とは，三点比較式臭袋法と呼ばれる方法で，人が直接臭いを嗅いで臭いの有無を判定し，定められた算定式から算出した数値である。

表４　水質汚濁に関する概要の年表

年代	水質汚濁		対策
1878～1881	重金属	渡良瀬川の汚染	
1900～1950	有機物	製紙・繊維・食品工場廃水	
	重金属	神通川での奇病発生（イタイイタイ病）	
1950年代	重金属	荻野医師がイタイイタイ病 Cd 説の学会発表	
		熊本大学での水俣病研究グループが有機水銀説発表	
	有機物	江戸川での製紙会社廃水問題	
	水質全般		「工場排水規制法」の制定
			「水質保全法」の制定
	油	四日市で石油化学会社からの油汚染問題	
1960年代	油	伊勢湾、水島湾で油臭魚問題	
	重金属	胎児性水俣病の発生	
		阿賀野川で第二水俣病の発生	
		イタイイタイ病の原因は Cd と認定	
	有機物	田子の浦で汚染底質による硫化水素問題	
		木曽川でのアユの斃死	
	公害対策全般		「公害対策基本法」の制定
1970年代	重金属		「カドミウム汚染米の基準」制定
			「水銀の魚介類の基準、底質の除去基準」
		６価クロム汚染	
	水質保全		「水質汚濁防止法」の制定
			「水質環境基準」の設定
			「海洋汚染防止法」の制定
			「下水道法」の抜本的改正
	富栄養化	瀬戸内海での養殖魚の大量斃死	「瀬戸内海環境保全臨時（特別）措置法」の制定
		利根川、淀川での水道水の異臭味問題	
	有機物		「COD 負荷量規制」
	油	海藻の油汚染問題	
	難分解性有機物	ＰＣＢ油症患者	
		ＰＣＢ汚染魚　PCB 底質汚染	PCB 汚染魚・底質暫定除去の基準
			「PCB の環境基準及び排水基準の設定」
	化学物質		「化審法」の制定
	温排水	発電所・工場からの温排水問題	
1980年代	富栄養化	飲料水の異臭味問題	
		淡水赤潮発生	「湖沼の窒素およびりんの環境基準」
			「湖沼水質保全特別措置法」
	酸性雨	環境庁による総括調査	
1990年代以降	環境保全全般		「環境基本法」の制定
	有機物		水質汚濁防止法に雑排水対策を規定
	富栄養化		「閉鎖性海域の窒素およびりんの環境基準」
	内湾保全		「有明海及び八代海の再生特別措置法」の制定
	化学物質		環境基準の大幅改定
			「PRTR 法」の制定
	水道消毒副生成物		「水質環境基準」設定
			「水道原水水質保全事業促進法」の制定
			「水道水源水域の水質保全特別措置法」の制定
	ダイオキシン	ダイオキシン問題顕在化	「ダイオキシン類対策特別措置法」の制定
			「ダイオキシンの水質汚濁に係る環境基準」の設定
	水生生物保全		「水生生物の保全に係る環境基準」の制定
	EDCs	EDCs の総括調査	水生生物の保全に係る環境基準に２項目追加
	PPCPs	PPCPs の問題	
	水質・生態系保全		「琵琶湖保全再生法」の制定

死に至る水俣病が発生した。これは，新日本窒素肥料株式会社（現チッソ株式会社）の肥料工場で触媒として使われていた水銀を含む排水が水俣湾に排出され，それが底泥中の細菌等により有機水銀に変換され，食物連鎖により魚類中に濃縮され，それを食した人々に蓄積し有機水銀中毒にかかったものである。

江戸川下流ではパルプ工場排水に含まれる有機性浮遊物などによる水質汚濁で，漁民とパルプ工場との紛争が生じ，「公共用水域の水質の保全に関する法律」（水質保全法）および「工場排水等の規制に関する法律」（工場排水規制法）が制定される契機となった。しかし，これらの法律は適用対象地域の指定制であったために効力は限定的であった。このような有機性汚濁はますます増え，日本全土に及んで行った。また，四日市では，石油会社からの排水中に含まれる油による汚染問題が生じた。

1960年代になると，油臭魚問題が伊勢湾，水島湾等で生じた。重金属問題として，胎児性水俣病が発生し，また阿賀野川で第二水俣病が発生した。そしてイタイイタイ病の原因はカドミウムと認定された。その後，この鉱山排水は凝集沈殿等の排水処理がなされるようになり，また田畑のカドミウム汚染土壌は除去されてきれいな土と置き換えられ，汚染米は政府により買い上げられ食料以外の目的に使われている。田子の浦では，製紙会社の排水中に含まれる有機性浮遊物質の沈積により底質が汚染され硫化水素問題が発生し，甚大な漁業被害が生じた。その後，この汚染底質は浚渫・除去された。また，木曽川ではアユの斃死問題が発生した。

前述したように，この時期には日本全国で，水質汚濁ばかりではなく，大気汚染，騒音，振動，悪臭，土壌汚染および地盤沈下（典型７公害）といった，事業活動その他人の活動に伴って生ずる相当範囲にわたる，人の健康又は生活環境に係る被害が生じる公害が大きな問題となり，その防止のために「公害対策基本法」が制定された。

1970年代になると，水質汚濁防止のために上述の水質保全のための２法に代わって，「公害対策基本法」に基づき「水質汚濁防止法」が制定され，工場・事業場の排水中の汚濁物質の濃度規制等がなされるようになり，「水質汚濁に係る環境基準」や「排水基準」も設定された。この法律は自動的に日本全国に適用されるものであり，不過失責任制度（過失が認められなくとも公害を生じさせた会社は，被害者の治療費，被害補償，環境回復のための費用を支払う責任があるとする制度）も盛り込まれ効果が大きいものとなった。また「カドミウム汚染米の基準」，「魚介類の水銀の基準」と「水銀汚染底質の暫定除去基準」が制定され対応がなされることとなった。内湾等の底質の水銀汚染の調査がなされ，多くの地点でこの基準を超えていることが分かり，その後，長年にわたりこれら底質の除去がなされることとなった。

また，窒素，リンなど植物栄養素が過剰に水系へ排出され，植物プランクトンの異常発生による，いわゆる富栄養化問題も顕在化し，瀬戸内海での大規模な赤潮の発生と養殖魚の大量斃死が生じた。利根川水系や淀川水系では藍藻類（シアノバクテリア）の生成する物質による水道水の異臭味問題が発生した。瀬戸内海での環境保全のために「瀬戸内海環境保全臨時（後に特別）措置法」が制定された。また，瀬戸内海，伊勢湾および東京湾での水質保全対策のために，排水中の濃度規制に加え，排水中のCOD（化学的酸素要求量）の負荷量（濃度×水量）規制がとられるようになった。油汚染では海藻の汚染問題が生じた。

塗料速乾剤，熱交換剤，電気の交流を直流にする整流剤などとして幅広く用いられていた難分解性化学物質であるPCB油症患者が発生し，PCB汚染魚が生じ，「PCB汚染魚」，「PCB汚染底質暫定除去基準」が提示された。日本の内湾等の底質の調査が行われ，数十か所がこの基準を超えていることが分かり，その後，長期にわたりこれら底質の除去が続けられることとなった。また，そのほかの化学物質の問題も生じ，これらに対処すべく，また農薬等の化学物質への対応も含め「化学物質の審査及び製造等の規制に関する法律（略して化審法）」が制定された。そしてPCBは環境基準や排水規制の対象項目となった。この時期には発電所・工場からの温排水問題もクローズアップされた。

1980年代には，琵琶湖や霞ケ浦などの湖沼の富栄養化がますます進行し，湖沼や貯水池などを水源とする水道で飲料水の異臭味問題が広がり，また琵琶湖をはじめとして淡水赤潮やアオコ（水の華）が発生した。この対策のために「湖沼の窒素およびりんの環境基準」が設定され，「湖沼水質保全特別措置法」も制定され指定湖沼での水質保全計画が立てられきめ細かな対策も盛り込まれた。さらに，大気汚染等に由来するpHの低い雨による森林の枯死や目への影響など，酸性雨による影響が顕在化し環境庁による日本全国の総括調査がなされた。

1990年以降では，環境問題の未然防止，生態系の重要性と保全，国際性などを盛り込んで「公害対策基本法」に代わり「環境基本法」が制定された。閉鎖性海域の富栄養化防止のために，「閉鎖性海域の窒素およびりんの環境基準」が設定され，総量規制項目として窒素およびリンが追加された。また，有明海や八代海の閉鎖性海域の水質汚濁問題も重要となり，「有明海及び八代海の再生特別措置法」が制定された。河川，湖沼，内湾などに負荷される有機物の総量に占める家庭雑排水（家庭からのトイレ排水以外の排水）に起因する割合が大きくなり，「水質汚濁防止法」に生活排水対策が規定された。家庭排水対策計画が立てられるようになり，トイレ排水に加え家庭雑排水の河川等への直接排水が規制されるようになった。

種々の化学物質による汚染が顕在化し，「人の健康に係る環境基準」が大幅に改定され，特定の化学物質の使用量の届け出などが盛り込まれた「特定化学物質の環境への排出量の把握及び管理の改善の促進に関する法律（化管法，PRTR法）」も制定された。水道の浄水場での塩素消毒において，一部の有機物質を前駆物質として発癌物質であるトリハロメタンやハロ酢酸などの有機ハロゲン物質が生成されることが明らかとなり，水道水の水質基準に規定されたことから，「水道原水水質保全事業促進法」および「水道水源水域の水質保全特別措置法」が制定された。また大気汚染や化学物質汚染と関係するダイオキシンの環境問題が顕在化し，「ダイオキシン類対策特別措置法」が制定され，「ダイオキシンの水質汚濁に係る環境基準」が設定された。

「環境基本法」が制定されたことから，水域生態系の保全が認識され，水中の生物生息環境を保全するための環境基準が設定された。雌雄の性別の発達をかく乱する内分泌かく乱化学物質（環境ホルモン）による水質汚濁も問題視され環境庁による日本全国の総括調査がなされ，それまでの全亜塩に加えてアルキルベンゼンスルホン酸とノニルフェノールエトキシレートが水生生物の生息環境の環境基準に追加された。最近では，医薬品や化粧品などの日常生活使用化学物質も注目され，病原性微生物としての原虫やウイルスも問題となっている。

日本で最大の淡水湖である琵琶湖は，近畿圏約1,400万人の飲料水を供給しており，またアユなどの水産資源にとって重要で，固有種も多くおり，水質・生態系の保全が極めて重要である。琵琶湖では富栄養化などの水質汚濁を防止するために種々の施策がとられ，また多くの研究がなされているが，その水質・生態系保全などの観点から「琵琶湖保全再生法」が制定され，現在新しい観点での保全計画が立てられ施策がとられようとしている。

公共用水域の水質保全の目標として，水質汚濁に関する環境基準が制定され，環境基準点で水質検査がなされている。環境基準のうちの生活環境項目に係る環境基準の達成率の推移（河川はBOD項目，湖沼および海域はCOD項目）を図８（環境省 2017）に示す。河川では水質改善がなされ，平成28年度で95%を超える水域で環境基準を達成している。海域では80%前後の水域で環境基準を達成しているが，それほど改善はされていない。湖沼では，近年やっと改善傾向がみられるようになっているが，達成している水域は平成28年度でも57%程度と低い状況である。海域や湖沼では，さらに水質汚濁機構の解明を行い，より一層の対策をとって改善を図る必要がある。図９（環

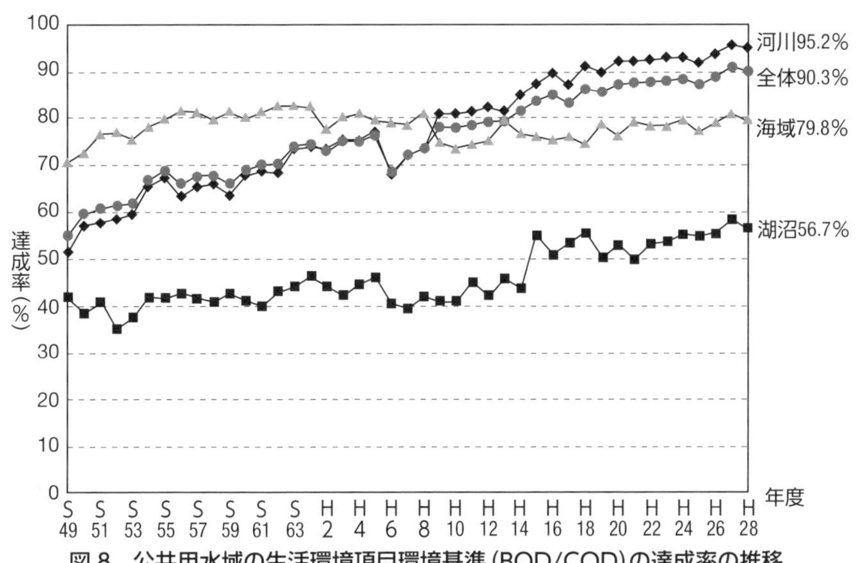

図８　公共用水域の生活環境項目環境基準（BOD/COD）の達成率の推移

（環境省　2017）

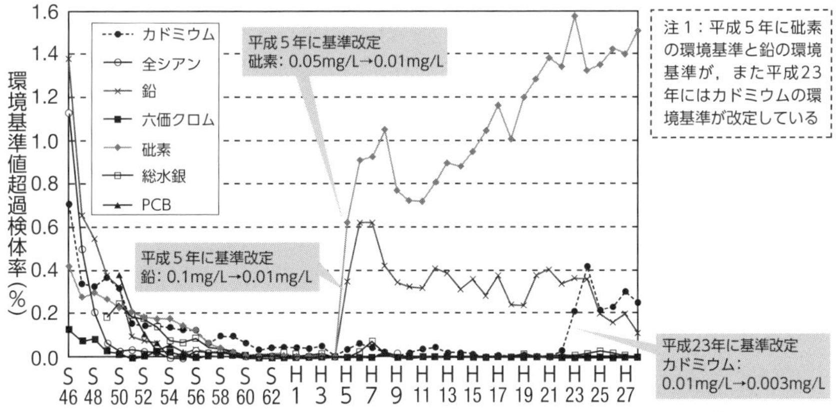

図９　公共用水域の主な健康項目の環境基準超過率（検体値）の推移

（環境省　2017）

境省 2017）には，健康項目に係る主な環境基準項目について環境基準値を超えた（達成していない）検体数の割合（超過率）の推移を示す。超過率は，水質汚濁防止法の制定により，また底質の浄化により昭和50年代に0.1%以下に低下し，その後さらに低下しおおむね良好な環境が保たれている。ただ，砒素と鉛については，平成５（1993）年に環境基準が改定されて厳しくなり，超過率が高くなっている。鉛については超過率が0.6%と高くなり，その後徐々に低下しているが平成28年度でも0.25%と高い状態である。砒素については，超過率は１%前後となり，自然由来で地下水や湧水に含まれるものもあり，その後も徐々に高くなり，平成28年度には1.5%となっている。

水質汚濁防止の分野においても地球環境問題への対処は不可欠である。このため，省エネルギーの技術や温室効果ガスの削減は重要となる。水処理においても，省エネルギーの技術開発とともに，気候変動に対処するために，質・量ともに安定した下水処理水の再利用も重要である。このため，オゾン処理，膜処理，UV（紫外線）消毒，活性炭技術などが技術開発され実用化されており，さらなる効率化がなされている。下水処理場では下水処理に伴って下水汚泥が発生する。これは適正に処理・処分されなければならないが，その焼却過程で発生する温室効果ガス（亜酸化窒素 N_2O）の低減技術が開発され，さらに発電技術も開発されている。また，下水汚泥は，自然流下で下水処理場に集まってくる下水由来のもので，りん等の資源を含み，またカーボンニュートラル[2)]の有機物を多く含んでおり，また質的にも量的にも安定して手に入るという特性を有している。この下水汚泥を嫌気性発酵しバイオガス（メタン）を手に入れ，発電，都市ガス原料，自動車燃料，水素生成等に用いたり，炭化して石炭代替物として用い，温室効果ガスの発生の抑制に貢献する技術も開発され実用化されている。さらに，枯渇が懸念されるりん資源を回収する技術も開発され実用化されている。また下水汚泥を高温で発酵堆肥にする技術が普及して，良質の有機肥料として使われている。この分野の技術開発と展開は今後も期待される。

上述のように，水質汚濁に対して調査による現状把握と原因究明がなされ，必要な法制度の整備と施策の実施がなされてきたが，そこでは衛生工学や環境工学の分野の技術者が，国や地方自治体の担当者としてまた専門家として大きく貢献しており，今後も貢献が期待されている。その実行を支える除去技術や資源回収技術の開発においても，社会システムの確立（都市施設の技術開発と整備）においても，国や地方自治体の担当者として，大学や研究機関の専門家として，またコンサルタントや環境プラントメーカーの社員として，衛生工学や環境工学の分野の技術者の役割は極めて重要である。

近年の水質汚濁問題を解決するためには一国の問題として取り扱うのではなく世界で協力して取り組む必要がある。PCBの汚染で示されたように，地先の水域の汚染にとどまらず，海洋を泳ぐマグロの肉からも高濃度で，また南極のペンギンからも検出され，このような難分解性の有機物は食物連鎖により容易に世界中に拡散されることが分かる。繰り返しになるがこのため，POPs国際条約が締結されたので

2）植物を起源とし分解された二酸化炭素は再び植物に光合成で固定されるので，地球温暖化ガスには算入されない炭素。

コラム　膜ろ過

膜ろ過法は，有機系高分子素材やセラミック系素材からなる膜を用いて水をろ過し，水中の微細な粒子を物理的なふるい分けによって除去する方法です。図は、水道原水中の成分とその大きさ、および適用可能なろ過膜の種類を示したものです。ここに示すように、ろ過処理に使われる主な膜には、精密ろ過膜，限外ろ過膜，ナノろ過膜，逆浸透膜があります。

一般に、精密ろ過膜と限外ろ過膜は、水の濁りや微生物を除去するために導入されます。これに対して、ナノろ過膜は，微量汚染物質など溶解性の成分も除去できるため、高度浄水処理プロセスとして使用することができます。さらに，逆浸透膜は、無機イオンも除去できることから海水の淡水化などに用いられています。

このような膜ろ過法は、わが国では最近20年くらいの間に急速に普及してきています。なお、膜ろ過法は浄水処理に用いられるほか、下水処理プロセスなどでも使用されています。

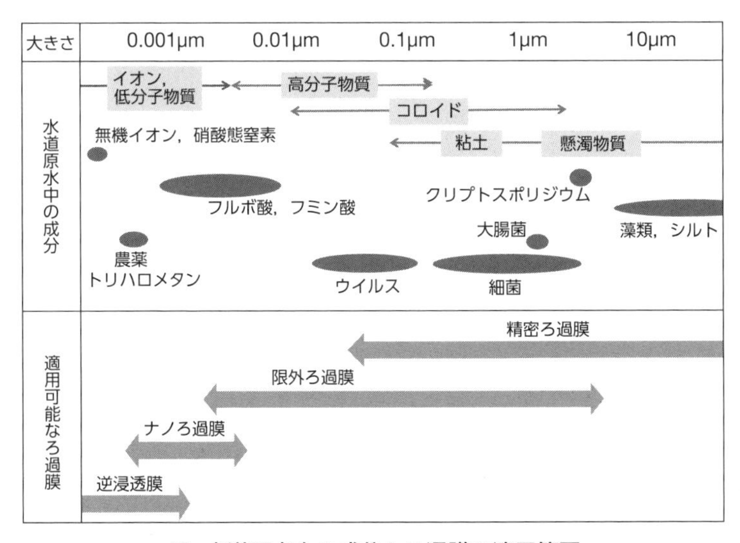

図　水道原水中の成分とろ過膜の適用範囲

ある。このような広域の海域の対応と，内湾や湖沼で起こっている水質汚濁現象の機構や対策は共通であり，各国が情報交換し協力して取り組むことが重要である。このため，我が国では滋賀県に国際湖沼委員会を，兵庫県に閉鎖性沿岸海域環境管理委員会を設置し国際的活動を行っている。開発途上国の水質汚濁の防止も重要であるが，これらの国では，我が国で順次生じた水質汚濁問題が同時に生じており，複雑である。このため，我が国での経験，知見，技術などでもって国際貢献することが必要である。またそれらの国での活動は，我々自身の知見の充実と新技術の開発につながり，日本国内の水質汚濁防止にも大きく貢献する。このような観点から，衛生工学や環境工学の分野の技術者は国際的にも活躍し貢献することが期待されている。

2-3-2　地下水・土壌汚染

土壌や地下水汚染は，それによる影響の発現が感知しづらく，また監視も難しく，また汚染が発覚しても対策が取りづらい特徴がある。そのため，我が国では多くの地点で地下水や土壌汚染が生じている。また往々にして，保全のための法整備の前に汚染されてしまっているという，過去の負の遺産的側面が強い。その歴史的な概要を表5に示す。

前述したように，明治初期の足尾銅山の排水により渡良瀬川が汚染され周辺の田畑の土壌が汚染され耕作ができなくなった。このようなことは，他の鉱山の周辺でも生じた。神通川流域でイタイイタイ病が発生し，1960年代にイタイイタイ病は神

表5　地下水汚染及び土壌汚染に関する概要の年表

1880年代	足尾銅山をはじめとした鉱毒問題
1950年代	イタイイタイ病発生
1960年代	阿賀野川で第二水俣病の発生
	イタイイタイ病の原因はCdと認定
1970年代	農用地の土壌の汚染防止法の制定
	江戸川区での六価クロム問題
1980年代	地下水汚染問題の顕在化
	水質汚濁防止法施行令の有害物質にトリクロロエチレン、テトラクロロエチレンを追加
	水質汚濁防止法に有害物質を含む水の地下水浸透の禁止を規定
1990年代	土壌の汚染に係る環境基準の設定
	土壌・地下水汚染調査・対策指針策定
	水質汚濁防止法にて地下水の浄化措置命令を規定
	地下水の水質汚濁に係る環境基準の設定
	ダイオキシン類対策特別措置法の制定
	ダイオキシンの土壌汚染に係る環境基準の設定
2000年以降	土壌汚染対策法の制定

岡鉱山の排水中に含まれるカドミウムが原因で，飲料水や米を介して人体に摂取され，生じたとされた。これらのことから1970年になり，人の健康を損なう農産物の生産や，農産物生産の阻害を防止するために「農用地の土壌の汚染防止法」が制定され，カドミウム，銅，砒素およびこれらの化合物が対象項目とされた。

1980年代に入ると地下水の水質汚染が顕在化してきた。地下水を原水とする水道で，集積回路工場等からの排水に含まれるトリクロロエチレンやテトラクロロエチレンなどの溶剤等に使われていた揮発性有機塩素等の汚染と硝酸性窒素の汚染が明らかとなった。井戸水の調査によっても地下水の水質汚染が明らかとなった。地下水の汚染は土壌汚染と深い関係がある。このため1990年代になり，「土壌の汚染に係る環境基準」が設定され，土壌汚染・地下水汚染の調査・対策指針が策定された。そして，地下水・土壌汚染を防止するために「水質汚濁防止法」が改正され，法の目的の中に地下への浸透水の規制による地下水水質汚染防止が加わり，有害物質を含む水の地下への浸透禁止措置が規定された。「地下水の水質汚濁に係る環境基準」も設定された。「土壌の汚染に係る環境基準」も「地下水の水質汚濁に係る環境基準」も，地下水を水道の原水等として飲用に供すること等を想定して，「水質汚濁に係る環境基準」のうちの「人の健康の保護に関する環境基準」と同じ項目が規定された。なお「土壌の汚染に係る環境基準」では，土壌環境pH条件を勘案して，純水に塩酸を加えてpH5.8～6.3の範囲で土壌から汚染物を溶出させて測定することとされている。

地下水の水質汚濁の監視は，都道府県を複数の地域区分に分割し，さらに各地域区分をメッシュに分割し，各メッシュで複数の既存の井戸等について，各地域区分で数年に１回調査を行う（数年で都道府県の各区分をカバーする）。そして環境基準を超える井戸が見つかった場合は，その井戸の周辺で詳細な地下水調査を行い地下水の水質汚濁の汚濁源を明らかにし対策を講じることとしている。対策を講じた場合も汚濁源が不明の場合もその井戸の調査を，２年～３年続けて行い，環境基準以下となるまで毎年追跡調査を行うこととされている。地下水の環境基準超過率の推移を図10（環境省 2017）に示す。超過率は，硝酸性窒素及び亜硝酸性窒素では高く徐々に低下しているが平成28年度では3.5%程度である。砒素でも，地質由来のものもあり，超過率は高く２%程度の値である。その他の項目は海水や地質由来もあるふっ素を除き，0.5%以下となっている。

地下水の汚染は，有害物を含む水の地下水への浸透を禁止するだけでは十分でなく，汚染された土壌からの溶出にも対処しなければならない。土壌から溶出した有

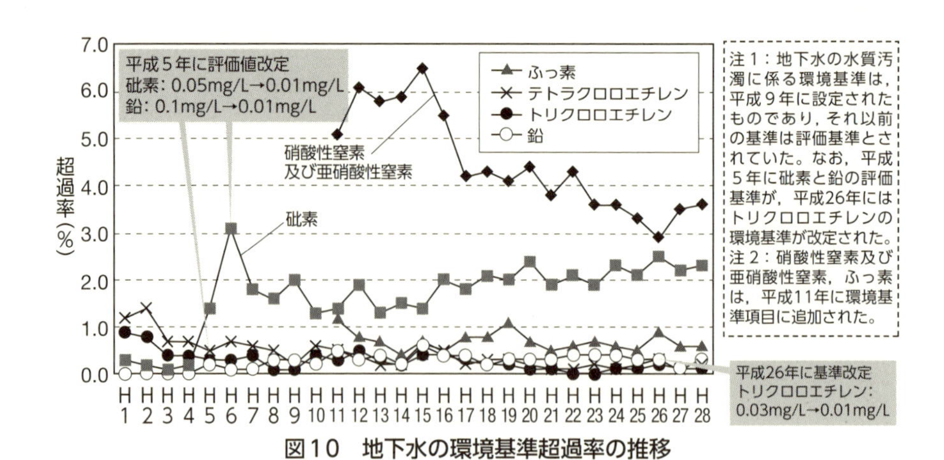

図10　地下水の環境基準超過率の推移

（環境省 2017）

害物に汚染された地下水は，飲用により，また揮散・吸引や農作物・家畜・魚介類経由により人に影響を及ぼす。また有害物を含む土壌を口から摂取したり肌などから吸収する直接摂取によるリスクの回避や，汚染土壌を移動させることによる土壌汚染の拡散を防ぐことも重要である。このため「土壌汚染対策法」が2000年代になり制定され，土壌汚染状況調査や健康被害の防止措置等が規定されている。調査は，有害物を過去に使用していた工場・事業場の敷地や，土壌汚染の恐れがある土地で行うこととなっている。なお，直接摂取のリスクについては重金属等について溶出基準に加え土壌含有量基準が定められている。汚染土壌の対策としては，直接摂取によるリスク回避では汚染土壌を除去して処理するか，舗装，立ち入り禁止措置，土壌入れ替え，盛土をして管理することが示され，また地下水の汚染防止では，汚染土壌の除去とその処理および汚染地下水の浄化と，地下水の水質測定，遮水工封じ込め，遮断工封じ込め，不溶化埋め戻し，原位置封じ込め，地下水汚染の拡大防止措置，原位置不溶化での管理が示されている（環境省 2011）。土壌汚染対策法で規定される特定有害物質の種類別対策実施件数および割合（平成22年度から平成26年度の累計）を図11（環境省 2016）に示す。計1,911件あり，そのうち重金属等の汚染に係るものが77.8%と最も多く，続いて複合汚染に係るもの，トリクロロエチレンやテトラクロロエチレンなどの揮発性有機化合物に係るものが多く，それぞれ12.1%，9.9%となっている。農薬等に係るものは0.2%であった。

1990年代の最後には，人の生命および健康に重大な影響のあるダイオキシン類による大気汚染，水質汚濁（底質の汚染を含む）および土壌の汚染が顕在化し，「ダイオキシン類対策特別措置法」が制定され，これには汚染防止および除去等を行うための

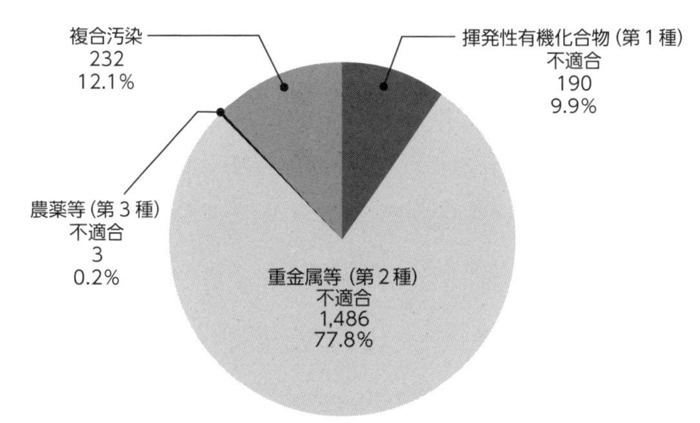

図 11　特定有害物質の種類別対策実施件数および割合

（平成22年度から平成26年度までの累計）（環境省 2016）

必要な規制や汚染土壌の措置等が規定されている。ダイオキシン類は，ごみ焼却等の燃焼や製鋼用電気炉等を発生源として環境中に拡散し，大気汚染，土壌汚染，水質汚濁，底質汚濁等を生じさせ，またそれら汚染の対策を講じる必要があることから，「水質汚濁防止法」や「大気汚染防止法」などの枠組みでは対応できないことから特別措置法として制定されたものである。ダイオキシン類に汚染された土壌については，ダイオキシン類土壌汚染対策計画を立て，汚染土壌の除去と処理，人の健康被害防止のための管理措置等，土壌の汚染防止のための事業実施等が規定されている（放射性物質による汚染については2-5節参照）。

上述のように，地下水や土壌の汚染対策においても，調査による現状把握と原因究明，必要な枠組みと法制度の整備と施策の実施において，国や地方自治体の担当者として，また専門家として衛生工学や環境工学の分野の技術者は大きく貢献しており，今後も貢献が期待されている。またその実行を支える除去技術の開発・適用においても，国や地方自治体の担当者として，大学や研究機関の専門家として，またコンサルタントや環境プラントメーカーの社員として，衛生工学や環境工学の分野の技術者の役割は極めて重要である。また，国際的な活動も，今後ますます期待される。

2-4　廃棄物

2-4-1　廃棄物問題とその対策の制度を概観する

人が生きていく上で廃棄物の発生は不可避である。ゆえに廃棄物は人が集住するようになって以降，何らかの不都合を生じさせていた。人口が少ない間や自然還元できる材料だけを使用していた時代は，自然の浄化能力が大きく，廃棄物はさほど問題とはならなかった。しかし，江戸など近世になって人口が集中した都市部においては問題視されるようになっていた。このあたりの事情については興味深い成書が多数出版されているのでぜひ読んでいただきたい（石川 1997）。

本節においては，第２次世界大戦後，日本の高度経済成長が始まり，公害問題などが出現し環境問題が大きく取り上げられるようになった時期からの廃棄物問題の経緯やその対応について最初に概観する。次に，日本の廃棄物問題を紹介する中で，特徴的な技術（焼却技術）や，問題等（ダイオキシン問題，ポリ塩化ビフェニル（PCB）問題，豊島問題）を取り上げ，その経緯を紹介する。ここで紹介する問題は，いずれも社会的な注目を集めたとともに，現在の廃棄物・資源循環政策に極めて重要な影響を持った問題である。最後に，今後の廃棄物問題がどのように変化するのか，特に，人口減少社会との関係で論じる。

2-4-1-1 廃棄物処理法制定以前の状況

1954年，廃棄物に関する法律である清掃法が制定された。それ以前は汚物掃除法という法律があったが，戦後復興とともに，ごみ処理事業の近代化への社会的要請が高まり，国や都道府県の財政的，技術的な支援を法的に位置づけるため，清掃法ができた。清掃法では汚物はごみ，燃え殻，糞尿及び犬，ねこ，ねずみ等の死体と定義され，汚水は「汚物」の定義から除外された（廃棄物学会 1997）。1954年は日本の高度経済成長が始まった頃であり，発生した廃棄物を生活圏域から排除することに主眼がおかれ，大都市においても，直接埋立が主流であった。この頃，「東京ごみ戦争」が勃発している。ごみの排出が急速に増加したことから焼却施設の整備を本格化させようとする行政側と住民の間で対立が生じ，そのため焼却施設の建設が進まない状況があり，結果的に多量のごみが江東区の埋立処分場に持ち込み処分されていた。江東区は他区からのごみの持ち込みに対する反対決議を行い，特に杉並区ではごみ焼却施設の建設計画に対する反対運動が盛んであったことなどから，江東区は杉並区からのごみ搬入を阻止する事態に発展した。やがて，杉並区において区内での清掃工場建設が決まり，事態は収束に向かうこととなった（木村 2017）。

この時期の日本全体の廃棄物量の推移をみてみると（図12），1960年には1,000万トン以下であったものが，1965年には1,600万トンを超え，1970年には3,000万ト

3）環境省大臣官房廃棄物・リサイクル対策部企画課循環型社会推進室：日本の廃棄物処理の歴史と現状，http://www.env.go.jp/recycle/circul/venous_industry/ja/history.pdf（2018.1.10閲覧）

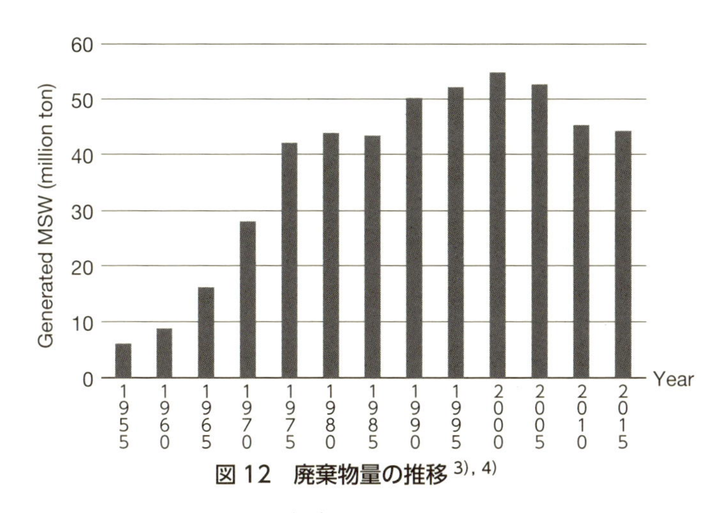

図 12　廃棄物量の推移 [3), 4)]

ンへ達しようとしていたのである[3), 4)]。都市化が進むにつれ，埋立地に関する様々な社会的問題が生じ，廃棄物処理施設の整備にあたっても，廃棄物の減量・減容化を主眼とした焼却等の中間処理が本格化したのである。現在では，発展途上国の大都市が同様の状況を迎えている。

2-4-1-2 廃棄物処理法制定以後

この時期，家庭ごみの量・質の変化とあわせて，日本全体で大きな問題となったのは，産業廃棄物による公害問題が顕在化，すなわち埋立処分場における浸出水の問題，焼却炉からの煤煙の問題，産業廃棄物の不法投棄等である。

1970年に清掃法を全面改正して「廃棄物の処理及び清掃に関する法律（廃棄物処理法）」を制定し，時代に即した廃棄物処理体制を確立しようとした。この法律では，廃棄物を一般廃棄物と産業廃棄物に区別し，それぞれの処理体系を整備することとなった。廃棄物の問題をまずコントロールするために，産業廃棄物を定義してその処理責任は排出事業者が負うことにし，それ以外の廃棄物は一般廃棄物として処理責任を市町村が負う，というシステムをつくるということである。つまり，排出者責任が明確になされ，環境問題解決の基本的原則である汚染者負担の原則に基づいている。また，廃棄物処理基準，維持管理基準等を設定し，廃棄物処理業については許可制，廃棄物処理施設については届出制を設け，必要な指導・監督等の規制を整備した。この廃棄物処理法が現在も根幹的な法制度であるが，その後，様々な背景

4）環境省：一般廃棄物処理実態調査結果，http://www.env.go.jp/recycle/waste_tech/ippan/index.html（2018.1.10閲覧）

をもとに改正が行われている。

1976年には，東京都内の六価クロム化合物製造工場における六価クロム含有鉱さいの埋立処分とそれに伴う周辺の環境汚染が問題となり，産業廃棄物処理に関する規制・監督の強化を中心に，当面速やかに講ずべき事項について必要な改正が行われた（木村 2017）。最終処分場が新たに廃棄物処理施設として位置づけられ，遮断型，管理型，安定型の三つの類型の処分場方式が定められ，それぞれの構造・維持管理上の基準が定められた。

1980年代は日本のバブル経済が真っただ中の時期であり，廃棄物も増加の一途をたどっていた。この頃，後に日本の廃棄物処理や制度に大きな影響を及ぼす事柄が生じている。1983年にはごみ焼却飛灰からダイオキシン類が検出されたことが新聞報道され，同じ時期に乾電池に含まれる水銀が焼却炉から排出されることが大きな社会問題として取り上げられた。また，単なる不法投棄問題というだけでなく，その後のリサイクル制度や産業廃棄物管理へも多大な影響を与えた「豊島問題」が勃発した。ダイオキシン類への対策，豊島問題についてはそれぞれ後述する。

2-4-1-3 循環型社会に向けて

増加の一途をたどる廃棄物の抑制やリサイクルの促進といった時代の要請に応えるために，「資源の有効な利用の確保を図るとともに，廃棄物の発生の抑制及び環境の保全に資するため，使用済み物品等及び副産物の発生の抑制並びに再生資源及び再生部品の利用の促進に関する所要の措置を講ずる」ことを目的に，「再生資源の利用の促進に関する法律」（再生資源利用促進法 リサイクル法）が1991年に制定された。この年には廃棄物処理法も大幅に改正された。改正では，廃棄物の排出量の増大や質的変化に対応するために，排出抑制や再生利用の促進を加え，そのための計画策定や施策の推進が定められた。また，最終処分場等の処理施設の確保が困難となり，不法投棄等の不適正処理の問題が生ずる等の諸課題に対応して，廃棄物処理体系の抜本的見直しとその強化を図ろうとした。処理業者についての規制強化を行うため許可の更新制を導入し，収集運搬業と処分業の区分を行い，廃棄物処理施設の設置は届出制から許可制へ移行した。市町村においては，監督規定の強化として改善命令の対象を処理業者に拡大し，措置命令の発動要件の緩和を行い，罰則の全般的強化を行った。

次に，廃棄物の有害性について，特別管理廃棄物を定め，一般廃棄物及び産業廃棄物のうち，人の健康又は生活環境に被害を生じるおそれのあるものを特別管理一般廃棄物及び特別管理産業廃棄物に区分して規制を強化した。つまり，有害廃棄物の規制強化・本格化である。具体的には，特別な処理基準を設定し，特別管理産業廃棄物管理票（マニフェスト）の使用を義務付け，特別管理産業廃棄物収集運搬業者及び処分業者を制度化した。マニフェストとは，廃棄物の処理が適正に実施されたかどうか確認するために作成する書類で，排出事業者から処分事業者まで廃棄物の流れを把握・管理することができる。翌年には，バーゼル条約が発効した。バーゼル条約とは，有害廃棄物の越境移動等の制限に関してその枠組みを示し，規制・手続きを記した条約である。日本もこのバーゼル条約を批准するために，特定有害廃棄物等の輸出入等の規制に関する法律を1992年に制定し，1993年に批准した。環境汚染の防止や健康被害を防ぐためには有害廃棄物の適正な管理は極めて重要な部分である。以降，1990年代後半は，リサイクル推進のための法律の制定が目白押しとなる。1995年には個別リサイクル法の先駆けである「容器包装に係る分別収集及び再商品化の促進等に関する法律（容器包装リサイクル法）」が制定された。これは，1986年に「廃棄物回避管理法」がドイツで制定され，1991年に容器包装令が公布されたことが背景にある（廃棄物学会 1997）。つまり，拡大生産者責任の考え方が導入された法制度がそのリサイクル法の根本にある。拡大生産者責任とは，製品の生産者が，その使用後や廃棄後に関しても，すなわち当該製品の適正なリサイクルや処分についても物理的・財政的に一定の責任を負うことを指す。廃棄物の処理・リサイクルに生産者が一定の役割を分担するものである。1998年には「特定家庭用機器再商品化法（家電リサイクル法）」が制定された。以降，生産や廃棄といったステージだけでなく，ライフサイクル全体の環境負荷やエネルギー消費を考える時代へと進むこととなった。

この時期は，埼玉県所沢市周辺における産業廃棄物処理施設の密集問題や，大阪府能勢町の一般廃棄物焼却施設による高濃度ダイオキシン類汚染問題などが社会的にも注目された。また，豊島や青森・岩手などに代表されるような不法投棄の問題も後を絶たなかった。大都市で発生した産業廃棄物が地方へ輸送され，特定の場所で，産業廃棄物処理施設の建設や不法投棄問題を引き起こしていた。1997年には廃棄物処理法が改正され，このような産業廃棄物の最終処分場の逼迫や不法投棄等の問題を踏まえ，廃棄物の適正な処理を確保するため，廃棄物の減量化・リサイクルを推進するとともに，施設の信頼性・安全性の向上や不法投棄対策等の総合的な対策を講じようとした。具体的には，廃棄物処理施設の設置の強化や不法投棄等の不適正処理に対する罰則の大幅な強化などである。また，焼却施設から排出されるダイオキシン対策のための規制や，最終処分に関する基準についても大幅に強化された。

さらに，特別管理廃棄物のみを対象としていたマニフェスト制度をすべての産業廃棄物に拡大した。

そして，従来の採掘－加工－流通－消費－廃棄の一方的流れが否定されつつある時代的雰囲気のもと，循環型社会元年と位置付けられた2000年を迎えた。大量生産・大量消費・大量廃棄型の社会経済システムから脱却し，排出抑制，再使用，再生利用の実施と廃棄物の適正処理が確保される循環型社会の形成を推進するために，「循環型社会形成推進基本法（循環基本法）」が制定された。製品等が廃棄物等になることが抑制され，製品等が循環資源（廃棄物等のうち有用なもの）となった場合，それらが適正に循環利用されることが促進され，循環的な利用が行われない循環資源については，適正な処分が確保され，もって天然資源の消費を抑制し，環境への負荷ができる限り低減される社会を循環型社会として定義し，廃棄物における優先順位（発生抑制，再使用，再生利用，熱回収，適正処分）を法定化した。また同年，「食品循環資源の再生利用等の促進に関する法律（食品リサイクル法）」，「建設工事に係る資材の再資源化等に関する法律（建設リサイクル法）」，「国等による環境物品等の調達の推進等に関する法律（グリーン購入法）」が制定された。また，1991年に制定された再生資源利用促進法は「資源の有効な利用の促進に関する法律（資源有効利用促進法）」に改正された。

2000年には廃棄物処理法についても改正が行われ，適正な処理体制を整備し，不適正な処分を防止するため，国における基本方針の策定，廃棄物処理センターにおける廃棄物の処理の推進，マニフェスト制度の見直し等の措置を講ずるとともに，周辺の公共施設等の整備と連携して産業廃棄物の処理施設の整備を促進することとされた。この年は，まさに廃棄物問題におけるターニングポイントであった。先の図12で示したように，廃棄物の発生量がこの年を境に減少傾向へと転じている。

さらには，同年，世界に例を見ないダイオキシン類に特化した法律である「ダイオキシン類対策特別措置法」が施行されている。また，世界に目を向ければ，2000年末にヨハネスブルグ会議で難分解性有機汚染物質（POPs）条約が合意され，翌年5月にストックホルム条約が締結された。これを受け，「ポリ塩化ビフェニル廃棄物の適正な処理の推進に関する特別措置法」が制定され，PCB廃棄物の処理体制が整備された。PCBについては別途，その経緯を後述する。

2-4-1-4 循環基本法制定以後

循環基本法制定以後，循環型社会の形成と有害物質の適正な処理という大きな流れに沿いながら，必要な施策を追加あるいはこれまでの施策を補完する形で進むことになる。つまり，2003年～2006年は毎年廃棄物処理法が改正され，「特定産業廃棄物に起因する支障の除去等に関する特別措置法（産廃特措法）」の制定，不法投棄事案に対する罰則の強化や国の支援，国の責務などが定められるとともに，有害物である硫酸ピッチへの対応が示された（木村 2017）。産廃特措法については豊島問題の項で後述する。また，この当時には，産業廃棄物処理施設で一般廃棄物を処理できる特例を設けている。この特例は，現在，災害廃棄物処理において極めて有効であることがわかる。また，2005年にはアスベスト含有資材の加工工場の労働者及び周辺住民の間で，中皮腫患者が集団で現れる等の問題が生じ，アスベスト（石綿）健康被害救済法が成立し，廃棄物としてのアスベスト含有材への対応も求められるようになった。2006年の循環基本法改正では，アスベスト廃棄物の高度な技術による無害化処理の促進がなされることとなった。この時期は，個別リサイクル法について言えば，2002年に「使用済自動車の再資源化等に関する法律（自動車リサイクル法）」が，2013年に「使用済小型電子機器等の再資源化の促進に関する法律（小型家電リサイクル法）」が制定されている。またダイオキシン類への対策は，日本の廃棄物問題において様々な観点から極めて影響が大きな問題であり，別途記載するが，2006年あたりではすでに対策は講じられていた。

こうした動きの一方で，環境問題の大きな流れは，地球温暖化問題への対応へと変化していった。1997年に京都議定書が採択され，日本は2002年に議定書に批准し，これを担保するために国内法として1998年に制定された地球温暖化対策推進法の改正が行われた。この改正法では，京都議定書目標達成計画の策定が盛り込まれていた。2005年に京都議定書が発効し，上記の計画が策定され，廃棄物分野においても対応が求められることとなった。2008年は京都議定書第一約束期間の開始年にあたり，地球温暖化対策推進法が改正されるとともに，具体的な数値目標が設定された。廃棄物問題は一見，ローカルな問題のように見えるが，一方で有害物質の越境移動や地球温暖化ガス（気体廃棄物）の排出においては一種の地球環境問題である。また，廃棄物の国民運動的な要素（3R：発生抑制や再使用，リサイクル）といった側面は地球温暖化問題への対応とよく似たところがある。ゆえに，そもそも処理するためのごみが減少すれば，廃棄物分野からの温室効果ガスも減少することから循環型社会形成推進と地球温暖化防止とを協調して進めるべきである。このような類似性からも廃棄物分野での温暖化対策への取り組みがこの時期からより一層求められるようになった。日本は廃棄物の焼却率が世界と比べても非常に高く，焼却エネルギーからの回収を温暖化対策として利用しない手はなく，廃棄物分野では高効率発電を目指すことが主要な方向となった。ごみ焼却の歴史については別途後述する。

ところで，資源の枯渇・有限性については古くから問題になっていたが，この時期，それが顕著に表れる事態が生じていた。例えば，中国のリンやレアメタル・レアアースの輸出制限などはその現れである。また，同じ時期，資源リサイクルの隠れたフローに関する研究が進み，「エコロジカル・リュックサック」という指標が注目された。これは1994年にドイツの研究所が提唱したもので，ある製品や素材に関して，その生産のために移動された物質量を重さで表した指標のことであり，資源リサイクルの重要性を示す一つの考え方である。

2-4-1-5 二つの大震災を経験して

このような背景の中，2000年代後半〜2010年までは，従来型の適正処理及び有害物質への対応の上に，地球温暖化問題及び資源の有限性への対応が新たな廃棄物分野での課題となっていた。それゆえ，2010年に廃棄物処理法の改正があり，排出事業者への対策・排出抑制の徹底や廃棄物処理業の優良化の推進や焼却時の熱利用の推進などがなされた。循環基本法が制定され10年が経過し，資源生産性・リサイクル率の向上や最終処分量の削減などの改善が見られ，着実に循環型社会を形成するための安定期に入るかのように思われていた。

その矢先，東日本大震災が2011年3月11日に発災した。日本は台風，河川の氾濫，地震等の自然災害が多いことから，これまでも災害廃棄物を処理処分してきた歴史がある。特に，1995年の阪神・淡路大震災での災害廃棄物発生量は約1,450万トン（市町村による処理）にも上る[5)]。損壊した家屋，ビル等のがれき等の処置については，個人，中小企業の所有のものについては，市町の行う災害廃棄物処理事業として，特例的に解体費用についても公費で負担することとされた。国は，財政面での支援や，がれき等の処理を促進するため，現地に設置された国・兵庫県・関係市等から構成される災害廃棄物処理推進協議会を通じて，仮置場の確保，破砕・焼却処理施設の設置などを支援した。そのような取組みにより，がれき等処理は1998年までにほぼ完了した。

一方，東日本大震災は津波による沿岸部の被害が極めて大きく，その災害廃棄物発生量は約2,000万トン，津波堆積物は1,100万トンであった[5)]。東日本大震災により発生した災害廃棄物等は一部が広域処理されたものの，福島第一原子力発電所事故からの放射性物質の拡散・汚染により，受け入れ自治体が限定され，大部分は被

5）環境省：災害廃棄物対策情報サイト，http://kouikishori.env.go.jp/（2018.1.10閲覧）

災地域において処理された。処理の基本は選別とリサイクルであるが，リサイクルできない可燃物については焼却処理がなされており，多くの仮設焼却炉が建設された。宮城県，岩手県沿岸部では処理ブロック分けがなされ，各所から集められた廃棄物が仮設焼却炉にて焼却処分されることとなった。これらの処理ブロックでは発災後３年をめどに処理がなされた。その後，2015年には廃棄物処理法と災害対策基本法が改正され，非常災害により生じた廃棄物の処理の原則を新たに規定し，国，地方公共団体，事業者の役割と責務を規定し，手続きの簡素化などが図られた。

東日本大震災では，先にも述べたように事故由来の放射性物質による汚染が生じた。これまで一般廃棄物，産業廃棄物からは放射性廃棄物は除外されていたが，放射性物質に汚染された廃棄物についてはその対応が迅速に求められた。こうした状況を踏まえ，平成23（2011）年８月30日に「平成二十三年三月十一日に発生した東北地方太平洋沖地震に伴う原子力発電所の事故により放出された放射性物質による環境の汚染への対処に関する特別措置法」（放射性物質汚染対処特措法）が公布された。これまで経済産業省が扱っていた放射性物質を含む廃棄物であるが，事故由来のものについては環境省の管轄となり，福島県内と県外において廃棄物の名称等を分け，処理処分スキームが組まれて，福島県内で発生した除染に伴う土壌や焼却灰等の廃棄物は，中間貯蔵施設で30年間にわたり貯蔵することが定められた。今後は，従来の廃棄物に加え，事故由来の放射性物質に汚染された廃棄物に対する処理・処分・管理が求められ，廃棄物分野における大きな問題となってのしかかることとなる。

2-4-2 処理技術の変遷と，代表的な廃棄物資源

前節では時代の流れとともにどのような法制度が定められ，廃棄物問題に取り組まれたかについて述べてきた。この廃棄物問題への対処の在り方として，日本で特徴的な事柄の一つは，焼却技術を早くから採用し，廃棄物処理の中心に据えたことである。ゆえに，まずは焼却技術の変遷について各論として記載する。次に，法制度や技術はいくつかの重要な事件・問題への対処から進んでいる。ここでは，主に有害性をもたらす廃棄物問題として，ダイオキシン類排出問題，ポリ塩化ビフェニル問題，豊島問題を紹介したい。

2-4-2-1 焼却技術の変遷

日本では，諸外国と比べて極めてごみの焼却率が高いことが特徴である。一般廃棄物では約80％が焼却処理されている。ごみ問題は公衆衛生の観点から捉えられ

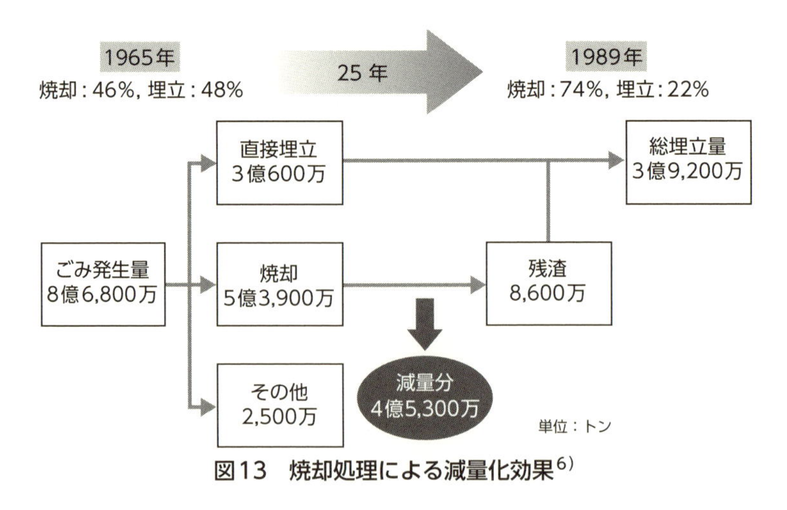

図13　焼却処理による減量化効果6)

たため，その対策として焼却という方法が選択された。我が国では1887年に福井県敦賀市に最初の焼却炉が建設されたとされるが，1900年に制定された「汚物掃除法」では「塵芥はなるべく焼却すべし」とされ，ごみ処理は焼却が主流になっていった。国土面積のうち約73％は山岳地帯であり，また，全人口の40％以上が太平洋ベルト地帯に住むという状態であり，都市における人口密度は極端に高いものとなっている。つまり，焼却処理は，最終処分するごみの減量化という役割も果たしてきた。特に関西圏では，大阪湾岸埋立が問題化し，東京よりも先行して焼却技術が導入されたと記録されている（松藤 2002）。焼却処理によってどの程度の減量化が達成されてきたかを見るために，1965～89年の間のごみ焼却量，減量化量，埋立処分量などを推計した結果が図13である6)。この25年間に都市ごみの全排出量の約62％が焼却され，約35％が直接埋立処分されている。焼却後の残渣と合わせても総埋立量はごみ発生量の半分にも満たず，焼却によって減量された分は総埋立量を上回っている。この減量分がそのまま埋立に回っていたとすれば，ごみの密度も考慮すると当時の埋立用地の２から３倍量の埋立処分場が必要であったと推計されている。これだけの埋立面積が25年間の焼却処理によって節減されたということである。図12で見た廃棄物量の増大を考えると焼却施設整備に重点を置かざるを得なかったことがよくわかる。

一方で，1970年代は第一次オイルショックを契機として，焼却処理に加え，廃棄物の資源化・再利用も注目され，種々の技術が試みられた。「スターダスト80」と銘打った廃棄物からの総合的な資源化システムのパイロット事業も試みられた。ごみ

6）廃棄物学会研究委員会焼却部会報告書（No. 1），http://jsmcwm.or.jp/mswi/files/2013/10/199607.pdf（1996）

焼却施設は，古くから熱エネルギーを産出するものであることが知られていた。そのため，オイルショック前の1965年には，国内最初のごみ発電プラントである大阪市西淀工場が建設されている。しかし，同プラントは蒸気温度350℃で設計されたが，稼働後短期間でボイラチューブ（過熱器）が腐食により破損したため，これ以降ごみ廃熱ボイラにおいては腐食温度域とならないよう蒸気温度が300℃程度以下に抑えられてきた。それでも1976年には東京都葛飾工場で発電能力が10,000kWを超えるものが建設されたのを皮切りに，大都市を中心として大型のごみ発電プラントが建設されるようになった（武田ほか 2009）。また，政令指定都市以外においても，施設規模が300t/日程度を超える施設ではごみ発電が導入されるようになった。しかし，送電設備の接続要件の制約があり，発電容量が2,000kW未満に抑えられる施設がほとんどであった。近年ではある程度腐食に耐える材料が開発されてきたことや，より高効率な発電への要求が高まってきたことから，蒸気条件を4MPa×400℃程度まで高める事例が増えてきた。さらなる高温高圧化をめざして10MPa×500℃を目標に1990年代にNEDO（新エネルギー・産業技術総合開発機構）を中心に材料の開発が進められた。このようにすでに1990年代にさらなるごみ発電の強化が進められようとしていたが，別の形での技術開発が進められる。それはダイオキシン類排出への対応である。

焼却処理は上記のような良い面だけでなく，環境への汚染源としても古くから認知されてきた。したがって，様々な物質が順次規制されている。煤煙の排出の規制等に関する法律において，1962年には煤塵，以下，大気汚染防止法において1968年には硫黄酸化物，1977年には塩化水素，1981年には窒素酸化物が規制されている。その後，20年ほどの空白があった後に，2000年にダイオキシン類，2018年に水銀が追加されている。特にダイオキシン類に対する規制は極めて大きな影響をもたらすものとなった。ダイオキシン類問題の経緯については後述するが，1990年代後半から2000年代初めはダイオキシン類対策の真っただ中であった。2000年は「循環型社会形成推進基本法」が成立し「ダイオキシン特措法」が施行された年であるが，この二つは切っても切り離せないものである。循環基本法の3R，特に焼却ごみ量の発生抑制はダイオキシン類削減対策のいの一番に掲げられた対策である。つまり，ダイオキシン類問題も循環基本法の制定に少なからず影響していると言って良い。このことから，循環基本法の下，ダイオキシン類問題を克服するには，単に発生したごみを焼却するのではなく，できるかぎり3Rを推進し，残った3Rに適さないごみについては熱回収（廃棄物発電やその他の熱利用）を行い，最後に残ったものを適正処分するという基本方針となった。現在，ごみ焼却の目的は従来の衛生処理・減容化に加え，循環型社会形成における熱回収という役割が新たに付加され，単に燃やすだけの処理の時代は終焉を告げている。このエネルギー回収の位置づけは，地球温暖化対策の本格化とともにより強固なものとなっていく。

ごみの処理により発生する温室効果ガスとしては，燃焼にともなう二酸化炭素，メタン，一酸化二窒素の発生，それにごみ中の生分解性有機物が微生物分解されることによって発生するメタンが挙げられる。このうち最も大きいのは燃焼にともなう二酸化炭素である。しかし，その起源は焼却ごみ中のプラスチック，合成繊維くずであり，生ごみや紙，草木，天然繊維といったバイオマスについては，燃焼により二酸化炭素が発生してもカーボンニュートラルとみなされカウントされない。故に再生可能エネルギーの一部であるとみなされる。生分解性有機物を埋め立てると嫌気性分解により高い温室効果を持つメタンが発生する。もし，焼却せずに有機物を直接埋め立てた場合，準好気性埋立におけるメタン発生原単位で計算したとしても，温室効果ガスの総量は焼却処理を上回る（武田ほか 2009）。したがってごみを埋め立てるより焼却する方が温室効果ガス排出量が少なく，地球温暖化防止へ貢献出来るのである。さらに，ごみからエネルギーを回収すれば化石燃料等の天然資源によって得ていたエネルギーの代替となるため，その分の天然資源の節約になり間接的に温室効果ガスを削減したものとみなすことができる。このように，ごみ処理による温室効果ガス排出削減への寄与を正当に評価するには，エネルギー回収による間接的な削減量を考慮する必要がある。したがって，温暖化防止対策だけでなく，再生可能エネルギーの割合を増加させる2011年以後のエネルギー対策としても重要な役割を担っている。

2-4-2-2 ダイオキシン類問題

一般にいわれる「ダイオキシン類」には，ポリクロロジベンゾ-パラ-ジオキシン（PCDDs）とポリクロロジベンゾフラン（PCDFs）がある。類似の構造，性質ならびに毒性をもつ化合物であるポリ塩化ビフェニル（PCB）の一部も我が国においては「ダイオキシン類」に含まれている。

PCBはその優れた熱的安定性や電気絶縁性のために化成品として意図的に製造されてきたものであるが，その他のダイオキシン類（PCDDs, PCDFs）は他の多くの化学物質と異なり，何らかの用途に使う目的で作られるものではなく，非意図的に生成する物質である。ドイツの化学者が塩素化ダイオキシンを合成したのは1872年のことである。この化学者は2,4,5-トリクロロフェノールの毒性を調査するうちに，その毒性は2,4,5-トリクロロフェノールに含まれる不純物，すなわち，ダイオキシンに基づくものであることに気付き，ついにそれを合成したといわれている（平岡1993）。その後，ベトナム戦争時に使用された枯葉剤やPCB油症問題のように，不純物としてあるいは不適切処理の問題として取り上げられることはあったが，廃棄物処理の主流技術である焼却からの非意図的な発生は，それまでとは質の違う社会問題を提起したのであり，その後の廃棄物政策に大きく影響を与えるものであった。

焼却からダイオキシン発生が最初に報告されたのは，1977年にオランダで都市ごみ焼却施設の飛灰からダイオキシン類が検出されたときのことである。我が国の焼却飛灰からダイオキシン類が検出されたことが最初に報告されたのは，1979年のことである。しかしこのことは，1983年に朝日新聞が報道するまでは，ごく限られた専門家の間で話題になっていた程度であった。その後何度かダイオキシン類問題に対して世間の注目が集まったことはあったが，具体的な対策が進められることは少なかった。1990年には厚生省が「ごみ処理に係るダイオキシン類発生防止等ガイドライン」を通知し，当時において技術的に実施可能な対策がまとめられて提示された。新規に建設された焼却炉ではダイオキシン類濃度が低く，このガイドラインが一定の役割を果たしていたが，ガイドラインは規制的なものではなかったことから，対策が徹底されたわけではなかった。その後，大阪府能勢町において，ごみ焼却施設周辺土壌の高濃度汚染が見つかり，埼玉県所沢市周辺における産業廃棄物処理施設の密集の問題が取り上げられ，大きな社会的問題となった。特に能勢における焼却炉内部の汚染の程度は世界でも例を見ないものであり，その施設の除染・解体処分及び周辺土壌の処理に関しては，莫大な費用がかかった。現時点においてもまだ処分できていない廃棄物が残っている。この能勢の事案は，2001年に環境省が「廃棄物焼却施設内作業におけるダイオキシン類ばく露防止対策」を発出する原点となり，その後の焼却炉解体の基本となっている。現在の放射性物質に汚染された廃棄物を焼却した仮設焼却炉の解体における放射性物質の曝露防止対策にも活かされている。

さて，1996年6月に，ダイオキシン類の当面の耐容一日摂取量として10pg-TEQ/kg/dayを提案する中間報告がまとめられた。この報告を受けて，ごみ処理に係るガイドライン（旧ガイドライン）についても当然のことながら改めて検討する必要性が生じ，「ごみ処理に係るダイオキシン類発生防止等ガイドライン――ダイオキシン類削減プログラム」（新ガイドライン）が1997年1月に発出された。当時はごみ焼却からのダイオキシン類排出が国民の関心事であったことから，施設名入りでデータが公表され，大気環境のデータなども集積され，リスク評価も同時に行われた。同年８月には大気汚染防止法施行令が改正されダイオキシン類が指定物質に追加される一方，廃棄物処理法政省令が改正され廃棄物処理施設の構造と維持管理の基準が強化された。また，1998年４月には大気汚染防止法施行規則等の改正により煤塵規制が強化された。これはダイオキシン類の多くが煤塵に吸着して含まれるためである。

1999年３月にはダイオキシン関係閣僚会議においてダイオキシン対策推進基本指針が出され，対策の強化に積極的に取り組む姿勢が示された。また同年7月には議員立法によって「ダイオキシン類対策特別措置法」が成立し，2000年１月15日，世界に例を見ないダイオキシン類に特化した法律である同法が施行された。

以後の廃棄物処理に大きな影響を与えた新ガイドラインでは，ダイオキシン類の大気排出基準を設定するに当たって，人の健康への影響からの観点と技術的な実施可能性からの観点の二つの視点から対策基準を設定している。人の健康への影響を考慮した観点では，排ガス基準が80ng-TEQ/Nm³であり，このレベルが緊急対策の必要性を判断する基準として提案された。一方，最新の技術をもって最大限可能な水準にまでダイオキシン類の排出量を削減していく観点，つまり欧米での利用可能な最良の技術（BAT: Best Available Technique）といった観点での基準も提案された。技術対応策は，旧ガイドラインと大きく変化はなく，焼却炉内において３T（Temperature 温度，Turbulence 攪拌，Time 時間）を十分保つことによる完全燃焼の実施と排ガス処理装置の高度化が基本である。排ガス処理装置の高度化で最も中心的な役割を果たしたのは，バグフィルタの設置である。ダイオキシン類問題以前はダストの除去については電気集塵機の採用が多かったが，運転温度が比較的高く，ダイオキシン類の再合成が懸念された。バグフィルタはろ過式集塵機であり，掃除機のフィルタとよく似たものである。サブミクロンの粒子まで除去できるので，煤塵に付着あるいは煤塵を構成している物質の除去には極めて効果が高い。ダイオキシン類問題以前は，耐熱性等に問題があり，採用されていなかったが，ダイオキシン類問題を契機に材質の見直し等が行われ，一気に採用されることとなった。近年，微小粒子状物質（PM2.5）が大きな問題となっているが，ごみ焼却施設の場合は，ダイオキシン対策においてバグフィルタを採用したことにより，一次粒子としてのPM2.5の排出は極めて低く保たれている（塩田ほか 2011）。さらには，廃棄物の減量化を前提とすることや焼却炉の連続運転化をすすめるために広域化を推進すること，ごみの固形燃料（RDF：Refuse Derived Fuel）化による集中処理化を提言するなど，ごみ処理のあり方全体について言及していることが新ガイドラインの特色である。我が国が一歩踏み込んでダイオキシン類を規制したのは，飛灰・焼却灰も含めた対策である。つまり，排ガス処理の高度化，特に絶大な効果があったバグフィルタではダイオキシン類の大部分が煤塵に付着していることから，煤塵を徹底的に除去することで排ガスを基準値以下にできるものである。しかしながら，この方法はダイオキシン類を単に排ガスから固体の煤塵（飛灰）に移行させているだけである。

新ガイドラインでは，飛灰，焼却灰中のダイオキシン類を技術によって低減させることにより，新設の焼却施設では焼却排ガスおよび焼却灰・飛灰のダイオキシン類の排出総量を，処理するごみ1トン当たり5μg-TEQ以下とすることが可能であると述べている。この程度へ低減させることができれば，ごみ中に元々含まれるダイオキシン類に対して，ごみ焼却施設が正味（net）のダイオキシン類分解施設であると位置づけることができる。このような背景から，ごみの直接溶融，ガス化溶融技術，ごみ焼却灰・飛灰の溶融技術が普及した。制度的にも環境省は，こうした技術を導入することを焼却等の熱処理施設を建設する場合の補助金（後の交付金）の要件とし，後押しすることとなった。溶融技術は焼却よりも高温で対象物を溶融する技術であり，スラグと溶融飛灰を排出させる。スラグは建設資材としての利用がなされ，溶融飛灰は重金属が濃縮されることから一部では非鉄金属製錬産業に原料として引き取られている。これは最終処分場が逼迫していた自治体にとっても魅力的な処理であり，ゼロエミッションの考え方とともに採用件数が増加していった。しかし，近年，一定のごみ減量化の効果が認められてきたことと，溶融技術がエネルギー消費型の技術であり，CO_2排出の観点からは不利であることから交付金の要件が見直され，設置する自治体は減少している。ただ，この溶融技術は，豊島問題の不法投棄現場の廃棄物及び汚染土壌の処理に活用されるとともに，最近では放射性物質に汚染された廃棄物の減容化・放射性物質の濃縮技術として候補となっており，技術適用の拡大をみせている（第1部16頁コラム「溶融」参照）。

1996年から始まった廃棄物焼却炉からのダイオキシン類削減対策は，確実に効果を発揮し，最新のデータでは1997年に比べ，図14に示すように，排出源からのダイオキシン類の総量は約8,000g-TEQ/年から2015年で120g-TEQ/年と98.5%減となり，また，排出源においてごみ焼却の寄与は1997年では約94%あったのが，2015年には約56%までに削減された。このようにして，日本の焼却炉においては，ダイオキシン類問題は克服されたといえる。そして，基本的にはダイオキシン類対策で実施した技術的対策はその後の未規制物質や類似有害物質の制御を行う上での

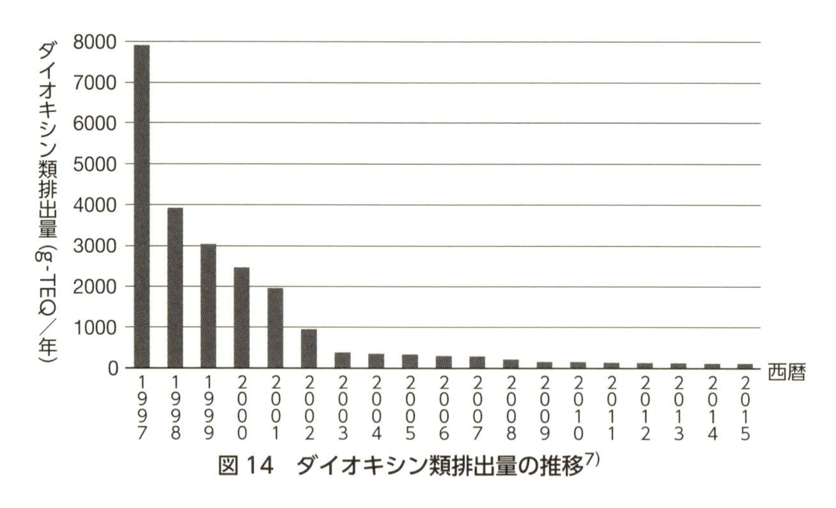

図14　ダイオキシン類排出量の推移[7)]

基本となっている。

2-4-2-3 ポリ塩化ビフェニル問題

PCBは難水溶性，高絶縁性，高沸点，不燃性といった特性により，トランスやコンデンサなど広範囲にわたって使用されてきた。高圧トランス，高圧コンデンサなどの電気機器用に使用されたのが37,156トン（69%）と最も多く，続いて各種化学工業や食品工業の加熱・冷却工程の熱媒体として使用されたのが8,585トン（16%），感圧複写紙（ノーカーボン紙），電子複写紙等の感熱紙用として5,350トン（10%）等となっている（産業廃棄物処理事業振興財団 2005）。

我が国では「カネミ油症」による中毒事件を契機にPCBによる環境汚染が社会問題として取り上げられ，1972年に生産および新たな使用が自主的に中止され，1974年には「化学物質の審査及び製造等の規制に関する法律」により，製造，輸入，および新たな使用が原則的に禁止された。以降，一部トランス等で密閉して使用されている以外の廃PCB及びこれを含む電気機器等は，事業者によって保管されてきたが，これらの保管の長期化に伴い，紛失，漏出，事故等により環境を汚染するおそれがあることから，処理が試みられた。

PCBやPCBを含む製品の排出・処分に関しては，高温焼却による熱分解や，除去が義務付けられ，排ガスについての暫定排出許容限界，排水についての水質汚濁防止法に基づく排水基準が定められ，PCBを含む汚泥については遮断型埋立処分を

7）環境省：ダイオキシン類の排出量の目録（排出インベントリー）http://www.env.go.jp/press/files/jp/105351.pdf（2018.3.11閲覧）

行うことなどが定められた。その後，高温焼却処理によるPCB廃棄物処理の体制を構築すべく努力がなされてきたが，処理施設建設候補地の地方公共団体，住民の理解が得られないなどの理由で処理体制の構築はできず，長期にわたって処理の目途無く保管が続いてきた。この間，1987～1989年，鐘淵化学工業で環境に悪影響をもたらすことなく，約5,500トンの液状PCBを処分した（野馬 2003）。高温焼却は大量のPCBを効率よく，短時間で分解できたが，排ガスから排出される有害物質をめぐり，処理施設立地において住民との合意を得ることは難しく，当時は断念することとなった。しかしながら，国際的には2000年末にヨハネスブルグ会議で難分解性有機汚染物質（POPs）条約が合意され「2025年までにPCBの使用を停止し，2028年までに適正な処理を行う努力をする。」こととなり，2001年5月のストックホルム会議で締結された。このような背景もあり，保管・処理の努力を後世代に押しつけるべきでないという考えから，近年，処理の推進が積極的に図られることとなった。

我が国では1998年6月の「廃棄物の処理及び清掃に関する法律（廃棄物処理法）」の改正に伴い，PCB廃棄物の処理基準を制定し，2001年6月22日に「ポリ塩化ビフェニル廃棄物の適正な処理の推進に関する特別措置法（PCB特別措置法）」が制定された。また「環境事業団法」を改正して，PCB廃棄物を処理する体制を整備した。これにより，各事業所，国，都道府県，PCB製造者に対して，PCB廃棄物の確実かつ適正な処理の確保が義務づけられた。処理体制としては，全国を5ブロックに分け，日本環境安全事業株式会社（現在の，中間貯蔵・環境安全事業株式会社（JESCO））がPCB廃棄物の拠点的な広域処理施設（事業所）を整備して処理事業を行うこととなった。各ブロックとも2015年3月にはPCBの処理を完了とし，2016年3月に事業を終了することを目標に，PCBの処理を進めた。またこれとは別に，電力会社などが各事業所で自家処理を行うケースもあり，各事業所において様々な手法で自家処理が行われてきた（産業廃棄物処理事業振興財団 2005）。しかしながら，上記のPCBの処理期限までにはとても処理できない状況であったため，2012年にPCB特措法施行令が改正され，処分期間を延長し，さらに2016年にさらなる延長のための特措法の改正を行い，高濃度PCBの処理を2023年までに完了することを定めた。

PCBを含む廃棄物は絶縁油のみではなく，PCBを含むノンカーボン紙や安定器，その他のPCB汚染物が存在する。そのため，北九州事業所では2009年7月から溶融分解方式を採用し，プラズマ溶融炉を設置し，PCB分解処理を開始している。北海道事業所においてもプラズマ溶融炉が設置され，全国を網羅することとなった。

これら固体のPCB含有廃棄物も含めて処理を完了することが要求される。

以上は，高濃度PCB廃棄物の処理についてであるが，一方で2002年頃から低濃度の汚染物が大量に存在することも明らかになってきた。そこで，これらの汚染物を2009年に無害化処理認定制度の対象にし，焼却処理で対応できるようにしている。低濃度PCBの処理については，先の2016年改正において，条約での約束期限の1年前，すなわち2027年に完了することが定められた。

廃棄物の処理・資源としての循環を行うためには，対象とする廃棄物に応じて，適切なサイズ(圏)がある。これらのPCB処理に関する問題は，社会的受容性が低い処理施設を全国で5か所建設し，それぞれの地域に分けて処理を行うというスキームを作り上げたことが特筆される。今後の有害廃棄物の処分においてもこのスキームが活かされるものと考えられる。

2-4-2-4 豊島問題

豊島問題は，戦後の経済発展の中で起きた不法投棄事件の中では最大級であり，排出事業者の責任，地方自治体，国の政策に大きな影響を与えた問題である。1975年12月に香川県土庄町豊島の豊島総合観光開発㈱(以下「豊島開発」という)から県に対して，有害な産業廃棄物等を取り扱う産業廃棄物処理業の許可の申し出があり，住民が反対したが，豊島開発が食品汚泥等を収集運搬し，ミミズによる土壌改良剤化処分を行うとする事業内容変更があったため，香川県は1978年に産業廃棄物処理業の許可を行った(中西 2017，香川県[8])。

ところが，その後豊島開発は，金属くず商の許可を受け，1990年にかけて，シュレッダーダスト(廃プラスチック類等)を大量に処分地に搬入して，野焼きなどを続けるようになった。この間，県は立入検査を行っていたが，廃棄物の認定を誤り，豊島開発に対する適切な指導監督を怠った。1990年11月に，兵庫県警察が廃棄物処理法違反の容疑で処分地の強制捜査を行ったことにより，豊島問題が世に明るみにでた。県は，兵庫県警察の摘発後，処分地の立入調査や周辺地先海域の実態調査を行うとともに，1990年12月，豊島開発に対して産業廃棄物処理業の許可を取り消し，さらに産業廃棄物撤去等の措置命令を行ったが，豊島開発は事実上事業を廃止し，膨大な量の産業廃棄物が豊島に残された。1994年5月，県は，豊島開発及び経営者を廃棄物処理法に基づく措置命令違反で告発した。一方で，1993年に豊島住民から県，豊

8) 香川県環境森林部廃棄物対策課資源化・処理事業推進室：豊島問題ホームページ，http://www.pref.kagawa.lg.jp/haitai/teshima/(2018.1.10閲覧)

島開発，排出事業者を相手として公害紛争処理法に基づく調停申請が行われた。

調停委員会は，処分地の実態調査を行い，その結果を踏まえて，処分地にある廃棄物及び汚染土壌（以下「廃棄物等」という）の撤去及び環境保全に必要な措置並びにこれらに必要な費用の検討を行う方針を示した。処分地に残された廃棄物等は約56万トンに達し，重金属，揮発性有機化合物（VOC），ダイオキシン類等の有害物質が相当量含まれていることが明らかになり，廃棄物層直下の土壌や地下水にも汚染が及んでいることが確認された。その後，処分地周辺の環境保全や問題の早期解決を図る観点から，溶融等の中間処理を行うことを基本として取り組むことが表明され，1997年には中間合意が成立した。

県においては，中間処理施設の技術的な検討を行った結果，中間処理施設を直島町の三菱マテリアル㈱直島製錬所敷地内に建設することを計画し，直島町へ提案した。直島処理案受入れのため，豊島からの廃棄物等の海上輸送や直島における中間処理施設の建設・運転に伴う周辺環境への影響などの安全性の確認が行われ，それとともに，新たな環境産業の展開等に関する支援や風評被害の発生に対応するため，「直島町における風評被害対策条例」の制定に向けた検討が行われた。また，パンフレットの全戸配布や住民説明会が実施された。その結果，2000年に直島町長から受入れ方針が表明された。これにより，2000年6月に公害調停が成立した。調停条項では，県は2016年度末までに，廃棄物等を豊島から搬出するとともに，処分地内の地下水・浸出水を浄化すること，地下水等の漏出防止や雨水の排除，廃棄物等の搬出のための施設等を豊島に設置すること，廃棄物等の焼却・溶融処理は直島町内に設置する施設において行うこと，一連の事業は，県と豊島住民との理解と協力のもとに行うほか，関連分野の知見を有する専門家の指導・助言等のもとに実施することなどが合意された。

1999年当時，廃棄物量は65万6,000トンと推計されたが，その後の掘削処理を進める中で廃棄物量は増加し，2017年3月末時点では約91万トンまで増加した。掘削した廃棄物等は回転式表面溶融炉にて処理されることになり，2003年に処理が開始された。廃棄物を処理して発生した溶融スラグは生コンやコンクリート二次製品の骨材として有効利用された。2017年3月28日には最後の廃棄物が豊島から搬出され，今後は汚染された地下水の浄化，施設の撤去が残された課題となっている。

この問題は廃棄物の処分コストを考えない経済優先の考え方がもたらした事件であり，都市・工業地域での産業廃棄物が遠く離れた地方での環境を汚染した社会構造を如実に反映したものである。また，排出事業者の責任，拡大生産者責任の考え方を社会的に根付かせる必要があることを痛感させる事件であった。この問題は，産業廃棄物処理業者に対する事業の優良化や3Rの徹底などにも通じており，その後の廃棄物政策に大きな影響を与えた。技術的には，処分場ひっ迫からの資源リサイクル，ダイオキシン類問題を背景にして，溶融技術によって汚染土混じりの対象物を本格的に処理したのはこの豊島であり，現在の東日本大震災に係る除染廃棄物・除染土壌などの処理につながるものとなっている。

2-4-3 未来に向けて

さて，以上，現在までの廃棄物及び関連する問題の経緯を述べてきたが，ここからは，今後生じるであろう未来の廃棄物分野での問題について少し述べてみたい。地球温暖化や資源の枯渇（利用可能資源の制約）についてはすでに触れた。ここでは，主に，日本が直面する人口減少や高齢化が廃棄物分野に与える影響について論じてみたい（高岡 2016）。

人口減少はすでに地方では生じており，過去からも中小自治体では対応がなされてきたと思われる。しかしながら，国レベルでその施策をみた場合，廃棄物分野における取り組みは明確ではない。2018年5月現在，審議中の第4次循環型社会形成推進基本計画においても，空き家問題などについて書かれてはいるが，都市における廃棄物問題が人口減少との関係で大きく取り上げられているわけではない。つまり，適正処理や地球温暖化対策が人口減少対策にも通じているのに対して，廃棄物行政においては，明確に人口減少対策を前面に出したビジョンが示されているわけではない。

2-4-3-1 廃棄物量と質について想定される変化

図12に一般廃棄物の総排出量の推移を示したが，2000年を境に3Rの進展とともに減少傾向にある。今後，人口減少とともに廃棄物量は減少することが予測される。すでに，平成28（2016）年1月21日に告示された廃棄物処理法基本方針では，平成32年度における廃棄物の減量化の新たな目標量（平成24年度比）が設定されている。一般廃棄物の排出量は約12%削減，産業廃棄物の排出量は増加を約3%に抑制することである。研究者によりいくつかの試算があるが，2040年には現在の80%程度に減少することが期待されている。一方で，世帯数は2010年で約5,200万世帯から2019年には5,300万世帯でピークを迎え，その後減少して2035年には5,000万世帯弱になると推計されている。世帯数あたりの人口が減少（老人や若年層の一人住まいが

増加）すると，パック物の購入などの行動が今より増えると予想され，人口減少によりごみが減る方向へ進むとはあまり想定しにくい（増えることはないが，単純なトレンドで推測するよりは減らないと想定される）。

これらの予想はあくまで日本全国のマクロな予測であり，都道府県における人口減及び高齢化率は異なるため，それぞれの地域ではその予測が異なり，また，世帯数もごみの排出には影響することから複雑なものとなる。また，老齢人口の増加は，おそらく分別行動についてもやや緩くなる状況を生み出す要因になると思われる。また，ごみの質については，人口減少というよりも高齢化社会という観点での問題意識の方が，廃棄物分野では早かったように思われる。すでに問題となっているが成人用のおしめの増加などが想定されるとともに，在宅医療が進むことにより医療系廃棄物の取り扱いもより大きな問題となろう。つまり，リサイクルを考える上でごみの質的変化についても相当の注意が必要となろう。

一方で，産業廃棄物については，現在，最も量の多い産業廃棄物は汚泥および家畜糞尿である。上下水道のダウンサイジングが図られると，発生する汚泥は減少すると考えられる。畜産業の動向は定かではないが，３番目に発生量の多い建設廃棄物は増加することが見込まれている。平成25年度の建設業から排出される廃棄物は8,035万トンであった（松藤 2002）。建築物の多くは耐用寿命が50年程度と想定されており，日本の高度成長期に建設された建物の多くが今後寿命を迎え，建設廃棄物は平成32年度には10,200万トンに達することが推算されている。また，空き家の問題もあることから，建設廃棄物のリサイクル率は上昇しているが，今後，廃棄物量が上昇し，また新規建設物も減少してくる中でそれらを再利用する場は限られてくる。そう考えた場合，産業廃棄物については多くの減少は見込めないと考えられる。

また，近年，新たに出現した製品がある一定期間を経た後，廃棄物となる。例えば太陽光発電のパネルやその周辺機器などは，固定価格買取制度や福島第一原子力発電所事故によるエネルギー危機などを背景に急激に普及しているが，その廃棄された時の物量は極めて大きいことが見込まれる。電気自動車などの普及についても使用済みリチウムイオン電池の処理などの体制を作る必要がある。

2-4-3-2 収集・運搬システム

人口減少社会になり，都市部がスプロール化し分散されると，収集運搬効率は低下する。この点が廃棄物処理システムにおいては最も懸念されることの一つである。すでに，上下水道インフラや他の福祉の観点からコンパクトシティや集住化が叫ばれているが，廃棄物処理システム，特に収集・運搬システムにおいても同様である。また，廃棄物の収集・運搬は戸別収集かステーション収集になるが，老齢化することにより家庭からステーション収集先までごみを搬出するのが困難になることが想定され，より戸別収集が望まれることになると考えられる。すでに，2000年ごろから独居老人や高齢者，障がい者をもつ世帯に対し，その申し出に応じて戸別収集を行うサービスを行う自治体がある。このサービスではごみの排出がない場合，登録された連絡先等に連絡するなど安否確認を行い，希望する人には，玄関ベルやインターホンを利用した安否確認のための声掛けも行うというものである。このようなきめ細やかなサービスは，「まごころ収集」や「ふれあい収集」と呼ばれ，多くの自治体で導入されつつある。高齢化がより一層進むことにより，このような収集サービスは増加すると考えられる。廃棄物処理システム全体で考えると，一般的にエネルギー消費やCO_2削減の観点からは，収集・運搬に少々負荷がかかってもその後の処理施設における運転・維持管理の寄与が大きいため，収集・運搬の影響は小さいが，一般的に分別品目の増加や頻度の増加はコストに対して大きな影響を及ぼす。

収集・運搬効率の改善の一つの方法としてディスポーザーの導入が検討されている。ディスポーザーは，家庭などの厨房から出される厨芥を破砕して排水管に投入する機械で，ごみの収集・運搬負荷を軽減する代わりに，下水道への負荷を増大させる。調査では，排水設備，下水道施設，ポンプ場施設，処理場施設，ごみ処理施設，町民生活，環境，社会経済への影響が評価されている。行政コストについては導入に対してメリットが示されているが，項目ごとにその影響は分かれており，一概に評価はできない。そのほか，収集・運搬効率の改善としては，自治体による各拠点に住民自身が持ってきて分けるタイプの収集拠点の併用や，ごみ処理システムを広域化した場合は，中継基地の設置が必要となるであろう。また，今後，効率的なごみの収集を考えた場合，商品の物流システムを利用したいくつかのリサイクル可能品の収集なども積極的に検討されていく価値があろう。

2-4-3-3 施設整備の在り方

廃棄物処理施設は我々の生活を支えるインフラとして将来にわたり使用され続けなければならない。もちろん，今後，よりエネルギー・資源効率の高い廃棄物処理システムが開発され，新設されていくことが期待されるが，廃棄物処理システムにおける施設整備においては，以前から，変わりゆくごみ質への対応や地方財政問題，インフラ管理の観点からの現存施設の長寿命化・延命化の観点の研究・調査が行われている。人口減少社会ではごみ量が減少すると思われることから新たに焼却施設をつくる時代から，既存の施設をより良く使う時代になっている。一般的な建築物の場合，CO_2排出量の約２割が建設・解体時に発生し，建築物利用時が約８割となっている。利用時の節減は重要であるとともに建設・解体時が２割を占めることは無視しえない。施設を長寿命化させて使用することはCO_2排出量削減の観点から重要である。今後は，インフラのより効率的なマネジメントのため，焼却施設の診断技術，維持管理技術の進展が期待されている。

上記のような各施設の管理とともに，施設群としての管理が適切になされることが今後重要である。日本の廃棄物の処理においては，市町村の自区内処理が原則である。つまり，それぞれの自治体が施設建設を行っていることから，小規模施設が多い。小規模施設は大規模施設に比べ，ごみの燃焼を安定させることが難しいことからダイオキシン類問題を契機に100トン／日以上の施設を建設することが推奨され，ごみ処理を広域化することが求められた。同時に「市町村の合併の特例に関する法律」の一部改正が1999年に行われたことから，市町村数は3,232（1999年度末）から1,730（2010年度末）へと減少した。これらの社会的背景を受け，小規模施設の廃止・集約化がなされ，焼却施設数は1978年度の2,025から，2014年度末では1,162まで減少した。最近の動向としては，廃棄物発電においてもある一定以上の規模がないと発電が難しいことから，さらなる集約・広域化が求められている。廃棄物発電の観点から，広域化は，発電量，CO_2排出削減量，コストの面で大きなメリットがあることがわかっている。さらに，人口減少への対策としても有用である。すでに，長崎県は県が主導し，焼却施設数を20年前の１／３程度に集約させている。京都市においても，最大時は５か所の焼却施設があったが，ごみの減量化政策とともに将来的には２か所で処理する計画である。しかし，各市町村に自区内処理の考え方が強く，また大型施設配置における周辺住民の抵抗，各施設の更新時期の相違，交通網の整備などがあり，現実には広域化はなかなか進んでいない。

日本においては，事業系産業廃棄物の一部以外は基本的に一般廃棄物との混合処理は行われていない（一部，併せ産廃として受け入れている）。しかし，廃プラスチック類，紙・繊維類及び木くず類は，一般廃棄物と産業廃棄物の両方に分類されているが組成はほぼ同じである。したがって，それらを広域的に集めることで，焼却施設を大規模に集約化できる可能性がある。また，可燃性廃棄物だけではなく，厨芥類や下水汚泥，家畜糞尿などの水分の多いごみにしても混合メタン発酵を行うことで集約化し，バイオガスを得て，様々な利用が可能となる。すでに混合メタン発酵施設はいくつかの地域で導入され，始まっている。つまり，産業廃棄物と一般廃棄物の垣根を取り払うことも人口減少への対策の一つになるであろう。これらは類似したごみを共同で処理するというものであるが，さらには，焼却施設，メタン発酵施設を組み合わせるといった連携や焼却施設と他の静脈系施設である下水処理施設を連携させることも一つの対策であるといえる。すでに，一般廃棄物焼却施設には余裕能力が生じ始めている。

ごみ処理の広域化や他の静脈系施設との処理の共同化・複合化は行政の縦割り構造や周辺住民の理解などその実現には困難が予想されるが，人口減少下においてシステム全体の効率を上げるためには必要であり，地域循環共生圏の形成，スマートシティ・コンパクトシティ構想などとも合致するものである。廃棄物発電，人口減少問題への対処の観点からは，焼却施設についてはこれまでの基礎自治体主体というよりも県やさらに大きな単位の圏域で運営されることが望まれるであろう。

廃棄物問題は，当初衛生的な問題ととらえられ，日本においては焼却技術を中心に処理がなされてきた。日本の高度経済成長期には廃棄物は急激に増大し，様々な環境問題を引き起こした。その問題を解決するため，対症療法的に技術が開発されるとともに制度の整備もなされたが，2000年以降は先に生じる様々な問題をある程度予見して，対処するスタイルに変わりつつある。今後は，時代の要請とともに新たな廃棄物への対処を行わねばならないとともに，気候変動により自然災害の増加も予想される中，突発的な災害廃棄物への対応も必要となっている。また，人的，財政的なソースが限られていく中，我々の社会を持続可能にしていくには，静脈系システムを動脈系に如何に組み込めるかということと，静脈系システムの一層の効率化が要求される。すでにある一定の循環が形成されてきた日本において，その要求は高度なものであるが，応えていかねばならない。人口減少・高齢化という社会状況の変化はその動きを加速させる要因であり，ごみ量・ごみ質の変化に柔軟に対応できる新たな廃棄物処理システムを技術及び制度の両面から創る必要がある。これには，単なる廃棄物だけでなく，上下水道や他の都市計画とともにより密接に連動させていかねばならないであろう。

2-5 放射能汚染

19世紀末に放射線が発見され，20世紀に入り放射線を利用した技術が医療，工業，農業などの分野で急速に広がった。1940年代には，核燃料のウランなどを利用した原子炉や原爆が開発され，国際社会の安全や安定に大きな影響を及ぼすとともに，放射線被ばくによる健康被害や放射性物質による大規模な環境汚染を引き起こした。

ここでは，放出された放射性物質が，空気中や海水，湖沼，河川，土壌等に拡がり，環境が汚染され生活環境に多大な影響を及ぼし，さらには，放射線に直接ばく露され，または空気や食物を通して体内に取り込まれ健康被害を受けることを「放射能汚染」と呼ぶことにする。過去に，環境中に放射性物質が人為的に多量に放出され，放射能汚染を引き起こした例としては，戦争や核実験など原水爆によるものと，原子炉事故によるものがある。本節では，(1)放射線の発見と応用の歴史，(2)原爆による放射能汚染，(3)原子炉事故による放射能汚染の歴史について概説する。

なお，最初に本節で用いられる語句について簡単に説明する。

●**放射線，放射能，放射性物質**……「放射線」とは，原子核が崩壊するときに放出する粒子線や電磁波を意味し，主な粒子線には α 線や β 線，中性子線，また電磁波には γ 線やX線がある。「放射能」は，放射線を出す能力を意味し，放射能をもつ物質を総称して「放射性物質」という。

●**ベクレル，シーベルト**……「ベクレル，Bq」は，放射線量（放射能の強さ）を表す国際単位である。1秒間に崩壊する原子の個数を意味し，過去に用いられた単位のキュリー[Ci]とは，$1Ci = 3.7 \times 10^{10}Bq$の関係がある。「シーベルト，Sv」は放射線の人体への影響度合を表す単位である。

●**原子核崩壊，半減期**……放射性物質は，α 線や β 線，γ 線などの放射線を出しながらより安定した原子核に変化していく。この現象を「原子核崩壊（原子核壊変）」という。原子核崩壊とともに放射能強度は低下し，その強度が半分となるのに要する時間を「半減期」という。原子炉事故で特に問題となるヨウ素131は8日，セシウム137は30年，また核燃料物質であるウラン235は7億400万年というように，放射性物質ごとに異なり，そのスケールは10^{-23}（1兆分の1の1,000億分の1）秒から10^{24}（1兆の1兆倍）年まできわめて広範囲にわたる。

2-5-1 放射線の発見と応用の歴史

1895年にドイツのレントゲンがX線を発見したのをきっかけに，その翌年の1896年には，フランスのベクレルが放射能を発見，さらに1898年にはキュリー夫妻が鉱石より放射性物質のラジウムを取り出すことに成功した。その後，多くの科学者が放射線の性質や応用技術などについて研究し，放射線は，①物質を透過する作

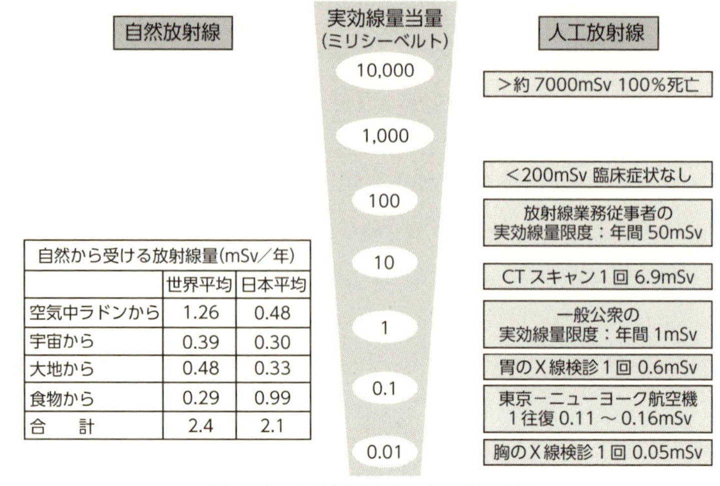

自然から受ける放射線量(mSv／年)		
	世界平均	日本平均
空気中ラドンから	1.26	0.48
宇宙から	0.39	0.30
大地から	0.48	0.33
食物から	0.29	0.99
合　計	2.4	2.1

図 15　自然放射線と人工放射線

出典：国連科学委員会（UNSCEAR）2008年報告,（公財）原子力安全研究協会『生活環境放射線』より作成

用，②物質を電離したり励起したりする電離・励起作用，③物質を発光させる蛍光作用，④フィルムを感光させる写真作用など，有用な性質を持っていることが明らかとなった。そして，これらの性質を利用し，X線検査・X線CT，がん治療，消毒・滅菌，新薬開発など医療分野をはじめ，各種計測，非破壊検査，溶接検査，強化プラスチック製造など工業分野，品種改良，害虫駆除，発芽防止など農業分野，その他X線透視画像検査，犯罪捜査，年代測定など広い分野で放射線は利用されている。

一方，放射線に被ばくするとDNAが損傷し，身体に悪影響（放射線障害）を生じる。1895年レントゲンがX線を発見したときには，放射線の悪影響について認識されていなかったが，翌年の1896年にはX線による急性の皮膚障害や目の痛み，脱毛，火傷などが報告され，その後も白血球の減少や貧血など造血臓器の障害などが明らかとなっている。

放射線障害には，しきい値の有無や障害の出現時期などにより異なるが，吐き気，食欲不振，脱毛，紅斑，白血球の減少，白内障，悪性腫瘍，突然変異の発生等々がある。放射線障害を小さくするためには，しきい値以下に抑え，また被ばく線量をできる限り低くすることが重要である。なお，放射線障害を防止することを目的に，1957年に放射線障害防止法が制定された。

私たちは，図15に示したように，宇宙や大地，食物などから自然放射線を年間約2.1ミリシーベルト（mSv）受けている。また，X線など医療検査や放射線治療などにより人工放射線を受ける場合もある。100mSv以下であれば健康に影響はないとされ

表6　広島，長崎の原子爆弾による被害

	広島	長崎
被爆日	1945年8月6日	1945年8月9日
原爆のタイプ	ウラン型原爆 リトルボーイ	プルトニウム型原爆 ファットマン
放出エネルギー	約63TJ（63兆ジュール） TNT 火薬1.5万トン相当	約88TJ TNT 火薬2.2万トン相当
死者	約13万人	約7.4万人
被害	爆風（50%），熱線（35%）， 放射線（15%）による被害	熱線，爆風は山にあたって遮断されたため 広島より被害は減少，放射線による被害

出典：広島市，長崎市等 Web サイトより作成

ているが，放射線障害防止法では，一般公衆は1年間で1mSvを超えないこと，また，放射線業務従事者は1年間で50mSvかつ5年間で100mSvを超えないことと規定されている。なお，自然放射線と人工放射線は，放射線の性質に違いはなく影響は同じである。

2-5-2　原爆による放射能汚染の歴史

第二次世界大戦末期の1945年7月16日に，アメリカ合衆国で世界最初の原爆実験が行われた。そして3週間後の8月6日に広島にウラン型原爆，8月9日に長崎にプルトニウム型原爆が投下され，表6に示したように原爆による直接的な破壊はもとより，放射能に伴う未曾有の殺傷・環境破壊を引き起こし，環境が回復するためにはその後数十年の歳月を要した。

第二次世界大戦後，アメリカに引き続き旧ソ連，イギリス，フランス，中国も核兵器開発に成功し，1950～60年代を中心に水爆を含む核実験を繰り返し実施し，多数の被爆者を出すとともに，地球に甚大な放射能汚染を引き起こした。アメリカによる23回の大気圏内核実験が行われたマーシャル群島のビキニ環礁では，島民が多量の死の灰を浴び，甲状腺がんや白血病，先天性異常などが多発し，また美しい珊瑚礁が破壊された。そして，2017年現在においても島民の帰島は許されていない。

また，1954年の水爆実験では，日本の遠洋マグロ漁船第五福竜丸が大量の放射能を浴び，乗組員の一人が半年後に死亡した。過去に行われた大気圏内核実験の放射性降下物による影響は，徐々に減少してきてはいるが，炭素14（半減期約5,715年），セシウム137（同30年），ストロンチウム90（同29年）などの影響は，今後にも残るものである。

甚大な放射能汚染の原因となる大気圏内や宇宙空間，水中での核実験は，1963年に締結された「部分的核実験禁止条約（PTBT）」により禁止され，アメリカ，ソ連，イギリスは1964年から，フランスは1975年から，中国は1981年から，それぞれ全ての

実験を地下核実験へと変えた。そして，1980年代末に始まった東欧諸国の民主化，ソ連邦の崩壊などによる東西冷戦時代の終結を受け，旧ソ連が1990年，イギリスが1991年，アメリカが1992年，フランス・中国が1996年に地下核実験を停止した。

その後は，インド，パキスタン，北朝鮮の３か国が地下核実験を行った。北朝鮮では，2006～2017年に６回の核実験を含む核兵器開発とともに，核弾頭の輸送手段としてのミサイル開発・発射実験をも進めており，現在世界各国から厳しい非難を浴びている。

世界では，少なくとも大気圏内核実験が500回以上，地下核実験が1,500回以上実施され，地球規模での放射能汚染を引き起こした。

国連科学委員会報告書 UNSCEAR-1993 reportによれば，1945年から60年代に行われた約500回の大気圏核爆発により拡散した放射性物質による集団積算線量は2,230万人・Svと推定され，チェルノブイリ原子力発電所事故の推定集団積算線量60万人・Svのおよそ40倍に相当する。

日本では1967年に，核兵器を「作らず，持たず，持ち込ませず」とした非核三原則が，政策として表明された。1971年には，衆議院において非核三原則を守るべきだとする決議が採択され，歴代内閣は非核三原則を堅持する立場を取ってきた。

1968年に，「核兵器不拡散条約（NPT）」が調印され，1970年に発効した。締約国は191か国・地域（2015年２月現在）で，日本は1970年に署名，1976年に批准した。NPTは，核軍縮，核不拡散，原子力の平和的利用の３本柱よりなり，核軍縮交渉を誠実に行う義務，核兵器の拡散防止を定め，核兵器のない世界の達成をめざしている。核兵器の数は，1945年の２発より年々増加し，1986年に最大の64,099発となり，以後減少を続け2014年時点で9,920発となった[9)]。

なお1980年代，米ソの冷戦時代に核戦争の危機が叫ばれ，核戦争に伴う「核の冬（Nuclear Winter）」と題する研究論文が多数発表された。現在は温室効果ガスによる地球温暖化が問題となっているが，それとは逆に核戦争による核爆発やそれに伴う火災により，膨大な量の粒子状物質が発生して地上を覆い，地球上の温度が最大で30℃程度，日本付近で10℃程度低下すると予測されていた。もちろん，予測条件により予測結果は異なってくるが，地球温暖化が100年で数℃の温度上昇であるのに比べ，ごく短期間内に最大20～30℃の温度降下が起こるとしたら，環境の破壊といったレベルの話ではなく，まさしく地球の滅亡を意味するといってもよいであろ

9）核兵器数については朝日新聞デジタル http://www.asahi.com/special/nuclear_peace/change/（2018.1.10閲覧）

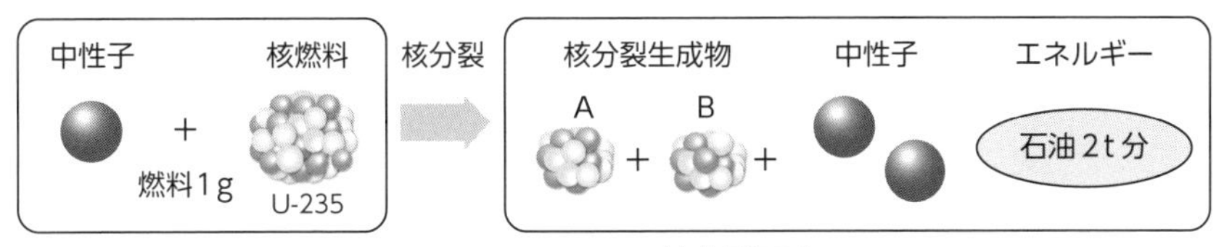

図16　U-235の核分裂反応

う。戦争は，生命の直接的な破壊ばかりでなく，環境の破壊により人類の生存そのものを脅かすことを強く認識する必要がある。

1996年には，核実験そのものを禁止する「包括的核実験禁止条約（CTBT）」が国連総会で採択された。発効のためにはアメリカや中国などの批准が不可欠であるが，批准していないため発効に至っていない。現在の署名国は183か国，批准国は日本を含め166か国である。

2017年7月に，核兵器の開発・保有・使用などを法的に禁止する「核兵器禁止条約」が122か国・地域の賛成多数により国連で採択された。9月より署名手続きが開始され，50か国の批准が得られると発効する。日本は核保有国や多くのNATO諸国とともに採択に参加しなかった。条約の推進に核兵器廃絶国際キャンペーン（ICAN）が大きく貢献したことが評価され，2017年のノーベル平和賞に選ばれた。

2-5-3　原子炉事故による放射能汚染の歴史

最初に，原子炉，原子力発電の概要を述べる。

原子力発電の発電原理は火力発電と同じで，燃料を燃やして熱を発生させ，その熱で水を沸騰させて蒸気をつくり，蒸気でタービンを回して発電する。火力発電では燃料として石炭や石油，天然ガスを燃焼し熱を発生させるのに対し，原子力発電では核分裂を起こしやすいウラン（U）を用いて熱を発生させる。自然界に存在するウランには，U-235（半減期約7億年）とU-238（半減期は地球の年齢と同じ約45億年）の2種があり，その存在比はU-235が0.7%，U-238が99.3%である。核分裂の連鎖反応を起こすのはU-235で，天然のままでは濃度が低いため3～5%程度まで濃縮した濃縮ウランを燃料として使用する。なお，広島型原子爆弾では100%近くまで濃縮したU-235が使用された（ちなみに，長崎で使われた原爆は，後述するプルトニウム239，Pu-239を用いたものである）。

原子炉では，図16に示したようにU-235に中性子をあてると二つの原子核に分裂すると同時に，新たに2～3個の中性子が発生する。新たに発生した中性子の内の一つが，ゆっくり連続的に次の核分裂を起こすように制御棒で制御するかたちで設計されたものが原子炉であり，大量に発生した熱を利用し，電力を起こすものが原子力発電である。

なお，核分裂で発生する（高速）中性子はスピードが速過ぎ，次の核分裂を起こすためには中性子の速度を落とす必要があり，日本の原子力発電所では，減速材として軽水（真水）を使っている。軽水はまた，熱を取り出すための冷却材としても使用される。日本で現在使用されている原子炉は，減速材，冷却材に軽水を利用した軽水炉で，加圧水型炉（Pressurized Water Reactor: PWR）と沸騰水型炉（Boiling Water Reactor: BWR）の２種類がある。東北電力，東京電力，中部電力，北陸電力，中国電力はBWRを，北海道電力，関西電力，四国電力，九州電力，日本原子力発電はPWRを採用している。

ところで，燃料中95～97％を占めるU-238の原子核に中性子がぶつかって吸収されるとプルトニウム239（Pu-239）が生成する。Pu-239は自然界には存在しない元素で，強い放射能をもち，きわめて毒性が強い物質である。また，Pu-239は放射性崩壊（半減期約24,000年）によりα線を放出するため，体内に入り内部被ばくすると発癌する危険性がある。Pu-239は核分裂の連鎖反応を起こすことから，原子炉の燃料としても用いることができ，U-235燃料にPu-239を添加したMOX燃料を使用するプルサーマル炉があるが，U-235を燃料とした原子炉でも，U-238からPu-239が生成するため，Pu-239が燃料の一部となり，Puによる発電量は全発電量の平均30％に達するといわれている。

原子力発電は，化石燃料を燃料とする火力発電と異なり，硫黄酸化物や窒素酸化物，煤塵などの大気汚染物質を排出することがなく，また，地球温暖化の最大原因物質であるCO_2をも排出しない。しかしながら，原子力発電でいったん重大事故を起こせば，多くの人々に取り返しのつかない放射線被害をもたらし，広範囲にわたる自然環境・生活環境を破壊する恐れがあることを認識する必要がある。

原子力発電の基本技術であるウランの核分裂反応は，1938年ドイツのハーンにより発見され，1942年には，アメリカにおいて，イタリア出身のフェルミらがウランの核分裂連鎖反応とその制御に成功し，最初の原子炉が誕生した。そして，1951年米国のアルゴンヌ国立研究所において100kWの原子力発電に初めて成功した。

日本では，第二次世界大戦敗戦後，連合国から原子力研究を全面的に禁止された。そして，1952年に日本と連合国48か国との間で締結（1951年）されたサンフランシスコ平和条約が発効し，原子力研究が解禁された。

1955年に原子力の研究や開発，利用について定めた原子力基本法が制定され，研究，開発，利用は平和目的のみに限られること，ならびに「自主・民主・公開」の原子力三原則に基づいて進められることが明記され,「原子力に関する憲法」といわれている。1956年,原子力分野における日本の中核的総合研究機関として,日本原子力研究所(現日本原子力研究開発機構)が設立された。そして翌年には,東海村原子力発電所に設置された研究炉において初臨界に成功し,1963年に初の発電に成功した。

1979年,アメリカのスリーマイル島で原子力発電所事故が発生した。燃料を水で冷却し熱を取り出す冷却システムが停止し,冷却水が喪失したことに起因し,炉が空焚き状態となって燃料が損失,炉心溶融(メルトダウン)に至った事故である。給水システムの復旧により大爆発に至らず,格納容器も損傷することなく収束したが,半径80km内の住民が受けた総被曝量は20人·Sv程度と評価されている。この事故をきっかけにアメリカ国内では猛烈な反原発運動が起こった。

1986年,旧ソ連のチェルノブイリで原子力発電所事故が発生した。世界最大の原子力発電所事故の一つである。外部電源喪失を想定した非常用発電系統の実験中に,制御不能に陥り炉心が融解,爆発した核暴走事故であった。軽水炉とは異なり,圧力容器や格納容器がない原子炉であったため,溶け落ちた燃料デブリは原子炉建屋の底で固まった。原子炉内から大気中に放出された放射性物質は10t前後,およそ1.4×10^{18}Bqの放射性物質が放出されたと推定されている。この事故による放射線の影響については,各種調査が行われており,汚染地域における小児甲状腺癌の増加や心理的障害の増加が報告されている。その後原子炉は,「石棺」と呼ばれるコンクリートで覆われていたが,老朽化が進み2016年に,石棺を含む全施設を覆う巨大な鋼鉄製の可動式シェルターが建設された。

原子力に関わる事故がどの程度重大であるか,専門家以外の人々には分からないことが不安の一因となっている。そのために,原子力事故や故障に際し,その危険性などを評価する国際的尺度として,表7に示した国際原子力事象評価尺度(International Nuclear Event Scale: INES)が定められた。日本では1992年より本評価尺度を採用している。本評価尺度は,国際原子力機関が中心となって策定したもので,評価レベルは,安全上重要でないレベル0から深刻な事故のレベル7まで,8段階に分けられている。チェルノブイリ原子力発電所事故はレベル7,スリーマイル島原子力発電所事故はレベル5,福島第一原子力発電所事故はレベル7と評価されている。

1995年12月に,高速増殖原型炉もんじゅでナトリウム漏洩火災事故(INESレベル1)が発生した。高速増殖炉は,U-238に高速中性子をあてPu-239に変換する原子炉で,発電しながら消費した以上の燃料を新たに生成する原子炉であることから

表7　国際原子力事象評価尺度（INES）

	レベル		過去の事故例
事故	7	深刻な事故	福島第一原子力発電所事故，2011年，日本， チェルノブイリ原子力発電所事故，1986年，旧ソ連
	6	大事故	ウラル核惨事，1957年，旧ソ連
	5	所外へのリスクを伴う事故	スリーマイル島原子力発電所事故，1979年，米国
	4	所外への大きなリスクを伴わない事故	ＪＣＯ臨界事故，1999年，日本
異常な事象	3	重大な異常事象	動燃東海再処理工場事故，1997年，日本
	2	異常事象	関電美浜２号機電熱管損傷，1991年，日本
	1	逸脱 （運転制限範囲からの逸脱）	動燃もんじゅナトリウム漏洩事故，1995年，日本
尺度以下	0	尺度以下 （安全上重要でない事象）	
評価対象外		安全に関係しない事象	

「増殖炉」と呼ばれている。通常の原子炉である軽水炉では，減速材，冷却材に軽水を用いるが，高速増殖炉では減速材は使用せず，冷却材には金属ナトリウムが200℃以上の高温で使用される。金属ナトリウムは，空気中の酸素に触れるだけで自然に発火するため，取り扱いが非常に難しく，注意深い取扱いが必要とされる。ナトリウム漏洩事故では，事故隠し，虚偽報告などが問題となり，さらにその後も2010年の中継装置落下事故などが続いて起こり，虚偽報告，多数の点検漏れなどが問題となり，2016年にもんじゅの廃炉が決定された。

1998年には，日本の原子力発電所の基数は52基で，設備利用率は最大の84.2％に達した。なお，1983～1994年の設備利用率は70％台，1995～2001年は80％台，2002～2010年は60～75％，東日本大震災発生時の2011年は24％，2012～2015年は０～４％であった。

1999年９月に東海村JCO臨界事故（INESレベル４）が発生した。日本で初の臨界事故で，半径10km圏内の住民に屋内待避が要請された。この事故は，原子力発電用の核燃料製造における中間工程を請け負う株式会社ジェー・シー・オーの核燃料加工施設内で核燃料を加工中に，ウラン溶液が臨界状態に達し核分裂連鎖反応を起こし，約20時間継続したものである。中性子線を浴びた作業員２人が死亡し，667人の被曝者が出た。

2007年に，国際熱核融合実験炉（International Thermonuclear Experimental Reactor: ITER）に関する協定が発効し，実験炉の建設が南フランスで開始された。ITER計画は，核融合実験炉を実現しようとする超大型国際プロジェクトで，核融合エネルギーを平和目的で利用できることを実証することを目的とし，2025年のITER運転

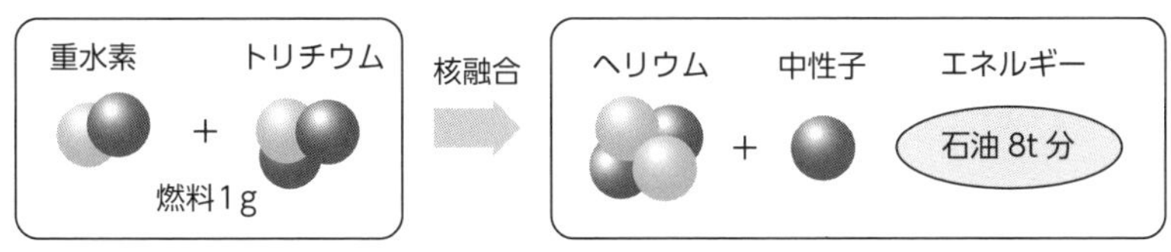

図 17　核融合反応

開始を目指している。日本，欧州連合（EU），米国，ロシア，韓国，中国，インドの７極が参加し進めており，実験炉の後は，原型炉，実証炉，商業炉へと続く。

なお，核融合炉は，太陽で起こっている現象を地上で起こそうというものである。図17に示したように，重水素とトリチウム（三重水素）の原子核を融合させると，ヘリウムと中性子となり，このとき，１gの重水素・トリチウム燃料から石油約８トン分に相当するエネルギーが得られる。燃料の重水素は海水から得られ，人類にとっては半永久的なエネルギー源と言って過言でなく，また化石エネルギーのように偏在してもいない。もう一方のトリチウムは，炉内のリチウムブランケットと高速中性子との核反応から得る方法が考えられている。早ければ，2050～60年頃には商業炉が可能とも言われている。核融合炉は，核分裂による原子炉に比べより安全で，温暖化要因のCO_2も排出せず，しかも燃料は無限に近い，まさに夢の発電技術といえ，成功すれば将来の世界のエネルギー事情を一変させるものと考えられる。

2011年３月11日に，東日本大震災，津波が引き金となって，東京電力福島第一原子力発電所の１～４号機で大規模な炉心溶融と水素爆発，広域な放射能汚染事故（INES レベル７）が発生した。

宮城県沖で発生したマグニチュード9.0の東北地方太平洋沖地震は，過去最大の地震であるのに加え，高さ14mを超える観測史上最大の津波が発生し，犠牲者数は死者１万人以上に達した。東京電力福島第一原子力発電所では，大津波により外部からの電源及び非常用ディーゼル発電機が全て使用できなくなり，炉心冷却機能が失われ，炉心溶融に至った。原子力発電所でトラブルが生じたときに安全を守る基本原則は，①原子炉を止める（制御棒の挿入により停止），②原子炉を冷やす（水の注入・除熱により燃料を冷やす），③放射性物質を閉じ込める（圧力容器，格納容器等により閉じ込める）ことであるが，冷やす手段を全て奪われ炉心溶融に加え水素爆発が起こり，原子炉建屋が破損したことから大量の放射性物質が環境中に放出された。

2012年に，新たに原子力規制委員会が発足した。以前は，原子力発電を規制する原子力安全・保安院と推進する資源エネルギー庁が，同じ経済産業省内にあった。そのため，監査機能を十分発揮できなかったことが福島第一原子力発電所事故の一因となったとの反省から，新たに設置された原子力規制委員会は，環境省の外局組織とし，その事務局として原子力規制庁が置かれた。

2012年，原子炉等規制法が改正され，原子力発電所の運転期間は40年と規定し，原子力規制委員会の認可を受ければ，20年を上限として１回に限り運転期間の延長が認められるようになった。

2013年７月，福島第一原子力発電所事故の教訓や最新知見を踏まえ，原子力規制委員会が策定した「新規制基準」が施行された。新規制基準は，設計基準の強化と過酷事故対策の二本柱で構成されており，地震や津波への対策強化，火山や竜巻などの自然災害，火災など幅広いリスク対策を備えた設計基準強化が規定されている。

福島第一原子力発電所事故を受け，安全面への不安から日本国内の原発が順次停止，2013年９月に，国内の全ての原子力発電所が停止された。福島第一原子力発電所事故以来，順次定期点検に入った原子炉は点検後も稼働できなかったことから，2015年８月まで全ての原子炉が停止され，原子力発電所の発電量は２年弱０kW/年が続いた。

一方で2013年６月の大気汚染防止法の改正に伴い，全国309地点で空間放射線量率を測定・評価・公表する，放射性物質の常時監視体制が整えられた。

2015年８月，九州電力川内原子力発電所（鹿児島県）が再稼働した。九州電力川内原子力発電所１号機は，2011年５月に定期点検に入り４年以上停止していたが，原子力規制委員会による新規制基準適合性審査を受け８月11日に再稼働した。2013年９月に全ての原発が停止して以来初の再稼働であった。

2017年１月１日現在，世界の運転中の原子力発電所は439基，総発電量は４億600万1,000kWであった。一方，2018年１月時点の日本の原子力発電所の稼働状況等は以下の通りである。1965年以降に日本で建設され稼動した原子力発電所の総数は57基である。2018年１月時点で稼働中のもの４基（九電川内原発１，２号機，関電高浜原発３，４号機），運転差し止め命令により運転停止中のもの１基（四国電伊方原発３号機），定期点検・審査停止中のもの23基，廃炉作業中のもの２基，廃炉が決定され運転中止中のもの９基，中越沖地震により運転停止中のもの３基，東日本大震災により運転停止中のもの９基，東日本大震災に伴う過酷事故により廃炉が決定されたもの４基（東電福島第一原発），政府の要請により運転停止中のもの２基（中部電力浜岡原発）である。

2-6 地球規模での環境問題

地球温暖化をはじめとする地球規模の環境問題は，被害がある地域に限られた従来の公害問題とは異なり，被害や影響が一地域にとどまらず地球全体にまで拡がる環境問題で，人類の生存をも脅かす恐れがあり，その解決のためには国際的な援助や取り組みが必要である。1980年代以降，地球環境問題が世界的に大きな関心事となり，現在世界の国々が参加し，条約や枠組み作りを進めている。地球環境の保全は，まさに21世紀における最重要課題といえる。

環境省は地球環境問題として，①地球温暖化，②オゾン層の破壊，③酸性雨，④有害廃棄物の越境移動に伴う環境汚染，⑤海洋の汚染，⑥野生生物の種の減少，⑦熱帯林の減少，⑧砂漠化，⑨開発途上国の公害問題，の九つの事象をあげている。このうち①〜⑤は，主として先進国の高度な経済活動に起因し，⑥〜⑨は主として開発途上国の人口の急増や貧困等に起因した問題といえる。これら九つの事象は，1-3節の図3に示したように，相互に複雑にからみ合っている。

ここでは，地球温暖化，オゾン層破壊，酸性雨の歴史を振り返る。

2-6-1 地球温暖化の歴史

21世紀に入り，気温上昇や海水面上昇，強力な台風や暴風，大雨・洪水，頻発するゲリラ豪雨，干ばつ，酷暑など気候変動・異常気象が頻繁に発生し，年々その頻度が増大し，強力となっている。気候変動・異常気象は，CO_2やメタンなど温室効果ガスの増大による地球温暖化が原因であると考えられている。地球温暖化の最大原因物質であるCO_2の多くは，化石燃料の燃焼により排出されるものであり，地球温暖化は，エネルギーの生産や消費に伴い引き起こされているといえる。

地球温暖化は，18世紀の産業革命以降，順次蓄積されてきたCO_2などの温室効果ガスが主因と考えられている。図18は世界の化石燃料起源のCO_2排出量と世界平均気温偏差（1981〜2010年の30年間の平均値を基準値とし，各年の平均気温の基準値からの偏差）の推移を示したものである。CO_2排出量は18世紀後半にイギリスで始まった産業革命以後徐々に増大し，第二次世界大戦後に急増しているのが分かる。なお，CO_2の大気中濃度は，産業革命以前は約280ppmであったが，2017年には400ppmとおよそ1.4倍まで増加した。一方，世界の平均気温は，1900年初期から現在までに1℃余り上昇し，特に1980年以降にはさらに大きい増加率で上昇している。

温室効果ガスによる地球温暖化を初めて提唱したのは，フーリエ解析で知られるフランスの数学・物理学者のフーリエで，1827年のことであった。そして1896年

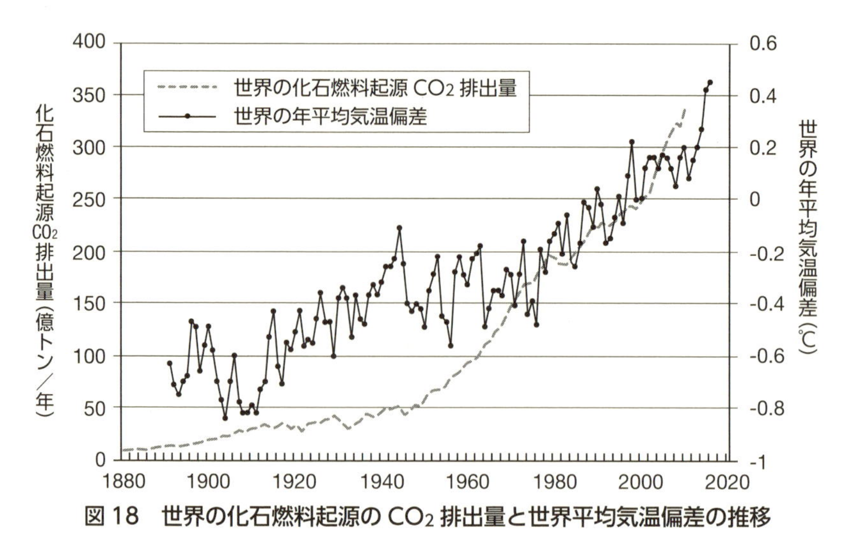

図 18　世界の化石燃料起源の CO_2 排出量と世界平均気温偏差の推移

には，スウェーデンのアレニウスが，化石燃料の燃焼などにより，CO_2濃度が上昇すると地球の温度が上昇すると発表した。そのおよそ60年後の1958年に，ハワイ島マウナロア山において世界で初めてCO_2濃度の観測が開始された。しかしながら1970年頃は，図18にみられる1940年代から続く気温の低下傾向を基に，地球寒冷化説が主流であった。

1972年6月に，ストックホルムで，環境問題についての世界で初めての大規模な政府間会合である国連人間環境会議が開催された。キャッチフレーズは，「かけがえのない地球（Only One Earth）」で113か国が参加した。1979年には，気候や地球温暖化など地球規模の気候変動に関する最初の世界気候会議がジュネーブで開催され，温室効果ガスによる温暖化が警告された。

1980年代後半から地球温暖化問題の議論は世界的に活発化し，科学的知見の集積・整理・評価が行われるようになった。1985年にオーストリアで開催されたフィラハ会議は，国連環境計画（UNEP）による地球温暖化に関する初めての世界会議で，多くの科学者が科学的知見を整理・評価し，地球温暖化に対する危機感が国際的に広がるきっかけとなった。

1988年に，政府間機関である気候変動に関する政府間パネル（IPCC）が設立された。IPCCでは，5～6年毎に気候変動に関する最新の科学的知見をとりまとめた「IPCC評価報告書」を作成・公表してきた。同じ年，科学者と政策決定者が参加したトロント会議が開催され，「CO_2排出量を1988年ベースで2005年までに20％削減，長期的には50％削減」という数値目標（トロント目標）が提示され，行政における温暖化防止活動のきっかけとなった。

1980年代の軍拡競争に象徴される米ソ冷戦時代は，1989年のベルリンの壁の崩壊とともに終結し，懸念された東西間の対立や核戦争の恐怖がなくなった。このような背景の中，1988年カナダで開催された第14回トロントサミット（主要国首脳会議）において，地球環境問題に対して一層の行動をすることが合意され，1989年の第15

ティータイム｜大気中のCO_2濃度

環境問題，特に大気汚染問題では，ppmという単位がよく用いられます。ppmは，parts per millionの略で100万分の1を意味し，100分の1を意味する％と同じく，比率を表す無次元量です。図に示したように一辺が1mの空気を考え，その中に含まれる汚染物質を一箇所に集めた場合，その体積が1cm角，すなわち体積比で$(1/10^2)^3$＝100万分の1となるような量が1ppmです。ppmよりさらに少ない量に対しては，ppb（parts per billion）＝$1/10^9$＝10億分の1やppt（parts per trillion）＝$1/10^{12}$＝1兆分の1が用いられます。なお，大気汚染物質でもPM2.5など粒子状の汚染物質量は，質量として測定されますのでppmではなくmg/m^3や$\mu g/m^3$などの単位で表されます。

一方，水質汚染ではかつてはppmで表されていたこともありますが，現在は環境基準をはじめとして，1Lの試料中の質量としてmg/Lといった単位が用いられています。水の比重がちょうど$1g/cm^3$であることから見かけ上mg/L＝mg/kgで100万分の1となり，数値は同じとなりますがmg/Lをppmと表現することは正しくありません。水や土壌をkg単位で採取し，その中に汚染物質がmg単位で含まれるような場合には，mg/kgでppmと表すことができます。

Q：大気中のCO_2濃度は，現在約400ppmです。$1m^3$中の空気に含まれるCO_2を1箇所に集めると，何cm角の立方体になりますか。

A：7.4cm角（体積は$7.4^3 \fallingdotseq 400cm^3$）

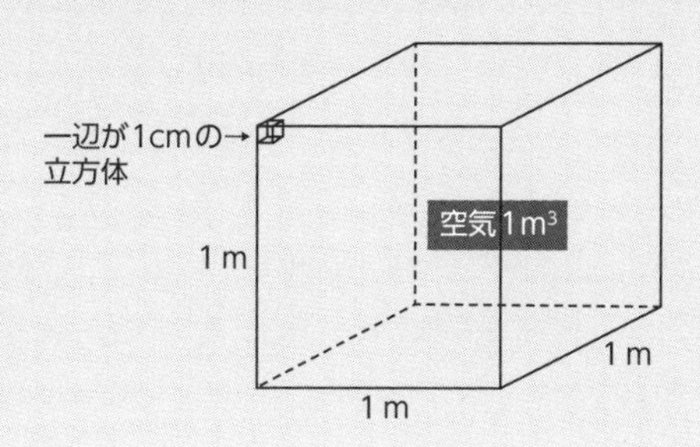

回フランス・アルシュサミットにおいては，地球環境問題を中心的な課題として取り上げることとし，地球環境重視のサミットへと変革した。これらのサミットをきっかけに，地球環境は重大な危機に瀕しているという世界共通の認識が生まれ，一致協力して地球環境問題の改善に努めなければならないとの合意が形成された。それ以降，地球温暖化問題は21世紀の最重要課題とみなされ，国際協力のための枠組みづくりが進められる一方，日本では，法的・技術的対応が図られ，国民の間にも地球温暖化防止対策やその基となるエネルギー削減の意識が高まってきた。

1990年には，IPCC 第1次評価報告書が発表された。21世紀末までに地球の平均気温が3℃上昇し，海面が65cm上昇すると予測された。1992年6月に，環境と開発をテーマに国連環境開発会議（UNCED）がブラジルのリオデジャネイロで開催された。通称地球サミットと呼ばれている。地球環境の保全をテーマに，地球温暖化や生物多様性の危機，森林破壊，など種々の環境問題が議題となった。

1994年に気候変動枠組条約が発効したのを受け，1995年に第1回締約国会議（Conference of Parties：COP 1）がベルリンで開催され，議定書の作成について討議された。なお，COPは気候変動枠組条約や生物多様性条約など，各条約の締約国会議を意味するが，1997年に地球温暖化防止京都会議（気候変動枠組条約第3回締約国会議：COP3）で議定書が採択されて以降，気候変動枠組条約締結国会議のことを指すことが多くなった。気候変動枠組条約締結国会議は毎年開催されている。

1995年には，IPCC 第2次評価報告書が発表された。人間活動の影響による地球温暖化が既に起こりつつあることが確認され，過去100年間に全球平均地上気温は0.3～0.6℃上昇し，海面は10～25cm上昇した，などが報告された。

1997年11～12月に京都でCOP3が開催され，京都議定書が採択された。先進国に1990年比で日本マイナス6%，米国マイナス7%，EU マイナス8%など，平均で約マイナス5%の温室効果ガス排出削減を義務付けた。しかしながら2001年にアメリカが京都議定書から離脱し，また京都議定書が発効したのは2005年になってからである。なお，第一約束期間（2008～2012年）の削減率は，日本8.4%，EU12.5%で目標とした削減率を上回った一方，離脱した米国の2012年における排出量は+2.7%と排出増であった。

日本では，1998年に，地球温暖化対策推進法が制定された。前年の京都議定書の採択を受け，日本における地球温暖化対策の第一歩として，国，地方公共団体，事業者，国民が一体となって地球温暖化対策に取り組むための枠組みが定められた。

2001年に，IPCC第3次評価報告書が発表された。過去50年間に観測された温暖化のほとんどが人間活動によるものであるより強力な証拠が得られた，過去100年間に全球平均地上気温は0.6±0.2℃上昇し，海面は0.1～0.2m上昇した，などが報告された。

2007年ドイツで開催された主要国首脳会議（G8サミット）にて，地球温暖化問題を最重要課題として議論し，地球温暖化対策として，2050年までに温室効果ガスの排出量を少なくとも半減させることを真剣に検討することに合意した。

2007年にはまた，IPCC 第4次評価報告書が発表された。過去100年間の全球平均地上気温は0.74℃上昇した。最近50年間の昇温率は，過去100年間の約2倍となっている。海面水位は上昇を続け，平均上昇率は1.8㎜／年であった。

2011年3月11日に発生した東日本大震災は，過去最大の地震に加え未曾有の大津波により，犠牲者数は死者1万人以上に達し，さらに東京電力福島第一原子力発電所で炉心溶融に至る重大事故が発生した。原子力発電はCO_2を排出しないことから温暖化対策としても設備拡大が進められ，2013年には全国で54基設置されていた。2-5-3項で述べたように，大震災後原子炉は順次停止され，2013年9月に全炉が停止され，2015年8月に川内原発が再稼働されるまでの2年間は全ての炉が停止した。2018年1月時点で再稼働している原子炉は4基にとどまる。2013年以降のエネルギー供給量の推移は2-2節で示した図6にみられるように，石炭を中心とした火力発電の増大と太陽光発電や風力発電など再生可能エネルギーの増設が図られてきた。再生可能エネルギーの普及には，2012年に開始された固定価格買取制度，すなわち，太陽光，風力，水力，地熱，バイオマスといった再生可能エネルギー源を用いて発電された電気は，定められた一定の期間，一定の価格で電気事業者が買い取ることを義務付けた制度が，追い風となった。

2013～14年に，IPCC 第5次評価報告書が発表された。地球温暖化は疑う余地はなく，20世紀半ば以降に観測された温暖化の主な要因は人間活動である可能性が極めて高い。1880～2012年の間に，世界の平均地上気温は0.85℃上昇した。2081～2100年における世界平均地上気温と海面上昇は，シナリオにより異なるが，1986～2005年比で各0.3～4.8℃，0.26～0.82mである。

2015年にパリでCOP21が開催され，2020年で失効する京都議定書以降の新たな枠組みとして，全196か国が参加するパリ協定が採択された。パリ協定では，発展途上国を含む全締約国に削減目標の設定と国内対策を義務づけ，主要排出国を含むすべての国が削減目標を5年ごとに見直し，さらなる目標を設定することを求めている。パリ協定は，2016年に発効した。しかしながら2017年に，アメリカは京都議定書に引き続きパリ協定を離脱することを表明した。

2-6-2 酸性雨

酸性雨は，化石燃料の燃焼などによって排出されるガス状の硫黄酸化物や窒素酸化物が，ガス状のまま，あるいは大気中で粒子状の硫酸塩や硝酸塩に変化し，雲や雨に取り込まれ，酸性度の強い降雨となって大気中より除去される湿性沈着過程を意味する。なお，酸性のガスや粒子が，降雨によらず地表に直接沈着する乾性沈着をも含んだ酸性沈着全体を酸性雨と呼ぶこともあり，最近ではむしろ後者の広義の意で用いることの方が多い。

水素イオン濃度 pH は，雨の酸性度を知る上での基本データであるが，これは酸とアルカリの種類及び濃度のバランスから決まる量である。大気中に存在する約400ppm の CO_2が雨水に溶け，平衡状態に達した時の水の pH は約5.6となることから，日本では pH 5.6 以下の雨を酸性雨と呼んでいる。

酸性物質を含む雨が生態系や建造物などに及ぼす影響は，pH によるよりも硫酸塩や硝酸塩濃度の影響を強く受ける。したがって，酸性雨の自然，生活環境への影響を評価するためには，pH 値のみで評価することは適当でなく，汚染物質を含む総合的観点から解析する必要がある。例えば，土壌に含まれるカルシウムなどアルカリ性物質は，雨水中の酸性物質を中和し，たとえ硫酸塩，硝酸塩濃度が高くても，pH 値としては酸性を示さないこともある。

酸性雨は，大気圏側からみれば自然による重要な浄化作用の一つであるが，土壌圏，水圏側からみれば汚染物質の流入源であり，土壌や湖沼，河川の酸性化及びそれに伴う樹木の衰退や生態系への影響，文化財や建造物の腐食損傷などの原因となり問題となっている。なお，ここでの酸性雨には乾性沈着によるものも含まれる。乾性沈着に関しては未解明な問題も多いが，乾性沈着量と湿性沈着量はおおむね同程度であるといわれている。

酸性雨（Acid rain）という言葉が初めて使われたのは英国で1872年のことである。当時英国では1750年頃から始まった産業革命が全盛期を迎え，各地で大気汚染物質が大量に発生し，雨水や河川水が汚染され大きな環境問題となっていた。その当時雨水を採取しその化学成分を測定したロバート・アンガス・スミスは雨が酸性であることを知り，1872年の著書で Acid rain という言葉を使用した。

1950年代に入って間もない頃，欧州北部のスウェーデンやノルウェーで，湖沼や川の魚が死んだり，ブロンズ像がボロボロになったりする異変がみられ，その原因はpH4～5の降雨によるものと考えられていた。1950年代には日本でも，四日市や熊本で酸性雨の測定が行われていた。

1960年代，北欧では，森林被害や湖沼の酸性化が問題となった。さらに1970年代に入ると，欧州各地で森林衰退被害が報告されるようになった。1973年～75年にかけて，東西欧州における大気中の硫黄の長距離移動についての研究が行われた結果，欧州各国は他国から排出された汚染物質の影響を受けていることが明らかとなった。

1970年代に入り，酸性雨の研究が日本でも盛んとなり，酸性雨による被害の報告もなされるようになった。1973年には，駿河湾沿岸や山梨県で，霧雨による目や喉の刺激を訴える事例が発生した。pH2～3.5と酸性度の強い雨水が原因であった。また，1974年には，関東中央域で3万件を超える霧や霧雨による目の刺激の訴えがあり，pHは2.9であった。さらに1974～75年には，多くの人に目や喉の痛みなどの健康被害が出たのに加え，農作物被害が発生した。

硫黄酸化物SO_xや硫酸塩SO_4^{2-}及び窒素酸化物NO_xや硝酸塩NO_3^-など酸性雨の原因物質は，気流などにより発生源から遠く離れた地域にまで長距離輸送され，輸送中に雲粒や雨水に取り込まれて酸性雨となる。そのため多国間にわたる酸性雨問題では，国際的な取り決めにより原因物質の排出削減を行う必要がある。その一つとして，ノルウェーが最初に提案した「長距離越境大気汚染条約」が1979年に締結された。次いで1980年には，アメリカとカナダ間で「越境大気汚染に関する合意覚書」を交わした。

日本でも環境省（当時は環境庁）が1983年に酸性雨調査を開始し，酸性雨の現状やその影響調査を進める一方，東アジア地域における酸性雨調査の協力体制を確立することを目的に，東アジア酸性雨モニタリングネットワーク（EANET）を提唱し，1998年から始まった試行稼働を経て2001年1月から13か国が参加して本格稼働に入った。

1991年，全国環境研協議会による酸性雨全国調査が開始され，2008年まで4次にわたり継続され，日本全体の酸性雨の広域的な概況を示した。日本全国における酸性雨の長期的なpHの平均値は，およそ4.7である。

現在，環境省では，「越境大気汚染・酸性雨長期モニタリング計画」に基づき，国設酸性雨測定所等において，大気，湿性沈着，乾性沈着，土壌・植生，陸水などのモニタリング調査を継続して実施している。

2-6-3 オゾン層破壊

地上から約10km～50km上空の成層圏中にはオゾン濃度の高い層があり，この層をオゾン層と呼んでいる。大気中のオゾンの約90%はこのオゾン層に存在し，太陽から来る紫外線を吸収して地球上の生物を有害な紫外線から護っている。オゾン量が減少し有害紫外線量が増加すると，皮膚がんや白内障など人の健康を害し，また植物の生長に有害な影響を及ぼす。オゾン層は，化学的にきわめて安定なフロン類やハロン類が，地上から上空に拡散し，成層圏に達して強い紫外線を受けて解離し，破壊されると言われている。

ところで，フロン類とは，炭素と水素の他にフッ素や塩素，臭素などハロゲンを含む化合物の総称である。1928年に開発され，化学的に安定，不活性，不燃性，無毒など優れた性質をもっており，冷蔵庫やエアコンの冷媒，半導体や精密機器の洗浄剤，スプレー噴射剤など広く利用されてきた。フロン類のうちオゾン層破壊が特に大きい特定フロンは，モントリオール議定書により製造，使用が規制され，代替フロンが利用されるようになった。しかしながら，代替フロンを含めフロン類は，オゾン層破壊とともに地球温暖化効果も大きく，温暖化対策からもさらなる見直しが必要とされている。

オゾン量は，ある地点の地上から上方の大気中に存在する全てのオゾンを集めたとしたときの厚さに相当する量を「オゾン全量」といい，ドブソン［DU］という単位で表し，オゾンの厚さが1mmに相当するとき100DUとなる。オゾン全量は季節や気象状況などにより変化するが，年平均値は赤道付近で低くおよそ250DU，南北両半球の中・高緯度域で高くおよそ350DU，特にオホーツク海上空で400DUに達する。地球上の平均的なオゾン全量はおよそ300DU，すなわちオゾン層の厚みは3mm程度といえる。オゾン全量は，成層圏のフロン類の濃度によっても変化する。フロン類の濃度は，モントリオール議定書に基づく対策により，代替フロンなどの一部を除き1990年代以降緩やかに減少し，南極上空のオゾンホールが回復する兆候を見せている。

南極上空では南極の春先にあたる9～10月に，オゾン量が顕著に減少するオゾンホールが1980年頃から観測されている。オゾンホール出現前の1979年，オゾンホール面積が最大となった2000年，直近の2016年の南極域における10月の平均オゾン全量分布を図19に示した。オゾンホールの中心部では，オゾン全量は100DU程度になることもある。オゾンホールの規模を表す指標の一つとして年間最大のオゾンホール面積がある。オゾンホール面積は1980年頃から急激に増大し，1996年～

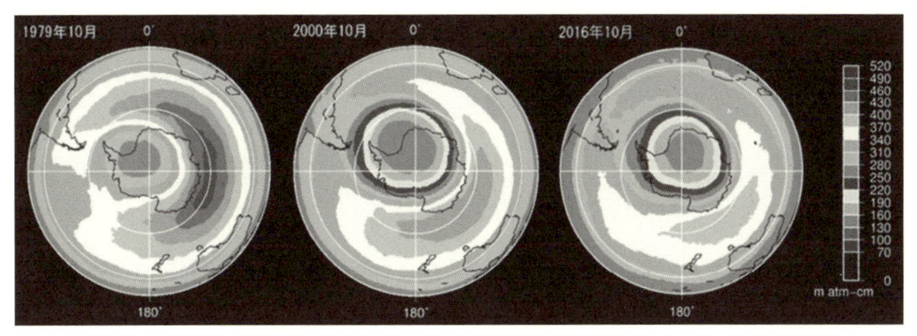

図 19　1979, 2000, 2016 年 10 月の南極域の月平均オゾン全量分布図

出典：気象庁オゾン層のデータ集を基に作成

2006年に平均2,630万 km^2（南極面積の約1.8～2.0倍）でピークに達し，その後減少傾向を示している。

ここで、少し時間を遡ってオゾン層破壊の研究・観測の発端についても見てみよう。1974年，アメリカのローランドとモリナが，フロンは成層圏のオゾンを破壊すると発表し，影響が出るのはずっと後になってからだが，今すぐ対策を講じなければ手遅れになると警告した。1980年頃より南極の春先にあたる10月を中心に，オゾン全量が極端に少なくなる現象が，ほぼ毎年出現することが観測された。1982年10月に日本の南極地域観測隊員忠鉢繁氏が，南極上空のオゾン量が著しく減少しているのを初めて観測した。その後1984年には，南極上空で成層圏オゾン濃度が著しく低くなるオゾンホールが発見された。また，1985年には，アメリカの気象衛星が，南極上空のオゾン量減少域が拡大しているのを観測し，オゾンホールと名付けた。

1985年に，オゾン層の保護を目的とする国際協力のための基本的枠組を定めた，「オゾン層の保護に関するウィーン条約」が採択され，1987年に，「オゾン層を破壊する物質に関するモントリオール議定書」が採択された。この議定書は，ウィーン条約の下で，オゾン層を破壊する恐れのある物質を特定し，生産や消費，貿易を規制し，人の健康及び環境を保護するために必要な措置を定めたものである。主な規制措置には，オゾン層破壊物質の全廃スケジュール，非締約国との貿易の規制，規制措置の評価・再検討などがある

日本では，1988年に，オゾン層保護法を制定し，モントリオール議定書で課されたオゾン破壊物質の製造・輸出入等の規制，排出抑制などを定めた。また，家電リサイクル法や自動車リサイクル法により，ルームエアコンや冷蔵庫，カーエアコンなどで使用されたフロン類や代替フロンの回収を義務づけている。

1990年に，オゾン層破壊の大きいフロン類を，段階的に削減し，先進国に対しては

1995年まで，発展途上国に対しては2010年までに全廃することを決めた。

日本では2001年に，フロン回収・破壊法を制定し，冷凍空調機器の整備や廃棄を行った際，冷媒として使用されたフロン類の回収と破壊を義務づけているが，回収率は30％程度と低迷状態であった。そのため2013年に，フロン類の製造から廃棄に至るライフサイクルを通し，包括的な対策を実施することを目的にした「フロン排出抑制法」を制定し，排出抑制を強化した。現在では，議定書の削減スケジュールに規定された特定物質については，代替フロンの一部を除き生産，消費とも全廃されている。

2017年の南極域上空のオゾンホールは，８月上旬に最初に観測され，11月19日に例年より早く消滅した。オゾンホールの面積は，1,878万km^2で過去29年間の最小となり，最大面積であった2000年の2,960万km^2と比べ30％以上小さかった。なお，オゾン層破壊の原因物質であるフロン類の多くの大気中濃度は，2006年以降減少傾向にある[10]。

3……京都大学衛生工学科の設立とその後の展開

ここまで述べてきたように，環境問題は，その種類においても，空間，時間的なスケールにおいても極めて多様である。したがって，一口に「環境問題に取り組む」と言っても，視点や方法も極めて多様である。京都大学の環境工学研究は，大気，水，土壌，廃棄物から放射能まで，そのほぼすべてを学び研究することができる日本で唯一の教育研究組織であると自負することができる。なぜそのような総合的態勢を確立することができたのか，また現在の課題は何か，第２部の最後に，京都大学における環境工学の歴史と現状を紹介したい。

3-1 衛生工学科の創設

京都大学工学部衛生工学科（現在の地球工学科環境工学コース）は，明治30年京都帝国大学の開設と同時に設置された土木工学科第３講座「衛生工学」を母体とし，1958

10) 気象庁，オゾンホールの現状2017，http://www.data.jma.go.jp/gmd/env/ozonehp/diag_o3hole.html（2018.1.18閲覧）

年４月，京都大学工学部の第15番目の学科として創設された。

創設時の衛生工学科の教科内容説明書では，その設置目的・意義が次のように述べられている。

> 近年科学の著しい進歩によって，我が国の産業は急激に高度化し，生活水準もかなり高まってきたが，一方これに伴い，我々の生活環境も，放射線，あるいは産業廃水，さらには煤煙，騒音など各種の危害にさらされている。我々が真に健康にして文化的な生活環境を実現し，ひいては産業の円満なる発展に資するためには，文明の進展に併行して，公衆・環境の衛生状態の改善や各種の危害防止が技術的に完全に遂行されねばならない。この諸問題を解決する衝に当たる科学技術者を養成するために……

時代はいわゆる高度経済成長の開始期にあたり，環境を置き去りにした産業化が公害問題を潜行させつつ進んでいた時代でもあった。

京都大学衛生工学科の創設において，当初は，研究機関「衛生工学研究所」としての出発が構想されていた。しかし，最終的には，工学部（土木工学）と医学部（公衆衛生学）が連携する，学部課程を有する教育研究組織としての衛生工学科が1958年に設置されている。第２部冒頭で述べたように，「衛生工学」は「いのち（生）を衛（まも）る工学」であると説明され，英語名はSanitary Engineeringとされた。また，衛生工学の教育研究，衛生工学技術の適用に際しては（Public）Health Mindedであるべきであるとされた。

工学部における既存の学科は，社会の需要を原動力にして，それに対応する目的技術として展開・構成されてきた長い歴史を有している。その過程で対象を細分化して測定・定量を可能にし，問題解決のためのシステム化を可能にする営為を積み重ねることによって学術分野としての体系化・完結性を獲得し，新たな課題に挑戦し対象領域を拡大してきた。他方，「公衆・環境の衛生状態の改善や各種の危害防止を技術的に解決する衝に当たる科学技術」を教育し研究する衛生工学科には，その創設に際し研究成果の蓄積を先行させるべく研究所として設置することが構想されたことから窺えるように，衛生工学を支える教育基盤が万全ではなかった。衛生工学科の創設以来，衛生工学は学問たり得るか，衛生工学とは何か（何をなすべきか，何を教育し、何を解決するべきか）を問い，答えを求める学術的活動とともに，直面する課題を解決する方策を同時に追究する営みが継続されている。衛生工学は，学問としての体系化（基礎への回帰）と，直面する課題の技術による解決への貢献（応用への展開）の両者を果敢に追求してきたと言え，その「健康（環境）マインド」を育ててきた様子は，本書第１部の座談会に示されている。

表8　衛生工学科創設期の講座及び教官構成（S42.04.01：全講座に教授が就任した年）

講座名	教　授	助教授	講　師	助　手
水道工学	末石冨太郎			中西　弘
放射線衛生工学	岩井重久	井上頼輝	大塩敏樹	寺島　泰、北尾高嶺*1
環境衛生学	庄司　光			中村隆一、西田耕之助
衛生設備学	高松武一郎			内藤正明*1
水質工学	合田　健			宗宮　功*1
産業衛生工学	山本剛夫	平岡正勝		西田　薫*2、松野儀三

＊1：衛生工学科第1期卒業生、＊2：衛生工学科第2期卒業生

衛生工学科が創設され，全ての講座の開設が整うと共に全ての担当教授が定まり，衛生工学科としての教育研究に独自色が現れ始めた時点（1967年4月）での教官構成を表8に示した。独自の視点と方法論を追究した若い学科であったにもかかわらず，この時点で既に，衛生工学科の卒業生が教官として，衛生工学科の教育研究に参画している様子が窺える。

3-2　学部教育プログラムの変遷

上記の課題を抱えつつ，時代の要請に応えるために船出した衛生工学科の教育プログラムはどのようであったか，ここではその変遷を追跡することにしよう。学部衛生工学科及び大学院衛生工学専攻のカリキュラム変遷の概要を，主要な改訂が行われた年次に注目し表9に示す。

3-2-1　衛生工学科の時代

衛生工学科の最初の入学生に提示された1958年度入学者用カリキュラムは，必修制（必修科目の単位取得が，卒業の必須条件とされる制度）を基本にしている。土木工学との連携から構造力学，水理学や計画学が，医学との連携から衛生学が，また衛生工学の基礎科目（工学基礎科目）として衛生物理学，衛生生物学，衛生化学，数学を必修基礎科目にし，それらを習得した後に4回生において，衛生工学に関連する専門科目を配している。4回生の選択科目として，機械工学，電気工学，化学，建築学など，工学部の基礎となる科目が配されている。衛生工学が幅広い工学分野との連携の下に築かれる工学分野であるとの認識の表れである。

学部生は4回生進学時に，大学院生は大学院入学時に，研究室に所属し，各自の机を与えられ，特別（卒論）研究，修士学位論文研究に取り組む。学部卒業，修士課程修了には，これらの論文の審査に合格することが必須の要件である。これらの論文研究は，得られた成果をほぼそのまま学会や学術誌に発表できるレベルが求められた。

この要件は，現在に至るまで変わることなく維持されており，衛生工学科卒業生，衛生工学専攻修了生として相応しい学業を修めた者として認定する条件として機能し続けている。

1963年には，土木工学科，衛生工学科及び交通土木工学科の系運営（学生は系として一括募集され，合格後に各学科に配属される方式）が開始され，入学者用カリキュラムにおいてその内容が大幅に改定された。土木系学科の基礎科目として，構造力学，水理学，土質力学及び材料学，計画学を配し，それらの基礎の上に学科独自の専門科目を配置する必修制を基本とするカリキュラムである。

1969年，京都大学においても始まったいわゆる「学園紛争」を契機に，衛生工学の理念や必修制を基本とするカリキュラムを問い直す議論が，学生・教員を巻き込んで活発におこなわれた。その結果，土木系学科運営からの衛生工学科の離脱，衛生工学関連科目を中心とする選択制を基本とする，1970年度専門課程進学者（1968年度学部入学者）に適用されるカリキュラムが定められた。必修科目は，専門科目の履修を開始する時点（入り口）において衛生工学の全体的な展望を与えるための「衛生工学総論」と，学部卒業段階（出口）で，修得した知見・技術を総合して活用し，衛生工学科卒業生として認定するに足る問題解決のための最終トレーニングを行う「特別（卒業論文）研究」のみとされている。

3-2-2 地球工学科環境工学コースの時代

京都大学は，1993年，教養部を廃止し，学部における４年一貫教育が開始された。細分化された学部教育を再編成し，共通した科目はできる限り領域を越えて共同で教授し，４年一貫教育を充実させるとの方針の下に，1996年から京都大学工学部の学科の再編・統合が進められた。すなわち「大学科制・大講座制」への移行が開始され，工学部23学科が６学科に統合され，現在の工学部の学部体制が構築された。工学部における教育の共通・基礎科目重視が教育体制においてもカリキュラムにおいても徹底されたと言える。この年，衛生工学科は，土木系学科，資源工学科とともに「地球工学科」に再編成され，地球工学科「環境工学コース」として再出発することになった。「衛生」から「環境」への名称変更の詳細は，次節で詳述する。

現在のカリキュラムとして2018年度入学者用カリキュラムを表９の末尾に示す。1996年度以降，学部カリキュラムに大きな変化は認められないが，環境工学コースとしては開講科目を厳選することにより，科目数を絞っているのが特徴といえる。

表9　学部衛生工学科専門科目カリキュラムの変遷

学年	1958年度カリキュラム （衛生工学科） ※創設時のカリキュラム（必修制） ※1回生配当の専門科目なし		1963年度カリキュラム （土木系衛生工学科） ※土木系への統合に伴うカリキュラム（必修制） ※1回生配当の専門科目なし		1968年度カリキュラム （衛生工学科） ※土木系からの離脱に伴うカリキュラム（選択制） ※1回生配当の専門科目なし	
2回生	必修科目	測量学及実習(3)	必修科目	測量学第一及実習(2)	選択科目	測量学第一及実習(2)
3回生	必修科目	**衛生物理学(2)、衛生化学及実験(2)、衛生生物学及実験(2)、衛生学(3)、上下水道第一(2)、上下水道演習及実験(2)、上下水道実験(2)、工業製図(1)**、構造力学概論(3)、水理学及演習(3)、土木設計学（4）、土木施工法概論(1)、工業数学 C (2)	必修科目	**衛生化学(1)、衛生生物学(1)、環境衛生学(1)、水質学(1)、装置工学第一(1)、衛生工学実験第一(3)、工業製図(1)**、構造力学第一及演習(3)、構造力学第二及演習(3)、水理学第一及演習(3)、土質力学(2)、材料学(2)、土木計画理論及演習(2)、土木計画学(2)、土木設計学(2)、土木施工学第一(2)、工業数学 B 第一(2)・同 B 第二(1)、工業力学 B 第一(1)	必修科目	**衛生工学総論(4)**
3回生	選択科目	土木計画学第一(1)、土木計画学第三(2)、材料学(2)、測量学及演習(3)、工業力学 C (1)、分析化学(2)	選択科目	測量学第二及実習(2)、運輸交通計画学(1)、一般電子工学第一(1)、工業力学 B 第二(1)	選択科目	**水質学及実験(3)、大気学(2)、環境衛生学(2)、装置工学及実験(3)、環境計測実験(3)、移動現象論(2)、応用数理解析演習(3)、衛生工学各論第一(4)、学外実習(2)**、構造力学第一及演習(5)、水理学第一及演習(2)、計画理論及演習(3)、物理化学 A 第一(2)、物理化学 A 第二(2)、土質力学及演習(3)、工業数学 B 第一（4）、工業力学 B 第一(2)
4回生	必修科目	**上下水道第三(2)、放射線衛生工学及実験(2)、公衆衛生(2)、衛生工学設計製図及実験(2)、学外実習(0)、特別（卒論）研究(3)**	必修科目	**水道工学及演習(2)、放射線衛生工学及実験(2)、公衆衛生(2)、装置工学第二(2)、衛生工学設計製図(1)、衛生工学実験第二(2)、学外実習(0)、特別（卒論）研究(3)**	必修科目	**特別（卒論）研究(5)**
4回生	選択科目	**衛生行政(1)、原子炉建設(2)、プロセス制御(2)**、都市計画(1)、河川工学(2)、土質力学(2)、建築衛生第一(2)、伝熱学(2)、自動制御工学第一(1)、機械工学概論(2)、原子力発電(2)、電子工学概論(2)、空気調整工学(2)、建築工学概論(2)、化学工学概論(2)、原子核工学概論(2)	選択科目	**水質工学(1)、空気処理工学(1)、産業衛生学(1)、都市廃棄物処理(1)、プロセス制御(2)、建築衛生第一(2)、衛生行政(1)**、コンクリート工学(1)、水資源工学(1)、都市計画(1)、河川工学(2)、水理学第二(1)、耐震工学(1)、土質力学実験(1)、材料学実験(1)、一般電気工学第一(1)、一般電子工学第一(1)、建築工学概論(2)、機械工学概論(2)	選択科目	**上下水道第一及実験(3)、上下水道第二及実験(5)、放射線衛生工学及実験(5)、公衆衛生(2)、都市・産業廃棄物処理(2)、プロセス制御(2)、水質保全(2)、大気汚染制御(2)、環境施設設計演習(4)、衛生工学各論第二(4)**、都市，地域計画(2)、空気調整工学(1)、水資源工学(2)、システム計画法(2)、生化学第一(2)・同第二(2)

※(　)内の数は単位数。細字科目は他学科等の開講科目。

1981年度カリキュラム（衛生工学科）
※選択必修制導入に伴うカリキュラム
※1回生配当の専門科目なし

学年	区分	科目
2回生	必修科目 選択必修	**衛生工学総論(4)** **衛生工学数理演習(2)**
3回生	選択必修	**衛生工学実験第一(2)、衛生工学実験第二(2)、衛生工学実験第三(3)**
3回生	選択科目	**水質学(2)、大気学(2)、環境衛生学(2)、移動現象論(2)、環境装置工学(2)、水質保全(2)、上下水道第一(2)、上下水道第二(2)、大気汚染制御第一(2)・同第二(2)、放射線衛生工学(2)、都市・産業廃棄物処理(2)、衛生工学各論第一(0)**、構造力学第一及演習(5)、水理学第一及演習(3)、材料学(2)、河川水文学(2)、生化学第一(2)、物理化学B第二(2)、工業数学B第一(4)、工業力学第一B(2)、工業数学B第二(2)
4回生	必修科目 選択必修	**特別(卒論)研究(5)** **環境施設設計演習(3)**
4回生	選択科目	**公衆衛生(2)、環境確率統計学(2)、産業廃水処理(2)、衛生工学各論第二(2)**、土質力学及演習(3)、計画理論及演習(3)、都市・地域計画(2)、水資源工学(2)、プロセスシステム工学(4)、空気調整工学(1)、物理化学B第一(2)、生化学第二(2)

1996年度カリキュラム（地球工学科環境工学コース）

学年	区分	科目
1回生	必修科目 選択科目	**地球工学総論(2)** **確率統計解析及演習(2)**
2回生	選択科目	**情報処理及演習(2)、衛生工学基礎数理(2)、基礎環境工学(2)、環境衛生学(2)、移動現象論(2)、環境生物・化学(2)**、一般力学(2)、構造力学I及演習(2)、地球エネルギー論(2)、構造力学II及演習(3)、計画システム分析I及演習(2)、工業数学B1(2)、水理学I及演習(3)、流体力学及演習(3)、基礎地質学(2)、地下調査法(2)
3回生	選択科目	**水・土壌環境工学(2)、大気・騒音工学(2)、水質学(2)、環境装置工学(2)、環境生物・化学実験(2)、環境物理計測実験(2)、地球環境工学(4)、環境プロセス実験(3)、上水道工学(2)、下水道工学(2)、水処理工学(2)、放射線衛生工学(2)、廃棄物工学(2)、環境システム工学(2)**、水資源工学(2)、土質力学I及演習(3)・同II及演習(3)、測量学及実習(2)、工業数学B2(2)、連続体の力学(2)、都市・地域計画(2)
4回生	必修科目	**特別(卒論)研究(5)**
4回生	選択科目	**環境デザインI(2)、環境デザインII(2)、**

2018年度カリキュラム（地球工学科環境工学コース）

学年	区分	科目
1回生	必修科目 選択科目	**地球工学総論(2)** **情報基礎演習(2)**
2回生	選択科目	**環境生物・化学(2)、確率統計解析及演習(2)、基礎環境工学I(2)、環境衛生学(2)** （他学科・コース等教員による選択科目の記載を省略）
3回生	選択科目	**基礎環境工学II(2)、大気・地球環境工学(2)、水質学(2)、環境装置工学(2)、上水道工学(2)、下水道工学(2)、廃棄物工学(2)、放射線衛生工学(2)、環境工学実験1(3)、環境工学実験2(3)** （他学科・コース等教員による選択科目の記載を省略）
4回生	必修科目 選択科目	**特別(卒論)研究(5)** **地球工学デザインC(2)** （他学科・コース等教員による選択科目の記載を省略）

3-3 教育研究組織の変遷

学部学科，大学院専攻の名称に注目した教育研究組織の変遷を図20に示す。学科の変遷に比較すると，専攻の変遷が大きいことが理解できる。学科，専攻の両者に関連する最も大きな変遷は，「衛生工学」から「環境工学」への変遷であった。図中，衛生工学科及び衛生工学専攻が組織として直接担当・関与したものを灰色に着色している。着色していないものは，衛生工学科及び衛生工学専攻関連の研究室・教員が参画している組織である（図21も同じ）。

3-3-1 衛生工学から環境工学への展開

学科の名称が環境工学に変更された1996年は，わが国の高等教育制度が，学部を中心とする制度から大学院を中心とする制度に変更された，記録すべき年であった。いわゆる「大学院重点化」である。それまで大学の教員は学部に所属していたが，この年度からは「大学院に所属する」体制に変更された。教官の肩書きが，例えば「工学部教授」から「工学研究科教授」に変更された年でもあった。ちなみに，2004年には国立大学の「法人化」が実施され，国立大学から「教官」という呼称がなくなり，以後は「教員」と呼ばれている。

学科，大学院の名称を「衛生工学」から「環境工学」に変更することの意義や当否については，教員のみでなく学生や卒業生などの意見を踏まえて幅広く議論が交わされた。当時は，多数の死者を伴う重大な健康被害をもたらした四大公害に関する裁判を経て，衛生工学の対象が生活環境から自然環境を含む幅広い「環境」に拡大していった時代でもあった。因果関係（加害者と被害者）が明確で直接的な技術的解決策のデザインが容易な対象から，日常生活に伴う生活排水や廃棄物が原因となる環境劣化が顕在化する等，生活者が原因者であり同時に被害者でもある類の，因果関係が複雑でその克服にはより幅広い視点からの総合的な対応が必要とされる「環境問題」に重点が移行していった時代である。同時に，国・地域の環境問題を考える上で，地球の有限性を考慮することが迫られつつあった時代でもあった。

このような状況を踏まえ，衛生工学（いのちを衛る工学）をコアとして堅持し，対象領域を「環境」に拡大することを意図し，学科，大学院の名称が「衛生工学（Sanitary Engineering）」から「環境工学（Environmental and Sanitary Engineering）」に変更された。

3-3-2 大学院教育研究組織の変遷

衛生工学科の最初の卒業生が大学院に進学する1962年，衛生工学専攻が大学院工

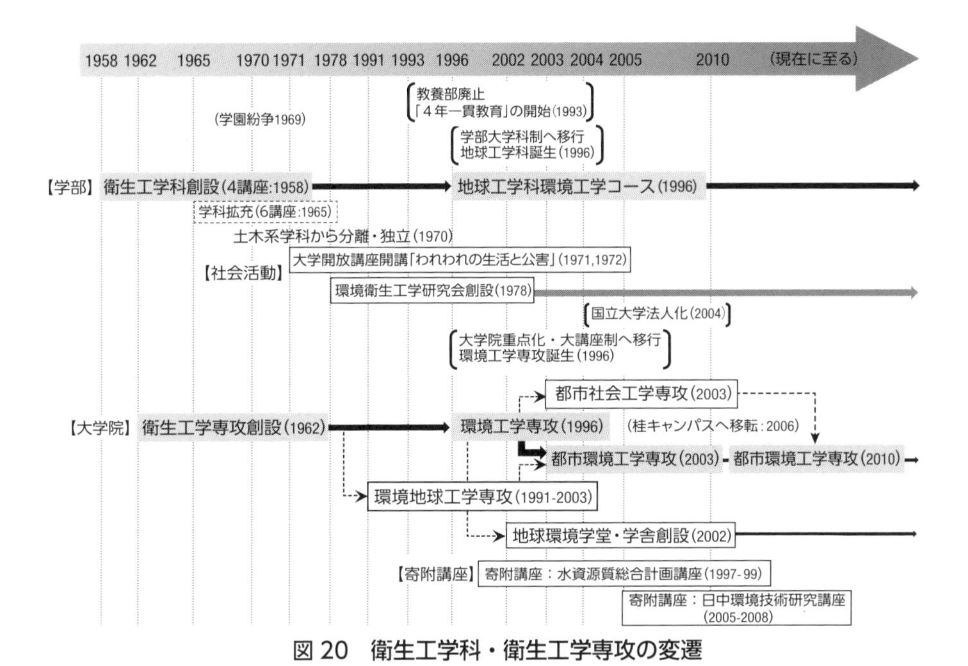

図 20　衛生工学科・衛生工学専攻の変遷

学研究科に創設された(同専攻は，学科の名称の変更と時を同じくして，1996年，その名称を環境工学専攻に変更している)。

地球環境問題への取り組みの国際的な高まりを反映するとともに，京都大学において地球環境問題を学問の対象として取り上げる先駆けとして，1991年，土木系専攻，建築系専攻，資源工学専攻と衛生工学専攻の参画により，工学研究科に，学部を有しない大学院(いわゆる「独立専攻，独立研究科」)である環境地球工学専攻が創設された。さらに，京都大学における文理融合型の新しい独立研究科としての地球環境学堂・学舎の創設(2002年)等を経て，2003年，同専攻は10年余の活動を終えた。各研究室はそれぞれ，出身専攻に復帰している。地球環境学堂・学舎の創設には，衛生工学専攻からも参画し，現在に至る活動を継続している。

環境地球工学専攻の改組の議論を契機に，環境地球工学専攻の創設に参画した土木系専攻(土木工学専攻，土木システム工学専攻)，資源工学専攻，環境工学専攻，建築系専攻(建築学専攻，生活空間学専攻)の改組・再編が検討され，2003年，これら7専攻は，社会基盤工学専攻，都市社会工学専攻，都市環境工学専攻，建築学専攻の4専攻に再編された。

環境工学への展開は，衛生工学の理念を共有する者を主とするグループの議論により決定されたが，都市環境工学への展開は，同じ工学研究科を構成する専攻であ

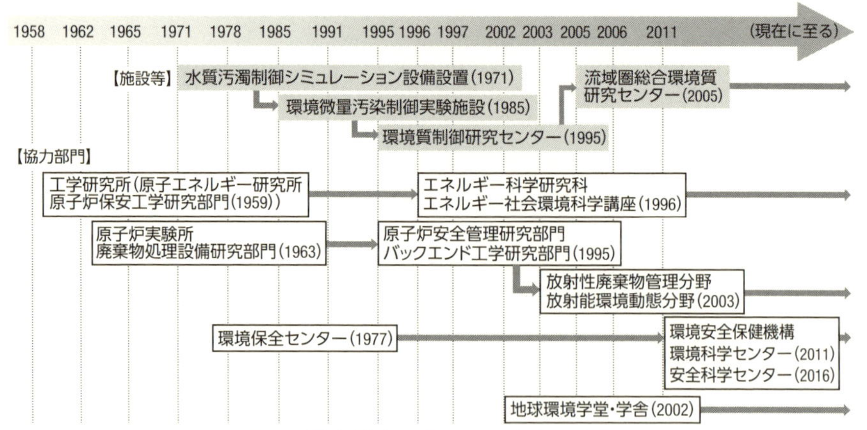

図 21 協力講座・部門・研究室の変遷

るとはいえ，土木工学，資源工学，建築学と連携し教育研究の新たな理念を構築する営みであった。地球・地域環境問題への総合的取り組みには，伝統的な工学技術の領域を越えて，国や地域，人々の生活のあり様を抜本的に改変し，新たな学問領域を創生する必要があるとされた。

さらに2010年，都市環境工学専攻は，土木系専攻，建築系専攻との間で，その構成研究室を再編し，旧環境工学専攻を構成した研究室を中心とする専攻に改組された。

3-3-3 協力教育研究組織の変遷

学部（学科），大学院（専攻）の教育研究には，それぞれ密接な協力関係にある付属施設や研究所等の教員が参画し，科目の開講や特別（卒論）研究，修士学位論文研究指導等を担当している。これらの教員の研究室は，協力講座・部門・分野等と呼ばれ，衛生工学の学部生は4回生進学と同時に，また大学院生は大学院進学と同時に，各自の希望に応じてそれらの講座・部門・分野において勉学・研究に励んでいる。

かつての衛生工学科，衛生工学専攻の協力講座・部門・研究室の今日までの変遷を図21に示す。

水質汚濁制御シミュレーション設備は，1971年，衛生工学科の付属設備として滋賀県大津市の琵琶湖畔に設置された。その後，組織・研究領域を拡大し，現在は流域圏総合環境質研究センターとして教育研究活動を継続している。

また，京都大学の他の研究科・研究所等に位置付けられる工学研究所（現 エネルギー科学研究科），原子炉実験所（現 複合原子力科学研究所），環境保全センター（現 環境安全保健機構環境科学センター及び安全科学センター），地球環境学堂・学舎には，衛生工学と連携して教育研究を担当する協力講座・部門・分野がある。こうした諸部局と連携できることは，本書第１部でも強調されるように，京都大学の環境工学の，他に例を見ない特徴となっている。

3-4 大学院教育プログラムの変遷

大学院のカリキュラム変遷の概要を，主要な改訂が行われた年次に注目し，表10に示す。カリキュラムは，修士学位論文研究が必修であることを除き，創設当初から選択制が採用されており，現在に至るまで引き継がれている。

3-4-1 衛生工学専攻の時代

衛生工学専攻１期生が履修した1962年度進学者用カリキュラムは，科目が１回生と２回生に区分して配当されている。衛生工学関連科目のみの履修により大学院を修了することができる単位数の科目が提供されており，同時に，衛生工学の守備範囲の広さを反映し，工学部の他学科が提供する科目の履修を可能にする配慮がなされている。

衛生工学専攻のカリキュラムが大きく改定されたのは，衛生工学科のカリキュラムが必修制から選択制に大きく変更された1968年度ではなく，衛生工学科カリキュラムが選択必修制に回帰した1981年であった。開講科目及びその内容が整備され，一連の特別実験及演習科目が提供され，履修年次（回生）を制限しない構成に変更されている。修士課程修了に必要な単位を１回生の内に修得し，２回生では修士論文研究に集中することが可能になったカリキュラムである。

3-4-2 環境工学専攻・都市環境工学専攻の時代

前述のように，1990年代は，わが国の高等教育制度が大学院重点化され，京都大学においても衛生工学科が地球工学科環境工学コースに，衛生工学専攻が環境工学専攻に改組・改称されるなど，教育組織が大きく変革された時代であった。先に概観した学部教育プログラムの変革に比較すると，大学院教育プログラムには大きな変化は見られない。専攻の名称が環境工学に変更される以前から「環境」を冠する科目は多く開講されており，専攻名称の変更に伴い教育研究の内容が不連続に変化することはなかったと言える。

2018年度現在のカリキュラムを表10の末尾に示した。カリキュラムはまず，基幹科目と発展応用科目に群別されている。前者は，環境工学における知識･技術をしっ

表10　大学院衛生工学専攻カリキュラムの変遷

※（　）内の数は単位数。
細字科目は他学科等の開講科目。

課程	区分	科目
1963年度カリキュラム　※創設時カリキュラム		
MC 1	選択科目	上下水道特論(4)、衛生化学特論(3)、放射線衛生工学特論(4)、環境衛生学特論(3)、産業衛生学特論(2)、装置工学特論(4)、衛生工学特別実験及演習(6)、工業数学特論(4)、土木計画学特論(3)、河川工学特論(4)、数値解析(2)、無機工業化学概論(3)、有機工業化学概論(3)、保健物理学(2)、音響工学(2)、気象力学概説(2)
MC 2	選択科目	水質水量管理(4)、大気汚染(2)、産業衛生工学特論(3)、衛生工学特別実験及演習第二(4)、社会医学(2)、反応装置(4)、建築衛生特論(2)、放射線遮蔽(2)
MC	必修科目	研究論文(0)
1981年度カリキュラム　※選択必修制度導入に伴うカリキュラム		
MC	選択科目	水道工学特論(2)、大気汚染(2)、騒音制御工学(2)、環境計画学(3)、水質工学特論(2)、水質保全特論(2)、放射線衛生工学特論(2)、エアロゾル学特論(2)、環境移動現象論(2)、環境システム設計(2)、放射性廃棄物処理(2)、廃棄物廃水処理特論、衛生工学特別実験及演習第一A(1)、衛生工学特別実験及演習第一B(1)、衛生工学特別実験及演習第二A(1)、衛生工学特別実験及演習第二B(1)、衛生工学特別実験及演習第三(1)、衛生工学特別実験及演習第四A(1)、衛生工学特別実験及演習第四B(1)、衛生工学特別実験及演習第五(5)、広域計画学(2)、河川工学特論(2)、土木計画学特論(2)、水工計画学特論(2)、水理学特論(2)、公共経済学(2)、工業数学特論第一(2)、工業数学特論第二(2)、工業力学特論(2)、プロセスシステム論(2)、プロセス制御論、反応工学特論第一(2)、反応工学特論第二(2)
	必修科目	研究論文(0)
1996年度カリキュラム　※環境工学専攻への改組に伴うカリキュラム		
MC	選択科目	都市供給工学特論(2)、大気環境工学特論(2)、音環境工学特論(2)、環境計画学(2)、水環境工学特論(2)、環境リスク管理論(2)、環境システム工学特論(2)、原子力環境保全工学特論(2)、水質環境制御工学特論(2)、都市代謝工学特論(2)、環境工学特別実験及演習(4)、環境工学総合演習(2)、環境微生物学(2)、環境デザイン工学(2)、環境マネジメント工学特論(2)、有害廃棄物管理工学特論(2)、地圏環境工学特論(2)、環境放射能動態工学(2)、公衆衛生特論(2)、工業力学特論(2)、プロセスシステム論(2)、プロセス制御論、反応工学特論(2)、広域計画学(2)、工業数学特論(2)、河川工学特論(2)、土木計画学(2)、水理学特論(2)、新工業素材特論(2)、環境微量汚染制御工学(2)、環境地球工学論(2)、都市施設計画特論(2)、水資源システム論(2)
	必修科目	研究論文(0)
2003年度カリキュラム　※都市環境工学専攻への改組に伴うカリキュラム		
MC	選択科目	環境リスク学(2)、環境システム論(2)、廃棄物論(2)、有害廃棄物管理工学特論(2)、水環境工学(2)、大気環境工学特論(2)、環境衛生学特論(2)、都市代謝工学特論(2)、都市供給工学(2)、環境放射能動態工学特論(2)、原子力環境保全工学特論(2)、環境微生物学特論(2)、地圏環境工学特論(2)、大気環境管理(2)、環境毒性工学(2)、環境微量汚染制御工学(2)、都市衛生工学(2)、環境リスク管理論(2)、エネルギー環境論(2)、環境調和論(2)、環境倫理・環境教育論(2)、グリーンケミストリー論(1)、地球環境モデリング(1)、環境アセスメント理論と実際(1)（土木工学、建築学、資源工学等を専門とする教員による担当科目の記載を省略）
	必修科目	研究論文(0)、都市環境工学論(2)
2008年度カリキュラム　※工学研究科教育プログラムの改訂に伴うカリキュラム		
MC	選択科目	都市環境工学演習A(2)、都市環境工学演習B(2)、環境リスク学(2)、水環境工学(2)、循環型社会システム論(2)、環境システム論(2)、待機環境管理(2)、地圏環境工学特論(2)、環境衛生学特論(2)、都市代謝工学特論(2)、環境微生物学特論(2)、新環境工学特論I(2)、新環境工学特論I(2)、新環境工学特論II(2)、環境リスク管理論(2)、有害廃棄物管理工学特論(2)、環境同位体胴体工学特論(2)、原子力環境保全工学特論(2)、大気環境工学特論(2)、現代科学技術の巨人セミナー「知のひらめき」(2)、科学技術国際リーダーシップ論(2)、実践的科学英語演習「留学のススメ」(2)（土木工学、建築学、資源工学等を専門とする教員による担当科目の記載を省略）
	必修科目	研究論文(0)、都市環境工学論(2)、都市環境工学セミナーA(2)、都市環境工学セミナーB(2)
2018年度カリキュラム		○は英語科目
	基幹科目	○環境リスク学(2)、○都市代謝工学(2)、○循環型社会システム論(2)、○水環境工学(2)、○水質衛生工学(2)、原子力環境工学(2)、○大気地球環境工学特論(2)
MC	発展応用科目	環境微生物学特論(2)、環境衛生学特論(2)、環境資源循環技術(2)、地圏環境工学持論(2)、○環境リスク管理リーダー論(2)、○新環境工学特論I(2)、○新環境工学特論II(2)、環境微量分析演習(2)、○環境工学先端実験演習(2)、環境工学実践セミナー(2)、都市環境工学演習A(2)、都市環境工学演習B(2)、現代科学技術の巨人セミナー「知のひらめき」I(2)、現代科学技術の巨人セミナー「知のひらめき」II(2)、安全衛生工学（1.5）、○実践的科学英語演習I(1)、○エンジニアリングプロジェクトマネジメント(2)、○エンジニアリングプロジェクトマネジメント演習(1)
	必修科目	研究論文(0)、都市環境工学セミナーA(4)、都市環境工学セミナーB(4)

かり講述し伝える科目群であり，後者は，実践的内容，当該分野の動向・トピック，演習やプレゼンテーションを含む科目群である。また，○印を付した科目は原則として英語で講義が行われる。これら科目の大多数は1回生前期に集中して配当されており，1回生後期からは修士研究に導くようにしている。なお，学部科目を修了必要単位に含めたり，他研究科・他専攻の開講科目を履修することもできる。このような柔軟なカリキュラムは，工学研究科の他専攻には見られない特徴といってよい。環境工学が多様なバックグラウンドを持っている，あるいは持つべきという理念が継承されている証左といえよう。

3-5 社会的活動と卒業生の動向

衛生工学の対象に公害・環境問題が含まれていたことから，その解決に技術面から貢献する上でも，幅広い学術分野との連携や生活者との協働が不可欠であることが，当初から明確に認識されてきた。1971年とその翌年には，当時としては先駆的な取り組みであった，一般を対象にする大学開放講座「我々の生活と公害」が開講され，その内容が出版物として刊行されている。また，衛生工学科創設20周年を記念して，1978年，京都大学環境衛生工学研究会が創設されている。この研究会は，京都大学衛生工学科関係者に限ることなく幅広く会員を募り，機関誌『環境衛生工学』を季刊で発行する他，研究発表会を毎年定期的に開催するなど，活発な活動を継続している。

このような人文・社会科学的な視点も意識した取り組みの広さを反映して，卒業生の活躍の範囲は，他の学問分野と比して，明らかに広い。最近3年間の卒業生の動向を図22に示したが，学部卒業生の8割以上が修士課程へ進学するので，図では修士課程修了者の進路を紹介している。40%程度が環境関連企業・メーカーへ就職し，20%程度が環境省・地方自治体などの公務員になり，10%程度が博士後期課程へ進学している。

3-6 国際化と国際協力

わが国は，激烈な被害をもたらした公害に対処しつつ高度成長を実現した経験を有していること等に関連し，産業化の推進とともに公害・環境破壊に直面している国々から，その経験の共有・指導を要請されてきた。教育研究の分野においても同様であり，教員の個人的な活動はもとより，教育研究組織としても，衛生工学科は早くから国際化・国際協力を推進してきた。衛生工学科および関連組織・教員が実施

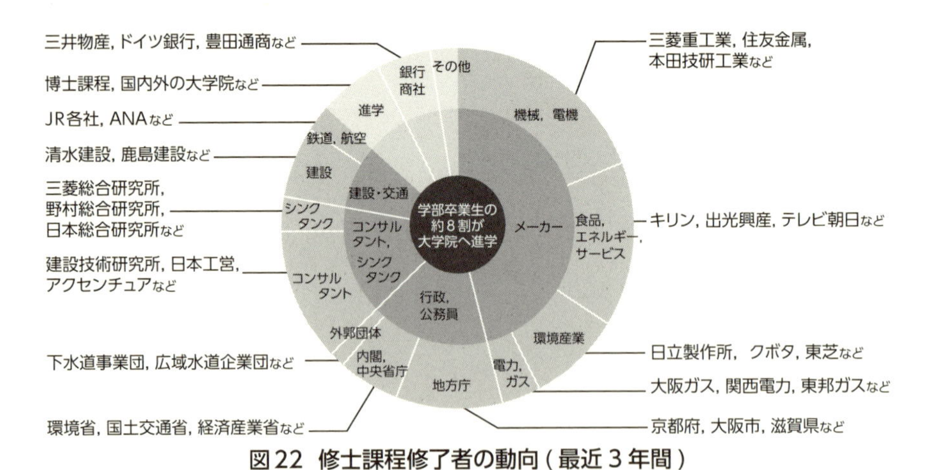

図22 修士課程修了者の動向（最近3年間）

し，現在も実施している主要な国際化・教育研究活動の概要を図23に示す。

2005年，多くの環境関連企業等の支援を得て，中国深圳市の清華大学深圳キャンパスに，寄附講座「日中環境技術研究講座」が創設された。同時に，同キャンパスには「京都大学－清華大学環境技術共同研究・教育センター」が発足し，現在も，共同の教育研究が活発に継続されている。同センターはまた，後述のグローバルCOEプログラム（2008～2012）及び図23に示す「環境マネジメント人材育成国際拠点」事業（2008～2012）の海外拠点としての役割を担った。この組織的な国際連携の前段階として，日本学術振興会（JSPS）と中国教育省（MOE）との連携の下に実施された「都市環境」拠点大学交流プログラム（京都大学－清華大学：2001～2010），わが国の文部科学省の支援による現代的教育ニーズ取組支援プログラム「国際連携による地球・環境科学教育――アジア地域の大学との同時進行型連携講義の構築と実践」（京都大学－清華大学－マラヤ大学：2004～2006）等の実績を挙げることができる。

2008年には，グローバルCOEプログラム「アジア・メガシティの人間安全保障工学拠点」が採択され，都市環境工学専攻を中心として活発な教育研究が実施された。この実績を踏まえ，2009年，都市環境工学専攻の教育プログラムとして，融合工学コース「人間安全保障工学分野」が開設されており，全ての講義が英語で提供され，英語のみにより課程を修了する環境が整えられている。アジア諸国の他，欧米，アフリカ，中南米等，世界の各地から多くの留学生が入学しており，日本人学生とともに，教育研究にいそしんでいる。

京都大学とマレーシアとの長年にわたる交流実績に基づき，2010年に京都大学マレーシア拠点がマラヤ大学キャンパス内に開設された。これを活用して，日本学

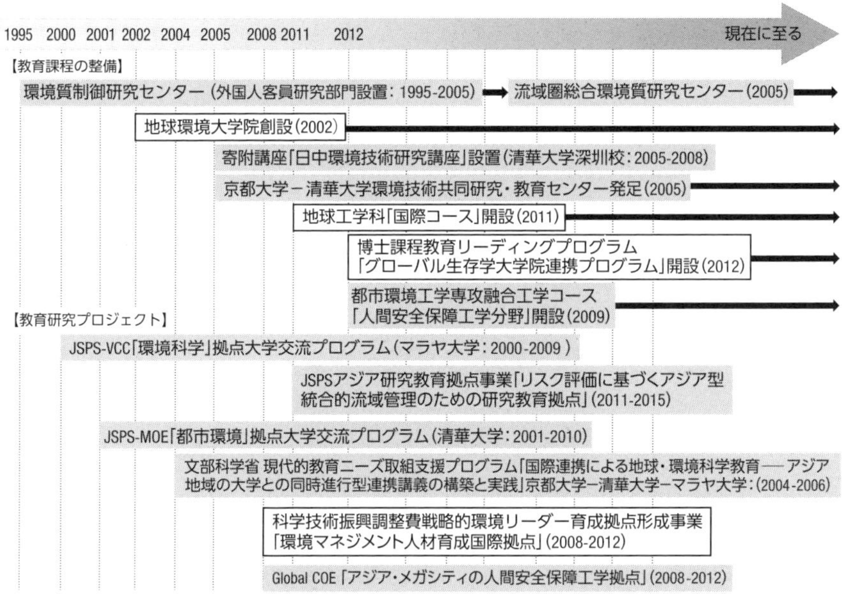

1995 2000 2001 2002 2004 2005 2008 2011 2012 現在に至る

【教育課程の整備】

環境質制御研究センター（外国人客員研究部門設置：1995-2005）→ 流域圏総合環境質研究センター（2005）

地球環境大学院創設（2002）

寄附講座「日中環境技術研究講座」設置（清華大学深圳校：2005-2008）

京都大学－清華大学環境技術共同研究・教育センター発足（2005）

地球工学科「国際コース」開設（2011）

博士課程教育リーディングプログラム
「グローバル生存学大学院連携プログラム」開設（2012）

都市環境工学専攻融合工学コース
「人間安全保障工学分野」開設（2009）

【教育研究プロジェクト】

JSPS-VCC「環境科学」拠点大学交流プログラム（マラヤ大学：2000-2009）

JSPSアジア研究教育拠点事業「リスク評価に基づくアジア型
統合的流域管理のための研究教育拠点」（2011-2015）

JSPS-MOE「都市環境」拠点大学交流プログラム（清華大学：2001-2010）

文部科学省 現代的教育ニーズ取組支援プログラム「国際連携による地球・環境科学教育――アジア
地域の大学との同時進行型連携講義の構築と実践」京都大学－清華大学－マラヤ大学：（2004-2006）

科学技術振興調整費戦略的環境リーダー育成拠点形成事業
「環境マネジメント人材育成国際拠点」（2008-2012）

Global COE「アジア・メガシティの人間安全保障工学拠点」（2008-2012）

図 23　国際化教育研究プログラムの変遷

術振興会アジア研究教育拠点事業「リスク評価に基づくアジア型統合的流域管理のための研究教育拠点」(2011～2015)が展開され，その後も日本学術振興会二国間交流事業(2017～2019)へと引き継がれている。

さらに，ベトナム・ハノイ(ハノイ理工科大学内，2008年)，タイ・バンコク(マヒドン大学内，2016年)にも，それぞれ拠点オフィスを開設している。

1995年に琵琶湖畔に設置された「環境質制御研究センター(1995～2005)」(図21参照)には，外国人研究者客員部門が設置され，各国の著名な研究者が着任し，活発な教育研究指導を担当した。この活動は後継組織である「流域圏総合環境質研究センター(2005～)」に引き継がれており，世界各地から客員教員，留学生を受け入れ，また日本人教員や学生を海外に派遣する等，極めて活発な国際共同教育研究，交流を実施している。

衛生工学科が創設以来取り組んできた，人々の生活とそれを取り巻く環境(人間・環境系)は，物質的循環を伴いながら一つのシステムを構成している。環境問題は，既存科学の限界が，我々の日常生活に露呈した結果であるともいえる。それゆえ，環境問題の解決には，既存科学や工学の枠組みを越えた新しい学問体系が必要である。京都大学工学部地球工学科環境工学コース，大学院工学研究科都市環境工学専攻では，工学技術を基盤に，アジア地域を中心とした国際的研究フィールドを含む，環境問題の現場を重視した教育・研究活動と，医学・社会学・経済学から倫理学に及ぶ学際的なアプローチを通じて，人々の健康と安心を保障しつつ持続可能社会を支える総合的な学問体系の構築を目指すとともに，一貫して有用な人材の育成に努めている。衛生工学を修めた技術者・研究者の活躍の場は，国内にとどまらず広く世界に拡大している。意欲ある多くの若人の参加を心から歓迎している。

参照文献

石川英輔（1997）大江戸リサイクル事情，講談社

環境法令研究会編　環境六法　中央法規出版

木村真一（2017）廃棄物処理法の50年，環境技術会誌（特別号），49 - 56

公害防止の技術と法規編集委員会編（2006）新・公害防止の技術と法規2006　水質編　産業環境管理協会

産業廃棄物処理事業振興財団（2005）PCB 処理技術ガイドブック改訂版，ぎょうせい

塩田憲司，今井玄哉，高岡昌輝，木本成，松井康人，大下和徹，水野忠雄，森澤眞輔（2011）都市ごみ焼却施設から排出される微小粒子へのダイオキシン類除去対策強化による効果，大気環境学会誌，Vol. 46，No. 4，224 - 232

高岡昌輝（2016）人口減少が廃棄物処理システムに与える影響，環境衛生工学研究，第30巻，第３号，17 - 22

武田信生，福永勲，高岡昌輝（2009）地球温暖化と廃棄物，中央法規出版

中西正光（2017）豊島問題の経緯と今後の課題，環境衛生工学研究，第31巻，第3号，1 - 4

野馬幸生（2003）PCB 保管の現状とその処理技術，化学と教育，第51巻，第９号，536 - 539

廃棄物学会（1997）新版ごみ読本，中央法規出版

平岡正勝（1993）廃棄物処理とダイオキシン対策，環境公害新聞社

松藤敏彦（2002）都市廃棄物処理システムの過去・現在・未来，循環型社会構築への戦略――21世紀の環境と都市代謝システムを考える　田中勝・田中信壽編著，中央法規出版，266 - 292

渡邊康正（2018）水環境行政の現状と課題――健全な水循環を支える水環境の実現に向けて，環境技術，Vol.47，No.1

省庁資料

環境省（2011）区域内措置優良化ガイドブック――オンサイト措置及び原位置措置を適切に実施するために

環境省（2016）平成26年度土壌汚染対策法の施行状況及び土壌汚染調査・対策事例等に関する調査結果

環境省（2017）環境白書（平成29年度）

内務省，厚生省　衛生局年報（～1936），衛生年報（1937～1948），伝染病精密統計年報（1949～1957），伝染病および食中毒年報，伝染病および食中毒統計（1960～1998）

京大関係

京都大学工学部衛生工学教室（1959）京都大学工学部衛生工学科創立記念論文集

京都大学工学部土木工学教室，衛生工学教室，交通土木工学教室（1968）京都大学工学部衛生工学科創立10周年記念論文集 抜粋

京都大学工学部衛生工学教室（1975）衛生工学15年の回顧と展望（末石冨太郎編著）

京都大学工学部衛生工学教室（1979）衛生工学科創立20周年回顧と展望

京都大学工学部衛生工学教室（1989）衛生工学科創立30周年回顧と展望

京都大学大学院工学研究科環境工学専攻（1999）衛生工学科創立40周年記録誌

京都大学大学院工学研究科環境地球工学専攻（2001）京都大学大学院工学研究科環境地球工学専攻創立十周年記念誌・名簿

京都大学工学部衛生工学科50周年記念行事実行委員会（2010）京都大学工学部衛生工学科創立50周年記念誌

◉第3部

先達からの招待状

Invitation from Pioneers

<強制> から生まれる新分野への挑戦

末石 冨太郎

京大衛生工学科の創設

明治30(1897)年に創設された京都帝大土木工学科では，最初から衛生工学講座が設けられていた。「衛生」の歴史についての論考はたくさんあるが，近代日本が発展していく過程の明治中期には衛生が意識されるようになる。明治24年東京府知事芳川顕正による「本末論」である。「道路，橋梁，河川ハ本ナリ，水道，家屋，下水ハ末ナリ，自然・容易ニ定ムベキモノトス」。こうして一般土木技術が都市自体の膨張に大活躍することになる。

京大土木には「中興の祖」と評価された石原藤次郎教授がいた。石原は常に時代の先を読んで，昭和20～30年代に，原子炉実験所，防災研究所，衛生工学科を創設することを企画しすべて実現させた。

紆余曲折の詳細は省くが，大阪市で水道局の業務に従事していた筆者は突然石原の要請ならぬ<強制>を受け，昭和33年に創設された京大衛生工学科での教育・研究に参画することになった。

欧米の衛生施策からの反省

筆者が学生時代に受けた衛生工学の授業（岩井重久教授）では，疾病と衛生思想の関係や欧州の上下水道普及の実例が中心だった。しかし1601年の救貧法（Poor Law Act），その実施に活躍したE. Chadwickの1800年代の業績，これと時代的に重なっているE. Howardの田園都市論などを参照すると，都市計画と衛生政策は，日本に別個に輸入されたようだ。

筆者自身の狭義の専門は水理・水文学だったので，水道や下水道関連で基本となっている理論に関心をもっていた。Chicago Water Districtのことをアメリカの雑誌で読んだのは1960年頃だったが，自分が経験した大阪での業務と内容はほぼ同じだが，public relationが入念を極めていた。表現形式だけでいえば，最近日本で流行りの○○特区も同じだが，彼我の民主主義の成熟度が違うというべきだろう。

水関係の専門家が「水環境区」という構想を提起したことがあったが，筆者はすぐに「熱環境区」とすべきと反論した。熱問題は水系の上位にあるからだ。

❖ 京都の水システムは？

京都市水道は琵琶湖疏水（1890年竣工）を抜きにしては語れない。さらに田辺朔郎（京都帝国大学土木工学科教授、1900－1918年）の功績が大きいことにも疑いはない。しかし彼が大自然に挑戦したことは否定できず，後世の技術も常に自然征服を企図した。こうして琵琶湖が近畿の水がめだという見方が生まれる。

琵琶湖疏水完成以前の京都の水事情はどうだったか。井戸水を使っている豆腐屋の分布を調べたことはあるが，筆者にはそれ以上の知見が足りない。しかし堀越正雄『井戸と水道の話』（論創社，1981年）を参照すると，江戸の井戸の周囲に市民レベルの生活の知恵が充満していたことが読み取れるのだ。

2002年6月23日，ＮＨＫスペシャルが「千年の水脈たたえる都」として，京都盆地の地下水のことを報じた。京都市の依頼で地下探査をした関西大学の楠見晴重教授（のち学長）によれば，岩盤が地下700m 以下に存在し，その上に琵琶湖に匹敵する容量の大量の地下水があり，その出口は乙訓郡大山崎町にあって，平安京時代からそれが知悉されていたからこそ，現在はサントリーやアサヒビールが立地しているのである。

その大山崎町が京都府を提訴した。2008年府営水道への強制加入を決めたからである。しかし2010年，京都地裁で敗訴，さらに上訴した大阪高裁でも敗訴，町は不当判決として更に最高裁も考えたが，敗訴の理由が府知事の裁量権だったため控訴を諦め，話し合い方式に転じ，多少の前進はあったらしい。

この実例を対照にすると，「近畿の水がめ」の想定は単純に過ぎる。琵琶湖に依存する地域単位の水利用産業の相互依存関係（今流でいえは virtual water の収支）を反映できる制度は全く未熟なのである（拙稿「水配分からみた地域連関」『水資源の保全』吉良龍夫編，人文書院，1987年）。

❖ 環境裁判の限界──御用学者達の弊害

全国の事例をすべて押さえてはいないが，しばしば御用学者達が活動しているように思われる。筆者が経験した最大の事件を挙げておこう。諫早湾干拓である。

食糧増産を目的とした干拓事業において，汽水域の淡水湖化を導入するという議論があった。岡山県の児島湾はその失敗例である。しかしその方法は日本各地へ援用され，島根県の中海・宍道湖，長崎県の諫早湾へと導入されようとした。島根県ではそれを押し通そうとするには行政の力量も不足し反対派が強く中途で立ち消えたが，諫早湾では御用学者達の活動が顕在化した。

事の起こりは1952年，当時の長崎県知事が発案した「長崎大干拓構想」で，11,000ha の湾全部を農地化しようとした。しかし漁民や干潟保全運動などの反対と減反政策のため，1970年，潮受け堤防の内側に4,800haの淡水湖を造る計画が浮上する。73年7月筆者が水質検討委員長として参加したときには，「淡水湖の水が飲めるのなら干拓を進める」，つまり水質の安全性が確かなら干拓するという前提が決まっていた。以後最低10回は長崎に足を運んだが，県や御用学者達の意見が次第に変化し，「この水を飲まねばならぬ，だからそのための浄化技術をみつけて欲しい」と筆者に圧力をかけてきた。つまり，まずは開発ありきという立場である。筆者は水質や生態の専門家を同道して，「開発先行＋対策技術」という方策には同意せず，また水源の本明川は水量が少なく上流域に畜産業もあり，飲料水源としては〈非適〉だと考えた。

1975年の末，筆者が書いた委員長答申の本文は，「より厳しい前提を達成できれば，諫早湖は広義の上水道源となる可能性はある」で，その詳細を記者発表することとした。ところが委員会当日筆者は長崎空港で県庁職員に拉致され，小浜温泉での委員会となり，新聞記者たちは待ちぼうけを食わされ，後日県は勝手に「飲料可」と発表した。筆者のいう厳しい前提とは，流域活動の規制，流域内の汚水処理体制の確立，取水管理機構の創発，水需給計画の弾力化などで，これらは対策技術よりはるかに実施困難だから現状認識についての地域住民の合意形成が最重要とした。

ところがこの主張は新聞社にはわかりにくいと不評であり，ここで反対派のリーダーが筆者に向けて50項目もの公開質問状を送ってきた。御用学者達はこういうとき返答をしないが，筆者はすべて詳細に回答し，これで完全に反対派の一員になった。筆者を手なづけられなかった長崎県の担当者は左遷され，実質的に県の事業は中止され，以後は農水省による国営事業になった。国営では干拓はわずか700ha，調整池2,600haに縮小，そして湾を締切るいわゆる「ギロチン」水門が1997年4月14日に落とされた。これが大反対運動を必ず誘発すると私は考えたが，必ずしもそうはならなかった。

その後の事態は周知のように，漁業（海苔）被害を防ぐため締切りを開門せよと判決した福岡高裁と，調整池の塩害を防止するため開門するなとした長崎地裁の真逆の判決。この種の軋轢を来した歴史認識はどこにあるのか。諫早の自然を守る会の会長だった野呂邦暢氏が使ったキーワード，「100万年かけてできた干潟をわずか3年で壊すのか」という指摘に学ばねばならないであろう。

❖ 環境科学の妥当性

筆者は1980年代の9年間，日本学術会議環境学研究連絡委員会幹事として，約30学会の参加を得て，討論集会の開催や成果報告の作成などに励んだ。名称も当初は議論の対象となり，衛生工学科を1957年に日本で最初に設置した北海道大学からは「衛生工学」にせよと強い要望もあったが，環境学で押し通した。1987年に設立された環境科学会は，人文・社会・自然の広い諸科学をと謳ったが，具体的には，①有害汚染物質の同定，②人体影響，③除去技術を基軸とし，環境計画は科学とは見做さなかった。

1995年に開学した滋賀県立大学は「環境科学部」を目玉としたが，既存の県立短大の事情も考慮して建築学，農学なども包含し，筆者が学科長を務めた「環境計画学科」も一筋縄ではいかなかった。自分自身も反省すべきなのは「環境 ×× 学」なる環境接頭学（もしかすると環境窃盗学）を製造しすぎたか？（拙著『環境学ノート』世界書院，2001年）

いまや有害物の概念を拡大すべき時期に来ている。核廃棄物の最終処分や遺伝子操作食品はもちろん，電磁誘導を万能視するリニア新幹線は果たして地震国日本で安全か，中央地溝帯でトンネルが沈下している実例もあるし，旅行の概念も根本から変質する。

強制された学問の光栄

上述の滋賀県立大学では，筆者は文字通り人生の最終章を覚悟して臨んだので，専門ひと筋より多分野遍歴の実積を残したいとの思いで，「環境学原論」を学部必修科目として臨んだ。衛生工学の成立過程はもちろん，関連分野の実態，公害の史的考察や市民運動論など，さらに環境科学会が規定しているような分野以外に，人間活動を取り巻くあらゆる諸現象――文学・小説・映画なども――を学ぶという視点を強調した。

「強制された学問の光栄」とはある法学者が述べた言葉で，筆者も恩師石原に衛生工学を強制され，面従腹背的な行動を採りながらも，多くの学徒に新分野を強制してきた。「私の強制を受けてみよ」と言っている教授のいる大学をぜひ探し当ててほしい。

先達の横顔

Pioneer's Profile

すえいし・とみたろう

1931年2月生まれ。

●学歴
第三高等学校理科卒業［1950年］
京都大学工学部土木工学科卒業［1953年］
京都大学大学院（旧制）退学［1955年］

●職歴
大阪市水道局工務課 技術吏員［1955年（1958年まで）］
京都大学工学部 助教授［1958年］
京都大学工学部衛生工学科 教授［1967年（1975年まで）］
大阪大学工学部環境工学科 教授［1974年（1991年まで）］
京都大学経済研究所 教授併任［1973年（1977年まで）］
京都精華大学人文学部 教授［1991年（1995年まで）］
滋賀県立大学環境科学部 教授［1995年（2001年まで）］
財団法人千里リサイクルプラザ 研究所長［1992年（2001年まで）］

大転換期に環境問題を研究する者の使命
弱者優先の技術開発と自然共生文明の創出

内藤 正明

廃物の外部移転と影響拡大の軌跡──環境問題の歴史的推移

京都大学の環境工学が扱ってきた環境問題は，身近な生活領域の汚染問題から始まって，今日ではとうとう地球環境にまで行き着いた。これは人の生活・生産活動の結果として生じる「廃物（気体，液体，固体）」のツケを，最初は身近な環境へと回して汚染問題を引き起こし，それを解決する中で，次第にその外側に移していった歴史であるといえる。衛生工学の主な役目は，この外部移転のための「公害防除技術」の開発であったともいえるだろう（図1 環境問題の拡大）。

しかし廃物の消滅は原理的にありえない（物質不滅）ので，形を変えて外側に移転することになる。問題は，その際には必ずエネルギーを使い，それが最終的には地球環境問題（特に温暖化）に僅かとはいえ影響を与えるということで，このことが示唆するのは，温暖化問題はもはや技術で解決するのは無理ではないかということであり，さらにこの2世紀間で築き上げた科学技術文明が大きな転換期を迎えていることである。我々は，このような時代に出会ってしまったわけで，環境学の研究・業務に関わる者は，人類史に大きな使命を負ったと自覚する必要があろう。

近代科学研究とは異なる，環境問題研究の特徴

環境問題を解決するための研究を「環境学」と称するとすれば，この環境学には今日にいたるもまだいくつもの大きな難問がある。その一つが基礎となる科学分野との関係である。あらゆる実学にはその基礎となる科学が存在する。環境に関する科学者は，自分たちの関心を持つ現象の究明が環境の研究であると長く誤解してきた。しかし「環境」という言葉の定義は，“ある主体を取りまく外囲”ということである。したがって「環境問題」とは“人間とそれを取り巻く自然との関係性”から生じる事象のことであり，単に外囲である自然環境だけを扱うのであれば，それはすでに地球物理学や生態学，海洋科学などあらゆる自然科学でなされてきたことである。

もう一つの難問は，環境問題を解決しようとすると，学際研究にならざるをえないことである。衛生工学，環境工学に始まり，環境経済学，環境社会学など環境を冠する多くの分野が次々と生まれ，それらを集めた学際的プロジェクトなるものが数多くされ

図1 環境問題の拡大
筆者作成

てきた。しかし見るべき成功例は少ない。その理由は結局,「個人の知的好奇心」を動機とし,「独創性」でその成果が評価される“近代科学研究”のあり方そのものが,環境問題解決のための研究と根本的に相容れないためであろう。

以上のように,「動機」も「評価」もこれまでの近代科学とは異なる「環境学研究」の混乱の歴史を簡単に振り返ってみる。

研究成果が生命と財産の危機に直結する――初仕事で得た教訓

私は,京都大学に昭和33年に新設された「衛生工学科」の第一期生となった時から,我が国の環境公害の歴史に沿って,その研究に関わる機会を持った。衛生工学は当時の“生産こそが至上”の時代に,その経済活動の“後始末”を担当する仕事として,後に「エンド・オブ・パイプ」,「静脈系」と言われる技術を担う工学分野として誕生した。

そこでの初仕事が,日本初の流域下水道の計画であった。これは当時の「規模の経済原理」に立って,流域全体を一つにまとめて大規模化しようというものであり,琵琶湖流域に始まり,矢作川,金目川,荒川右岸,左岸という順で計画作りがなされた。

ところが計画策定後にこれらの流域下水道に関わる裁判が始まり,それが結審するまでには19年間を要した。裁判結果は,「当時としてはやむを得なかった」というものであったが,このことを裏返せば,現時点では許容しがたい問題点があるということである。それは要約すると,“環境に関わる対策技術の評価”をどう考えるかということに行き着く。一般に下水道など環境改善技術はそれ自身が基本的に善だという前提があって,その前提の下にコスト最少化を図ることは正しいと信じられていた。

その考えが裁判にまでなったのは,今日に通じる多くの問題を提起している。その最大のものは,環境技術といえども,必ずしも環境(物理的,社会的な)に100パーセント良いというものではないということである。流域から膨大な量の下水を集めて処理し一気に放出するために,当然周辺に副作用が起こる。また,全部を下流で処理するので,社会的不公平ということもあった。さらには，活性汚泥法という技術の限界の認識が不十分だったこともある。

研究者としての最初の仕事でそういう洗礼を受けたことは，その後の研究活動にとって有益であった。その一つは，生産（動脈系）技術と違って処理（静脈系）技術は人の生命・財産に直接関わるので，社会の批判に直結するということであった。このことが後に「技術評価」という課題に取り組む契機となった。それがさらに，産業技術に対する「市民技術」という発想に，また利害の錯綜する社会と環境の価値を総合的に評価する「環境指標」の体系化にと繋がった。

問題解決型研究の難しさ

京都大学での下水道計画の直後に，環境庁が「国立公害研究所（現：国立環境研究所）」を設立することになり，研究者第一号としてそれに参加することになった。そのときは，水俣病など深刻な公害事件の直後で，公害の研究機関としての存在自体が懸念された。そのため，現場とは距離をおいた科学研究を受けもつという方針が採られた。それは，自分が考えてきた環境研究の方向とは逆行するが，当時の状況下ではやむをえないと妥協した。

その後の環境問題が，「都市公害」から「地球環境」へと変遷する中で，研究所のあり方は変化してきたが，それでも知的好奇心が研究の動機であり，その成果が予定調和的に問題解決につながるという認識は根強い。

その間，自分自身としては国や自治体の環境政策に関わる研究（モデリング，モニタリング，環境指標，環境計画など）に携わってきたが，行政に役立つつもりの研究が実際にはあまり役立たなかった。力不足は認めたとしても，環境行政自体が国の政策に見えるような影響を与える社会状況でなかったことが大きかった。残念なことに，その状況は今日に至るも大きくは変わっていないことが，日本の環境政策とそれを支える環境研究が一貫して苦難の道を歩き続けている原因だと思われる。

真の環境学を目指す――「地球環境学堂・学舎」開設への参画

意気込んで携わった政策課題解決型の研究も結果的に役立たなかったので，そういう経緯を紹介し，若い人達に期待を掛けることにして，研究生活最後の7年間は，新設された「京都大学大学院環境地球工学専攻」に参加した。しかしこの「環境地球」という耳慣れない専攻は，まだ体系立った環境教育・研究の組織にはなっていなかった。そこで大学最後の仕事として，「地球環境学大学院」を新しく京都大学に創設するという仕事の手伝いをすることになった。これは，全国の大学でも稀な学際的な教官群の前向き

表1　技術の3種とその市民ガバナンス

	家庭技術	社会技術	産業技術
資金・資源・規模	小	中間（intermediate） 適正（appropriate）	大
技術内容	Primitive 人力・素人	代替（alternative） 機械制御	High コンピュータ制御
評価	非市場価値	市場／非市場価値	市場価値
目的	家族の生存	コミュニティ福利	株主利益
ガバナンス 主体	Family 〈個人〉	Stake holder 〈参加型〉	Stock holder 〈独占型〉

筆者作成

な参画意欲があって発足し，真の環境学を目指そうという理念は高かった。その大学院の「学堂・学舎長」という大役を，1年間であったが仰せつかることになった。結果的には，長としての期待に添えるほどの貢献はできなかったが，その後メンバーの頑張りで，今日まで大学院は発展的に推移しているようで喜んでいる。

弱者の安寧を第一義とする自然共生技術への転換――今後の大事な課題

環境適正技術の開発

工学者にとって今後の大事な課題は，驚くほどの科学技術の進歩にも拘らず，なぜ地球環境をはじめ多くの社会的な問題が生じたのかという，「技術の根本的な見直し」である。近代の歴史が示すように，科学技術はまず「闘い」の道具として驚異的に発達し，いまもそれが惨禍をもたらしている。また同時に，「経済発展」のためにも特に資本の原理に従った大量生産・消費の工業社会を作り出し，それが豊かさと便利さを人類史上初めてと言われるぐらいにもたらしたが，同時に深刻な地球環境破壊と社会的格差問題を引き起こしている。

その根底には，技術者がほとんど企業か国家のために仕事をしてきたことがある。その反省に立てば，今後は「市民，将来世代，生き物」という，技術開発のスポンサーとはなりえないいわば弱者の安寧を第一義的な目的とする技術に向かわねば，今日の地球・人類規模での危機には対応できないことは理の当然であろう（表1 市民技術）。

このためには，市民技術の開発の場をいかに作るかという工夫が必要で，これは当分野の重鎮である末石冨太郎先生が以前から提起された課題でもある。近年“市民の手による環境産業創造”といったNPOなどが中心となる，半市場的な活動が始まりつつある。

持続可能社会の理念とその実践

「脱炭素社会」への転換が提唱される時代に，化石燃料に全面的に依存してきた20世

表2 自然共生社会の意義

	〈先端技術型〉 輝ける未来	〈自然共生型〉 懐かしき未来
産業	世界貿易で高収益産業	地域での互酬による生業
技術	最先端技術（世界に卓越する）	地域適正技術（地域の資本，人材，知恵で）
研究、教育	世界に伍するCOE	地域に資するCOC
基礎教育	産業発展への貢献	市民社会創造への貢献
地域形成	中核都市部／周辺市街／生物多様域／自然回帰域 （コンパクト化，多世代共住化，コミュニティー協働化，自然共生化）	

筆者作成

紀の技術とは大きく異なる技術の開発が求められている。

脱炭素社会へという大変革のためには，今の“技術システム”と“社会経済システム”という車の両輪の変革が不可避である。そのためにはこの背景にある経済至上の「価値観」をも変えざるを得ないだろう。しかし，石油に支えられた大規模工業社会ではこの転換は不可能に近い。もしその可能性があるとしたら，都市の繁栄から取り残されてきた地方が，“周回遅れのトップランナー”として，新しい「自然共生文明」を生み出すことである（表2 自然共生社会）。

それは技術的には，「先端技術」から「自然共生」技術への転換であるといえよう。その理由は，それが近代の副作用としての社会病理を包括的に改めることが可能で，かつ都市工業社会の巨大資本と技術を必要としないことである。なお，そのためには経済や社会のあり方も同時に大きく変わる必要があるが，そのようなことが可能かを，いまいくつかの地域（東近江市，南あわじ市，鈴鹿市など）の実践に参加し，見極めようとしている。まさに人類生き残りのための新たな社会づくりの仕事である。

先達の横顔

Pioneer's Profile

ないとう・まさあき

●学歴
1939年大阪府生まれ。
京都大学工学部卒業［1962年］

●職歴
国立環境研究所 主任研究官，統括研究官［1974年］
京都大学工学研究科 教授［1995年］
京都大学大学院地球環境学堂・学舎長［2002年］
佛教大学社会学部 教授［2004年］
京都大学名誉教授［2003年］

●現職
琵琶湖環境研究センター長［2007年～］，吉備国際大学農学部 参与［2011年～］。

●編著書
『持続可能な社会システム』，『地球環境と科学技術』（1998年）岩波講座など。

●活動
自然共生社会の理念と実現方法の研究，およびその実践活動。

先達からの招待状 Invitation from Pioneers

世界の廃棄物処理の潮流

田中 勝

米国に留学して廃棄物工学を専攻

京大の工学部衛生工学科に1960年に入学し，岩井重久教授，井上頼輝助教授の放射線衛生工学講座に所属し，卒論では「水処理におけるトリチウムを使った沈殿機構の解明」というテーマに取り組みました。学生時代に国家試験を受けて，第二種放射線取扱主任者免状を取得しましたが，福島原発事故で排出した放射性物質に汚染された廃棄物の対応を議論する環境省の検討会に係わるようになって，大学での勉強が今になって役に立っています。

大学院２年生の時に指導教官から，米国に留学する学生を探している話を聞き，苦手の英語に少しでも自信が持てるようになったらいいなというくらいの気持ちから留学をしようという気になりました。大気汚染か廃棄物処理に関わる研究をすれば米国の留学先から奨学金を出してくれるということなので，廃棄物問題の方が身近な問題だったのと，合理的な考えを米国から学びたいという気持ちで廃棄物分野を選び廃棄物工学を専攻することにしました。その頃海外に留学するのは未だ珍しく，皆さんで壮行会をしていただき，羽田から米国に発つ時には，空港まで家族，友人が見送りに来てくれました。そんな時代だったので，米国に行ったらドクターを取るまでは帰らないぞという覚悟で1965年9月に日本を出発しました。

米国では1965年に廃棄物処理法（The Solid Waste Disposal Act）が制定され，米国の環境保護庁（EPA）は廃棄物分野の研究を始めており，またこの分野での人材育成のために研修基金を提供して，大学はそのお金を使って大学院の学生を世界中から募集していました。私が留学したのは，シカゴのすぐ北にあるエバンストン市に位置するノースウェスタン大学です。そこで指導を受けたのは，ジミー・クウォン教授で，京大の井上頼輝先生とカリフォルニア大学・バークレイ校で一緒だった縁で私が留学できたという訳です。

大学の図書館は24時間何時でも使えて，学生はよく勉強していたし，週末でも大学院生が朝から遅くまで実験室で実験をしていました。米国の大学では勉学する機会を与えるが，勉学しないと卒業できません。私は５年かけて博士課程を修了し，米国のデトロイト市にあるミシガン州立ウェインステイト大学で，1970年から土木工学科に所属して教鞭をとることになりました。

廃棄物分野の教育と研究

国立公衆衛生院衛生工学部の南部祥一部長から廃棄物に関する研究を日本でやってくれないかと声をかけられ帰国した1976年頃は，我が国では廃棄物問題が大きくなっていました。4月から厚生省付属の大学院大学のような国立公衆衛生院で仕事をすることになりました。国立公衆衛生院の本来の役割は，都道府県など自治体職員の研修とそのための研究で，私が担当したのは約5週間の廃棄物処理コースで，廃棄物行政に関わる自治体職員が研修対象でした。廃棄物分野での教育研究は米国で10年，国立公衆衛生院で25年，岡山大学で8年，鳥取環境大学で7年の計50年間の長い期間携わったことになります。

私自身の廃棄物に関する研究テーマを見てみますと，一番初めのころは，ごみの効率的な収集運搬計画，つまり「できるだけ合理的なごみ収集をするにはどのようなルートで収集したらいいか」という課題に取り掛かり，国立公衆衛生院に来てから取り掛かった最初の研究は，「埋立処分場からの浸出水の処理に関する研究」でした。1970年代後半の事で福岡大学の花嶋正孝先生とチームを組んで取り組みました。1980年代はダイオキシン類対策の研究に携わり，京大の平岡正勝先生にお世話になりました。その後，有害な化学物質のリスクアセスメントとそのマネジメントについて関心が移っていき，日本リスク研究学会の設立にも関与し，迷惑施設と言われる廃棄物処理の施設立地，住民とのリスクコミュニケーションについても議論を深めました。21世紀になってからは，理想的な社会の構築のために，地球環境の保全，循環型社会，低炭素社会，自然共生社会というように，地球という場を永遠に持続させるためにはどうしたらいいのか，というスケールへと課題が広がっていき，何世紀と言う長い時間軸での健全な地球環境の保全について議論するようになってきました。

廃棄物に関する研究組織の拡充

このような大きな問題を解決するのは自分だけでは十分対応できません。そこで廃棄物分野の国の研究機関，国立公衆衛生院の組織拡充を目指す動きをしました。最初に国立公衆衛生院に入った時，廃棄物研究に関わっていたのは汚物処理室でしたが，それが1978年に廃棄物処理室に，1989年に廃棄物工学室へと変わり，だんだんと人を増やしましたが，当初は総勢3人程度でした。衛生工学部を水道工学部と廃棄物工学部に分ける構想もありましたが，スクラップ・アンド・ビルドの原則のもとでは，国立公衆衛生院全体での組織拡充は容易ではありませんでした。そのような時に，国の廃棄物に関する研究機関はどうあるべきかの検討会を厚生省に設けてもらいました。その時の報告書が，「廃棄物処理の各種試験検査施設調査報告書」というタイトルの「赤本」です。これは国の廃棄物に関する研究機関はどういう組織であるべきか，どのようなニーズがあるか，海外の研究機関はどうなっているのかということを調べて，将来ビジョンを３年かけてまとめたものです。その報告書も功を奏して，国立公衆衛生院に廃棄物工学部が出来たのが1992年，３室６名体制でスタートしました。その後2001年に廃棄物行政が厚生省から環境省に移管され，国立環境研究所に資源循環廃棄物研究センターという組織を作ってもらい，京大の酒井伸一先生が初代のセンター長，その後，森口祐一先生，現在の大迫政浩先生に引き継がれています。廃棄物工学部が創設されたときにはわずか6人体制だったものが，いまや資源循環廃棄物研究センターでは100名近い研究者が廃棄物分野の研究に従事しています。

1983年11月に厚生省の生活環境審議会で廃棄物分野の研究体制の整備拡充の必要性が指摘され，丁度その頃，水銀が入っている乾電池を焼却炉に入れた場合，煙突から水銀が高濃度で出てくると東京都環境科学研究所が発表し，水銀問題が大きなテーマになりました。

水銀を含む乾電池などの分別収集を行っている自治体も，当時すでに数多くあったので，それを組織的に推進することを全国の自治体に呼びかけ，分別収集された水銀含有廃棄物は北海道のイトムカにある水銀回収施設に送って水銀を回収するという事業を推進するため，廃棄物処理技術開発センターが全国都市清掃会議の下部組織として1985年に創設されました。またそれを母体にして1989年に廃棄物研究財団が設立されました。都立大の左合正雄先生が初代，続いて厚生省から山村勝美さん，杉戸大作さんが理事長を務め，2011年12月には公益財団法人廃棄物・３Ｒ研究財団となり，私が４代目の理事長に就任しました。

世界の廃棄物処理の潮流

資源を大切にする循環型社会の構築に向けて

人口集中，経済成長とともに廃棄物が急増して，処理施設を整備しても根本的な解決につがらないという深刻な状況になると，廃棄物がなければ問題はなくなるといった発想から，ごみゼロ社会，海外ではゼロウエイスト社会が待望されるようになってきました。ごみの発生抑制（リデュース），再使用（リユース），再生利用（リサイクル）の重要性が指摘され，物質回収型リサイクルの取り組みが廃棄物処理の基本的な方向性として要望され，世界で取り組まれています。廃棄物の処理のために収集運搬，処理処分をする伝統的な廃棄物処理を「エンド・オブ・パイプ・アプローチ」と呼びますが，そうしたその場しのぎの解決法では根本的な対応がされていないとの反省から，商品の設計段階から製造，流通，消費，廃棄物処理段階までを意識する「ライフ・サイクル・アプローチ」と言われる関係者全体での連携した取り組みが求められています。排出量ゼロは無理でも処理量を少なくする取り組み，少なくとも最終処分量をゼロにする取り組みです。

環境を大切にする自然共生社会の構築に向けて

人が生活すると，どうしても不要な廃棄物が発生しますが，昔はそれを動物の餌などにしていました。人口が増加し廃棄物の量も多くなると，身近な生活環境から排除するために空き地などに持って行って捨てるという，処理・処分をしなくてはいけない廃棄物が出始めました。現在でも廃棄物が収集もされておらず，近くの空き地や川，海に捨てる不適正な処分が行われている国は数多くあります。

定期的に覆土がされない処分場では悪臭や火災が発生し，大気汚染につながり，ネズミやハエ，蚊等害虫が繁殖して伝染病が蔓延するというリスクが高まります。公衆衛生上の観点からも改善が必要であり，生活環境の保全のためにも野焼き（オープンバーニング）を伴うオープンダンピングのような不衛生なごみ処理から，定期的に覆土を行う衛生埋め立てに少しづつ改善されてきました。廃棄物処理の目的は，生活環境の保全と公衆衛生の向上であり，その目的を達成するために，どこの国も改善してきた歴史があります。

ところが経済的に成長すると，不適正な処理に対する不安から，処分場からの埋立廃棄物の撤去，汚染拡散防止策や回収廃棄物の再処理，回収リサイクルが求められます。

先達の横顔

Pioneer's Profile

たなか・まさる

●学歴

私立金光学園高等学校卒業［昭和35年(1960)］
京都大学工学部衛生工学科卒業［昭和39年(1964)］
米国イリノイ州ノースウェスタン大学大学院土木工学科
　環境衛生工学専攻博士課程修了 Ph.D.［昭和45年(1970)］

●職歴

米国ミシガン州立ウェインステイト大学 助教授［昭和45年(1970)］
キャタピラー・トラクター会社に米国内留学［昭和50年(1975)］
厚生省国立公衆衛生院衛生工学部主任研究官［昭和51年(1976)］
同廃棄物工学部長［平成4年(1992)］
岡山大学環境理工学部教授［平成12年(2000)］
国立公衆衛生院名誉教授［平成13年(2001)］
岡山大学名誉教授［平成19年(2007)］
㈱廃棄物工学研究所代表取締役研究所長［平成19年(2007)］
鳥取環境大学教授［平成20年(2008)］
公益財団法人 廃棄物・3R研究財団 理事長［平成23年(2011)］
公立鳥取環境大学名誉教授［平成27年(2015)］

米国のラブキャナルの処分物の撤去回収処理，日本の豊島不法投棄廃棄物の撤去回収物の溶融再生処理の事例が代表的ですが，ここに健全な生態系を維持するため，不法投棄など不適正な処理を無くして自然共生社会を構築する潮流を見ることが出来ます。

地球温暖化対策としての低炭素社会の構築に向けて

2016年11月にパリ協定が発効しました。長期的目標として，産業革命前からの平均気温上昇を2℃未満に抑えること，そのために，今世紀後半に人為起源の温室効果ガスの排出を正味ゼロにする等の目標が掲げられています。人為起源の温室効果ガス排出を，地球が吸収できる能力の分までに抑えようということです。地球温暖化対策のための廃棄物処理・処分のヒエラルキーは，3R（廃棄物の削減，再使用，リサイクル）の推進の次に，エネルギー回収が優先的に実施すべき事柄として位置づけられています。最も下位にある，すなわち最も避けるべきが，メタン放出を伴う埋立，非衛生的な埋立や野焼き，投棄処分なのです。

先達からの招待状　Invitation from Pioneers

私の『環境学』講義

稲場 紀久雄

『沈黙の春』

『沈黙の春』の日本語版は，1964年新潮社から『生と死の妙薬』というタイトルで出版された。訳者青樹簗一は，南原繁の長男・南原実。彼は，長野県の青木湖畔に別荘を持ち，北アルプスの自然を愛した。高度経済成長期の真只中，環境破壊は凄まじかった。日本語版は，義侠心から誕生した。

私は，発刊当時学部の４年生で，『沈黙の春』は読んだものの，卒論執筆に没頭する内に忘れてしまった。1993年４月，建設省本省から大阪経済大学に転じ，『環境科学』を講じることになったが，そこで，『沈黙の春』を読み直し，カーソンの環境思想に心を奪われた。

『沈黙の春』は，「義」の書である。「まえがき」の最初のフレーズが「1958年の１月だったろうか，オルガ・オーウェンズ・ハキンズが手紙を寄こした」で始まり，「どうしてもこの本を書かねばならないと思った」と結ばれる。

カーソンは，ハキンズの「小さな自然の世界から，生命という生命が姿を消してしまった」という訴えに立ち上がるのである。

カーソンの環境思想

私は，カーソンの環境思想は第２章「負担に耐えねばならぬ」と第17章「べつの道」に凝結していると考えた。

第２章末尾に「負担に耐えねばならぬとすれば，私たちには知る権利がある」と訴えている。アメリカでは『沈黙の春』発刊４年後の1966年，『情報自由化法』が制定された。

第２章の基本的な考え方は，次の六つのフレーズである。

①この地上に生命が誕生して以来，生命と環境という二つのものが，たがいに力を及ぼしあいながら，生命の歴史を織りなしてきた。

②人間という一族が，おそるべき力を手に入れて，自然を変えようとしている。

③植物，動物の組織の中に，有害な物質が蓄積されて行き，やがては生殖細胞をつきやぶって，まさに遺伝をつかさどる部分を破壊し，変化させる。

④みんな，催眠術にかけられているのか。（略）このうえない悪が，国家ならびに州関係の機関で野放しに行われている。

⑤いまは専門分化の時代だ（略）。全体がどうなっているのか気がつかない。

⑥いまは産業の時代だ。とにかく金をもうけることが，神聖な不文律になっている。（略）禍を押しつけられるのは，結局私たちみんななのだ。（略）みんなが主導権を握らなければならない。

第17章の基本的フレーズは，次の二つだ。

⑦長いあいだ旅をしてきた道（略）の行きつく先は，禍であり破滅だ。もう一つの道は，あまり《人も行かない》が（略）私たちの地球の安全を守れる，最後の，唯一のチャンスがある。

⑧現代人は根源的なものに思いをめぐらすことが出来なくなってしまった（略）。およそ学問とも呼べないような単純な科学の手中に最新の武器があるとは，何と恐ろしい災難であろうか。

カーソンは，「要素還元主義」の限界を示し，経済的豊かさを超える「真の豊かさ」追求の重要性を提起している。

カーソンとアル・ゴア

ゴアは，カーソン逝去時17歳。母ポーリンは，夕食後子供達に『沈黙の春』を読み聞かせた。ゴアがベトナム戦争に従軍した際，この本の思い出が蘇った。北爆に対する贖罪の念は，1992年発刊の『地球の掟』に書かれている。

ゴアは，1994年，『沈黙の春』発刊30周年記念の新版に序文を献呈した。序文に「カーソンという人物の存在は私が環境に目覚め，環境問題に取組むようになった理由の一つである」と書いている。

私が1997年，序文の日本語版の版権を得た際，ゴアは「日本の学生諸君に」というメッセージを送ってくれた。その中に次のフレーズがある。

「何百万ドル，何十億円という収入のある人も，地球を汚染するのであれば，例え全財産を子供達や孫達に遺したとしても，それはみんなを欺いたことにしかなりません。健全で豊かな世界を遺せるように努力しようではありませんか。」

ゴアは，カーソンの環境思想を継承し，「地球温暖化防止」への貢献でノーベル平和賞を授与された。

トライアングル

「環境」とは「人の身体の外側に広がる空間」である。英語では「環境」を「エンヴァイランメント」(Environment)と言う。動詞「エンヴァイラン」(environ)に「メント」を付けて「取り囲むもの」。ところが，環境は，身体の内側にも広がる。これを「内的環境」と言えば，外側の環境は「外的環境」である。

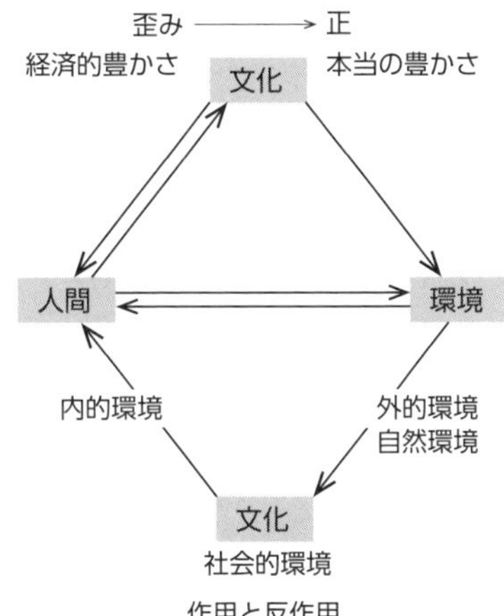

図1　環境のトライアングル
筆者作成

「人間」と「環境」は，作用－反作用の関係で結ばれる。人間は，外的環境に働きかけるが，その際「文化」を通して行う。この作用が「環境形成作用」である。私たちが変えた外的環境は，逆に私たちに反作用を及ぼす。これが「環境作用」。私たちが形成する「文化」も私たちに反作用を及ぼす。この反作用を「文化作用」と言う。以上から，「人間」と「環境」と「文化」は，作用・反作用のトライアングルを形成する(図1)。

「人間」は，「環境」と「文化」の双方から反作用を受け，これらは内的環境，即ち「生命」に影響する。内的環境の健全性保持は，「生命の持続と未来世代への継承」の絶対的要件である。

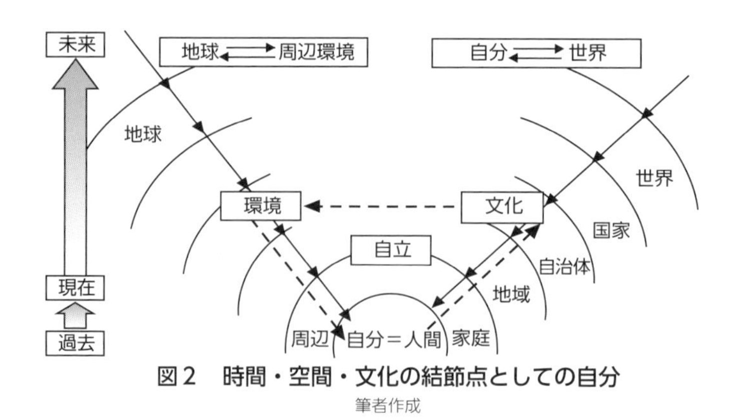

図２　時間・空間・文化の結節点としての自分
筆者作成

主観環境学

カーソンは，「禍を押しつけられるのは，結局私たちみんななのだ。私たち自身のことだという意識に目覚めて，みんなが主導権をにぎらなければならない」（『沈黙の春』第２章）と主張する。「主観主義」は，問題を自分に引き付けて考える立場である。真の客観は，主観に立ち，それを超えた所にある。これがデモクラシーの根源で，この立場に立つ環境学が「主観環境学」である。

ここで，「自分」について考える。トライアングルの「人間」を「自分」に置き換えれば，「外的環境」は自分を中心に幾重もの社会的サークルと空間的サークルで形成される。これらのサークルは，「文化」と結びついている。一方，「内的環境」から見れば，自分は生命を過去から未来に継承する存在である。

以上から，「自分」は，空間的には自分の生きる狭い局所と広大な世界及び地球とを繋ぎ，時間的には過去と未来とを結び合せる結節点である（図２）。

一人一人の小さな力が結び付くことによって時空を覆う大きな力になる。この認識がカーソンの「みんなが主導権をにぎらなければならない」という主張につながる。環境問題は，「内的環境」を犠牲にした経済社会の反人間性，即ち，生命軽視，拝金主義，モラルの喪失などの「文化の歪み」と深く関わる。

強い社会 ―― 社会的免疫機構の形成

ゲーテは，ファウストに死の直前「自由も生活も，日毎にこれを闘い取ってこそ，これを享受するに値する人間と言えるのだ」と独白させる。この台詞をカーソンの「みんなで主導権をにぎらなければならない」という言葉と重ね合わせると，その意味が深まる。これが「強い社会」の基本精神である。

人間社会は，宮沢賢治が「世界は，大きな一つの生物である」と言うように，巨大な生命体に比定できる。人間は,「免疫システム」を持ち, 異分子を撲滅する。人間社会も「社会的免疫機構」を備え, 内的環境を損なう反作用に対抗して「社会的拮抗力」を発動できる存在でありたい。

賀川豊彦が共鳴したジョン・ラスキンの有名な言葉がある。

“There is no wealth, but life”

「富ではない, 人生だ」ということ。この言葉は河上肇に影響し,『貧乏物語』が誕生した。さらに, 宇沢弘文は,『社会的共通資本の論理』を打ち立てた。

社会的免疫機構のブループリントはどのようなものか。

私は, ゼミ学生に次のレポート課題を出した。

「薬害エイズ事件や水俣病事件を回避し, 市場や政府の失敗の悪影響を受けないための市民の対応はどのようなものと考えるか」

彼らのレポートを基に描いた社会的免疫機構の一例が図3である。カーソンの唱えた「主導権」は, このようなシステムによって発揮されるだろう。

私の『環境学』講義

私は, 主観環境学の立場から『環境学』の体系を構想し,『環境の科学』,『環境文化論』,『環境経営論』を講義し, さらに『教養演習』,『専門演習』を行った。私は, 一連の講義・ゼミ活動のなかで, 次の三点に力点を置いた。

①生命のメカニズムとヒトの発生

②本当の豊かさとは何か

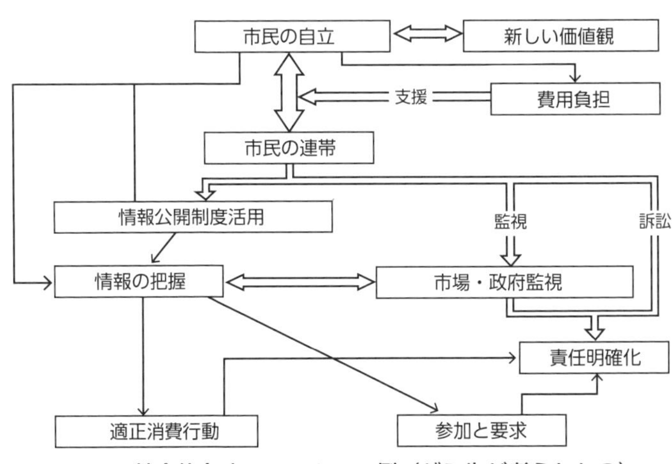

図3　社会的免疫システムの一例（ゼミ生が考えたもの）

KJ 法により筆者作成

③如何にして健全な環境を築くか —— EMS，CSR について

私は，在職中，大学祭で私のゼミの自主公演としてゼミ学生創作のシナリオによる『環境劇場』や『リサイクル・オークション』を催した。

講義『環境の科学』は，教員時代19年間で約15,000人の学生が受講し，環境改善に如何に取り組むかを考えた。私は，学生と共に学ぶ楽しさを満喫した。

先達の横顔　Pioneer's Profile

いなば・きくお

●学歴
京都市立堀川高等学校卒業［昭和35年（1960）］
京都大学工学部衛生工学科卒業［昭和40年（1965）］
京都大学工学博士（論工博第807号）［昭和50年（1975）］

●職歴
建設省都市局下水道課技官［昭和40年（1965）］
盛岡市下水道部次長［昭和47年（1972）］
岡山県土木部下水道課長［昭和55年（1980）］
日本下水道事業団計画部上席調査役［昭和62年（1987）］
地域振興整備公団参事［昭和63年（1988）］
建設省下水道部流域下水道課長［平成3年（1991）］
建設省土木研究所下水道部長［平成4年（1992）］
大阪経済大学教養部教授［平成5年（1993）］
同人間科学部教授［平成14年（2002）］
大阪経済大学人間科学部特任教授［平成21年（2009）］
大阪経済大学名誉教授［平成24年（2012）］

●主な受賞・受章
論文奨励賞（日本下水道協会）［昭和44年（1969）］、「水」新人賞（月刊「水」発行所）［昭和52年（1977）］、瑞宝小綬章授賞［平成23年（2011）］、土木学会出版文化賞受賞（土木学会賞）［平成29年（2017）］

先達からの招待状　Invitation from Pioneers

私立大学での研究・教育に従事して

山田 淳

社会とつながりの強い工学を志す —— 衛生工学科４期生

公害問題の顕在化を受けて，昭和33（1958）年衛生工学科が設置された。昭和36年入学（定員25名）の私にとっては，受験前の時期には，まだ３回生のカリキュラムが進行中であったから，衛生工学科の教育研究の内容を事前に知ることはほとんどなかった。工学部志望の私にとっては，人間や社会とのつながりの強い分野として，募集要項から

衛生工学科を選んだに過ぎない。ほとんどの学生が同じような知識のもとで受験したと思われる。

教養課程を経て専門課程となり専門科目の受講を始めたが，あまりまとまった教科書もなく，先生方がそれぞれ試行錯誤をされている印象が強かった。研究のバックグラウンドの違う先生方が，それぞれの専門分野で公害に関連する教育を試み，研究をされていたように思われる。就職についても，目標の明確な学生は学部卒で就職したが，大半の学生は修士課程に進学した。その頃の工学部の就職は完全な売り手市場で，修士課程を終えるとそれぞれの分野で就職した。私は，地方公務員になるつもりであったが，ちょうど定員に余裕があって大学の助手となったというのが事実である。

実学としての興味から水関連計画の研究へ

教養課程時代は，サークル活動とアルバイトに追われ，講義にもあまり出なかったので，むずかしい講義の理解度は低かった。同じクラスに衛生工学の学生は他に2名しかいなかったこともあって，学科の理解を深めることもなかった。専門課程になると，講義はより具体的になり，実学としての興味が湧いてきた。3回生の夏休みには，大阪府南部の熊取にある原子炉実験所や，和歌山県，三重県衛生施設に見学旅行へ連れていってもらった。4回生の夏休みには学外実習があり，東京のコンサルタント会社で1ヶ月近く実務の勉強をした。卒業論文は「大阪広域下水道」に関するもので，大阪府の受託研究の一部として調査，実験などを行なった。修士論文は，テーマを変えて「大阪万国博覧会」の水関連計画に関するもので，やはり，受託研究の研究費で調査などをやった。

社会の仕組みに合わせたグループ研究――立命館大学での教育

昭和47(1972)年，立命館大学理工学部土木工学科に助教授として赴任した。衛生工学科出身で他大学の同じ分野に就職したのは最初ではないかと思っている。学生数が多く，研究費も十分でない私立大学に行くのはいかがなものかということで，喜んでくれた人はあまりいない。研究室には当初毎年20名前後の卒業研究生が入ってきた。京都大学では，1人でやるか，せいぜい1，2名の学生と共同研究するのが普通だったので面食らった。

しかし，社会では，「公害対策基本法」が成立して数年，環境問題への関心が高まっており，学生が興味を持つのは当然であった。ところが，皮肉なことに，当時，土木工学科教員には環境のテーマは受け入れられず，衛生工学系の研究室は2年前に閉鎖されていた。そこで，学生の就職と就職後に役立つよう研究課題を設定し，グループ研究とした。研究の引継ぎと指導は，大学院生や研究生，時には京都大学の応援を得て行なった。

一人ひとりの学生を教員が指導するのが望ましい面もあるが，社会での仕事の仕組みに合わせたこの体制も意外と効果を発揮した。課題が社会のニーズに合っていたのか，受託研究にも恵まれて，研究は前進した。

学生の就職は，当初の石油ショックや後年のバブル崩壊の影響を受けたが，公務員を目指す学生が多く，卒業生の45％が公務員系に就職した。私学の研究室としては異例の高い率である。

❖環境技術の統合化・総合化をめざす――環境システム工学科の設立

平成6（1994）年，キャンパスの移転を機に，新しい学科として環境システム工学科が設置された。公害対策的な衛生工学から，快適な人間環境の実現と自然環境を保全する環境工学へと移行する時期にあたり，「環境」というキーワードは，ビジネスとしても成立する分野になってきており，各分野でも取り入れていく状況にあった。公害対策基本法が，環境基本法に替わったのもこの時期である。「衛生工学」で培った研究や教育の成果をどう活かしてしていくのか苦慮した。その結果，個々の環境技術の開発や教育は，今後他の分野でも発展していくであろうと考え，この学科は，これらをシステムとして統合化，総合化し，政策に寄与するものにしようということになった。人事面での苦労もあったが，土木の計画部門やデザイン部門も包括して定員90名の学科とした。

当時の工学は，情報，バイオ，ロボティクスなど今後の発展が期待される分野が目白押しで，限られた予算と文部省の厳しい審査を前提にどの学科を優先するか学部内で競争になった。滋賀県の琵琶湖周辺という立地条件，私学では初めてというユニークさで何とか優先度を上げることができた。当時の学術会議会長にも支援していただいた。

先達の横顔

Pioneer's Profile

やまだ・きよし

●学歴
京都大学工学部衛生工学科卒業［昭和40年（1965）］
京都大学大学院工学研究科衛生工学専攻修了［昭和42年（1967）］
工学博士（京都大学）［昭和52年（1977）］

●職歴
京都大学工学部助手［昭和42年（1967）］
立命館大学理工学部助教授（土木工学科）［昭和47年（1972）］
立命館大学理工学部教授（土木工学科）［昭和53年（1978）］
立命館大学理工学部教授（環境システム工学科）［平成6年（1994）］
定年退職（立命館大学名誉教授）［平成19年（2007）］
立命館大学客員教授［平成19年（2007）］
立命館大学特任教授［平成21年（2009）］
立命館大学客員教授［平成24年（2012）］（平成29年まで非常勤講師）

１年後に滋賀県立大学が設立され，環境科学部門ができたことを考えれば絶妙のタイミングであったといえる。

おかげで，設立当初から優秀な学生が集まり，大学院前期課程への進学率も高く，学費が相対的に高いハンディがあるにも関わらず，社会で活躍できる卒業生を送り出すことができた。

技術者倫理，国際技術協力特論を開講

京都大学での助手時代は，ちょうどコンピュータ（電子計算機と言ったが）利用の黎明期で，私自身が修士論文で利用したため，プログラミングと利用操作を演習の中で担当した。工学部，理学部での利用者はある程度あったが，その他の学部ではコンピュータの利用はほとんどないといった時代で，学生は喜んで取り組んでいた。

立命館大学では，専門科目としては，一貫して「上水道」，「下水道」，「水理学演習」を教えてきた。また，「環境科学」を理工学部で，環境工学に関する科目も専門科目として教えてきた。

後年，学部共通科目として「技術者倫理」，大学院共通科目として「国際技術協力特論」を提案して新設し，最後まで担当した。「技術者倫理」は，多くの事例に直面し，裁判になるケースも多いという現状から，技術者が現実に遭遇する例を中心に話した。また，「国際技術協力特論」は，政府機関などが行なった協力に数多く参加した経験から得られた「あり方論」を話した。

研究では，国際的なプロジェクトの「評価」を課題として，途上国での現地調査を中心に大学院生と実施した。現地の技術者や大学の学生と共同で行なったものも多く，大学院生にとって貴重な体験となった。

教育の成果とは何か――長い教育を終えて

京都大学での５年間の助手時代を含めて50年に及ぶ教育を2017年の３月に終えた。立命館大学では，35年間研究室で研究指導に従事した。定年退職後の10年間，客員教授，特任教授，非常勤講師として教育に従事した。最初の頃，卒業研究を指導した学生は，今，続々と定年退職を迎えている。社会活動における一定の節目を迎えているのである。私は，学生当時の記録などをみながら，「教育」が何にどこまで寄与したのか秘かに検証しようとしている。また，昔の卒業生の会合に呼ばれれば，一緒にこのことを議論している。なにしろ研究室に在室した学生は400人を超えるので，分析の母集団としては申し分ない。

私が送り出した学生で，研究者，大学教員になった者は少ないが，土木工学科時代の

卒業生は，公務員，メーカー，コンサルタント，ゼネコンなどに就職した。環境システム工学科では，IT，デザインなどもっと分野が広がった。科目として，「衛生工学」，「環境工学」を学んだ学生，［環境系］の科目を多く学んだ学生，卒業研究や修士論文としてより専門性の強い研究をした学生など多様である。就職先でも，専門性の強い仕事もあれば，サブメジャー的な活かし方の仕事もある。また，まったく関係しない仕事をしている者もいる。

教育の成果は，専門性がその後の仕事に直接どう活かされたのかという面からの評価もあれば，学んだ概念や理論，手法や評価法が，別の場でどう活かされたのかという面からの評価もある。興味は尽きない。

これから，自分の人生を切り開き，歩む若い学生は，理想をもち，それを実現する構想をもち，具体的な実施計画をつくり，より詳細な行動計画を実行する，階層的な考え方が必要である。そして，これらの計画は，常に社会の変化や専門分野の動向を視野に入れて，修正していかなければならない。常に「熟慮断行」していく姿勢が求められると考えてほしい。

先達からの招待状　Invitation from Pioneers

エコトキシコロジーの世界へ

青山 勳

京都大学に衛生工学科が創立されたのは日本で２番目，今から60年前の1958年であり，その歩みは絶えず先進を歩んできたと言えよう。当初の講座構成は，水道工学，放射線衛生工学，公衆衛生工学，装置工学であった。先生も土木工学，医学部，化学工学の出身者というユニークなものであった。このユニークな構成こそがその後の発展に繋がるのである。衛生工学に「京都学派」と呼ばれるものがあるとすれば，そこにある。つまりユニークな講座構成と教授陣，更に絶えず進取の志を持って前に向かって走ってきたと言えよう。

生態学への関心から生態毒理学（Ecotoxicology）へ

さて，まず初めに私の研究過程の紹介から始める。私が指導を受けたのは岩井重久教授, 井上頼輝教授, 寺島泰教授である。博士論文は「生態系における放射性物質の挙動に関する基礎的研究」である。修士論文は「放射性物質の海洋処分に関する研究」というテーマであった。当時, 原子力発電所から排出される放射性廃棄物処理・処分の問題, 原子爆弾実験などによる海洋の放射能汚染, 米国の水爆実験で被曝した第5福竜丸と乗組員の久保山愛吉さんの放射線被曝死などは世界中の人を震撼させる関心事であった。私の博士課程のテーマも初めからそう言うものではなかった。初めは前半の「放射性廃棄物の海洋処分」をテーマとするもので, 放射性廃棄物をセメントで固化し, 4,000m以深の海洋に投棄すればどうなるか, と言うものであった。その当時は人間の活動の大きさは地球の大きさに比べ相対的に小さく, 地球は無限の大きさを有すると考えられていた。放射性廃棄物は量が多く, 原子力発電所は「トイレなきマンション」と当時から言われていた。放射性廃棄物の海洋処分の限界を感じた私は, その影響に関する問題と生態学の問題に興味を持った。その頃放射線影響学会で「放射線生態学」という分野のある事を知り, 興味を持った。それから私は理学部で開講されていた「生態学」の講義を受講させてもらった。生態学が衛生工学と深い関係がある学問であると思った。それは衛生工学では聞けない講義であった。

生態系とは, ある地域に生息する生物とその地域内の非生物的環境を一体のものとして捉えた系のことであり, 例えば海洋生態系や森林生態系と呼ぶ。その生態系における有害物質の運命と影響について総合的に研究する学問分野が「エコトキシコロジー(Ecotoxicology 生態毒理学)」である。私はこのエコトキシコロジーの世界に興味を持った。「エコトキシコロジー」とは, 単に毒物学, 毒性学ではなく, 毒物の「理(ことわり)」について研究する学問であるとの認識によるものである。私は「どくり」というのが中身を表していると思うのだが, 「どくり」という言葉の響きより, 「どくせい」の方が響きが良いからこのように呼ばれている。

問題を的確に捉えるセンサーを研ぎ澄ます

それはさておき, 時を前後して「生態毒性学会」を同世代の仲間と一緒に立ち上げた。先に衛生工学は絶えず新しい研究領域を開発してきたと述べた。これもその一つである。衛生工学の分野は絶えず新しい分野, 研究分野に入って行くことができる。多くの他の分野では, 研究内容はより深く進んでいく面白さがあるが, 衛生工学(環境学, 地球工学と言った研究分野)には社会の進展とともに新しい分野が産まれてくる面白さがある。衛生工学のテーマは社会発展の負の遺産である場合が多い。私たちを取り巻く世界が対象である。絶えず新しい問題が起こってくる。だからこの分野を学ぶには, 問題を的確に捉えるセンサーを研ぎ澄ませていることが必要である。このセンサーとは社会に起こっている問題を正しく見, 正しく把握することである。衛生工学は絶えずテーマが変わって行く。昔のテーマと今のテーマとを比較すれば分かるが, それは医者と相通じるものがあると言えるだろう。病気がなくなれば, 医者はいらない。衛生工学の問題がなくなれば, 衛生工学者もいらない。しかし問題がなくなるということはあり得ない。絶えず新たな問題が起こって来る。新しい問題を見つけることは研究者としての喜びである。今, 何が起こっているか, 今何を解決しなければならないか, 喫緊の課題は何か。もちろんそれだけではないが, 問題が解決すれば, それで終わる。もちろんより高い, より深いレベルを目指す技術の研究はある。いつもその高みと, 深みと, そして新しさとを極めるのが研究の面白さであるかも知れないが。衛生工学ほど社会的問題と関係深い自然科学系の学問はないであろう。そのためには毎日, 新聞に目を通すことである。絶えず目を見開いていることである。その問題の原因, 背景は社会にある。

研究を始めるに当たっては, まずテーマを選ぶことから始まる。学部の卒業研究の場合はいくつかの研究テーマが先生から与えられるか, あるいは, 先輩の行っているテーマの中から選ぶことが多いだろうと思われる。修士課程以上では卒業研究をそのまま続ける事が多いだろう。あるいはテーマを変えることもある。私の場合は博士課程の２回生の時に変えることとなり, 新しい課題を取り入れた。先述した生態学（エコロジー）の分野である。放射性物質とエコロジーを一体化した“ラジオエコロジー”と言う分野に私は強い興味を覚えたのである。それから私の進む方向が決まった。放射性物質の生態系における挙動と生物濃縮の問題である。生物による濃縮過程を評価するために数学モデルで表現しようとするものである。モデルには決定論的モデルと確率論的モ

先達の横顔

あおやま・いさお

Pioneer's Profile

●学歴

京都府立嵯峨野高等学校卒業［昭和36年（1961年）］
京都大学工学部衛生工学科入学［昭和37年（1962年）］
同大学院工学研究科修士課程衛生工学専攻進学［昭和41年（1966年）］
同博士課程進学［昭和43年（1968年）］
同単位修得退学［昭和46年（1971年）］
京都大学工学博士［昭和51年（1976年）］

●職歴

京都大学工学部助手［昭和46年（1971年）］
岡山大学農業生物研究所助教授［昭和52年（1977年）］
文部省在外研究員［昭和57年（1982年）］
＊Canada National Research Council、France Nant 大学
岡山大学資源生物科学研究所教授［平成2年（1990年）］
同資源生物科学研究所所長［平成6年（1994年）］
岡山大学副学長［平成11年（1999年）］
岡山大学付属図書館分館長［平成16年（2004年）］

デルがある。決定論的モデルでは平均値しか分からないが，確率論的モデル（確率過程）では濃縮係数を分布の時系列変動として表すことができる。そして確率分布の平均値が決定論的モデルで表せるという事が分かった。データを解析するのにいろいろな手法を使った。

それからしばらくして京都大学から岡山大学農業生物研究所へ移った。研究環境が変わり，岡山へ移ってからは先述した生態毒性学が私の主な課題となった。岡山県南部，児島湾の湾奥にある人工湖児島湖の汚染問題にも手を伸ばした。先にも言ったが，環境問題は，その時々の時代における問題点，解決しなければならない課題を研究テーマとする。私も研究環境の変化と共にほぼ６～７年ごとにメインの研究テーマを変えてきた，と言うより変えざるを得なかったというべきであろう。研究テーマは在籍する研究室にどんな研究機器があるか，どんな研究環境であるか，等によっても異なる。

環境工学を学ぶ真髄とは

さて，これから環境工学を目指す人たちにとって，学部で何を学ぶかは大きな関心事であろう。まず学ぶべきは研究の背景である。研究の背景を知ることが研究を始める大きなモチベーションになる。モチベーションは高ければ高いほど，その課題に興味がわいてくるものである。そしてその課題により深く入り込むことができる。そこから研究手段，方法論等が決まる。研究手段，研究方法が決まれば邁進するだけである。そのために考えに考えて課題に取り込むことである。そうして論文としてまとめ上げたとき達成感が得られる。そしてまた前に進んで行く。

今，一番関心のもたれている重要な地球環境問題は，いうまでもなく，異常気象（地球温暖化）である。この課題を衛生工学の立場からどう問題化するか，どういう切り口で問題を解決するか。衛生工学は，農学，生物学，医学，社会学，経済学，文学等，あらゆる観点から総合的，全体的，統一的，組織的に問題を捉える。一方で国内にも問題はいろいろある。国内環境問題から地球環境問題まで，一体として考えるのもまた衛生工学の特質であり面白さであろう。私はこんなことを学んだように思う。

五木寛之のエッセイ「林住期」には，インドの哲学が紹介されている。そこでは人生100年を「学生期」，「家住期」，「林住期」，「遊行期」の四期に分けている。学生は正に今，「学生期」にある。この時期に基礎学問をしっかりと勉強して置くべきである。専門の内容は当然のことながら，上述の農学，生物学，医学などは環境問題を課題とすれば何らかの関係を持つ。また社会学，経済学に関わる問題も，環境問題の背景に必ず潜んでいる。どんな学門分野も多かれ少なかれいくつかの学問分野と関連しているであろうが，衛生工学ほど多くの分野と関連している分野も数少ないであろう。そこにも衛生工学の面白さがある。他の分野を勉強すればするほど興味を増してくる。衛生工学の問題はいろいろある。少なくとも私が課題としてきた問題と関連深い。

先に少し触れたが，京大から岡山大学へ移った当初は，研究テーマの違い，またそこにある研究資材も余りに違っていることに驚いた。私が何故こんな所に採用されたのかとも思ったが，なんとかやってこられたのも衛生工学と言うもともと幅広いバックボーンが有ったからこそと思っている。周りの人達はどう思ったであろう。現役の頃は然程感じなかったが，大学を退職して，10年経って，いろいろ思い出してそう思える。

参考資料

青山 勳（2008）「大学生活37年を顧みて―― エコトキシコロジーの世界へ」『退職記念集』pp.91。

先達からの招待状　Invitation from Pioneers

将来世代に優しい社会・環境を

笠原 三紀夫

大気汚染問題への関心から衛生工学科へ――衛生工学科への道

筆者が大学に入学した1962年当時，わが国は朝鮮戦争以後の高度経済成長期（1954～1973年）にあり，実質経済成長率は10%前後に及んだ。この間，特に初期においては経済成長が優先され，公害防止対策には目が向けられなかったため，1951年に水俣病，1961年に四日市ぜんそくなど公害による健康被害が顕著となり，市民や行政はもちろん，加害者である産業界においても公害防止対策の必要性に対する認識が高まり，法整備とともに環境行政の整備，公害防止対策が進み，1967年には公害対策を総合的，統一的に行なうための公害対策基本法が制定され，また1971年には環境庁が設置された。

このような時代背景の中，ばいじんにより昼間でも薄暗い状態となる都市や工業地帯の劣悪な汚染状況を知り，大気汚染問題に強い関心をもった私は，京都大学衛生工学科に入学した。

衛生工学科は土木工学科から分離独立し創設されたこともあり，講義は土木工学的色彩が濃く，また研究分野としては水質関係が主体であったように思われる。吉田寮の私の部屋で同級生と実験レポートの作成や管網計算を行ったこと，3回生の夏，学科仲間の25名全員が参加した研修旅行では，広島市（マツダ），宇部市（宇部興産），北九州市（八幡製鉄所）など代表的な公害地域を見学し，町中が激しい臭気に包まれた宇部市，何本もの煙突から排出される赤い煙に覆われた北九州市で，公害の実態を肌で感じたことなどが思いだされる。

卒業論文（特別研究）作成のための研究室配属は，学生にとってその後の進路にも関わる重要な問題といえる。私は，3回生の夏に岩井重久教授の研究グループが実施していた大阪湾での水質調査にアルバイトとして参加していたことから，岩井先生から岩井研に誘われ，一方，大気汚染の研究を志していたことから，岩井先生が兼任されていた京都大学工学研究所の高橋幹二先生の指導を受けることになり，本籍岩井研，現住所高橋研として特別研究が始まった。振り返るとその時にその後の進路が決まったといえる。

研究の対象は，大気中に浮遊する固体または液体の微粒子を意味する「エアロゾル」である。今でこそ，中国での冬期を中心とした微粒子汚染としてPM2.5が有名となり，多くの人に知られているが，長い間エアロゾルという用語は解説付きでないと理解してもらえなかった。エアロゾルの最も重要な因子は，粒子の大きさ，すなわち粒径であるが，通常，直径0.001μm～100μmの粒子を対象としている。PM2.5とは，粒径が2.5μm以下の粒子群を意味する。おおよそ2.5μmより大きな粗大粒子は，一般に風により舞い上がる土壌粒子や波により飛沫となって浮遊する海塩粒子などのように自然起源のものが多くを占める。一方，2.5μmより小さな微小粒子は燃焼時に生成される粒子や大気中で物理・化学反応によりガスから粒子となるいわゆる二次生成粒子で，人為的起源粒子が多くを占める。代表的なガス状汚染物質である二酸化硫黄（SO_2）から硫酸塩粒子が，窒素酸化物（NO_x）から硝酸塩粒子が，有機化合物（HC）から有機粒子が生成され，これらが微小粒子の大部分を占める。

このような知見は比較的最近得られた情報であり，高度経済成長期時代には，ガス状大気汚染物質も含め，ほとんど未知の状況であった。一例として，大気汚染物質の環境基準が制定されたのは，最も早いものでも高度経済成長期最後の頃の1973年であり，測定技術も十分でなく，測定データが公表されるようになったのは，最も早いSO_2で1972年，浮遊粒子状物質は1974年であり，最も汚染のひどかった1960年代の測定データはなく，公害激甚期の大気汚染の定量的実態はほとんど明らかとなっていない。

しかし，その後の測定技術の開発は目覚ましく，エアロゾルについてもより微小の粒子径測定，微量の分析技術が確立し，エアロゾル研究は飛躍的に進展した。化学分析技術を例にとれば，現在ではμmオーダー以下の超微小粒子1個の化学分析も可能となっている。一方，大気汚染も年々改善され，一部の物質を除き環境基準はほぼ達成されている。

なお1990年頃からは，範囲が限られ被害者と加害者を特定しその対策を求める公害問題に代わり，範囲が広範にわたり被害者と加害者が特定し難い地球温暖化やオゾン層破壊など地球規模環境問題が注目されるようになった。地球温暖化は気候変動の要因といえ，近年気温上昇はもとより，海水面上昇，強力な暴風，頻発するゲリラ豪雨などが世界的規模で進んでおり，21世紀の最重要環境問題と考えられている。

環境調和エネルギー研究と大気環境研究

学部や大学院での研究，そしてその後の大学教員となってからの研究，学生指導等では，大気エアロゾルの性状や動態解析，エアロゾルの微量分析・個別分析法の開発，従来困難とされていた液滴粒子の固形化手法の確立，粒子状物質の発生源解析などに取り組んできた。それらの研究成果は，時として夜を徹して一緒に研究してきた学部生，大学院生の献身的な努力の賜物であり，研究室に蓄積された宝といえる。

京都大学の工学部は，1993～1996年に大学院重点化が進められ，衛生工学科は都市環境工学専攻などに再編され，また同時に新しい研究科も創設された。京都大学に新設された環境関係の研究科としては，人間・環境学研究科やエネルギー科学研究科，地球環境学堂・学舎がある。

エネルギーの生産・利用は大気汚染問題に深く関わり，かつ21世紀最大の環境問題である気候変動や地球温暖化の最大要因である。このことに鑑み，私は1996年に新設された京都大学エネルギー科学研究科に異動し，そこでエネルギー社会・環境科学専攻，エネルギー社会環境学講座，エネルギー環境学分野を担任し，新時代に相応しい大学院の教育研究に携わることができた。

エネルギー科学研究科においては，従来から進めてきたエアロゾルの基礎的研究を継続するとともに，環境に調和したエネルギーシステムの実現を目指し，新たにエアロゾルの地球温暖化／寒冷化影響の解明，LCA（Life Cycle Assessment）を基盤としたエネルギーシステム評価手法の確立，エネルギー効率・環境負荷をベースとしたライフスタイルの最適化などに関する研究に取り組んだ。

大気環境の現象の解明や対策の立案においては，環境データは最も基本となる情報であるが，スケール的には地域～地球規模での１～３次元的データが，さらにはそれらの時間的変動データが必要となる。個人や研究室といった小規模な研究体制で得られるデータは，経費的にも労力的にも限られてしまうことから，各研究グループで得られた環境データを研究者間で共有し，相互に利用する連携体制を確立することの重要性を常々感じていた。たまたま1998年に日本エアロゾル学会会長に選任されたのを機に，エアロゾル研究，大気環境研究での連携体制を構築するため，大型プロジェクト研究に学会で申請することを計画し，幸いにも2001～2005年度に文部科学省科学研究費・特定領域研究A「東アジアにおけるエアロゾルの大気環境インパクト」に採択され，研究の推進・研究マネジメントに努めた。このプロジェクト研究は，約90名の大気環境研究者よりなり，学生を含めた実質参加者数はおよそ230名に及んだ。①東アジア地域におけるエアロゾルや前駆物質の3次元空間分布の測定，②エアロゾル性状と計測技術の高度化，③大気汚染物質の輸送・酸性沈着機構の解明と将来予測，④エアロゾル粒子の地球温暖化／冷却化効果の解明と将来予測の4課題を計画研究とし，推進にあたっては，研究者間でのデータの共有，研究連携体制の確立を最重点事項とした。そして，ここで築かれた研究連携体制が，現在でも多くの研究計画で生かされていることは，関係者の一人として最大の喜びである。

また，エネルギー・環境研究においては，2002～2007年度の文部科学省21世紀COEプログラム「環境調和型エネルギーの研究教育拠点形成」に採択され，環境調和型エネルギーとして，太陽エネルギー，バイオエネルギー，水素エネルギーを取り上げ，これらの技術開発を推進し低炭素社会の構築をめざすとともに，若手研究者の育成を重点課題とし，エネルギー・環境研究の拠点形成に努めた。

戦争や欲望を満たすだけの社会を超えて

第二次世界大戦後の20世紀後半，科学技術はかつて経験したことのないめざましい発展をとげた。医療・生命科学の進歩は人間の寿命を飛躍的に伸ばし，コンピュータ・情報通信技術の発展は，莫大な計算を正確かつ超短時間に行い，膨大な情報を収集・処理するとともに，瞬時に世界中の人々との情報の共有や交換を可能にした。このような科学技術の急進展により，経済・産業は急速に発展し，人々は――といっても主として先進国を中心とした人々であるが――物質面での豊かさを満喫し，便利で快適な生活を享受してきた。しかしながら，経済成長や物質的な豊かさは，大量生産・大量消費・大量廃棄を前提としたものであり，それはエネルギーの大量消費とともに，地域の環境汚染や地球環境の破壊，資源の枯渇，また廃棄物の大量発生といった負の遺産をもたらした。

21世紀に入り，社会や環境を脅かす最も大きな要因として，戦争・テロと気候変動が顕著となっている。核兵器や生物・化学兵器，ミサイルなどは大量破壊の道具として使われ，地球規模に及ぶ環境・文化・社会・人権を破壊し，兵器の生産や使用，また破壊されたものの復興等をも考慮すれば，それらに要するエネルギー量，CO_2排出量等は計り知れない莫大な量となる。戦争やテロは，人の生命を奪うばかりでなく，まさしく「最大の環境破壊，最大のエネルギー浪費」であることを肝に銘じたい。

また，高度経済成長を背景に，大型建造物である鉄道や道路，空港，ダムなどが次々と建設され，社会基盤整備が進み安全で快適な社会を築くとともに，雇用を生み出し日本の経済を支えてきた。一方，これらの建設においては，多大な税金が投入され，大量のエネルギーを消費し，環境破壊の原因ともなってきたことから，建設に反対する事案も少なくなかった。そのような中で，2020年オリンピック・パラリンピックにもみられるように，事業を成立させるための，計画段階での「過大な需要予測」と「経費の過小な見積り」も多々指摘され，需要・経費予測に対する社会的信頼が大きく揺らいでいる。一方，日本の人口は今後急激に減少し，21世紀末には4,800万人程度まで60%近く減少し，とりわけ生産年齢人口は2,370万人程度まで70%近く減少すると推定されており，既に福祉・介護分野を中心に労働力不足が大きな問題となりつつある。

現在の人々の欲望を満たすための計画が，エネルギーを多量に消費し，環境を破壊し，さらには経済的にも社会的にも人材的にも将来世代の人々に大きなツケを回し，老朽化した施設の維持・管理を一方的に押し付けることを強く危惧している。「将来世代へ優しい社会・環境」を引き継ぐことをライフワークとし，今後も努力していきたいと考えている。

先達の横顔

かさはら・みきお　　Pioneer's Profile

●学歴

東京都立立川高等学校卒業［1960年］
京都大学工学部衛生工学科卒業［1966年］
京都大学大学院工学研究科衛生工学専攻博士課程中退［1971年］

●職歴

京都大学原子エネルギー研究所 助手、助教授、教授［1971～1996年］
京都大学エネルギー科学研究科 教授［1996～2005年］
京都大学エネルギー科学研究科 研究科長［2002～2005年］
京都大学名誉教授［2005年］
中部大学教授［2005～2012年］
平安女学院大学地球環境センター長［2005～2008年］
同志社大学大学院非常勤講師［2010～2014年］
文部科学省科研費特定領域研究
「東アジアにおけるエアロゾルの大気環境インパクト」領域代表［2001～2006年］
文部科学省21世紀COE「環境調和型エネルギー」拠点リーダー［2002～2005年］
日本エアロゾル学会会長［1998～2000年］
大気環境学会会長［2004～2008年］
京都人権擁護委員協議会会長［2015～2017年］
大気環境総合センター理事長［2017年～］

●専門

大気環境科学、エアロゾル学、エネルギー環境学

●主な著書

「エネルギーと環境の疑問Q&A50」（丸善）
「学術選書　大気と微粒子の話──エアロゾルと地球環境」（京大学術出版会）

先達からの招待状 Invitation from Pioneers 

初心忘れがたし

松井 三郎

山岳部での水をめぐる体験から衛生工学を志望──入学動機

私の母校，大阪府立北野高校山岳部の練習は，コンクリート壁の登り降りと，淀川堤をマラソンする。走りながら見る淀川の汚染が年々進行した。週末に近畿の山々を登るとき，地図でテント宿営地を探し，安全な飲料水が得られそうな谷川を決める。翌日の出発前，ヤマ屋が「雉子場」と呼ぶ野糞場所を探す。我が排泄物の行方は付近の谷川に流れる。こんな中で飲み水の安全とは何か？ 大いなる疑問が湧き，京大衛生工学科を志望──私自身の素朴な水の汚染問題は，今や地球規模の問題に広がっている。

水俣病への関心から河川浄化研究へ──研究室選択

３回生の夏。水銀汚染による水俣病のことが知りたくて，庄司光教授（京大理学部・医学部卒，公衆衛生担当，岩波新書『恐るべき公害』の共著者）にお願いして，熊本大学医学部の入鹿山且朗教授への紹介状をいただき訪問した。水俣病の原因物質は「無機水銀」ではなく「有機水銀」であるという分析データを示された。この原稿を書いている平成29年9月25日新聞は，国連で水俣条約の締約国会議が始まったことを伝えている。胎児性水俣病の被害者坂本しのぶさんが出席し，条約の重要性を訴えた。地球規模の水銀汚染は解決していない。加えてヒ素，鉛，カドミウムの４重金属問題は，未だ今後の地球課題である。

４回生になり講座に配属となる。岩井重久教授の研究室は放射線衛生工学講座であることから，放射性トレーサー[1)]を使い，放射能測定により元素や物質の分析ができる。最も鋭敏な汚染追跡分析方法を利用すると，水質汚染の測定がしやすく原因解明できることに興味を持った。

しかし，卒業研究は，阿武隈川の沿岸，福島県の郡山に工場団地を造成したら阿武隈川汚染がどうなるか，という「環境アセスメント」（この言葉の概念は当時無かった）を行うものであった。井上頼輝助教授がまとめられる報告書のお手伝いをすることが私の卒論となった。そのためには，ヘリコプターとボートを使い阿武隈川の縦・横方向の乱流拡散係数の測定が必要となる。有機汚染物質（BOD）が川に入り，微生物によって浄化

1）放射化した元素を物質移動のマークとして利用すること。

され水中溶存酸素を消費する計算に必要であった。「環境アセスメント」は，今日，常識となった。全ての新しい大規模事業には，精緻な議論が必要となる，その先駆けの仕事と自負している。

当時，京都市内を流れる鴨川は，河床勾配の安定を図るために，美しい堰が上流から下流に何段にもわたって整備されていたが，堰の直下は分解しづらい合成洗剤の泡で汚れていた。河川浄化の基本は，工場排水対策と並行して，生活排水を下水道に取り込み，河川に放流しないことである。そこで，日常生活でどれだけ水道水を使い，下水となって汚染物（BOD）が流され，下水道管を流れる途中で浄化されるのか，河川の浄化を下水道管内で測定することを修士論文テーマと決めた。修士論文の作成に末石冨太郎教授の指導も受けることを希望して，岩井教授のお許しで２つの研究室に在籍して研究ができた。修士論文の研究最中は大学紛争と重なり，左翼系学生の京大本部の一部や時計台占拠，鉄棒による学内侵入攻撃と火炎瓶投入等々――，現在からは信じられない光景が，キャンパスで繰り広げられていた。

放射化手法による物質挙動研究を学ぶ――アメリカ留学

修士修了の後，テキサス大学オースチン校の土木環境工学科博士課程に入学した。アーネスト・F・グロイナ教授の下で，放射性物質が河川に流れてどのような挙動をするか解明するプロジェクトに加わった。どうしても水銀汚染の機構を研究したかったので，食物連鎖を基礎とするエコロジーの観点から水俣病の重要性を訴え，無機水銀とメチル水銀を放射化し，植物プランクトン（クロレラ・ピレノイドーザ）に摂取されまた排泄される動力学の研究を博士論文とした。当時メチル水銀を正確に測定するのは難しかったのだが，放射化することで極微量で精確に摂取・排泄が測定できた。「細胞生理学」の授業では，ワトソンとクリックの「DNA 二重らせん構造」が大きな話題となり，環境汚染問題が遺伝子DNAに関係してくるに違いないと理解した。テキサス大学が環境工学で有名であったのは，名物教授 W・ウェズレー・エッケンフェルダーJR 教授がいたからだが，その授業は，活性汚泥理論と石油排水処理に関するものであった。当時世界の下水処理や工場排水処理の理論に大きな影響を与えていて，私も大いに学ぶことになった。

コンビナートの排水処理場設計と運営に従事――鹿島時代

留学が終わり就職した先は，茨城県鹿島臨海工業地帯建設事務所の深芝処理場であった。石油コンビナート排水の共同処理場の建設と運転管理の責任技師として，広く深い経験をする事となった。原油精製からナフサ分解・石油製品の合成に至る各種工場から出る排水を活性汚泥で分解して処理する本格的処理場である。多数の化学物質を，排水環境に馴致したバクテリア集団が無数の酵素分解で処理する「活性汚泥分解性」が，その基礎となる。全ての工場に立ち入り検査をして，工場長とともに，合成反応の原料・中間産物・触媒・最終産物等の情報から活性汚泥分解できないものを見つけ出し，排水に流さないよう工程管理を指示して，共同処理場処理水の法律基準を満たす鹿島方式と呼ぶ運転方法を確立した。現在では，進んだ分析方法すなわちLC/MS/MS[2)]やGC/MS[3)]，原子吸光法等[4)]で，微量汚染は測定可能である。バクテリアはDNA解析で種の同定可能。この分野は，これから大きな進歩が期待される。

枯草菌Rec-Assayによる研究——金沢大学時代

この時期から，いよいよ学んだことを学生に伝達し，一緒に研究する生活が始まった。金沢大学土木工学科・建設工学科において衛生工学全般と水の分析実験を教えることになった。卒業研究・修士論文研究で多くの優秀な学生が研究室に来てくれた。金沢大学で新たに始めた研究の中に，工場排水や下水中の汚染物質で発癌性があるものを，細菌を使って検出するという分野がある。鹿島で経験した，分解できない化学物質の安全性問題が課題として残っている。枯草菌（納豆菌）の突然変異による組替修復遺伝子欠損株（Rec−）菌と正常株（Rec+）を使って，汚染水を濃縮して液体培養方法（枯草菌Rec−Assay）を開発した。分子生物学の新進気鋭の吉川寛教授（後に大阪大学医学部教授・奈良先端大学教授）の指導を受け，国立遺伝学研究所の変異遺伝部，賀田恒夫教授から枯草菌2株をいただいた。次世代シークエンサー等を使い，DNA分子配列が簡単に解析出来る今では，人と生物の関係はDNA解析を介して理解が進む。

下水道普及に伴い活性汚泥法による下水処理が普及するにつれ，活性汚泥のバルキング（膨化により沈殿池で沈降しない現象）が起こり，下水処理場の運転ができず処理水基準が守れないという問題が生じていた。この解明に取り組み，この現象には下水中の硫酸塩（SO_4^{2-}）を還元して硫化水素（H_2S）を発生する硫酸塩還元菌が関与することを解明した。金沢大学自然科学研究科池本良子教授の京都大学博士論文になり，現在でも硫黄の酸化還元微生物の役割解明は，下水処理と環境汚染解明の重要なテーマである。後に京都大学で博士論文の指導をした香港科学技術大学の陳光浩教授は，現在，水不足が

2）血漿、血清、尿などの微量薬物の定量分析には高速液体クロマトグラフ（LC）と三連四重極型質量分析計（MS/MS）を組合せたLC/MS/MSが広く利用されている。

3）気化しやすい有機化合物の定量分析に用いられる。気化したサンプルをガスクロマトグラフ（GC）で分離させた質量分析計（MS）で検出する方法。

4）高温に加熱して原子化した物質に光を照射したときに、構成元素に固有の幅の狭い吸収スペクトルを示すことを利用して試料に含まれる重金属等元素の定性と定量を行う分析方法。

深刻な香港の下水道では，海水をトイレ水洗水に使うことから，下水中の硫酸塩濃度が高い問題を解決する技術開発を行っている。私が金沢大学で行った硫黄脱窒素法の研究，下水中の硝酸塩（NO_3^-）を窒素ガス（N_2）に還元するのに硫酸塩と組み合わせる微生物反応の研究からヒントを得て，SANIシステムと名づけた大規模な実証実験を行っている。これは，現在世界中で使われている活性汚泥法に代わる，BOD，窒素，りん酸を除去する全く新しい下水処理方法の発明である。

滋賀県東北部（彦根・長浜地域）に，新しく流域下水道を整備することになり，滋賀県から流域下水道環境アセスメント委員を委嘱された。現在このアセスメント結果に基づき下水道整備が進行し，琵琶湖北湖の水質改善の重要な役割を果たしている。

地域と地球の環境問題に挑む——大津・吉田時代

この時期，大津市にある京都大学工学部附属環境微量汚染制御実験施設教授を拝命した。後に環境質制御研究センターに拡充でき外国人研究者を招くことができた。枯草菌Rec-Assayを琵琶湖・淀川水系に適用して試験したところ，中流に京都市の下水処理水が放流される淀川は，下流になるに従いRec-Assayの数値が上昇し汚染が進行していることから，飲料水の安全性を高める必要性を示した。大阪府・大阪市の水道水源となっている下流淀川は，高度浄水方法（オゾン処理・活性炭処理）をいち早く導入した。琵琶湖の富栄養化により，赤潮発生から深刻な藍藻類繁殖へと移行して，淀川水系全体の水道水がカビ臭がするほどに，問題化していた。オゾン処理を使えば，微量汚染物質のOHラジカル分解による無害化[5)]が可能であるが，そこには副産物が発生する。そのオゾン副生物の遺伝子毒性の研究に山田晴美助手が着手していて，Rec-Assayによる評価が役立った。

この一連の研究で，松田知成准教授（京都大学），滝上英孝博士（国立環境研究所），越後信哉博士（国立保健医療科学院），小坂浩司准教授（京都大学）が活躍している。また西田耕之助助教授（当時）が中心的に開発された悪臭検知・分析・防止の分野では，大迫政浩博士（国立環境研究所），樋口能士教授（立命館大学），樋口隆哉准教授（山口大学）が活躍した。

滋賀県が設立した国際湖沼環境委員会の科学委員に就任したことから，世界湖沼会議の運営に深く係わることになり，30年を超えて現在もその活動に協力している。世界の湖沼や河川の汚染は進行しており，地球的視野を持つべき時に，1992年の地球サミットに参加し，地球環境問題の重要性を日本社会に伝達する使命を感じた。幸い土木学会誌編集委員会委員長を東京工大の中村良夫教授から受け継いだ。日本の主要学会

5）OHと表されるヒドロキシ基は、いわゆる活性酸素のグループで酸化力が最も強い。あらゆる有機物質と反応することから有害有機物質を分解する。

の中で，土木学会が最初に地球環境問題を取り上げ，２年間にわたって特集記事を掲載できた。残念ながら地球環境問題は解決できず，ますます深刻化している。大津の実験施設では，沢山の研究を始めた。その一つは，琵琶湖の水質でBOD値は下がっているのにCOD値が低下しない原因の究明である。活性汚泥が分解した残物でこれ以上分解されない天然物質，すなわち腐植質の解明は，清水芳久教授（京都大学），池田和弘博士（埼玉県環境科学国際センター），日下部武敏助教（京都大学）等による解明が進んでいる。毒性物質の動植物への影響研究では，山下尚之講師（京都大学），山本裕史博士（国立環境研究所）達の活躍がある。琵琶湖の富栄養化を湖流の水理学と関係づけた山敷庸亮教授（京都大学）の優れた成果もある。

アジア・アフリカの衛生状態改善は，すなわちトイレの改善である。人の排泄物である「尿」と「糞」の内容を検討し農業肥料に変える研究は，京都の国際NGO，日本国際民間協力会と一緒になり，原田英典助教と研究して，アフリカのマラウイ・ケニアで普及活動を行い成功している。

発癌性物質の解明とそれらの飲料水中濃度の安全性は解明できたが，ダイオキシン等環境ホルモンと呼ばれる人や動物への有害性の解明が新たに持ち上がった。その結果，人尿中にはダイオキシンは排泄されず皮脂として排泄されることが証明できた。さらに人尿中にはインディルビン・インディゴが排泄されていることを世界に先駆け発見した。この２物質は動物の腸内細菌と肝臓で生成されていることから，新たな謎が発生した。ダイオキシンやその他多環芳香族物質を排除するAhR（多環芳香族）受容体の本来の役割は，元来，インディルビン・インディゴ等の自然物排除だったのではないか？これには未知の遺伝子活動が存在するのではないかという問いを示唆することになった。松田知成准教授が中心となり足立淳博士，松田俊博士等の研究でエピジェネティクス（DNA構造）の変化を解明することが可能となった。環境ホルモン・遺伝子解析・環境毒性の展開では，川西優喜准教授（大阪府立大学），新矢将尚博士（大阪市立環境科学研究所）が活躍した。こうした研究をはじめとして，多様な面白い成果が上がった。

実践的人材の養成――地球環境学堂・学舎

この時期は，京都大学全学を挙げて地球環境学大学院（地球環境学堂・学舎）づくりに取り組んだ。中心となったのは内藤正明教授，松岡譲教授と私の３人で，基本構想を作り文部省のヒアリングを受けた。設立した「環境マネジメント」専攻の大学院は地球環境問題解決の実践的人材養成大学院である。京都大学で初めて，英語で教育し，また長期インターン研修を義務付ける，日本で他の大学にないユニークな教育・研究組織を作り上げたことに誇りを持っている。――環境問題は地域と地球を合わせて解決する時代になった。この間社会人や多くの留学生に学位を与えた。名前は割愛する。

なお，平成13～15年度科学研究費補助金・特定領域研究「内分泌攪乱物質の環境リスク」班代表を務め，参加大学で多くの博士研究者が成果を収めた。

❖化学合成物質の評価・無害化・有機物質循環に取り組む──現在の私

人の糞尿は下水道に流れ汚泥となっている。その汚泥には人の食料となる穀物野菜果物栽培の栄養素が全て含まれている。安全で美味しい有機農業の基本は，優れた品質の堆肥である。汚泥からの堆肥づくり，超高温発酵微生物の研究が面白い。プロバイオティクス環境農業を展開しており，国土交通省が推進しているビストロ下水道に協力している。亜臨界水リアクター[6)]により有機質高速加水分解で，汚泥・生ゴミ・家畜糞・

6）水の性状で、温度と圧力で決まる臨界点より低い領域の水が亜臨界水。高圧反応器の中で、有機化合物に亜臨界水を与えると溶解、加水分解することを利用して、有機廃棄物を焼却せずに、有益な飼料・肥料・土壌改良剤等に変換する。

先達の横顔

まつい・さぶろう

Pioneer's Profile

●学歴

大阪府立北野高等学校卒業［昭和37年（1962）］
京都大学工学部衛生工学科卒業［昭和41年（1966）］
同大学院 修士課程修了［昭和43年（1968）］
同大学院 博士課程中退
テキサス大学大学院土木・環境工学科 博士課程修了Ph.D.［昭和47年（1972）］

●職歴

茨城県土木技師
　鹿島臨海工業地帯建設事務所深芝処理場 主幹［昭和47年（1972）］
金沢大学土木工学科 助教授［昭和50年（1975）］
京都大学工学部衛生工学科 助教授［昭和61年（1986）］
京都大学工学部附属
　環境微量汚染制御実験施設 教授［昭和62年（1987）］
京都大学大学院工学研究科環境工学専攻環境デザイン講座 教授［平成13年（2001）］
京都大学地球環境学大学院地球環境学堂 教授［平成14年（2002）］
同名誉教授［平成19年（2007）］

●履歴

平成13～15年度科学研究費補助金・特定領域研究「内分泌攪乱物質の環境リスク」班代表。国連地球環境機関（GEF）顧問，国際水協会（IWA）執行役員。福田首相，麻生首相「地球温暖化問題懇談会」委員等を経て，現在㈱松井三郎環境設計事務所代表，中央大学研究開発機構教授。公益社団法人日本下水道新技術機構技術委員会委員長，滋賀県下水道審議会会長，第17回世界湖沼会議企画推進委員長，国際水協会（IWA）名誉会員，特別フェロー会員。日本ペンクラブ会員。水制度改革国民会議理事長として「水循環基本法」成立に貢献。

●専門分野

環境工学，環境微量汚染制御，生態毒性学に関する発表論文は，500件を超える。

●主な著書

『環境ホルモンの最前線』（2002年，共著，有斐閣），『地球環境保全の法としくみ』（2004年，編著，コロナ社），『京都学派の遺産──生と死と環境』（2008年，共著 晃洋書房）ほか多数。

●主な受賞・受章

京都ヒューマン大賞2015，アメリカ環境工学教授協会優秀講演者賞受賞，カナダ環境省国立水研究所ヴォーレンワイダー博士記念講演受賞，日本水環境学会学術賞，下水道協会功労賞，環境科学会功労賞他。

有機性廃棄物の安全処理とメタン発酵前処理，そしてそれらを堆肥として利用する農業循環が可能である。これからの研究では，人類が常に合成して使う新規化学合成物質の環境挙動とそれらの有害性評価，有害有機物の分解による無害化と有機物を資源や堆肥として食糧農業循環する技術の開発が待たれている。──地球環境問題解決の道は，物質の合成と分解の健全な循環の道である。人類のために，これからも新規化学物質の有益性・利便性を追求しながら微生物による分解で健全な循環の道を構築することが科学者・研究者の大きな使命となる。若き研究者・技術者の大きな挑戦が待たれている。不垢不浄の世界の創造

先達からの招待状　Invitation from Pioneers

PCから離れてフィールドに出よう，通説も疑ってみよう，環境は変わる

海老瀬 潜一

汚染・公害問題の渦中で学生時代を過ごし，研究者としては水質汚濁・富栄養化の問題解決への時期，さらには，水環境保全から地球環境への対処の時期と，研究対応が目まぐるしく変化する時代を通り過ぎた。これから環境問題はいずれに，と考えてしまうこの頃である。近年，環境と他分野との組み合わせで，「○○環境学」や「環境○○学」といった表現がやたらと増え続けているが，基本的には，我々，環境工学が取り組んできた身近な環境と地球環境における問題提起，およびその対策と解決への，努力を続ける必要があることに，変わりはないと思う。

専門教育のみになる前の貴重な２年間をどう過ごすか

筆者の大学入学時，京都大学工学部各学科の募集・選抜方式は，学科ごとの合否判定で，その後の２年間は大学生としての教養をつけるべき，貴重で自由な充電期間であった。ただし，現在とは違い，８時10分から17時まで，土曜日は午前中も授業があり，おまけに，２年次の土曜日には13時10分から17時までは測量学実習が加わった。衛生工学の学科やコースのあった他大学では，「理科○類」という募集方式で，入学１年半後の教養課程修了時の成績順と入試得点による志望学科のふるい分けがあり，人気学科に進学するために，入学後も成績上位を目指した厳しい競争が続くと聞いた。あとに

なって，この違いはとくにありがたくて代えがたいものであったと思う。おかげで進路の周辺も含めて，興味あるいろいろなことに，少しは手を出せた。

現在の京都大学工学部地球工学科では，同系学科グループに入学した直後に，個別学科に分かれるように聞いている。いまも昔も変わらず，入学直後には所属学科が決まるのである。55年間もの社会環境の変化は大きいと感じるし，２年次までに専門教育が始まっている違いもあるので，かつての教養部時代のような２年間ではないと思う。したがって，最初の２年ほどは，ほとんどが専門教育となってしまう後半の2年間とは違った過ごし方をしてほしいと思う。

研究を展開する“気づき”を得られるフィールドの効用

計算尺から関数電卓への学生時代，紙テープからカード入力による大型計算機への大学院時代，近年のワープロからパソコン（PC）への研究者時代を，急ぎ足で駆け抜けてきた。文献複写については，マイクロフィルムや青焼きコピーから電子複写やコピー機のお世話になるように変わった。学会の講演概要は，手書きから，和文タイプやワープロを経てPC出力へと変わり，講演はブルースライドからオーバーヘッドプロジェクター，さらにはマイクロソフト社のPowerPointでのプロジェクターを使った発表スタイルになった。論文や各種公的研究助成金の申請も手書きからExcel等の出力に変更されて久しい。今や手紙・電話・FAXから電子mailの時代である。研究スタイルは大きく変わって，あらゆる面でPCのお世話になり，PCの前からなかなか離れられなくなっているのではないか。

けれども環境研究は，新たな汚染・曝露等の事象や原因の発見的研究や，発見された事象の検証的研究，その原因等への対症療法的研究や予防療法的研究などに分かれる。いずれの研究も，その事象が起こった現場やフィールドから始まる。コンピューターを用いたモデル開発や解析での新しいアイデアによる展開にも，それを検証するフィールドデータが必要となるが，空間的，頻度的にデータが不十分なことが多い。公共機関や他人の測定データに頼ってばかりでは，ただのケーススタディとなり，本来の目的を達せられない。

公共機関の環境測定で瞬時に自動測定できる因子は必ずしも多くない。こちらが望む時間頻度や地点密度の測定データの存在は限られるのが現状である。対象地域の複雑な地形に応じて適切な地点や頻度で得られた環境データが不十分な場合，モデルや解析精度のレベルアップは望めない。フィールドに出て，必要な地点，必要な頻度で，自ら工夫して測定してはどうか。フィールドに出れば，いろいろな“気づき”に出会うことができ，得られるものも多い。

ただし，フィールドの選択は極めて重要で，着目する事象が起こる場の特性と，生起する時期の特定が研究の成否を分けることが多い。複数のフィールドを調査し比較することで，全体と部分，一様さと多様さ，平均と変動，平均値と極値，中央値との時間的ズレ，境界条件や初期条件の複雑さなど，注目する事象の特徴が確認でき，新たな発見も得られるはずである。近年，新たな手法を用いた分析機器の開発や測定精度の向上によって，かつては不可能だった微量物質の濃度まで測れるようになった。容易には手に入り難い試料を入手できれば，眼をつけていた物質の存在や濃度を知って，事象が起こる機構の新たな説明につながる。ただし，十分に準備して測定を継続し，待ち続けなければ，希少な現象やその出現時機には，遭遇すらできない。これらフィールドでの発見的な研究と検証的な研究では，“気づき”が新たな展開の契機となろう。

通説を疑え――常に変化する酸性物質の量と内容，飛来経路

フィールドは常に変化している。これまでの通説がいつまでも正しいとは限らない。定説は十分に把握していなければならないが，環境の通説は疑ってみることも必要である。

筆者は“酸性物質の陸水[1)]影響”の研究で，東シナ海や日本海側の高山や離島の渓流水質を対象として，酸性物質の負荷影響の分布実態を二十数年間調査してきた。大気汚染の要因としては，火山の噴火や噴出ガスなどの自然要因もあるが，古くは薪炭の燃焼による日常生活活動や金属精錬等の近隣影響に限定されていた。産業革命以降は石炭，石油，さらには天然ガスの燃焼に起因する汚染が加わって広域化した。酸性雨の影響およびその研究では欧米での歴史が古い。近年，欧米での酸性雨は沈静化しているが，遅れて始まった極東の日本では，いまだその影響は続いている。

かつての酸性雨の原因物質は硫酸，硝酸，塩酸等の酸性物質で，塩酸系の酸性物質はアンモニアの工業生産手法の変化で激減して問題視されなくなって久しい。また，硝酸系の酸性物質は長距離輸送の過程で除去されて遠距離には到達し難いとされてきた。しかし，である。気塊の輸送時間は飛来ルートと高層大気の風速等の気象条件に大きく左右され，硝酸の除去程度にも影響があると考えられる。アジアでは，近年の急速なモータリゼーションの展開で，大気汚染物質の構成変化が大きいことは明らかである。酸性物質の構成内容や輸送コースはいつまでも同じではなく，気象ではゆらぎによる自然要因に加えて，地球の温暖化によると考えられる影響で，過去の状況から変化していると推測される。現に，極東風・偏西風や黒潮の蛇行の報道は珍しくなくなっている。

1）海水に対して，河川水や湖沼水の表流水のほか，伏流水を含む地下水および氷雪で構成される水分を陸水という。

対象地域の位置に長距離輸送されてくる大気汚染物質を含む気塊の飛来コースは，たとえば，バックトラジェクトリー解析[2)]によって知ることができる。このような手法で，直前の気象状態を遡って発生源地域および通過地域を順次辿れば，その気塊の発生源や通過地域での使用燃料種の消費量から，影響内容をかなりの程度で推定することができる。燃料種と気塊の構成物の同位体比の違いからも発生源の推定が可能である。

大気の流れの混合過程や飛来する気塊中に含まれる物質の反応過程は，対象物質の濃度や輸送時間に影響される。近年の台風の発生時期・通過経路の変遷のように，温暖化現象の進行に伴い，気象条件も変化している。したがって，酸性物質の量や構成内容も時代と時期によって変わっているはずである。

酸性物質負荷に曝される屋久島の現状

筆者は，中国大陸方面から酸性物質が日本に届く最前線の東シナ海で，上海から直線距離で800km東に位置する屋久島に注目した。各種の気象台や測候所での年降水量の平年値では，屋久島は国内一の4,000mm超に達する多雨の高山島で，島北端の国設酸性雨測定所での硫酸イオン（SO_4^{2-}）の湿性沈着物[3)]負荷量は国内最多である。酸性雨の森林影響では神奈川県の大山が注目されたが，酸性雨の陸水影響が日本で最初に顕在化するのは屋久島ではないかと目星をつけた。霧島・屋久国立公園（後の屋久島国立公園）に属する屋久島は，周囲を黒潮が洗う亜熱帯気候で，1993年に世界自然遺産に日本で最初に登録され，多様な自然が残されたほぼ円錐形の島である。島中央部の九州最高峰の宮之浦岳（標高1,936m）などから，半径がほぼ12.6kmの円周状海岸へ放射状に流下する約60の渓流群の水質分布を，1992年から年4回，定期調査してきた。

山岳島である屋久島の山腹斜面は，降水量が多く降雨強度が大きい雨の浸食を受けて，島の基盤岩層を成す花崗岩があちこちで露出し，土壌層が極めて薄い。約60の放射状渓流水の無機イオンの方位分布では，予想通り，西側で硫酸イオン（SO_4^{2-}）濃度が他の方位より高く，水素イオン指数（pH）や，酸性物質の緩衝能の評価尺度となるアルカリ度は西南側では低かった。酸性物質の緩衝能が低いとされる花崗岩に覆われ，土壌層の薄さゆえに，屋久島の渓流水は，日本列島の他流域の渓流水と比べてアルカリ度が極めて低く，酸性物質負荷に長くは耐え難いのではないかと思われた。しかし，調査を続けるうち，密度が高い森林植生で緩衝を受けた上，水文学で表面流出と分類される流

2）後方流跡線解析。注目する位置・高度の直前の風速・等圧線配置等の気象データを遡って，移動経路を推定する。

3）晴天時に観測されるガス，エアロゾル、粒子状の乾性沈着物に対して，雨，雪，霧等の水分に含まれる沈着物を湿性沈着物という。

れでの流出が多くて，急傾斜の山腹を短時間で流下するために，幸いにも，酸性物質の影響度が抑えられていると考えるに至った。

中国大陸方面からの酸性物質負荷に曝される屋久島の国設酸性雨測定所の観測では，湿性沈着物負荷に変動があるものの，nss-SO_4^{2-} [4]にわずかに経年的増加が認められる。これに対して，約60の渓流群の年4回調査のpH，アルカリ度および電気伝導度の算術平均濃度では，1992年から2003年までのほぼ10年間でわずかな経年的な減少傾向が見られ，その後の2013年までがわずかに増加の経年変化が見られた。1992年から2013年までの全体を通してみると，経年変化を認め難い状況となっている。これらの経年変化については，年降水量の経年変化とは異なり，各調査日の先行晴天期間や先行降雨の規模等の水文条件の影響も大きいと考えられる。酸性物質も雨・雪・霧等の湿性沈着物負荷だけでなく，ガスや粒子状の乾性沈着物負荷もあり，その測定データは湿性のそれに比べて調査年が新しく，データが少ないのが現状である。

しかし，渓流水にごく低い濃度で存在する硝酸イオン（NO_3^-）が，低いながら最近増加しているかに見える。中国大陸での最近のモータリゼーションなどにより，石炭燃焼中心から石油燃焼が増加して大気汚染物質の構成と量に変化が生じ，距離的に近い屋久島では，通説とは異なり，輸送途上で消失せずにその影響が出始めたのではないかと危惧される。調査期間はまだ十分ではないらしく，フィールド調査を続行せねばならぬようである。

4）non sea-salt-SO_4^{2-}（非海塩性硫酸イオン）。海水中にはNa^+，Cl^-に比べてかなり少ないものの，SO_4^{2-}やCa^{2+}も含まれている。これらは海水とともに蒸発して大気中の水分に溶け込んでいるためにこれらを除外し，石炭や石油の燃焼由来の大気汚染物質として算定されたSO_4^{2-}を指す。

先 達 の 横 顔

Pioneer's Profile

えびせ・せんいち

●学歴

私立同志社高等学校卒業［昭和37年（1962）］
京都大学工学部衛生工学科卒業［昭和42年（1967）］
同大学院修士課程修了［昭和44年（1969）］
同大学院博士課程中退［昭和46年（1971）］

●職歴

京都大学工学部衛生工学科 助手［昭和46年（1971）］
国立公害研究所水質土壌環境部
　水質計画研究室 研究員［昭和54年（1979）］
同室長［昭和62年（1987）］
国立環境研究所水土壌圏環境部
　水環境工学研究室（改称・改組）室長［平成 2年（1990）］
摂南大学工学部土木工学科 教授［平成 7年（1995）］
摂南大学理工学部都市環境工学科（改組・改称）教授［平成23年（2011）］
同定年［平成26年（2014）］

生物工学のすすめ
個人史から

塩谷 捨明

私は，1967年に衛生工学科を卒業し，大学院を経て，教員として京都大学化学工学科，大阪大学応用生物工学科，定年後は熊本にある崇城大学応用生命科学科と３つの大学で研究教育に当たってきた。衛生工学科を卒業しながら，本流を外れた生物工学を専攻してきた。本稿では，京大環境学を目指し，また勉強しつつある若い人たちに，キャリアパスとしてこのような道もあることを，私の個人史を通して示したい。

問題解決のためにはあらゆることに取り組む環境マインドを身につけた学生時代

1963年，創立６年目の京都大学工学部衛生工学科に入学した。公害問題が話題になっており，環境問題に目が向け始められた時期でもあり，人気が出始めた学科だった。本書第２部に詳しいが，この衛生工学科は土木科の上下水道，化学工学科の衛生設備，医学部公衆衛生の先生方を中心に土木工学科の系列学科として誕生した。従ってその守備範囲は広く，特に学部時代は広くて浅い勉強をした。今でも梁のたわみに関する「5/384」という数字や，Navier-Stokes[1]の式など，土木構造や流体力学といった分野のかすかな記憶が残っている。ただし，生物系，化学系の基礎教育が不足していたように思う。後々化学の知識不足を痛感させられた。

卒業研究として化学機械（化学工学）学科出身の高松武一郎先生の研究室のテーマを選んだ。このとき選んだ卒論のテーマは，湿式酸化法（Zimmerman Process）による汚泥処理プロセスの開発だった。要するに活性汚泥法排水処理中に出てくる余剰汚泥を湿式酸化法[2]により処理し，質，量ともに減らそうというものであった。学部生の時はプロセス全体の物質収支計算に終わったが，修士課程では，実験装置の組み立てや基礎データ取りをした。実験データがばらつくのを抑えるため，市販のアイスキャンデー保管庫を購入し，処理の原料となる下水処理場の活性汚泥を大量に凍結保存し実験材料として使用したことなど，実験に工夫を重ねたことを思い出す。そしてそのまま大学院

1）圧力や粘性ストレスなどの力が及ぼされる場で，非圧縮な気体や液体の運動を表現するための方程式の系。一般には偏微分方程式。

2）汚泥に含まれる有機物を，液相を保持した状態（5～7MPa、220～250℃）で酸化処理する方法。直接燃焼に比べて，省エネルギーになる。

博士課程に進学した。

しかし，1971年博士課程2年次，恩師高松先生が出身学科の化学工学科の教授として転出することになった。新しい高松研には，教員がおらず，私に助手にならないかとお声がかかった。博士課程3年目を残しており，大いに迷ったが，先生の薦めもあって化学工学科の助手になった。すぐに「廃水処理プロセスの最適設計と設計余裕」という博士論文にはけりをつけ，研究テーマの対象を，微小生物群生態系を利用する廃水処理から単一微生物の純粋培養へと変えていった。

今から考えると，同じ微生物を扱っていてもずいぶん畑違いの選択をしたものである。必要な基礎知識にも実験手法にも差があり，一からの出発といえる。生物化学工学の教科書を読んだり，生物工学若手の会に参加したりして，勉強を続けた。今でこそ微生物による廃水処理を複雑系として理解しようという概念は確立されているが，当時はBOD，CODの世界で実験データの再現性についても苦労した。また，生物廃水処理の研究と並行して，カビの培養も手掛け始めた。これも今から考えると，培養系としては取り扱いのむずかしい対象から入ったわけで，先達のいない悲しさを味わった。

振り返って考えてみれば，問題解決のためには何にでも取り組み，努力した。これは学生時代に衛生工学科で広く勉強することを身につけた習慣にもよると思う。

微生物培養研究から生物プロセス制御等の研究へ

1977年6月，スイス連邦工科大学チューリッヒ校（ETH）のポスドク（博士研究員）として雇われ，チューリッヒに1年間留学した。このとき，英語で論文を書き，討論できる語学力の必要性を強く感じた。院生の時から訓練をしてきたつもりであるが，今でもその能力不足を痛感している。学部生の時から勉強すべきであった。

留学時代の私の研究テーマは，廃水処理関係では超深層曝気システムの開発だった。簡単な偏微分方程式や常微分方程式による数値解を求め，圧力の影響を受ける気泡塔での酸素移動の解析とその活性汚泥廃水処理システムへの有効利用を考えた。化学工学の知識が大いに活用できた。実験による検証も行った。また，並行して研究したのは有用微生物培養のコンピュータ制御である。コンピュータがどんどん小型化され開発されてゆく中で，これを培養系に利用しようという時代の流れを汲み取った研究でもあった。ほぼ手作りで流加培養[3]のオンライン計測・制御システムを開発した。新しい制御理論も組み込めるよう，当時流行りだったファジィ制御，適応制御，人工知能の利用など，勉強もし実験室の装置で次々に試みたりもした。

3）培養中に，ある特定の基質（栄養源，培地成分など）をバイオリアクターへ供給するが，菌や細胞，培養液は終了時まで抜きとらないような培養法。連続培養と同じような環境条件を維持できるが，雑菌汚染に強い。

1986年，大阪大学醗酵工学科からお声がかかった。阪大に移り，新しく研究室を構えたばかりの菅健一教授のもとで1年後に助教授になった。研究室では微生物によるアミノ酸発酵や動物細胞の培養を手掛けた。また，京大時代から続けていたパン酵母の流加培養の実験的研究と理論的研究を完成させた。工業用微生物の培養生産においては，微生物自体の増殖速度を上げると酵素などの生産速度はかなり減少する。このような培養において生産物を短時間で最も経済的に生産するためには，培養初期に回分培養で微生物そのものの量をできるだけ増加させておき，次に生産速度最大で流加培養する二段培養が適していることが数理論的にも証明された。この論を種々の培養に適用していった。「Simpleな解が最適である」という高松先生の言葉を実感した。

阪大時代の最後は，網羅的解析による生物プロセスの設計制御や，微生物集団，特に酵母と乳酸菌との相互関係の解析とその利用などに研究の中心を移していった。

生物は環境に応じて自らを維持したり増殖したりするのに都合の良いように，「代謝反応ネットワーク」で触媒として働く酵素の量や活性を変化させる。つまり，代謝を組織化された反応ネットワークとして制御している。代謝工学は，細胞内部の代謝反応に焦点を当て，細胞内外の代謝物質の変化速度や細胞内の代謝物質の流れ量（フラックス）を把握し，よりミクロな視点に立って生物プロセスを解析しようという試みである。それには細胞内に存在する遺伝子，タンパク質，代謝制御の各ネットワークがどのように機能し，細胞の生理を実現するのかを把握する必要がある。この考えに沿って各ネット

先達の横顔

しおや・すてあき

Pioneer's Profile

●学歴

京都大学工学部衛生工学科卒業［1967年］
京都大学工学研究科博士後期課程　衛生工学専攻2年中途退学［1971年］
工学博士［1975年］

●職歴

京都大学工学部助手［1971年］
スイス連邦工科大学（ETH）客員研究員（1年間）［1977年］
大阪大学工学部助手［1986年］
大阪大学工学部助教授［1987年］
大阪大学工学部教授［1993年］
日本生物工学会会長［2007年］
大阪大学定年退職［2008年］
崇城大学生物生命学部教授［2008年］
崇城大学副学長（研究担当）地域共創センター長など併任［2010年］
崇城大学退職［2015年］
現在 大阪大学・崇城大学名誉教授

●主な受賞・受章

日本醗酵工学会照井賞［1991年］，日本生物工学賞［2009年］

●趣味

低山歩き，旅行

ワークデータの網羅的解析により，目的生産物を多量に生産する酵母の分子育種の研究を続けた。

もう一つは，複数の細胞や組織を一緒に培養する共培養に関する研究である。乳酸菌と酵母の組み合わせは普遍的に見られるものではあるが，改めて解析し，積極的に利用できないかと研究を進めた。ナイシンは，ある種の乳酸菌が生産する代表的な抗菌物質である。副生する乳酸を酵母によって消費させ，正の双利共生関係を利用してナイシン生産性の向上を図った。別の乳酸菌と酵母との組み合わせでは，乳酸除去以外の作用，すなわち酵母と乳酸菌がそれぞれの表層にある多糖マンナンやタンパク質と接着し影響し合っていることを明らかにした。

崇城大学では，動物細胞を用いた軟骨組織の再生，植物細胞を用いた抗がん剤タキソールの生産など，微生物だけでなく動植物細胞までも対象に，生産性向上の研究を行った。

以上，40年余にわたる研究から，微生物の培養制御技術に関すること，代謝工学に基づく育種，また廃水処理に関する複雑系の扱い，酵母と乳酸菌の共培養に関する知識，など，多くのことを学んだ。

生物化学工学と代謝工学の教育

これまで京都大学，大阪大学，崇城大学（熊本にある学生総数4,000人弱の五学部を持つ私立大学）で教えた。京都大学では実験指導や共同研究で学生と関わった。大阪大学，崇城大学では，生物化学工学や代謝工学などを教えた。細胞の増殖や代謝産物生産の効率化を図るには，炭素源の代謝過程を充分に把握し，生物機能利用細胞の分子育種を合理的に行うことが必要である。また，育種された細胞の合理的な培養方法の確立と運転制御が必要である。代謝工学では，炭素源の基礎的な代謝経路や目的産物の代謝，酵素反応や代謝反応の基礎や細胞内代謝フラックス分布の計算法，ならびに物質生産への遺伝子導入の利用法の指針について講義と演習を行った。生物化学工学では，生物工学の基礎，培養方法，培養制御（自動制御，最適化，知的制御〈AI，ファジィ制御，適応制御〉），自分が研究の道具に使った理論や方法論，具体例を教えた。

その他いくつかの科目を教えたが，いわゆる教科書的知識と共に，これまでの研究で得られた成果を盛り込んだ講義をすることを心がけた。

生物工学のすすめ

キャリアデザインが一番必要なのは高校生に対してではないかと思う。高校時代には漠然としか自分の将来を考えていなかった。しかし，衛生工学科を選んで入学したことが，私の研究生活をかなり決定づけている。私自身はここ何年も環境問題を直接には扱っていないが，その手の話を聞いたり論文査読に当たったりしても，その問題が違和感なく理解できる。間違いなく大学学部での専門知識が感覚として刷り込まれているからだ。学部の専門を何にするかは重要である。

さて，生物を基礎にし，有用物質を生産するための基礎的研究には，まだまだ課題が山積している。代謝ネットワークを自在に操れるよう，蓄積されつつある遺伝情報やタンパク質，メタボローム[4)]などの様々な情報を活用できる手法の研究。また，複雑系については，様々な場での生物相互間の情報伝達と相対関係を探る多くの基礎研究も必要である。例えば，腸内細菌群の挙動はまだまだ未解明な点が多い。さらに，排水処理微小生物群や湖沼などの生物群に目を向ければ，これらの生態系を理解し，利用し，調和していくには，大きな課題が残されている。

京大環境学を志し，また現在そこで勉強している若い諸君の中から，これらの課題に生物工学を拠り所として，果敢に挑戦していく人が現れることを望んでいる。

4）生体内の低分子化合物の総体。メタボロームを網羅的に解析することにより，代謝産物の総体を知ることができ，生体内反応を知る手がかりとなる。

先達からの招待状　Invitation from Pioneers

変容する課題に惑わされない武器をもつ

多様な学問の知見という拠り所

芝 定孝

循環流研究から沈殿池モデル作成

卒業論文作成期

卒業研究に取り組むにあたって，高松武一郎先生の研究室に配属された。卒業論文「矩形槽内循環流に関する研究」の担当は内藤正明先生で，槽水面上に風洞を置き気流で槽内に循環流を起こし，風速と循環流の関係を求める基礎的な研究である。直ぐには衛生工学を連想し難いテーマだ。流力関係の英文専門書の輪講[1)]を，内藤先生の部屋で同級生の塩谷捨明君と3人で秋頃までやった。輪講当日は必ず音読と和訳を分担した。英文

1）テキストは Veniamin G. Levich 1962. *Physicochemical hydrodynamics*, Prentice-Hall. を各自がコピーした。毎回参加者全員が1度は輪番で講義担当し、数式などの内容に内藤先生の補足があった。その日の講義時間は内藤先生の都合で決まり学部のカリキュラムには無い言わば裏の講義だが、毎回の予習などは正規の講義よりハードな気がした。

の発音の誤りや専門用語の誤訳を度々指摘され，内藤先生は見かけによらず厳しかった。

修士論文作成期

修士課程に進んでからも高松研に居座った。大学院の講義は少人数かつ丁寧で受講後に充実感があった。特に印象的なのは庄司光先生の「環境衛生特論」で，教授室で先生自身が講義の英文資料を全て音読和訳され，専門用語を丁寧に解説された。このときの経験は，後に雲物理学を考慮した酸性雨研究をした際に非常に役立った。修士課程の１年目では興味にまかせて，航空工学で玉田洸先生の流体力学，地球物理学で鳥羽良明先生の海洋学，物理学第２で角谷典彦先生の流れ学なども聴講した。聴講届の高松先生の認印は秘書の住薫さんにお願いした。先生が聴講科目に目を通されたら何と言われたことか。

修士論文のテーマは「矩形水槽中における浮遊物質の挙動に関する研究」で，従来よりも詳細な沈殿池モデルの作成を目指した。沈殿物の再浮上を拡散方程式の境界値問題とし，モデルの解析解を求め数値シミュレーションをすることだけに絞った。

修士課程の２年目にようやく数値計算を始め，そのまま突っ走ろうとした。が，突然，高松先生から呼び出され，「流入側の境界条件に何故化学工学で一般的なダンクウェルツ[2]ではなく，ディリクレ[3]を用いたのか」と詰問された。ダンクウェルツに変更せよという意味だと思った。しかしディリクレの採用には絶対の自信があった。「ダンクウェルツでは流入物質濃度が連続せず，不自然になる」と答え，「急激な反応の無い物理系ではディリクレが一般的だ」とも言い添えた。すると唐突に「化学工学を敵に回す気か」と言われ面食らった。余りに予期もし得ない言葉に何と答えたかは覚えていない。後は何も聞かず喋らず直ぐ退室した。勿論，入口境界条件は変更しなかったが，無事に修士課程は修了した。高松・内藤両先生は私の言い分を理解され，私の無礼な態度も御容赦頂いたのだろう。

ところが，論文発表当日，末石冨太郎先生のあのニコニコ顔から出された強烈なパンチを受けた。底面近傍の濃度分布がおかしいという研究の根幹を揺るがす指摘である。壇上に立っているのがやっとであった。必死の思いで計算プログラムのバグを捜し出して修正した時は３月末になっていた。パンチ（愛の鞭と言うべきか）は強烈だったが，末

2）化学工学分野の流通式管型反応器に混合拡散モデルを適用する場合に、反応器入口（x=0）では、Danckwertzの境界条件と称して C(0)=C(0+)−D/U×dC/dx(0+)を用いることが多い。この境界条件では入口濃度 C(0) と入口直後の濃度 C(0+) が不連続になることが知られている。ただし、D は拡散係数、U は流速である。

3）Dirichletの境界条件は第１種境界条件（あるいは基本境界条件）とも呼ばれる。数学や、物理学の分野で偏微分方程式の境界値問題に最も一般的に用いられる。境界で関数値そのものが与えられる境界条件で、沈殿池入口での流入水濃度と流入直後の沈殿値濃度が連続する。濃度の不連続という不自然なことが起こらない。

石先生には卒論・修論の査読，論文博士となるための学力審査，化学工学（化工）脱出の勧め（転勤当時は思い至らなかった），スランプ時の援助，等々計り知れないお世話になった。

博士論文作成期

私が博士課程に進学する時に，高松先生が化学工学科に移られた。研究室に所属する学生は化工か衛生の希望する方に分かれ，私は衛生にした。そんな時，我々博士課程の3人に，中退して助手になる勧めがあった。土木の同級生に中退の話をすると，土木でも同様の勧めがあり，「3年間は博士課程に居させて下さい」と頼んだと言う。同じことを高松先生に頼むと「阿呆なこと言うな。博士課程を出た課程博士でも，中退した論文博士でも実情は全く変わらない。早く給料が貰えるだけ得だ。良く考えろ」と叱られ，井上頼輝先生の研究室の助手になった。

数年後に大阪大学に移って暫らくすると「そろそろ博士論文を書いたら」と高松先生に勧められ，半年程かけて「沈殿池の設計・操作に関する基礎的研究」を書き提出した。阪大に移った当時，化学工学科の助手十数人のうち博士を持たない者は京大出身の2人のみであった。

京大から阪大へ

京大での助手としての担当は衛生工学実験で，卒論でやった実験の一部でもあり，緊張感なく過ごしていた。すると昭和48年の修論発表会で，高松先生に例の軽い調子で教授室に来る様に声をかけられた。お茶かと付いて行くと，阪大基礎工学部への転勤話が出た。理由が不明なので，その場でお断りした。しかし，数日後には内藤先生にまで阪大行きを強く勧められた。

当時の井上研は人気もあり，院生も多く，学生の身の振り方も問題になり始めていたらしい。阪大行きを承諾すべき事情が見えてきて，阪大の先生に高松教授室で一度会ってみることになった。私が部屋に入るなり，そこにおられた阪大の伊藤龍象先生は前置きもなく，「来て頂けますか」と深々と頭を下げられた。私は動転してしまい，ろくに話も出来なかった。伊藤先生はそのまま私を京大近くの写真屋に連れて行き，顔写真を持って帰られた。会えば承諾と見なされたのだ。

専門を考慮した共通教育

阪大での「化学工学実験」の化学反応は，殆ど分からなかった。幸い，細かい実験指導やトラブル処理はベテランの技官がやり，何とか務めていた。そのうち，実験は免除になり，1回生向けフォートランプログラミングの「情報処理入門」の担当に変わった。

そこで使用する大型計算機は三菱，ネクスト，富士通と機種変更が続き，その間，大型計算機センター長で京大化工出身の先生に「化工では水を得ておられないようだ」と計算機センターに移る様に勧められた。しかし，数値計算に興味があるわけでもなく，傾斜沈殿[4)]に没頭しており，聞く耳持たずの状態であった。

その後３回生の化学工学演習（プロセス工学の英文講読）へと担当が変わり，あっという間に年月が経った。当初６名の京大出身者も退官して阪大出身者に置き変わると，私一人が助手のまま残っていた。この間，衛生工学の先生方や先輩・後輩からの転勤のお声掛けにも，わがままを通していた。このまま果てるのも自業自得と気付いた時には退官まで後数年となっていた。

教養の科目

退官３年程前に，大学教育実践センターでの医・歯・薬学部生向けの共通教育科目の講義を依頼された。タイトルやシラバスは自由にと言う。考えた末，科目名を「水と人間環境」にした。開講初年度の受講者は教官手帳を見ると合計36人で，内29人が医学部だった。そこで，シラバスには囚われず，衛生工学科時代の環境衛生の講義を参考に，公害の無過失責任，水道水の塩素処理の必要性，凝集沈殿と血沈の相似性，亜硝酸態窒素とメトヘモグロビン血症の関係などについて講義した。

これらが医学部学生の興味を誘ったのか，単位を落とす者は登録のみの３名を除くと１名だけであった。翌年の受講生は105名と3倍になったが，脱落者は3名に止まった。共通教育の環境は，一般市民向けの環境ニュースや教養書の受け売り的な講義になりがちで，大学生を満足させるのは難しい。しかし，受講生の専門分野を考慮した内容にしたことで，ある程度興味を持って受講してくれた様だ。

集中力の驚異

在職中の最も強い印象は，阪大の卒論で面倒をみたＫ君の「集中力」である。サッカーに打ち込み，研究室に通常より１年長く居た。就職活動はせず，１科目だけをわざと落としての留年だ（2年間で卒論を書く）。3年間サッカーに明け暮れ，2年間で思い切り勉強しようと思ったらしい。

2年間に，国内と海外の口頭発表を各1回，和論文執筆を1回こなした。卒論は簡単な配水管網にトリハロメタン生成の化学反応を連立させ，給水口でトリハロメタンを

4）沈殿分離を促進するために懸濁液中に適度の間隙を与えた傾斜平行板あるいは傾斜円筒を挿入する固液分離法である。傾斜平行板内部の上面と下面にそれぞれ異なる役割があり、懸濁粒子の沈殿中にこれらの面が傾斜していることが重要である。傾斜平行板の上側板の下面に沿って清澄液の上昇が生じ、下側板の上面で沈殿物の降下とそれに伴う液の流下が発生し、平行板内部で循環流となり、固液分離が促進される。

最小にする配水管網を求めるものである。化工の主流から外れたテーマである。彼は私の研究室に入り浸って，同級生が卒論発表準備や卒業旅行をする間も一人黙々と研究を続け，サッカーと卒論のみの５年間で学生生活を終えるかの様に見えた。

卒論研究を始めて２年目の夏，エジプトのアレクサンドリアで水関連の小規模な国際会議が開催されるのを知り，自費であったが，K 君に参加を勧めた。幸運なことにアブストラクトの簡単なレビューのみで，オーラル発表となった。日本からは阪大と東大からの２件だけだ。K 君は海外留学の経験もなく私同様英会話は下手だが，発表は一方的に喋り，研究者仲間の質疑応答もテクニカルタームを駆使しなんとか切り抜けた。発表後のフルペイパーも採用され，論文の完成度が高ければ，発表に会話力はさして問題とならないことを示してくれた。

K 君はアレクサンドリア大学生に混じりバーベキューやサッカーも楽しんだ。更に，会議後にはナイル川クルーズ，ルクソールのピラミッドやスフィンクスの遺跡も見学した。会議参加の動機が観光であったとしても，研究成果の発表という大義は果たされた。大きな達成感を得たに違いない。私も何とも言えない興奮を覚えた。

秘訣は失敗を恐れず愚直に繰り返すこと

希望の就職先に有利な研究室が存在することは事実だ。しかし，毎年の先輩による研究室紹介も往々にして粉飾があり，配属されてみないとわからないことが多い。自活のために直ぐに稼ぐ必要がなく，研究者や教育者を目指すなら，好みは別として，研究室に拘る必要はあまりない。最初に手掛ける研究が異なるだけである。研究内容が一生変わらない人は殆どいない。修士課程，博士課程での学位取得も一里塚に過ぎない。私

先達の横顔　Pioneer's Profile

しば・さだたか

●学歴
私立同志社高等学校卒業［昭和37年（1962）］
京都大学工学部衛生工学科卒業［昭和42年（1967）］
同大学院工学研究科衛生工学専攻修士課程修了［昭和44年（1969）］
同大学院工学研究科衛生工学専攻博士課程中退［昭和46年（1971）］

●職歴
私立洛南高等学校 非常勤講師［昭和45年（1970）］
同退職［昭和46年（1971）］
京都大学工学部衛生工学科 助手［昭和46年（1971）］
大阪大学基礎工学部化学工学科 助手［昭和48年（1973）］
大阪大学大学院基礎工学研究科化学工学専攻 助手［平成9年（1997）］
大阪大学大学院基礎工学研究科化学工学専攻 学内講師［平成18年（2006）］
同定年退官［平成19年（2007）］
私立摂南大学理工学部 非常勤講師［平成20年（2008）］
同定年退職［平成26年（2014）］

の研究も沈殿池，三相流動層，傾斜沈殿，酸性雨，汚染土壌の電気化学的処理，酸性雲粒の生成などと変遷した。

「環境学」は捉えどころのない「ぬえ（妖怪）」のようなものである。それが故に，研究者にとっては自由に料理する楽しみもある。ただ，次から次へと変容する環境学に惑わされない為には，変容する「正体」を暴く武器（拠り所）が必要である。武器は物理学，数学，化学，医学，心理学，経済学，など，現象により異なるだろうが，絶えず更新し磨いておく必要がある。

過去の学業成績（遺産）を過信してはいけない。昨日までエリートであっても明日もエリートである保証はない。全く新しい武器を獲得するのも京大入試を突破した者なら十分可能である。常にやる気と根気と勇気を持つことが大切だ。大学に入れば皆同じスタートライン，失敗を恐れず，失敗しても愚直に繰り返すこと。勿論，過去の学業成績が何の役にも立たないわけではない。競合時の切り札として，評価のし難い潜在能力の高さよりも，ものを言う場合が多い。

先達からの招待状　Invitation from Pioneers

環境放射能安全研究に従事して

福井 正美

私は学部と大学院で放射線衛生工学を学び，卒業論文や修士論文ではトリチウム（HTO）やセシウムを用いて多孔性媒体中の拡散現象に関する研究を実施した（現在は禁止されているが，放射性固体廃棄物の海洋投棄評価に関連）。指導教官は岩井重久教授，井上頼輝助教授，寺島泰講師であった。大阪万国博覧会が開催された1970年に京都大学原子炉実験所（大阪府熊取町）に赴任し，放射線管理部門に配属された（部門長は桂山幸典，京都大学農業土木兼任教授）。

入所後は，主として研究炉（KUR）において，放射線モニタ指示値の点検，サーベイメータによる漏洩線量率測定など，放射能の安全研究ではなく管理担当の一員として現場での定期的業務に従事せざるをえない状況であった。その他種々の不定期業務にも従事し，ほぼ四半世紀にわたって勤務時間の半分が費やされた。他方，修士課程修了後の教育機関に就いた者にとって，学位取得は宿命であった。一般の大学とは異なる原子炉の安全管理を担う環境でいかにして研究を遂行していくか，退職後に振り返れば，以下のような管理業務から放射能安全研究への転換を含めたストーリーとなる。

放射性廃棄物処分に関連した人工放射性核種の動態に関する研究

入所当時は原子力エネルギーの利用が推進され始めた頃であった。しかしながら，将来的問題として原子力施設の老朽化による土壌汚染や放射性廃棄物の陸地処分による環境汚染が社会問題となることは容易に想定された。そこで学生時代の研究の延長として，土壌と地下水系における放射性核種の挙動に関する研究を開始した。

地下環境に放出された放射性物質による汚染の進行は，基本的には分子拡散，メカニカルな分散，移流および土壌と汚染物質との親和性の程度により決定される。これらの複合された移行機構を，現象をできるだけ素過程に分割してラボ研究を開始した。始めに分子拡散・分散現象などの物理量定量化の検討から，当時，土壌への吸着現象は無視されると考えられてきた放射性陰イオン状核種（例えばヨウ素-131）の移行でも，イオン交換だけでなく種々のメカニズムにより捕捉されることを立証した。また核分裂や腐食生成物などの陽イオン状核種を混合した模擬廃液を用いた研究でも，脱離過程を含めてヒステリシス現象[1)]が多くの核種に認められること，地下水中のpHが酸性側だけでなく，8以上の範囲でも水酸化物が生成され，移行現象が速くなる成分が存在することなども明らかにした。これは安全評価によく用いられている線形吸着（K_d）モデル[2)]の適用に検討を加える問題を提起したものである。

この研究において，特にpHが4以下の場合に土壌中での核種移行が早くなる現象は，地球規模的な環境破壊の前兆として問題になっている酸性雨の影響を，1970年代後半に室内実験としてではあるが初めて明らかにしたものである。さらに多数の放射性核種を混合し，同じ実験条件で移行・挙動を比較した本研究の手法は，1990年代中頃に理化学研究所で開発されたと称されるマルチトレーサー法と，核種の生成方法は異なるものの，実験手法は同じであり，ほぼ20年前に実施した先駆的なものであった。

地中における天然放射性核種の挙動に関する研究

1970年代中頃から，市販される放射性核種の種類が制約されると共に，価格も上昇し始め，1年に30万円年程度の研究費では，ラボ実験の継続も困難な状況となり始めた。実験所では当時，高中性子束炉（HFR）建設のための地盤調査が開始され，筆者が土

1）土壌固体およびその接触土壌液との濃度比が液相濃度が増加する過程と減少する過程において同一の比率を示さない現象。

2）ヒステリシス現象は起こさず，液相濃度に対する土壌固体濃度が同一の変化比率を示すと想定するモデル。

木系出身ということで敷地内の地層や地下水調査などを要請された。そこでこの調査の一環として多額の費用をかけて掘削したボーリング孔を利用する研究を模索した。

当時，ソ連や中国において，地震予知指標として井戸水中のラドン（^{222}Rn）の濃度変動観測が開始されていた。そこでHFR建設予定地周辺の地下水中^{222}Rn濃度を測定し，濃度変動が少ないことから大阪層群地下水の流動が安定していることを確認した。ついで1970年代後半以降には，井戸水や地下水をはじめ，湧出する放射能泉も対象として濃度測定を展開した。^{222}Rnはその子孫核種も含めて発ガン性リスクの大きいことが，1982年の原子放射線の影響に関する国連科学委員会（UNSCEAR）により報告された。その報告以前に一般環境水中の^{222}Rn濃度レベルを明らかにしたことは，保健物理学的観点からも有意義であった。

この研究では続いて，地表近くの浅層地下水中における^{222}Rn濃度分布，時間的変動を検討し，雨水による希釈・混合効果，浅層地下水中での^{226}Ra–^{222}Rn濃度平衡の回復現象などを*in situ*[3]として世界的にも初めて可視化した。^{222}Rnは空気中には微量にしか含まれないガスであり，地下水面から地表までの不飽和土壌間隙を土壌ガスとして通過し，人の生活圏である地表に上昇する。そこで1980年代初めには，不飽和土壌間隙における土壌ガス中^{222}Rn濃度の連続モニタリング法を開発し，従来指摘されている気圧変動以外に，降雨浸透による濃度変化機構なども明らかにした。

アメリカ合衆国商務省から出版され，送付されてきたレポート（A Literature Review, "Measurement and Determination of Radon Source Potential"（NISTIR 5933, pp.1-190, 1994））によれば，ラドンの測定と挙動に関する分野の研究者として，日本では筆者を含む3名が挙げられている。

原子力施設周辺における放射能動態に関する管理と研究

アルゴン問題

1970年から20年間程は，上述した二つの課題に重点を置いていたが，その一方で放射線管理の現場での課題にも遭遇していた。研究炉における1MWから5MWへの出力上昇，冷中性子（CNS）設備[4]の新設（1986年），さらに重水タンクの更新（1996年）などに伴い，排気中のアルゴン（^{40}Ar）が放射化されて生成される放射性アルゴン（^{41}Ar）が増大した。そこで炉の近くに設置されている減衰タンク排気系の濃度を個別に検討し，これらを経由する微少な排気流量の僅かな変化が炉室内空気中濃度，さらには環境への^{41}Ar放出

3）「実験室系」ではなく，「自然環境下」を意味する。

4）原子炉の軽水中で生成される熱中性子を重水素水などの冷媒中で減速し，運動エネルギーが低減された冷中性子を生成する設備。

量に大きく影響し，最適排気流量が存在することを明らかにした。このような炉の周辺での気体状核種の動態研究によって，1999年度以降の放射化空気量の増加にもかかわらず，退職時には環境への放射能の放出量を1970年当初の20分の1以下にまで低減した。

炉水浄化

1991年には，KURで使用するウラン燃料を高濃縮から低濃縮へと変更することに伴う設置変更申請書作成過程で，一次冷却水浄化系イオン交換樹脂カラム下部表面に設置されている燃料破損検出器（NaIモニタ）の性能評価の検討を依頼された。ここでは，かつて人工放射性核種の動態研究で行った砂層内核種移行研究が役立った。始めに，炉の稼動に伴う炉水中生成放射能濃度の変化を時間の関数としてモデル化し，この理論式を浄化用樹脂カラムへの流入境界条件として，樹脂への吸着量を予測する理論式を誘導した。このモデル予測値が燃料破損検出器の実測値ときわめて良く一致することから，これを逸脱する場合を燃料の破損異常として迅速に診断できることを明らかにし，設置変更申請受理に貢献した。放射化量を低減するためにほぼ純水に近い非電導性の一次冷却水を炉心プールに入れるため，そこでの化学的に極微量な放射性物質の樹脂内挙動は衛生工学での水処理の常識とは異なるが，紙面の都合上，解説を割愛する。

トリチウム（HTO）漏洩

KUR重水設備近辺では，空気中放射性ガス濃度の上昇や重水タンク表面の汚染が1988年8月に検出され，重水（高濃度のHTOを含む）漏洩の可能性が懸念された。その

先達の横顔

ふくい・まさみ　Pioneer's Profile

●学歴
京都府立鴨沂高等学校卒業［昭和38年（1963）］
京都大学工学部土木系衛生工学科卒業［昭和43年（1968）］
同大学院修士課程修了［昭和45年（1970）］
京都大学工学博士［昭和60年（1985）］
京都大学博士（農学）［平成2年（1990）］

●職歴
第一種放射線取扱主任者免状取得［昭和43年（1968）］
京都大学原子炉実験所放射線管理部門 助手［昭和45年（1970）］
カナダ原子力公社
　ホワイトシェル研究所地質化学部門へ出張［昭和58年（1983）］
フロリダ大学 土壌科学部門へ出張［昭和59年（1984）］
京都大学原子炉実験所放射線管理部門 助教授［平成9年（1997）］
京都大学原子炉実験所第一種放射線取扱主任者選任［平成9年（1997）］
京都大学原子炉実験所保健物理管理室長［平成9年（1997）］
京都大学原子炉実験所放射線管理部長［平成14年（2002）］
京都大学原子炉実験所原子力基礎工学研究部門 教授［平成16年（2004）］
京都大学定年退職［平成20年（2008）］

情報が公開されて直ぐ（同年9月）に筆者は，重水が空気中に漏洩して隣接するプール水中濃度を上昇させたことを類推し，それを理論的に実証する問題に取り組んだ。その方法として，プールを想定したシャーレ水盤に少量のHTO水を注水し，蒸発や水ー気相間での同位体交換現象による濃度と内容量減少を非定常な2つの物理量（水深と水中濃度）変化として扱う独創的なモデルを構築した。これを用いて，炉室に漏洩したHTOの空気から水中への移行によりプール水中濃度が上昇したことを科学的に証明することができた。これにより監督官庁へのプール水中濃度上昇原因の説明が可能となり，停止されていたKURの運転・共同利用を再開する一助となった。

管理の現場で培われた変動要因を究明するセンスと洞察力

ラボでの研究や自然環境を対象にした環境放射能安全研究を，未知の現象に対する知見を累積する演繹的手法により各々10年以上継続してきた。これに対して，現場（施設環境ともいえるフィールド）調査から開始して20年間以上継続してきた放射線管理の課題については，その手法は目的指向的であり，帰納法的なアプローチが要求される。

施設環境では，条件を理想的に設定して実施するラボ研究とは異なり，人為的惑乱も含めて現象の再現については困難が伴う。実際，当初は結果（output）の予想もつかず，特別な成果も期待せずに現場で汗を流したものであった。ここでは興味を抱けなかったルーティンの管理業務知識が基本となり，それらが種々の濃度規制値以下であることに満足せず，その変動要因を究明していくセンスと洞察力をもってALARA[5)]の視点から放射能安全が確保される結果となった。

さらに，これらの現場的活動は，「施設固有の問題」と捉えられがちであり，管理的色彩の強い成果は研究論文にすることも困難であった。活動をまとめるにしても，まず参考文献のないことが国際誌などでは論文掲載のネックになる。しかしながら^{41}Ar放出低減や重水（HTO）漏洩などの固有の問題を，普遍的な現象として解明するとき，それを理解できる査読者も出現し，研究成果になるという心地よさも体験できた。時間がかかっても何らかの結論が出るまで粘り抜く忍耐力と，僅かな着想，知恵（独創性）があれば，どのような環境でも新たな成果は生まれるものである。これは誰もが共有できる教訓だと考える。

本稿では教育に関して言及しなかった。これは学生時代に受けた講義が卒業後に役立ったという記憶があまりなかったためである。卒業論文の作成過程では，寺島泰講師による放射能取扱指導があり，寺島講師が拡散現象評価時にラプラス変換[6)]（教養時代の

5）As Low As Reasonably Achievableの略で，国際放射線防護委員会により1979年に提起された「合理的に達成可能な限り低く」を意味する防護概念。

6）固・液体相中における汚染物質の拡散現象を2段階偏微分方程式を用いて表現し，変数の変換を用いて解析解を得る手法。

数学でも教えられていない）を学んでおられたことを垣間見て，自らもその関連した専門書を購入して学んだことなどが背中を見て学ぶ教育の一環であったかと思われる。

以上の研究の詳細に関しては退職時に「放射能に親しんで40年」と題する論文集を作成して京都大学の図書館や国立国会図書館に寄贈した。また東日本大震災後には依頼を受けて閲覧可能な一部の論文を「京都大学学術情報リポジトリ KURENAI」に登録し，微力ながらも社会に貢献できたと考えている。

衛生工学が直面する環境問題に関しては地球規模の観点からの研究も必要であろうが，現実の地域的惨事に対してどれほど社会に役立つものか疑問も残る。オールジャパンの観点からその修復に向けて対処するには，さらなるローカル，リージョナルのオリジナルな研究成果の蓄積が重要であり，大学の教育・研究システムにも改善の余地があるのではと考えられる。

先達からの招待状　Invitation from Pioneers

衛生工学研究の真髄と本懐

森澤 眞輔

Generalistでありかつ Specialistであれ――衛生工学の課題

京都大学工学部に衛生工学科が設置されたのは60年前（1958年）のことです。当時，わが国はいわゆる高度経済成長の開始期にあたり，国を挙げて経済発展が優先され，環境が置き去りにされていました。このような状況を踏まえ，当初は，工学と医学との連携の下，公害・環境汚染に対処する技術の研究開発を目指す衛生工学「研究所」の設立が構想されたそうです。技術者を養成するに足る教育基盤に不安があり，その充実を急ぐべきとする判断が背景にあったものと想像します。しかし，生活環境の保全に対する時代の要請を受けて，この構想は，技術の開発研究と技術者の養成を共に目指す教育組織としての衛生工学科に形を変えて実現されました。

私は1965年に衛生工学科に８期生として入学しました。衛生工学科は，歴史的に，京都大学創設と同時（明治30年）に設置された旧土木工学第３講座（衛生工学）を継承する学科であり，関係者の間では馴染みの深い用語であったものの，「衛生」工学という名称は一般的には知られていなかったようです。世界最初の人工衛星スプートニクが打ち上げられた（1957年）こともあり，同級生の内には「衛星」工学と間違われ，激励された者もいました。

当時の衛生工学科は，土木系３学科の１つ（他の２つは，土木工学科と交通土木工学科）であり，殆どの教科は，構造力学，水理学，土質力学，土木計画学等，土木工学の基礎科目を中心に構成されていました。そのような背景の下，当時の教員や大学院に進学していた衛生工学科１期生，２期生を中心に，「衛生工学とは何か，如何にあるべきか」等，その後の衛生工学の姿を形作る議論が活発に行われました。

これらの議論のベースとして，衛生工学は「いのち（生）を衛（まも）る工学である」との認識が共有されていました。「物を作ること」を志向する工学部にあって，物を造ることを敢えて第一義としない衛生工学は，その出発点から，ユニークな工学であったと思います。また，衛生工学に携わる者の姿勢（心構え）はすべからく（Public）Health-minded であるべきとされました。これらの理念は，変わることなく，現在にも継承されていると思います。

「いのちを衛る工学」がその目的を達成するためには，技術のみでなく，医学に加えて，経済や法律，人文科学や生活科学等と連携することが不可欠です。衛生工学科は，工学（技術）をベースに，公害・環境問題の解決への挑戦に踏み出したと言えます。このことは，衛生工学を独立した学問領域として体系化することが困難であることをも意味しています。大学における教育研究組織として，学術的な視点からは，「学」は必然的にその体系化（完結性）を求めます。衛生工学の対象が広大であり常に拡大することも相まって，衛生工学は学術的にも実用的にも，拡大の途を辿っていると考えます。

京都大学工学部衛生工学科の変遷の詳細は，本書第２部の別項を参照頂くとして，その拡大の様相は，衛生工学科がその組織・名称を，衛生工学から環境衛生工学を経て地球工学科環境コースに，また大学院部門においてその一部を再編し，環境地球工学専攻や地球環境学堂に参画してきたこと，現在は都市環境工学専攻を構成していることなどからも伺えます。

大学院修了の後，教員として衛生工学科の教育に参画し，衛生工学の対象が拡大するにつれて，その教育（カリキュラム）の範囲を「いのちを衛る工学」に留めるか，その周辺に拡大するか，Specialist（専門技術者）の養成に置くかGeneralist（総合技術者）の養成に置くか，各人が履修する科目の選択を各人に任せるか（選択制を基調にするか）学科の理念に基づいて履修すべき科目を誘導するか（必修制を基調にするか），問題解決（応用重視，シンセシス重視）型か方法論開発（基礎重視，アナリシス重視）型か等について，絶えず議論を交わしました。結論として，「いのちを衛る工学」をその周辺を含めて対象とすること，GeneralistでありかつSpecialistである人材を育成するために，基幹部分を必修とし可能な範囲で選択可能なカリキュラムを目指すことに落着しました。この議論の教訓は，二者択一型の問題設定に本来的な誤りがあり，衛生工学を目指す者は，問題（課題）設定のプロセスから議論を始めるべきであるということでした。対象領域が広く，考慮すべき要因が多岐にわたる衛生工学の分野においては，特に，忘れてはならないことと留意しています。

❖ 自信を持って，いのち(生)を衛(まも)る工学へ――次世代への期待

衛生工学によって本当に「いのちを衛る」ことに貢献できるのか，折に触れ，自問することがありました。結核による死亡率の低減に医療技術（医学）が貢献したかを検証した英国における研究がその答えを示唆してくれています。

18世紀半ばから始まった産業革命を契機に，人口の都市集中が加速された中，図1が示すように，19世紀中頃の英国において，結核は人の生命を閉じさせる主要な病気でした。死亡率を現在の日本人口（1.27億人）に当てはめると，毎年40万人近くが結核により死亡することに相当します。病気の原因が突き止められ（1882年，コッホによる結核菌の発見）正確な診断ができ，対症療法ではない直接的な治療が可能になり（1947年，抗生物質ストレプトマイシンの開発に伴う化学療法の開始），予防が可能になった（1950年代半ば，BCGワクチン接種の開始）時には，既に英国における結核による死亡率は大幅に低減していました。関連する研究は，この死亡率の低減をもたらした原因（寄与率）は，栄養状態の改善（50%），生活環境の衛生的改善（25%），結核菌の毒性の低下（25%）であったと報告しています。

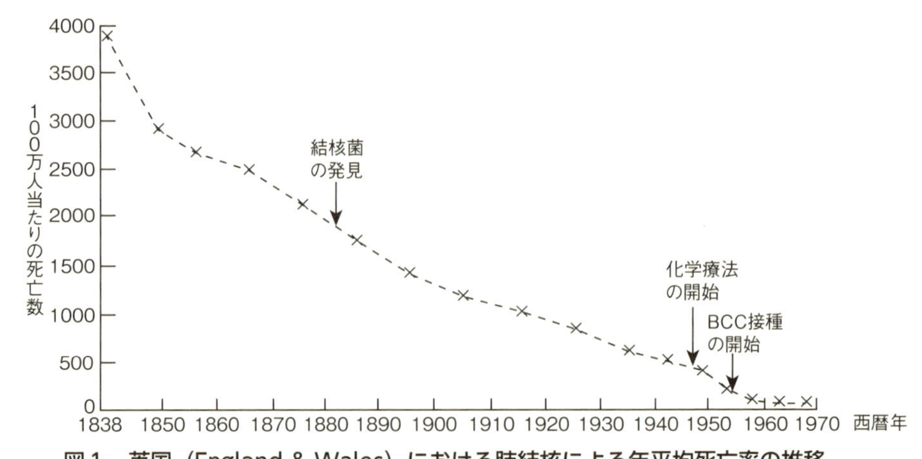

図1　英国（England & Wales）における肺結核による年平均死亡率の推移

出典：T McKeown (1979): *The Role of Medicine; Dream, Mirage, or Nemesis?*, Princeton University Press, USA

生活環境の衛生的改善として，主として上水と下水の分離による生活環境の改善，安全な飲み水の供給が指摘されています。ちなみに，結核菌の毒性の低下とは，感染症研究の成果として以下のように説明されています。宿主（人）の多くを殺してしまうほどに毒性が強い菌は，自らの生残環境を悪化させるため，時間の経過とともに淘汰され，結果的にそれほどには毒性が強くない菌が生残することになるのだそうです。

下水道システムによる下水の集水・処理，安全な飲み水の供給，廃棄物の収集・処理や環境汚染の防止による生活環境の改善・維持，安全な空気，自然環境の保全等は衛生工学が得意とし貢献している分野です。上水道や下水道の普及と共に，コレラ・赤痢・チフス等の水系経口感染症の発症数が減少したことは，わが国でもよく知られています。多くの発展途上国では現在もなお，主要な死亡原因として感染症が挙げられ，その対策が急がれています。衛生工学の研究や衛生工学を学んだ技術者は，人の命を衛ることに貢献していると，自信を持って，言うことができると思います。

私は，衛生工学科に入学し，当時の放射線衛生工学研究室において卒業研究を行い，大学院を経て，「放射線衛生工学」を担当する教員を務めた後，対象領域を拡大した「環境リスク工学」を担当し，京都大学において定年を迎えました。明確なライフ・プランを持って，計画的にこのような人生を辿った訳ではありません。明確な意思を持って，自らの進路を切り拓くことができることに越したことはありませんが，自らの進路を確かめつつ進むこともまた大切です。「命を衛る工学」に出会えたことは，私にとって，大きな幸運でした。アンテナを鋭敏にし，励むことを怠ることがなければ，進路は自ずと拓かれると思います。

先達の横顔

Pioneer's Profile

もりさわ・しんすけ

●学歴
兵庫県立龍野高校卒業［1965年］
京都大学工学部衛生工学科卒業［1969年］
京都大学大学院博士課程衛生工学専攻中退［1973年］

●職歴
京都大学工学部助教授［1978年］
京都大学工学研究科教授［1996年］
京都大学名誉教授［2010年］
京都大学工学研究科研究員を経て京都大学iPS細胞研究所研究員・所長補佐

●専門分野
環境リスク工学，放射線衛生工学，土壌・地下水環境管理

●主な著書
『環境の汚染とヒトの健康』［コロナ社，2011］，『環境ホルモンの最前線』［共著，有斐閣選書，2002］，『土壌圏の管理技術』［編著，コロナ社，2002］他

●主な受賞・受章
日本水環境学会学術賞［2003］，土木学会論文賞［2006］，日本リスク研究学会賞［2007］，分析化学論文賞［2010］

人口減少の時代が始まり，半世紀前に整えた環境システムの大幅な再編・改修に迫られているわが国において衛生工学を修めた研究者・技術者が果たすべき役割は極めて大きく，社会の期待もまた大きいと言えます。世界に目を転じれば，なおさらです。劣悪な生活環境に置かれている人々，安全な水を飲むことができない人々，飢餓に瀕している人々が多くいます。本書を手にとられる多くの若い皆さんが，自信を持って衛生工学を修め，研究し，多くのいのちを衛り，人々の福祉に貢献されることを願います。

先達からの招待状　Invitation from Pioneers

循環型社会研究の経験から再考する持続可能性
環境学の変遷と課題

盛岡 通

環境工学を学び，研究をおこなってきた45年あまりの歩みを振り返ってみると，日本社会の急激な変容に応じて，当初は周辺事項であった学問が徐々に中軸に位置する様相となった。今風に言えば，環境学の主流化の動きである。マネジメント・サイエンスのフレームの “perceived, reactive, proactive” を使うと，1980年頃までの日本社会の環境研究は，眼のまえの事象から直接に理解し得る周辺事項から発した「受け身」の研究と言わざるをえない。

ケアする相手の拡大と変容――衛生工学から環境工学への歴史

経済発展と調和した環境保全を狙うか，公害を防ぐ対策に力を注ぐかの違いがあっても，私が学び始めた1970年代初めでは，環境劣化の具体的事象やそこに注がれる「作用の末端の断面」を注視することが妥当とされた。現場に出て眼を凝らすと，明らかにしたいと関心を惹く課題は多く，先々を見通すよりも問題提起や一般的政策の提案に終わる傾向もあった。当時，高度経済成長の歪が生活環境に顕れ，環境インフラも乏しいだけに，後始末の対処のために社会対立をも招いた社会課題と，腰を落ち着けて取り組む学理の対象との間で悩みは尽きなかった。エンジニアリングとしては下水道と処理システムの普及を支える学術，水分の多い生ごみを安定して焼却し得る工学技術，それに大気や水等の環境媒体中の汚染物質の移動を扱えるシミュレーションと環境評価の技法の開拓が急がれた。

私が京都大学に入学した昭和40年頃には衛生工学は不人気で，拡大する土木事業や社会インフラの陰で「衛生」なる意味も出自も知らない人が多数であった。時代に先んじて京都大学では医学（環境衛生学）と化学工学（プロセス工学），放射線衛生を含めた形で土木の水関連領域が学科を編成していたのは秀逸であったが，それでも現在のように大学の社会連携や貢献は熟しておらず，社会に打って出るというより，個別の研究の連続性を確保するなかで社会からの様ざまな余波を受けざるを得なかったように思う。

リベラルの代表として不朽の啓発書『日本の公害』を経済学者の宮本憲一とともに著した医学者の庄司光先生の講義の印象は殆どなく，私にとっては本で環境衛生学を学ぶ先生であった。今も私の本棚にある社会医学双書第１集『人災と健康』は，当時の公害を厳しく分析し，生産過程の矛盾と社会的消費手段の節約を論じている。この双書は，日本の社会医学の萌芽期にあって，社会科学を重ねた学びを模索している。

もともと，「衛生」は由緒ある語彙である。明治時代のパイオニアが設立にかかわった日本初の私立病院（赤坂病院）の開所式には，長與專齋が衛生局長として出席し，そこには日本の疫学の父の軍医総監高木兼寛[1)]も来賓として臨席していた。長與が“Gesundheitspflege”を「衛生」と訳したことには，「生命を衛る」意味が込められていた。しかし，健康を支える環境として究極的には「ケアをする相手」を地球的自然（Caring for the Earth）にまで広げるには，私の卒業から20年余の時間が必要であった。その間に衛生工学は環境工学へと変容した。

未踏の分野・潜在廃棄物研究に専念

消費者が豊かになり都市の物的なストックが増加してくると，公害が生産過程から生まれると決めつけては先々の見通しを失う恐れがある。私が指導を受けた末石冨太郎教授は先々を洞察することを常に心がけ，自ら若手に範を示す学者であった。私が卒業論文のテーマを選ぼうとしたときには，「今年から廃棄物を取りあげる」と言われた。『「廃棄物めがね」をかけて成長する都市を観よ，華やかな都市に見えるのは確実にごみになることを運命づけられたストックだ』というのである。末石教授はもと水道の浄水施設や都市雨水の流出の解析と工学設計を究めた方と聞いていただけに，驚いて，耳に残る数少ない言葉を反芻しながら，その後「廃棄物の流動を指標とした環境計画」を6年（卒論，修論，博士論文）かけて研究した。末石教授は中公新書として『都市環境の蘇生──破局からの青写真』を書いたのち，さっさと別の研究領域を広げて行かれた。それは廃棄物対策の合間に見えた市民自立を励ます市民研究所の構想や，のちの吹田リサイクルプラザに受け継がれている。

1）海軍艦艇の乗組員のデータから脚気の原因が栄養素の欠乏にあると推測し日本の疫学研究の道を開いた。

末石教授が異動されて，大学院生を抱えつつ新たな学術分野を切り拓かなければならなかった私は，「自分でやれ」とある意味で放置されることになった。その結果，私は廃棄物になる前の潜在廃棄物を捉えて研究するという先人が手を着けなかった領域の探究に専念することになった。それが欧州では後にSustainable Consumption and Productionと呼ばれている領域であり，アメリカではイェール大学を拠点に確立されたIndustrial Ecologyであり，国際連合大学（東京，高等研究所）のZero Emissionにも共通する「資源と生産・消費の賢いマネジメント（Smart Resources & Metabolism Management）」というテーマである。結局，文脈を辿ってみるとこれが私のライフワークになった。

1995年に出版した『産業社会は廃棄物ゼロをめざす（森北出版）』は，見取り図としてその後10年の研究開発のネタをちりばめたものである。これは科学技術振興機構JSTのCRESTのネットワーク型研究で循環複合体の研究を５年間実施したときの産業工場モデル，農工連携モデル，都市構造物集積モデルの３つのアプローチの成果を先取りしていた。科学研究費補助金による研究よりも大型プロジェクト研究にのめり込んでいった21世紀の初頭の10年は，このCRESTを手掛けた精神が導いたものである。

環境依存概念および環境家計簿の導入と研究

私自身は15歳の夏の社会科の先生の自由レポートで伊東光晴の『ケインズ――“新しい経済学”の誕生』（岩波新書）を読んでいたこともあって，限界効用逓減や多属性効用関数等を末石教授の大学院講義で学んだあとで経済システムにも関心を持った。しかし，京都大学から大阪大学へ転じられた末石教授を慕って工学出身の仲上健一（立命館大学政策科学部教授，常務理事）さんや植田和弘（京都大経済学部教授，副学長）さんが環境経済を研究することになったため，私は別の道を探ることにした。

公害反対の中で市民の声を反映すべきだという見方は根強くあり，まちづくりでは既に市民参画の段階論も姿を見せていたが，環境の分野ではどうしても主体間の対立の意識が先に立ち，消費や暮らしの側から見直していく発想を支える道具としての学術が当時は弱かった。当時の国内の経済論は「外部不経済を内部化する」という理念を繰り返すものの，「その源泉は消費や豊かさの追求にある」との論点を深めるのは苦手であった。生産と消費は双対であり，消費の増大とその特性が環境負荷の増大を誘発しているという見方は現在では当然だが，当時は消費の側から環境の行く末を捉えていくことは主題に成り難かったのである。

「環境負荷」という言葉は未だ日本国内では提案されていなかったので，お金勘定と物的勘定，さらには文脈的な定性的記述を含めて，環境への間接的で連鎖的に伝わるインパクトを「環境依存（Environmental Dependence）」と呼び，これを「環境家計簿」という帳簿上で系統的に記帳し，勘定を集計して評価することを提案した。また，生活環境の特性を地図上で評価する「環境カルテ」を作って，気づきと認識を共有する方法として環境診断に応用していたので，この２つの技法をあわせて『身近な環境づくり――環境家計簿と環境カルテ』（日本評論社）を出版したのは1986年であった。

これらの技法を着想したのとほぼ同時期に，物的な間接影響をシステマティックに捉えるライフサイクルアセスメント（LCA）[2]が海外で開発されて広く標準化され，多義的な「環境依存」について深めていく研究は広く賛同者を得ることができなかった。その一方で，環境家計簿は日本国内では消費者の生活を見直す手段として活用され，環境行政が「うちエコ診断」で地球温暖化への緩和政策として生活を見直す術の普及を図るのと並行して，命脈を保った。

「環境リスク管理」を掲げて先駆的な大学院教育を実践

海外でのLCA研究の進展は急であり，国内の研究者の個人的な認識法では限界があった。この点では，インターネットや情報ポータルを通して，現在ではコミュニケーションの内外格差は減少している。しかし当時は1972年の国連人間環境会議以来，それに呼応する国内会議に注目してはいたものの，1987年のブルントラント報告[3]の「持続可能な発展」の提案とその後の取組みを目にして，自らの研究者としての視野の狭さに反省することしきりであった。直後に「持続可能な生産と消費」や国際組織のIHDP（International Human Dimension Program on Global Environmental Change）のIT（Industrial Transformation）等の動きに焦点をあて，国際潮流を意識して研究企画の再編を行った。

JST-CRESTの循環複合体研究（1995–2000年）と並行して，文部科学省の環境管理人材育成の５年間の事業に「環境リスク管理」を掲げて大阪大学大学院工学研究科が唯一の採択をうけて実施した。日本リスク学会の認証のもとでイギリスのChartered Institute of Engineering Management[4]に似た機関認証と資格人材の教育と登録という方式を開発運用し，現在の専門職大学院や先端領域の学び直しに先んじた大学院教育を実践した。大阪大学の学内では単純にメジャー・マイナー制度の一例に組み入れられ，社会人とフレッシュな大学院生とを混合した人材育成の推進者としては不満で

2）国連環境計画では，ライフサイクルイニシアティブ（LCI）と資源生産性の改善プロジェクトに加えて，LCAデータへのグローバルなアクセスのネットワーク（GLAD network）を運営する。

3）環境と開発に関する世界委員会（ブルントラント委員長）の報告書『*Our Common Future*』の中心的な考えとして「持続可能な開発」が示され，現在のSDGs（持続可能な発展の目標）につながる。

4）The Chartered Institution of Water and Environmental Managementは1987年に形成され，1995年にRoyal Charterとなる。Ecology and Environmental Managementは2013年にRoyal Charterになる。

あったが，競争的資金で学外からの講師陣や特任教員システムを導入した，鋭いフロンティアのイノベーションには自信があった。学術的な内容としては，末石教授が実行委員長を務めた第二回日米リスクマネジメント会議[5)]を下敷きにしたものであった。

環境ダイナミクスと社会経済シナリオから持続可能性を検討

もう一つの私の研究の流れとしては，環境のダイナミクスに関する拘りがある。1970年代に湖沼や閉鎖性海域で富栄養化等の変化を生じ，琵琶湖の環境変化からは世界湖沼会議へ，瀬戸内海の環境変化から世界閉鎖性海域環境保全会議へと，関西都市圏から学術の新しい動きが生まれた。この流れのなかで富栄養化シミュレーションに取り組む過程で，界面活性剤や農薬の環境運命予測へと関心を拡げて，やがて環境中の物質の発生源における挙動のシナリオの解明と，その後の動きの予測と評価をする必要を強く感じるようになった。化学物質のリスク評価の基礎手法である。

やがて，21世紀に入ると，栄養塩に加えて炭素収支を再生エネルギー活用にまで拡張し，集水域の産業や都市活動の面的分布や時間軸上の変化を系統的にかつ内部に政策変数[6)]を含む形で描いていく方法が，通常の浸透・流出や移流・拡散，沈降，生物反応の記述を超えて必要となった。国立環境研究所の渡辺正孝氏[7)]のチームと自然共生型の流域圏のシナリオ構築の研究を手掛けることになった。この中身はインベントリー(環境資源の変数群)，社会経済モデル，地理情報システム等で構成され，気候変動のグローバルモデルと同種の組み立てだが，ローカルな地域特性を重視しているのは，その成果が地域に帰属するからである。

こうして，筆者の還暦を挟んだ環境学研究生活では，社会と環境とを動的につなぐシナリオ研究が中核となり，2009年度末までのスーパーCOE事業「サステイナビリティ・サイエンス連携事業」へと繋がることになった。事業は東京大学小宮山宏総長を代表者として京都大学を含む5大学の連携と6大学・機関の協力によって運営された。その成果としては，国際ジャーナルの発刊と，UNU出版局からの5冊の英文図書の出版が挙げられる。筆者は大阪大学の同事業の企画推進室室長として，大阪大学が幹事校となる「循環型社会の構築」研究[8)]の遂行を担った。社会経済シナリオと環境ダイナミクスを

5）第一回は京大数理工学出身の池田三郎筑波大学教授と京大出身の Vanderbilt Univ. の Prof. Kawamura が開催責任者。日本のリスク研究の国際連携は京大学派から生まれた。

6）社会環境システム研究では，介入（インターベンション）という用語を使わず，インプットされる代替的施策（オプションとか，ドライバーとも言う）に注目し，その違いの効果を予測・評価する。

7）京大卒，MIT，環境研，慶応大学教授を経て，APAN（Asia Pacific Adaptation Network）の Forum 議長等をつとめる。

8）*Establishing a Resources-Circulating Society in Asia: Challenges and Opportunities*, Edited by Tohru Morioka et al, United Nations University Press, 2011

表現し，かつ生活の豊かさ等の目標の達成度を評価して資源循環やエネルギーの勘定と装置インフラの運用を操作することで，持続可能な社会への接近を分析し，評価し，さらには政策導入の効果を解釈した。

健康なまちづくりを再構想し，持続可能の根底を問い直す

2009年に大阪大学名誉教授となり，関西大学で2017年３月まで教壇に立った。2011年の東日本大震災は社会のレジリエンスや地域の継承と維持を考えるように私にも迫った。私自身は低炭素街区や都市エネルギーのイノベーションについて言及し，環境経済政策学会の要人を編集責任者として岩波書店から出版された「シリーズ環境政策の新地平」に都市エネルギー・システムを扱った最新の研究成果を出した。震災後に「想定外」と合唱するばかりだったアカデミズムにおいて，リスク学の学術再興には個別よりもフレームの再構築が欠かせないと考え，国際組織IRGC（International Risk Governance Council）の取り組みを復興に適用した論考を３回提言したが，学者からはほとんど反応がなかったことは残念である。

ここ３年ばかりの筆者の関心は，「人とまちの健やかさ」を同時に達成すべく構想し直し，生命を衛り，生活質を高めることを吟味することにあり，まちづくりプロデューサーとして，SDGsに包摂されるにいたった持続可能の根底を問い直すことを残されたシニアの楽しみにするつもりである。虎ノ門再開発で赤坂病院の関係者にも縁のあった芝教会[9)]が現地解体される姿を眼にして，改めて思うこの頃である。

9) 1936年に建築の礼拝堂が取り壊された。宣教師カラゾルス由来の教会に1884年に着任した牧師の和田秀豊は芝教会の長老の医師北島剛三（赤坂病院院長に1888年就任）と協力して宣教師ヤングマンの進めた私立慰廃園（ハンセン氏病，1894年）の開園を実行し、福祉の先人と称される。

先達の横顔

もりおか・とおる

Pioneer's Profile

●学歴

国立明石工業高等専門学校3年中退［1965年］
京都大学工学部衛生工学科卒業［1969年］
京都大学大学院工学研究科修士課程修了［1971年］
京都大学大学院工学研究科博士課程単位取得［1974年］
京都大学工学博士［1975年］

●職歴

大阪大学助手（工学部環境工学科）［1974年］
大阪大学助教授［1976年］
大阪大学教授（後に大学院教授）［1993年］
大阪大学工学研究科附属サステイナビリティ・デザイン・オンサイト研究センター長［2007年］
関西大学教授［2009年］
大阪大学名誉教授［2009年］
関西大学名誉教授［2014年］
関西大学社会連携部プロデューサー［2017年］

生命危機の総合的な把握と管理
私の研究史と水環境の将来

河原 長美

廃水処理システムにおけるオゾン処理研究を推進

私が研究を始めた1960年代は，公害が大きな社会問題となり，水環境分野では，いくつかの湖沼や閉鎖性海域で富栄養化が叫ばれ，瀬戸内海などでは赤潮被害が問題となっていた。流れのある河川についても汚濁が激しく，下水処理場の処理能力不足が指摘され，飲み水が量的に不足する可能性が取りざたされていた時代であった。そのため，私の博士論文は汚水から飲み水を作ることを目的とした高度処理，中でも特にオゾン処理[1)]に関する研究であった。

オゾン処理はその当時コストが高く，実用化されるかどうかが分からない状態にあった。そのため，オゾン処理の水処理システムにおける位置づけや適用条件が不明なので，オゾン処理法の水質浄化特性を明らかにすることに焦点を当てて研究を行った。その結果，浮遊物の溶解化，高分子の低分子化，これらの効果と関連した生物分解性の改善などのオゾン処理の効果を初めて明らかにした。この成果には，処理過程を分子量分布の変化で追跡したことが貢献している。また，オゾン処理の汚濁物酸化・分解の速度式を，浮遊物の溶解化，および高分子の低分子化の速度は速く，続く酸化・分解速度は遅くなることを基に定式化するとともに，分子量分布の変化を表現する速度式を定式化して分子量変化の速度を検討した。

オゾン処理の研究で得られた成果には，方法論も関係している。自然界では，素粒子－原子－分子－個体という「自然の階層性」とよばれる階層構造が存在する。素粒子で原子ができているにもかかわらず，短命な素粒子に対して原子は安定となるなど階層で大きく性格や法則が異なる。この階層性の考え方を意識して研究を進めた。汚濁物全体の浄化の挙動を，分子量やサイズによって特性の異なる成分の分布として把握し，浄化の特性を分布の変化として明らかにして，それらを総合化することによって，全体の浄化特性を明らかにするという方法である。また，社会における排水処理システムの中でオゾン処理の特性をどう生かすかという観点から研究し，浮遊物の溶解化，高分子

1）オゾンは強力な酸化剤で，殺菌，脱色・脱臭，生分解性・凝集性の改善，有毒・有害性物質の酸化分解などの効果を有し，気相では脱臭処理等に，上水分野では高度浄水に，排水分野では放流水の水質改善や処理水の再利用のために活用される。なお，オゾンは人体に有害である。

の低分子化と生物分解性の改善は，活性炭処理との連携や有機塩素化合物を生成する塩素処理の代替として活用できるのではないかなどについて検討を行った。

河川底泥調査と貯水池の水質現象の検討，モデル化に取り組む

岡山大学に転任してからは，土木工学科に所属したこともあり，オゾン処理の研究では化学の知識が多く必要とされるので，水質問題を流動と関係づけて研究をすることが多くなった。

転任直後はどんな研究をしたらよいか模索をしていた頃で，まずは関西大学の先生方との共同で，大阪の河川水質や底泥の研究を開始した。また，岡山大学の近くを流れる旭川の水質を一年間毎日観測し続けたら何か研究のヒントが得られるのではないかという発想で，河川水質や河川からの流出汚濁負荷量の研究も始めた。これらの研究からは，1年間ほぼ毎日のデータがあったので，年間に流出する汚濁物量の数割という量が1回の大出水のときに流出することがわかった。さらに，河川の水質の観測頻度と推定精度との関係を統計的に検討するなかで，河川水質が環境基準を満たしているかどうかを精度良く判定するには，測定回数をかなり増やす必要があることも判明した。

大阪の河川感潮部の底泥調査では，底泥の粒度が季節的に大きく変化し，底泥の粒度が小さくなると各主成分濃度が上昇することを発見した。粒度の変化が生じるメカニズムの詳細について，岡山の感潮河川で調査を行い，同じように季節変化が生じることを明らかにするとともに，底泥の粒度変化がシミュレーションである程度再現できることを示した。粒度変化は河川流量の増水時に速やかに生じるが，これは増水でいったん湾に流出した微細粒子が満ち潮時に河川域に戻ってくる事が原因であることを示せた。なお，低流量時には底泥は移動せず，大流量時には流出してあまり戻ってこない。

研究生活の後半は，富栄養化が問題となる湖やダム貯水池の水質現象の検討へとテーマを変えていった。このころから意識しだしたのが，生物学と物理学との境界領域の研究をすることであった。水環境でいうと，植物プランクトンや底生生物と流動や混合との関わりになる。この研究では，富栄養化したダム貯水池の水が，放流後の流下過程で流速がある程度速いと速やかに浄化される現象には，河床への植物プランクトンの捕捉と底生動物による摂食が関係していることを明らかにした。

現地調査を中心にした研究では，現地で発見した現象を数値モデル化し，数値モデルを使って，発見された現象の水環境への影響を調べた。発見した現象が複雑な場合には，影響因子を単純化した実験系で実現象が再現できるかを確認し，再現された場合には現象の定式化を図り，水環境への影響を検討した。この場合も，方法論を意識しており，現場での新しい事象の発見を出発点に研究を展開していった。

❖法整備と汚濁防止策がもたらした水環境の変化──水環境の歴史と未来

明治以降の日本の水環境を振り返ってみると，明治初期には，開国に伴う外来の消化器系伝染病菌の蔓延で，1年間に万オーダーの死者を4回も出している。最悪は明治19年の11万余であった。これらは近年の伝染病による死者数をはるかに超え，想像しがたいものである。

1960年前後に顕在化した四大公害（水俣病，新潟水俣病，イタイイタイ病，四日市ぜん息）では，死者1,000人以上，認定患者数千人を数える。これらの公害が顕在化したのは高度成長期ではあるが，水俣病やイタイイタイ病を引き起こした企業による汚染の始まりは，戦前にまでさかのぼる。あまり話題にならないが，アスベストによる累積死者数は4,000人を超え，まだまだ増え続けると推定されている。大気中に生息する人間は，大気汚染の影響を24時間受けるので，水質汚濁よりも深刻になりやすいようである。水質汚濁の影響は水中に生息する水生生物にまず現れるので，水生生物の健全性を維持することは，水環境中の注目されていない化学物質による影響を含めて，人間の健康に及ぼす悪影響を予防することにつながる。

1960年代後半からは法制度の整備や汚濁防止対策が進み，重金属汚染やBOD等の有機物汚染については大きく状況が改善されてきた。微量の窒素やリンが関与する富栄養化についても，瀬戸内海における富栄養化の沈静化が指摘されるようになってきた。また，分析方法の進歩によって，ごく微量の有害汚染物質や治療薬の下水道を経由しての排出も把握できるようになってきた。とはいえ，広域的で慢性的な健康影響や生態系への影響に関しては，十分に分かっているとはいいがたい。このように，水環境は，人命が失われるような状況から，低濃度で広範な汚染によって水生生物が中心となっ

先達の横顔

Pioneer's Profile

かわら・おさみ

●学歴

兵庫県立篠山鳳鳴高等学校卒業［昭和41年（1966）］
京都大学工学部衛生工学卒業［昭和45年（1970）］
同大学院修士課程終了［昭和47年（1972）］
同大学院博士課程単位取得退学［昭和50年（1975）］
同大学院博士課程修了 工学博士［昭和53年（1978）］

●職歴

京都大学工学部 助手［昭和50年（1975）］
岡山大学工学部土木工学科 講師［昭和51年（1976）］
岡山大学工学部土木工学科 助教授［昭和57年（1982）］
岡山大学環境理工学部環境デザイン工学科 教授［平成6年（1994）］
岡山大学保健環境センター 教授（環境理工学部兼任）［平成16年（2004）］
岡山大学大学院環境学研究科 教授［平成18年（2006）］
岡山大学大学院環境生命科学研究科 教授［平成24年（2012）］
同定年 名誉教授［平成25年（2013）］

て被害を受けるような状況にまで変化してきた。

❖ 有害物質研究の進展にともなう適切な水質管理の変容

公害問題で大きく取り上げられ，排出基準が定められているフッ素，クロム，コバルト，ニッケル，カドミウム，ヒ素，亜鉛，モリブデンなど，有害な元素であると考えられてきた元素について，必須元素でもあるとの指摘がされている。もちろん摂取が多すぎると過剰障害が生じるが，少なすぎても欠乏症が生じると考えられている。これらの元素の毒性については，有機物と結合しているとかイオンであるなどの形態が関係すると考えられるので単純ではないが，「有害元素の濃度が低ければ低いほど良好な環境であり，最善は濃度ゼロである」といった考えには訂正が必要とされている。濃度が高すぎて被害が生じた公害時代における除去や削減だけを考えればよかった単純な発想から転換し，人間や生物にとって適切な水質管理が必要になってきている。

有害化学物質の一つとして，残留農薬の問題がある。この問題を提起したのがブルース・エイムス（Bruce N. Ames）である。Amesテストで有名な毒性研究の第一人者である彼の研究によれば，野菜に含まれる天然の有毒化学物質は，害虫による食害から身を守るために残留農薬よりもはるかに高濃度で毒性効果は強い。加えて，害虫による食害を受けるとその濃度は一層高くなる。そのため，無農薬の野菜の方が，有毒性は高いと判断されるとエイムスは報告した。しかし，野菜によるがんの抑制効果は確かだと考えられている。これらの事実を総合的に理解するために，弱いストレスや弱い毒性にさらされると，免疫が強化されるので，そのことがガンの抑制効果に影響しているのではないかという仮説も生まれている。いずれ，検証されるのであろう。

環境中の有害化学物質の危険性については，蒲生昌志らによって明らかにされてきた。損失余命を指標にした危険性の定量化に関する研究では，喫煙によってガン以外の病気についても数年〜十数年の寿命が損失し，喫煙による肺ガンについての損失は370日程度と推定されている。受動喫煙によっても，120日程度と推定されている。ダイオキシン類に代表される有機塩素系の化学物質，公害被害を引き起こしてきたヒ素やカドミウムなどによる寿命の損失は，現在の汚染の程度では10日未満1日前後を中心に分布するとされている。つまり，煙草の危険性は比較にならないほど高いと言える。

有害化学物質の危険性は，国民に十分認識されているように感じられる。しかしながら，身の回りにはこれらをはるかに超える危険な事象が存在する。風呂場での死亡や交通事故である。風呂場での溺死等による死者数は，届け出では年間5,600人程度であるが，実際には年間19,000人程度と推定されている。交通事故は4,373人（2013年），他殺は342人（2013年）である。なお，自殺は25,374人（2014年）で，景気がよくなって減少傾向にある。倒産や借金などのお金の問題が自殺と関係している。

風呂場での事故死，喫煙の害，大気中や排水中の有害化学物質の健康影響，残留農薬や有害元素までの全体的な危険性を考慮する必要がある。それに加えて，生物生産や景観などと富栄養化の防止等々を総合的に考えて，水系の窒素やリンの濃度を適正に管理していく時代が来ることを期待している。

先達からの招待状　Invitation from Pioneers

水質保全を担う環境工学

津野 洋

汚濁メカニズムの解明を技術と政策に活かす

私は昭和41年（1966年）に京都大学工学部衛生工学科に入学しました。当時は，水質汚濁，大気汚染をはじめとして種々の公害が日本各地で生じ，劣悪な環境状況で，まだ環境保全よりも経済優先の時代でした。4年生になり卒業研究のために水質工学研究室を選びました。水は我々人間をはじめとして全ての生物の生存に必須であるばかりでなく，環境の重要な要素です。水は多くの物質を溶解し，また運搬し，生物の生存に重要な酸素や栄養等を生物に供給しますが，生物に有害な汚濁物質も供給するとともに，環境を劣化させます。その当時は身近な河川は溶存酸素の枯渇や化学物質が混入し黒褐色をしており，これは何とかしないといけないとの思いでした。

衛生工学科では，環境保全を通じ生命を衛（まも）ることが第一に重要であり，そのためには汚濁現象について，物質収支と機構を正しく理解する（対象とする領域から対象とする汚濁物を除去するのが解決でなく，その物質の消長と最後までの運命を把握する必要がある）ことが必須であることを学び工学的手法で問題を解決する必要性を学びましたし，研究室では，当時の合田健教授，宗宮功助教授および中野弘吉助手から，理論とともに実験や調査の重要性を指導されました。実験や調査により新しい発見をする楽しさも学びました。

その後，水質汚濁機構の解明と，それを踏まえた水質保全のための技術開発や政策手法の提示を行ってきました。その教育・研究手法は，生じている汚濁現象の鍵となる機構の探究と，調査・実験によるデータ取得と新たな理論の展開を行い，生じている機構と現象の物質収支に基づくコンピュータによる数値シミュレーションモデルを開発し現象解明と問題解決のための技術開発や政策展開を行うものです。また，教育においては，基礎と応用を体系化でき，直面する課題について，その認識・理解と課題解決に向けた思考や実行ができる能力を付けられるように重点を置き，世界トップレベルの技術者として我が国での水質保全の主役となりうるように世界先端の内容の教育を行いました。また同時に，国際的にも活躍できる人材を育てるべく，積極的に国際学術会議での発表に参加させるとともに，毎年，シンガポール国立大学，韓国高等理工学研究院，国立台湾大学および京都大学で環境工学に関する合同シンポジウムを開催し，学生セッションで国際発表の練習をさせました。アジアでの環境工学の発展のために，日本学術振興会の拠点校方式学術交流事業の環境工学分野で，日本側の大学とマレーシアや中国の大学の教員交流事業も日本側代表大学として行い，これを礎に京都大学，マラヤ大学および中国清華大学とでインターネットを使った大学院授業も定着させました。

以下には私が行ってきた研究内容の一部とそれらでの今後の新しい展開の方向性について述べます。

水質汚濁機構の解明

河川の水質汚濁の改善は，河川に流出する溶存酸素消費物質や化学物質の量の削減により解決が図られるようになりましたが，次に問題となったのが瀬戸内海をはじめとする閉鎖性海域や琵琶湖をはじめとする湖沼での富栄養化問題でした。海域での赤潮や養殖魚の大量斃死，湖沼でのアオコや水道水の異臭味問題の発生などです。このため，霞ヶ浦や琵琶湖での調査および実験室での植物プランクトンの培養実験を行い，また数値シミュレーションを用いて，その対策のためには窒素および燐の水域への負荷量の削減が必要であることやその保全レベルについて議論を行いました。このときのモデルを基礎として世界的に著名なヨルゲンセン博士と共同でUNEP教育プログラムの富栄養化モデルを作成しました。また，植物プランクトンの中に燐を蓄積するモデルも世界に先駆けて作成しました。

近年では，微量でも影響のある化学物質の問題が生じており，海域のみでなく淡水域も含めた２枚貝での濃縮機構を解明しモニタリングと評価手法の開発を行いました。琵琶湖は淀川水系の水源であり，近畿地域の1,400万人がそこからの水を水道水として飲んでいます。このため，琵琶湖・淀川水系の水質保全は重要で，富栄養化に関する研究や微量の化学物質の研究は重要です。琵琶湖の水質保全については長年にわたり，滋賀県の委員会や環境審議会などで関与させていただきましたが，これらの問題は，今後も注視し，解決を図らなくてはならない問題です。一部の植物プランクトンや細菌によって生産される毒性物質の問題も将来的課題であると考えられます。また陸域からの負荷や湖沼内で生産される一般的な難分解性の有機物の蓄積問題も重要な課題としてクローズアップされています。

汚濁物の削減技術

水質保全の最も基本となる方策は，対象水域への陸域からの汚濁物の負荷量の削減です。その最も大きな効果は下水道であると考え，下水道での処理技術の開発を中心に行ってきました。その技術は，沈殿や濾過を主とする物理学的方法と化学反応により分解・無害化する化学的方法および微生物の物質変換能力を活用する生物学的方法を組み合わせて行うことです。まず，学生の時には，活性汚泥という微生物集団による下水処理場の反応器の中での下水中の有機物の除去・分解過程をテーマにし，実験に基き微生物細胞内の有機物蓄積を加味した新しいモデルを提示しました。有機物の初期除去や負荷変動を追従しうる構造モデルで，私の初めてとなる英文論文が国際誌に掲載され，また米国の著名な研究者アンドリウス博士の制御に関する論文に利用されました。その後は，微生物による燐除去や窒素除去の効率的・安定的な技術とその操作因子について開発を行ってきました。微生物浮遊タイプの反応器の技術のほかに，ポリウレタンフォーム担体等に微生物を付着させた効率的・安定的な技術を開発し，大阪府の下水処理場の高度化で実証に採用されました。また，前凝集・生物ろ過反応器システムでの有機物に加え窒素・燐除去を従来技術の半分以下の時間で達成しうる技術開発も行い，これら微生物付着タイプの反応器での微生物反応のモデル化も行いました。

化学的水処理技術としては，オゾンの強い酸化力を利用して有害有機物を分解・無害化するオゾン処理技術の開発を行いました。オゾンガスの水への溶解機構，有機物の酸化・除去機構，オゾン促進酸化技術，副生成物制御技術などで成果を上げてきました。これらの成果が認められて平成19～21年には国際オゾン協会会長となり，平成21年には第19回オゾン国際会議を東京で開催しました。

以上のように，今後もますます，社会構造に合った効率的で安定した新しい水処理技術を開発し実装していくことが求められ，水質保全の中心として夢の持てる分野であり，さらに開発途上国をはじめとして世界に展開していく分野でもあります。

都市廃水・廃棄物からのエネルギー・資源回収技術の開発

近年になると地球環境問題がクローズアップされ，持続的発展を基調とする社会が模索されるようになりました。私は，汚濁物は見方を変えれば資源であり，下水道は各家庭等からそれらの資源を自然流下で下水処理場に自動的に集約しているシステムであると考えるようになりました。含まれる資源の中で注目したのが燐と有機物です。燐は，農業での肥料成分として最も重要な物質ですが，窒素と異なり常温・常圧の条件下では気体状の化合物はなく地球規模では循環せずに，すなわち海に流れて行くと再び陸域に還りづらい物資であり，今世紀中にも枯渇することが懸念されている物質です。下水中には，我が国に輸入される燐鉱石の約50%，また我が国に入ってくる全燐（食料品や家畜の飼料，燐を含む製品なども含む）の約10%に相当する量が含まれています（国土交通省試算）。下水中から燐を回収し人工循環系を構築することは極めて重要で効果的です。この重要性を提示するとともに，燐を含む結晶を回収する技術を開発しました。

下水中に最も多く含まれる物質は有機物で，元は植物由来であり（動物の肉も最初の餌は植物であり），カーボンニュートラル（分解されて炭酸ガスになっても再び光合成により植物となるので地球温暖化に寄与しない炭素）であるので，これからエネルギーを創出し使用するとその分だけ化石燃料（石油，石炭など地中から掘り出す燃料）の使用量を削減できるので地球温暖化防止に寄与します。このため，下水処理に伴って生成される有機性汚泥か

先達の横顔

つの・ひろし　　Pioneer's Profile

●学歴

1947年生まれ，高知県出身。
高知学芸高等学校卒業［昭和41年（1966）］
京都大学工学部衛生工学科入学［昭和41年（1966）］
同卒業［昭和45年（1970）］
京都大学大学院工学研究科修士課程衛生工学専攻入学［昭和45年（1970）］
同修了［昭和47年（1972）］
京都大学工学博士号取得［昭和53年（1978）］，専門は水質工学。

●職歴

大阪府土木部技術吏員［昭和47年（1972）］
京都大学工学部助手［昭和48年（1973）］
環境庁国立公害研究所・企画調整局・水質保全局［昭和50年（1975）］
京都大学工学部・工学研究科助教授［昭和58年（1983）］
京都大学工学部・工学研究科教授［平成9年（1997）］
京都大学名誉教授［平成24年（2012）］
大阪産業大学人間環境学部教授・特任教授［平成24年（2012）］
同退職［平成29年（2017）］

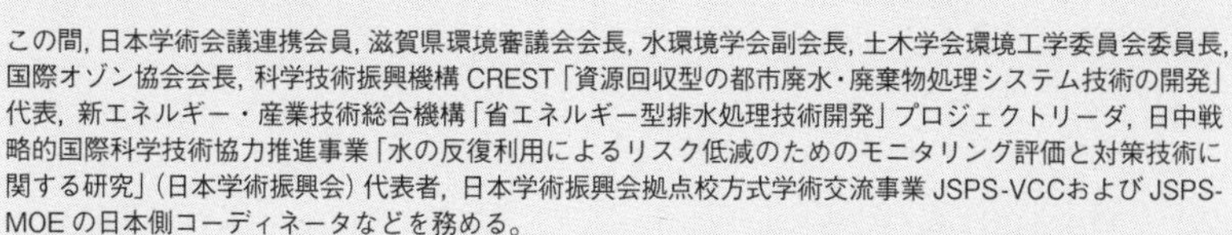

この間，日本学術会議連携会員，滋賀県環境審議会会長，水環境学会副会長，土木学会環境工学委員会委員長，国際オゾン協会会長，科学技術振興機構 CREST「資源回収型の都市廃水・廃棄物処理システム技術の開発」代表，新エネルギー・産業技術総合機構「省エネルギー型排水処理技術開発」プロジェクトリーダ，日中戦略的国際科学技術協力推進事業「水の反復利用によるリスク低減のためのモニタリング評価と対策技術に関する研究」（日本学術振興会）代表者，日本学術振興会拠点校方式学術交流事業 JSPS-VCCおよび JSPS-MOE の日本側コーディネータなどを務める。

●主な著書

『環境衛生工学』（津野洋・西田薫，共立出版，1995），『水環境基礎科学』（宗宮功・津野洋，コロナ社，1997），『環境水質学』（宗宮功・津野洋，コロナ社，1999）などがある。

●主な受賞

下水道協会論文賞（1991），学術賞（日本水環境学会，2006），Harvey Rosen Award（国際オゾン協会，2009），MORTON J. KLEIN MEDAL（国際オゾン協会，2011），土木学会功績賞（2016）などを受賞

ら嫌気性発酵により発電や自動車燃料として利用しうるメタンを回収する効率的技術開発を行いました。また生ごみの効率的嫌気性発酵や生ごみと下水汚泥の混合嫌気性発酵の可能性とその効率的発酵技術の開発を行いました。

下水道を中心として生ごみも含めた都市での資源循環は重要で，そのためのシステム展開とそれを支える技術開発が重要であるとして提案した「資源回収型の都市廃水・廃棄物処理システム技術の開発」が科学技術振興機構のCRESTプロジェクトに認められ平成12年度から平成17年度まで大規模に展開しました。都市の環境施設の融合を図ることで持続可能な社会の構築を提案したものです。平成13年度〜平成17年度には新エネルギー・産業技術総合機構（NEDO）の「省エネルギー型排水処理技術開発」で京都大学も含めた9企業・団体のプロジェクトリーダとして研究・技術開発を行い，「愛・地球博（愛知万博）」で実証し，燐資源回収とともに日本政府館に光触媒鋼板屋根散水，トイレ洗浄水等の再利用水として供給しました。このように社会に実装しうるレベルの技術開発も行ってきました。

これらの技術開発と研究成果は国土交通省等に評価され，下水道関連でのエネルギー創出や資源回収の技術のガイドライン等の取り纏めの中心の一人として活動させていただきました。研究や技術開発の側面は多くあります。この分野は人間をはじめ生物生存に不可欠な水の保全（水質・水量・水の存在場所）を図るとともに，資源回収やカーボンニュートラルのエネルギーの創出，さらには異分野との融合を図り，健康で文化的で福祉に富む持続可能な社会の構築に貢献しうる夢があり「やりがいのある」分野です。

先達からの招待状　Invitation from Pioneers

社会システム論としてみた環境問題と環境学の未来

岡田 憲夫

筆者は，衛生工学からプロセス・システム工学，土木工学から社会基盤計画のシステム論，さらには参加型まちづくりの展開プロセス，総合防災のリスクマネジメントといった多角的で横断的なシステム科学的アプローチについて研究してきた。環境工学，環境マネジメントを中心に研究してきた方々から，環境学の本流を理解しているかと問われると大変心もとない。ただし，環境問題を解決するうえでは，環境学の源流に水を灌ぐ横筋的な水脈として，システム論的なアプローチが常に存在した。環境学の進化を志すならば，このアプローチはますます必要になるであろう。ごく一端ではあるが，紹介してみたい。

マチとは何か？　そして環境問題とは何か？

「環境問題とは何か?」を考える前に，「マチとは何か？」を社会システム論的に考えてみよう。私たちが生活する身近な近隣住区程度のコミュニティを例にとろう。住居があり，オフィスや事務所がある。あるいは小さな工場があるかもしれない。これらは建物であり，集まって建物空間（built environment）を作っている。空地も含む街並みがその例である。このような身の回りの空間について，「ごちゃごちゃしている」とか，「すっきりしている」と私たちは感じている。これを私たちの生活する「すぐ足元の身の回り」を作っている「マチ（図1左の第四層）」と呼んでおこう。

さて，「生活という活動」をするには，飲むためあるいは調理のための水が欠かせない。蛇口をひねれば衛生的で安全でおいしい水が飲め，使えるということは，いまでは当たり前のように考えているが，近代的な水道が整備されてこそである。水洗トイレなしには，21世紀の快適な生活はできないであろう。私たちが求める「生活の質」（quality of life）の内容とレベルが多様化し，高くなってきたためである。「生活の質」に占める「環境の質」がそれだけ大きくなってきたのである。

上水道，下水道に電気，通信，ガスなどを含めてライフラインというが，これらは生活を維持するために，不可欠な土木インフラである。近隣の道路，公園，小さな河川・水路なども含めて，身近な土木インフラもまた「足元の身の回り」を作っている「マチ」である。建物空間も支える「もう一つ下の足元の身の回り」ともいえる。このレベルになると裾野は「身の回り」を越えて，隣のマチやその外側の地域にも広がることに注意したい。

私たちの身の回りの足元をさらに掘り下げていこう。マチの中に透明や青い袋などに入れられたゴミ袋が出されている日がある。収集の車がそれを集めて運んでいく。これは私たちに直接見えるので「実在する現象」であることは分かるが，実はゴミの出し方や分別のルール，廃棄物の収集の仕組みなどが決まっていてこそ繰り広げられることである。これらのルールや仕組み自体は私たちには見えないので，「実在すること」に気付かないことが普通である。しかしこれもまた紛れもない，私たちの身の回りを築いている「マチ」の一部なのである。これを土木インフラや建築空間も含めて支える「さらにもう一つ下の層の身の回り」と呼んでおこう。その裾野はさらに広がり，私たちには見えない（よりソフトな性格の）身の回りである。

さらに足元を掘り下げると，時代によってゆっくりと変わる都市の住まい方，働き方，

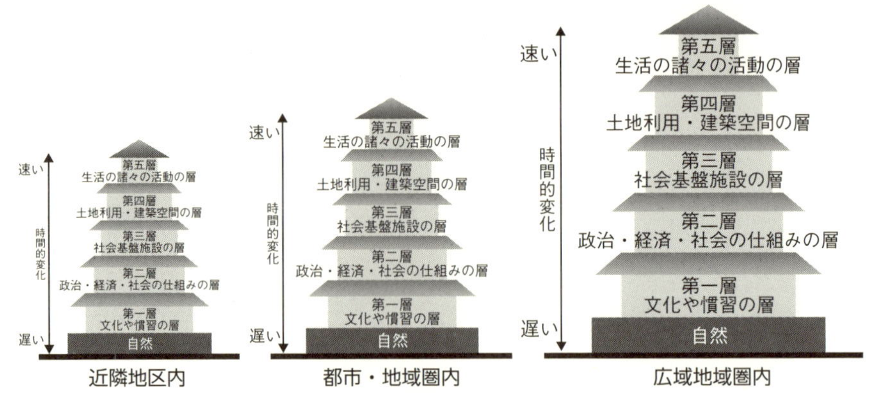

図1　五層から成る都市・地域・コミュニティの社会システム

ライフスタイルなども，足回りとなって私たちの生活を支えていることが分かるであろう。そこには衛生概念や健康観なども含まれる。こうした時代に応じた生活の質の根幹を形作っている足回りも，「マチ」を作っている層の一つなのである。これを「さらにさらにもう一つ下の層の身の回り」と呼ぼう。

掘り下げ続けた最後には，（大）自然そのものが「マチの土台」としてあることが分かる。これは私たちには見えるところも少なくないが，マチの開発が進み，上述した多層の「マチ」に覆われて見えなくなっている。これがマチに住む人が自然と隔離され共生する力を失いつつある一つの理由ともいえよう。後述する広い意味での「環境問題」=「持続的発展問題」が問われるようになってきた理由はここにある。

以上，まとめると，私たちの「マチ」は私たちの生活の場を最上階にして，大自然を基壇にして建てられた五層の塔からなる社会システム（広い意味の社会基盤）であるという見立てができる。図1に筆者が提唱してきた五重塔モデル（pagoda model）が示してある[1)]。なお，「マチ」は近隣住区（コミュニティ）だけではない。地区レベルや都市・地域レベルなど，どんどん広げた「マチ」を取り上げることもできる。つまり五重塔はある意味で生命体のようなものであり，より大きな五重塔の体内に含まれたものとみなせる。図1には，大きさの異なる五重塔が並べて示されているが，これらはマトローシュカ（ロシアの入れ子の人形）のような関係にあり，大の五重塔は小の五重塔に影響を及ぼすとともに，小も大に影響していることを示している。

マチの環境問題をリスクマネジメントとみなすアプローチ

環境問題は，常識的な意味では「起こってほしくない事柄（事象）」である。この意味では災害とも通じるものがある。システム論的な見方をすれば，何らかの「起こってほしくない事柄」があり，そこに「不確実性」・「不確定性」が伴うことを「リスク」と呼ぶ。リスクがあることを事前にしっかりと考えて，より良い対策を取ることを「リスクマネジメント」という（厳密には，より良い対策を「選択」し，実現する行動を取ることがリスクマネジメントである）。「起こってほしくない事象」のうち，きっかけとなる事象は「ハザード」と呼ばれる。マチがそのハザードに「どれくらい曝されるか」（曝露度）によって被害の結果は異なってくる。ハザードと曝露度が同じでも，マチに「はね返す体力」がなければないほど被害は大きくなる。「はね返す体力のなさ」を「脆弱性」，その逆に「はね返す体力がある程度」を「弾力性（レジリエンス）」と呼ぶ。五重塔のモデルを使えば，このようなハザードは，塔を全体的に外から覆う重圧（ストレッサー）のようなものである

環境問題の進化
──生活の質が重視され，多様化する中での環境問題の多様化・複合化

ここで住みよさを表す「生活の質」（quality of life）とその重要な部分を担う「環境の質」（environmental quality of life）という概念を導入してみよう。高度経済成長期の日本の環境問題はいわゆる公害が中心であった。私たちのマチを覆った最初の環境の質の問題は，生命・健康の基本に関わる身体苦リスクであったといえる（図2）。生命・健康等の身体リスクに関わる環境問題では，マチの環境問題を論じる前に，マチに住む個々人の環境問題をまず基本にする。一人ひとりの立場にたった「人間中心主義」のアプローチが重視されるのである。基準がないときは，マチの違いなどは置いて，どこでも当てはまるものをとにかく作って適用することが中心となった。マチのどこであろうと，一律に最低限の質の達成が求められたこの段階では，「より高い質」といった質の程度の違い（の選択）は問われなかった。つまり対策を選択できることを重視するリスクマネジメントの観点から見れば，まだ本格的なリスクマネジメントにはなっていなかったのである。

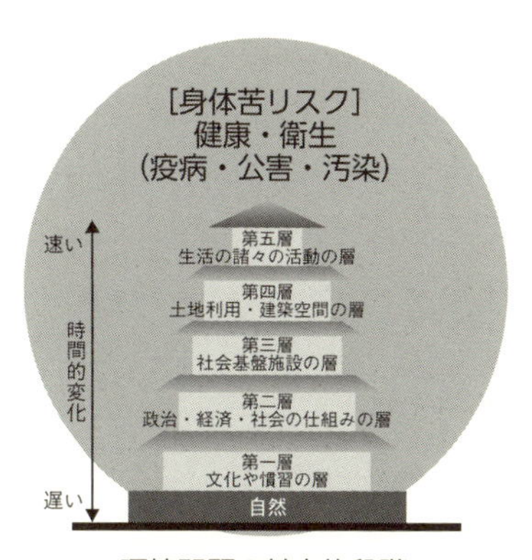

図2 生活の質を脅かす複合的な環境リスク（社会ストレス）が覆い被さった五重塔のマチ

基準が整備され守られることが当たり前になると，やがて個々のマチの違いも問題となってきた。そのマチで生活する人にとってどれくらいの高い環境質まで保証しようとするのかが，マチの行政の重要な政策課題となってきたのである。たとえば空気の良さ，水質の良さ，騒音の

なさ，などの「プラスアルファの質の高さ」を行政が保証することができるようになってきた。ここに私たちがどこに住むかという選択の問題（そこには不確実性・不確定性が伴うが）が生まれた。これは，つまり本格的なリスクマネジメントの問題とみなせる環境問題であり，それだけ環境問題が多角化してきたことを示している。

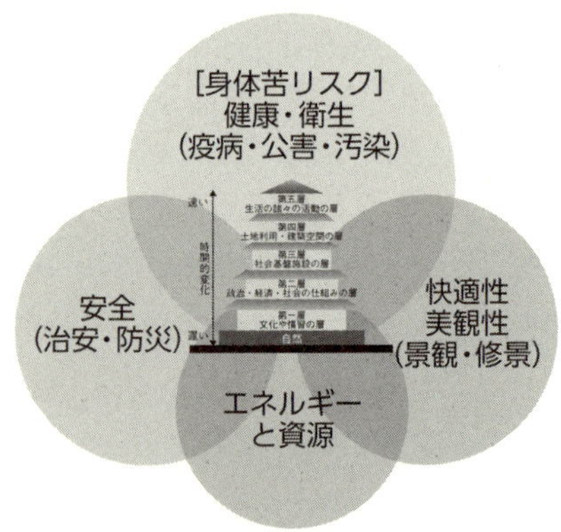

環境問題の発展的・複合的課題

図３ 環境質の多様化・多元化と複合的な環境問題への移行

21世紀に入って，生活様式や価値観の変化とともに環境問題は，ますます多元化と複合化が進んでいるといえよう。社会・経済が成熟し，人口も横ばいから漸減に入る状況になったことも関係している。それにつれて，私たち自身が「環境問題をどのように認識し，意味・意義をどのようにみなすのか」，そのことがそもそも多様化し変わってきた。図３に示すように，環境の質の種別自体が多元化し，同時に相互に関係しあって複合化してきている。たとえば災害リスクは「安全の質」が中核となるが，気候変動などのリスクは新たな（グローバルの）環境問題であると同時に災害リスクの問題でもある。これまで発生しなかったような極端現象として巨大台風や集中豪雨などがますます起こるようになってきているからである。

気候変動リスクに対する温暖化対策として，化石燃料の利用の抑制や禁止が唱えられるとともに，再生可能なクリーンエネルギーの技術革新が目指されている。あるいは福島第一原子力発電所の事故を契機とした我が国や世界の原子力エネルギー利用の見直しの動きは，災害，環境，エネルギーが不可分の形で結びついていることを示している。有効な対策を打つためには，総合的なリスクマネジメントにならざるをえないのである。

一方で，マチの景観・修景も「環境質」の一つの種別として配慮することが不可欠になってきている。身体苦や安全に加えてアメニティという範疇も視野に入れた多元的で複合的な環境質のリスクマネジメントを考えていくべきであろう。

環境学の新たな地平を拓くアプローチ──持続的発展とリスクガバナンス

環境学は今後どのように進化をしていくのであろうか。有力な見通しとして，「持続的発展（開発）」を目指すことが考えられる。国連などの場では1980年代から「将来の世代の欲求を満たしつつ，現在の世代の欲求も満足させるような開発」を目指し「経済的な発展と環境保全を両立させる」[2] ことが唱えられ，人類が目指すべき取り組みとして「持続的発展」というスローガンが登場した。筆者の考えでは，このコンセプトはさらに進化して，私たちの生活様式や生産の仕方の転換（transform）を目指すことに広がっている。そのための変革のリスクも含めた総合的なリスクガバナンス（多様な当事者が関わるリスクマネジメント）の問題として環境問題を捉えることが世界的に主流となっている。

このリスクガバナンスは，マチのレベルで見れば，多様な環境の質のストレス要因を受けて，これを戦略的に持続的発展可能なマチに変えていく，長期にわたって続けられる「マチづくり」ともみなせる。この場合，従来の行政主導だけではなく，生活する人びとがイニシアティブをとったボトムアップの参加型アプローチが不可欠となる。環境学が今後このような視野も入れて発展することを願っている。

参考文献

1）Okada, N. (2004): Urban Diagnosis and Integrated Disaster Risk Management, *Journal of Natural Disaster Science*, Volume 26, Number 2, pp.49-54.

2）UN World Commission on Environment and Development, ed. (1987) *Report of the World Commission on Environment and Development: Our Common Future*. 〈http://www.un-documents.net/our-common-future.pdf〉

先達の横顔

Pioneer's Profile

おかだ・のりお

●学歴

大阪府立北野高等学校卒業［昭和41年（1966）］
京都大学工学部衛生工学科卒業［昭和45年（1970）］
同大学院 修士課程 土木工学専攻修了［昭和47年（1972）］
京都大学工学博士［昭和52年（1977）］

●職歴

京都大学助手［昭和47年（1972）］
鳥取大学助教授［昭和52年（1977）］
IIASA (International Institute for Applied Systems Analysis) research scholar ［昭和53年～55年（1978～1980）］
鳥取大学教授・工学部社会開発システム工学科［昭和61年（1986）］
京都大学防災研究所教授［平成3年（1991）］
京都大学防災研究所長［平成21年～23年（2009～2011）］
熊本大学教授［平成24年（2012）］
関西学院大学総合政策学部教授（同災害復興制度研究所長を兼務）［平成25年（2013）］
関西学院大学顧問，熊本大学客員教授［平成28年（2016）より現在にいたる］
ドイツ・ポツダム IASS (Institute for Advanced Sustainability Studies) Senior Fellow［平成29年（2017）］
京都大学名誉教授

●専門

総合防災学，社会システム論，参加型の減災まちづくり，持続的な地域づくり，災害リスクマネジメント

先達からの招待状 Invitation from Pioneers

快適環境研究と途上国での技術実装
一卒業生の経験と若い力への期待

河村 清史

所属組織の遍歴

私は1976年に博士課程を単位修得退学した後に，5つの機関に所属した。国立公衆衛生院在職中には，JICA長期専門家としてタイ国立チェンマイ大学に2年間在籍し，また，改組で衛生工学部から廃棄物工学部への異動も経験した。埼玉県環境科学国際センター在職中には，中国科学院生態環境研究中心との研究交流の一環で客員教授に招聘され，研究所が埼玉大学大学院理工学研究科の連携大学院となったことに伴って6年間客員教授（途中で連携教授）も併任した。時代の変遷もあって，ミッションは衛生主体から環境主体へとシフトした。所属した各機関のミッションや特徴は下記の通りである。

京都大学衛生工学科設立の趣旨としては，『衛生工学15年の回顧と展望』に「文明の進展に併行して，公衆・環境の衛生状態の改善や各種の危害防止が技術的に完全に遂行されねばならない。この諸問題を解決する衝にあたる科学技術者を養成するために……」という一文が掲載されている。

国立公衆衛生院は，「国および地方公共団体ならびに民間団体などにおいて公衆衛生に関する業務に従事している技術者や，これから従事しようとする人々に対し，公衆衛生の専門家あるいは指導者として必要な高度の知識と技能を教育するとともに，この教育訓練に必要な公衆衛生全般にわたる調査研究」を行う機関である（『国立公衆衛生院』より）。そこでの教育訓練としては，①技術者に対する研修期間約1月の特別課程（15～20コース／年），②公衆衛生関係業務に従事しているかしようとする人々を幹部技術者として教育する修業年限1年の専攻課程の他，1980年度に修士課程相当の修業年限2年の専門課程と博士課程相当の修業年限3年の研究課程が追加された。

埼玉県環境科学国際センターは，「環境問題に取り組む県民の方々を支援し，また，埼玉県が直面している環境問題に対応するための試験研究や環境学習，環境面での国際貢献など，多面的な機能を有する環境科学の総合的中核機関となるもの」（『埼玉県環境科学国際センター報』より）として2000年に開設された。研究所長として，主に試験研究と国際貢献を統括した。

埼玉大学大学院理工学研究科では，博士後期課程環境科学・社会基盤コース（とその前

表1　関与した研究課題

分野		対象	内容
京都大学	活性汚泥、活性汚泥法	重金属	影響、挙動
		有機物質、浮遊性有機物質	代謝、挙動、収支
		活性量指標、活性生物量	特性、挙動
		窒素、リン	硝化、脱窒、挙動、収支
	都市下水	有機物質	評価
	下水道	工場排水	受け入れの是非
国立公衆衛生院	処理水、環境水	塩素消毒	効果、適正化、電解作用の活用
		消毒	方法
		微生物汚染	実態、指標化、大腸菌群試験法
	膜分離を導入した生物処理	蓄積性溶解性有機物質	実態、特性、生物活性に及ぼす影響
		有機物質、窒素、大腸菌ファージ	処理特性、阻止特性
	浄化槽	情報データ	解析
	小規模生活排水処理システム	構造要素	比較検討
埼玉大学（含埼玉県在職中）	河川水	溶存有機物	蛍光分光測定法による計測と汚濁評価
		ノニルフェノール化合物質汚染	特性、評価
		内部生産有機物質	特性、発泡作用
	地下水	ヒ素汚染	実態、ヒ素溶出メカニズム
	大気、河川水・底泥、土壌	ダイオキシン類	5つの指標異性体によるTEQ推計と汚染原因の評価
	土壌	重金属類	溶出特性とそれに基づく自然由来の土壌汚染の分類
	嫌気性消化	下水汚泥中無機物	評価、分離、除去
	浄化槽汚泥	炭化	特性、生成物性状
	コンポスト	腐熟度評価法	コマツナ発芽試験の応用による開発とその利用
	埋立処分場	覆土材料	保有水浄化能力の評価
	廃棄物処分	安定化、汚染評価	指標の提案
	アジア地域における生活排水	適正管理のための技術・システム	評価と類型化
	開発途上国の衛生	改善	効果とその制約条件

身)，博士前期課程環境制御システムコース（とその前身）と2008年度開設の工学部環境共生学科で教育に携わった。埼玉大学のホームページでは，「環境共生学科は，環境と人間の関係を適切な状態に導くと同時に，他の生き物と共に安全かつ快適に生きて行くことが可能な環境を保全し創造する人材の育成を目指し」，「環境制御システムコースは，地球環境保全の観点から，人間及び生物と環境の関わりを体系的に捉え，人間活動による環境への負荷を最小化する持続可能な循環型社会システムの構築に貢献する人材を養成する」と謳われている。

微量物質の物質収支を武器に研究を推進――環境への関与

関与した研究課題を分野，対象，内容についてキーワードで示すと，表1のようになる。

京都大学では，主に活性汚泥または活性汚泥法について，下水処理における有機物質，窒素等の挙動や収支の他，浮遊性有機物質の代謝を課題とした。関連して，都市下水における，有機物質のサイズ，成分性状等を評価した。

国立公衆衛生院では，衛生に重きを置き，多くは水の消毒と微生物汚染を扱った。他に，膜分離を導入した生物処理における蓄積性溶解性有機物質による処理への影響や，大腸菌ファージの阻止を課題とした。また，旧厚生省所管の浄化槽などの小規模生活排水処理システムに係わる検討も行った。

埼玉大学では，客員教授時代にも修士や博士の論文指導を行った。埼玉県環境科学国際センターの研究者が共同指導することや博士後期課程学生であることが多く，分野，対象，内容とも多様であった。環境試料についての研究では，環境行政との係わりで微量有害物質を主な対象とした。

多くの場合，ヘテロ系における微量物質の質の変換や量の増減を伴う物質収支を研究遂行上の視点（武器）としたと総括できる。

研究以外では，講義は当然として，学識経験者の立場で旧厚生省，旧環境庁，環境省関連を中心に多くの行政関係のプロジェクトや事業に参画した。また，国や県の機関での在籍を契機として，JICA 長期専門家としての活動を含め国際協力・貢献に関与した。

問題の多様化への対応と学生自立に向けた意識改革の必要性

環境関連学科での学部教育の経験を踏まえ，大学教育に関して印象を述べる。

通常，入学者の環境への認識・意識は時代背景などによって形成されよう。私の場合，時代背景に厳しい公害問題があり，当時の衛生工学科と土木工学科との関係性などから，公害・環境問題の理解や質・量の制御等への志向が強いカリキュラムを望んだように思う。他方，近年の入学者は，一般的に，公害・環境問題の認識や環境との係わりについての意識は漠としているように思われ，教育の方向が定めにくいであろうとの印象を持つ。

環境問題に取り組む主体やレベルが多様化し，その対象が地域環境から地球環境まで多層化した現在，取り組む課題を見つけ，解決手段を求め，それを展開するなどの能力がより強く必要となっている。環境に係る大学教育は，深い専門性をベースとすべきであり，上述も踏まえて，昔から議論があったが大学院レベルで行うべきとの印象も持つ。

また，30年弱振りで学部教育に関与しての驚きであるが，学生の留年・脱落防止への気遣い，保護者への配慮，親切すぎる情報供与や対応などに見られるように，大学・教員の学生ケアが過剰である。関係者，学生共に，学生の自立に向けた意識改革をすべきとの印象が強い。

「オンサイト」での貢献に期待——若い力へ

環境への係わりには，ソフト，ハード共に多様な側面がある。係わりにおける自らのポジションの理解は，健康への係わりとの対比で考えると分かり易い。病気・けがの治療と予防に対応して環境の汚染・破壊の修復と予防があり，健康の維持・増進に対応して快適環境の保全・創造がある。私は主に環境の汚染・破壊の修復と予防に係わってきたが，快適環境について，いまだ共有できるイメージを持ち得ていない。快適環境の維持・増進に関わるイメージの形成，共有化，達成度の測定・評価などにおいて若い力に期待したい。

開発途上国支援についても，新しい力の活躍が望まれている。わが国の生活排水管理では，浄化槽から流域下水道までの整備で，1963年度には水洗化人口が10.3%であったが，2012年度では非水洗化人口が7.1%になり，半世紀で比率を逆転させた。他方，以前に世界の下水道利用人口を推計したところ，2006年時点で推計対象約56.7億人に対して，一次処理以上が約11.3億人，二次処理以上は約7.9億人であった。また，WHOとUNICEFの報告によると，2008年時点で約26億人が基本的なsanitation施設を利用できなかった。

生活排水処理の改善は技術的には「できる」が，技術を適用するには，費用の手当，技術力，住民の利用への意識・意欲，技術の風土・文化へのなじみ等が関連し，appropriateということについて十分な検討が必要である。支援する側とされる側とが協働して，国や地域の制約条件を十分に理解・把握し，選択に参考となる技術・システムの情報を整備し，それらを踏まえて計画や実装を展開することが重要と考える。こうした取り組みを推進してもらいたい。

先達の横顔

Pioneer's Profile

かわむら・きよし

●学歴

京都大学工学部衛生工学科卒業［1971年］
京都大学大学院工学研究科衛生工学専攻修士課程修了［1973年］
京都大学大学院工学研究科衛生工学専攻博士課程修了［1976年］

●職歴

京都大学工学部衛生工学科 助手［1976年］
厚生省国立公衆衛生院衛生工学部水質工学室 研究員［1981年］
厚生省国立公衆衛生院衛生工学部 主任研究官［1984年］
厚生省国立公衆衛生院衛生工学部 水質工学室長［1985年］
タイ国立チェンマイ大学工学部環境工学科 JICA長期専門家［1986年］
厚生省国立公衆衛生院廃棄物工学部 廃棄物処理工学室長［1992年］
厚生省国立公衆衛生院廃棄物工学部 廃棄物計画室長［1997年］
埼玉県環境科学国際センター 研究所長［2000年］
中国科学院生態環境研究中心 客員教授併任［2001年］
埼玉大学大学院理工学研究科環境制御工学専攻（2006年4月に改組で環境科学・社会基盤部門）客員教授（途中で連携教授）併任［2002年］
埼玉大学大学院理工学研究科環境科学・社会基盤部門 教授［2008年］

これには，オンサイト処理[1]を視野に入れることになる。他方，わが国では，人口減少，高齢化，省エネ･省資源，大規模災害，社会インフラの老朽化などへの対応が緊急である。若い力への期待として，オンサイト処理学より広く「オンサイト学」とでもいうべき分野の開拓を提案する。対象は，開発途上国でのオンサイトでのsanitationやわが国などでの浄化槽による生活排水処理に限らず，汚染した土壌や地下水のオンサイト処理，汚染した河川や湖沼等でのオンサイト浄化などもある。

また，生ごみの家庭レベルでの堆肥化と利用，太陽光発電や小水力発電の活用，浄化槽汚泥用の濃縮車や脱水車の開発・活用などの他，汚染現場等での簡易・迅速な分析や調査も含まれる。さらには，オフサイト処理とのLCA的比較や棲み分け条件の設定というようなソフト面も係わる。

1）汚水や廃棄物等を収集・運搬することなく処理すること。たとえば，各家庭で発生する生活排水は，下水道の場合，管渠で集めて運搬した後に終末処理場で処理するが，浄化槽の場合，発生した各家庭で処理する。この場合，前者をオフサイト処理といい，後者をオンサイト処理という。

先達からの招待状　Invitation from Pioneers

時を超えて人類に貢献する環境工学
断片的な研究の記憶から

小山 昭夫

福島第一原子力発電所事故と環境の放射能汚染

2011年3月11日14時46分，宮城県牡鹿半島東南東沖を震源とする東北地方太平洋沖地震（東日本大震災）が発生した。この地震はマグニチュード9.0で，観測史上日本最大の地震であった。地震に起因する大津波により東京電力福島第一原子力発電所では外部電源および内部電源を喪失するいわゆるブラックアウト状態に陥り，数日後には原子炉炉心溶融に至る最悪の事態を迎えることになった。

事故の当日，筆者は大阪府南部の研究用原子炉を用いた研究を主な業務とする職場で普通に仕事をしていて，夕方になるまで地震の発生を知らなかった。夕方になり定例の会議のため会議室に行き，そこで放映されていたテレビを通して津波の凄まじい光景を目にすることになった。普段から原子炉を扱っている職場では，当然津波の被害とともに原子炉の安全な停止が話題になり，テレビからの情報を注視し続けた。外部電源が喪失すれば内部電源による停止が可能であることを疑う者はいなかった。ところが，当日夜からの報道で，津波により非常用発電機が冠水し内部電源が喪失された事態に続き，消防用ポンプ車による使用済み燃料プールへの放水などと次々と信じられないことが伝えられ，結局は最悪の事態に至った。いま思い返してみても当時の情報の混乱はひどいもので，何が起こり，誰によってどこで，どんな対策がとられたのかよくわからない。

結局のところ炉心溶融により多種類の放射性核種が大量に環境に放出され，これらは福島県内外の水道水や井戸水からも検出された。放射線被ばくの観点からは，大まかには事故当初は^{132}Te（テルル132）などの短半減核種が重要な対象であり，次いで半減期約８日の^{131}I（ヨウ素131）が，さらに，数か月たつと半減期約2年の^{134}Cs（セシウム134）と半減期約30年の^{137}Cs（セシウム137）が主要核種となる。現在では^{137}Csが被ばく防護対策の主な対象となっている。放出された放射性核種の量についてはいろいろな推定がなされているが，セシウムは10～30PBq，^{131}Iはその数倍とされている。

事故後さまざまな被ばく経路による放射線被ばくが問題となったが，水道水などの飲料水に含まれる放射性核種による内部被ばくもその一つの経路である。水道水などから放射性のヨウ素やセシウムが検出され，また，当時の福島県では一部地域で地下水や湧き水を飲用していたことから，これらをどのように浄化するかが議論される中で市販の浄水器の浄化能力が注目された。浄水器にもいろいろなタイプがあり，活性炭を用いるものやイオン交換樹脂を用いるものなどもあるが，筆者が以前関わったことのある逆浸透膜を用いる浄水器[1)]について，いろいろと問い合わせを受けた。

逆浸透法は原理的にほとんどの放射性核種の除去が可能だが，浄水器メーカなどには各社が販売する浄水器について放射性核種の除去が可能かどうかの問い合わせが殺到し，筆者らはいろいろな相談を受けた。浄水器メーカでは放射性核種の分析ができないので，一部のメーカでは高額の費用を負担して外部の分析機関に測定を依頼していた。事故後，比較的早い時期に測定結果をホームページに掲載したメーカの例では，福島県飯舘村で採取したため池の水を分析し，セシウムが25Bq/L，ヨウ素が500Bq/Lあった水が，同社の逆浸透式浄水器を通すとそれぞれ検出限界値（6Bq/L）以下になったと載せていた。この会社はこの浄水器を飯舘村に数十台寄贈する計画を立て，それを聞きつけたテレビ局から筆者にこの水の分析結果の妥当性と浄水を飲用することについての問い合わせがあり，後日，職場で逆浸透法について２～３時間のインタビューを受けた。

別の会社のホームページでは，事故後数か月経過した後のたまり水でセシウムのみ

1）逆浸透膜を隔てた濃度の異なる水溶液の高濃度側に逆浸透圧以上の圧力をかけると，高濃度側の水が低濃度側に移動する逆浸透の原理を利用して，逆浸透膜により水中の不純物やイオンを濾過する浄水器。

が500Bq/L程度検出され，やはり逆浸透式浄水器で検出限界以下に浄化された例が掲載されている。その後，浄水過程を経た水道水ではセシウムが検出されることはなくなったが，事故後1年以上経過した後も福島県の渓流水などで10Bq以上のセシウムが検出されており，浄化が必要な場合は逆浸透法などの浄水器は有効な手段である。

❖ 放射性廃棄物との関わり

筆者は昭和42年に京都大学工学部衛生工学科に入学し，昭和46年卒業，昭和48年に修士課程を修了した。4年生になって卒業研究に取り組む研究室を選ぶときに，大阪府南部にある原子炉実験所の放射性廃棄物管理部門（筒井天尊研究室）を選んだ。今考えても明確な理由は思い出せないが，原子炉の珍しさに対する漠然とした興味や自宅から比較的近いことなどがその理由であったように思う。卒業研究のため訪れた原子炉実験所は，当時大学紛争で荒廃していた吉田キャンパスとは別世界であった。

初めて訪れたときは，駅からは徒歩がほぼ唯一の手段である田舎道を約30分かけて原子炉実験所に着いた。周りに店の一軒もない原野の中で実験所の広大な敷地が別世界として存在し，ここだけに当時の最新の実験機器等を備えた研究環境があった。その夏の約40日間実験所に泊まり込んで卒業研究を行った。修士課程修了後には助手として実験所に赴任し，結局は平成25年の定年退職まで約40年間一度も部署を異動することなくここで研究等の仕事に携わった。今考え直してみても本当に不思議な縁であると思う。助教授になるまでは京都に講義に出向くこともなく，通勤時間0の人里離れた実験所敷地内の宿舎に住み，世俗から離れたような生活をそれなりに気に入って暮らしていた。

赴任した当時は教育上の仕事は少なく，研究以外に原子炉実験所で発生する放射性廃棄物を処理する業務があった。原子炉実験所で発生する放射性廃棄物のうち，我々の部門では液体と固体の廃棄物の処理を担当していた。廃棄物処理施設に設置されている放射性廃液処理装置は，蒸発濃縮処理装置，イオン交換処理装置，凝集沈殿処理装置で構成されており，我々はそれぞれの処理装置の長所，短所，さらに廃液の性状などを考慮して，最適な処理法を選択し装置を運転した。

放射性物質濃度の比較的高い廃液は蒸発濃縮処理し，それ以外の廃液は凝集沈殿，またはイオン交換処理を行った。イオン交換処理にはイオン交換樹脂塔とセシウム除去のためのバーミキュライト塔[2)]があり，廃液の性質に応じてこれらの処理装置やその組み合わせを考えるという水処理の原点のような業務を行っていた。廃液処理といい

2）天然粘土鉱物のバーミキュライトがセシウムを選択的に吸着する性質を利用して，イオン交換塔にバーミキュライトを充填したイオン交換処理装置の一種。

ながら，法令上の要件のみならず社会的要請により，処理後の廃水は飲料水基準に近いレベルまで放射性物質濃度を下げて環境に放流していたし，これは現在も続いている。安全性と社会的要請との両者を考慮した最適化問題は単純に解くことはできないが，原子炉という特別な存在の安心感をもたらす一環と考えていた。

逆浸透法による放射性核種の除去

原子炉実験所で発生する放射性廃液を既存の装置で処理する際には，廃液処理で発生する汚泥等の二次廃棄物の発生量を減少させることが一つの課題であった。この問題を解決するために，原子力発電所などの洗濯廃液処理に使用され始めていた逆浸透法を適用することの可能性と，適用限界などについて検討した。

逆浸透法は装置や操作が簡易であり，常温で相変化を伴わず溶質と水とを分離でき，所要エネルギーが少ないなどの特徴を持つ。このような利点を持つ逆浸透法を検証するため，平膜評価試験器などを用いて，除染係数に与える廃液中溶質濃度の影響や，共存イオンの影響などについて実験を行った。また，膜の耐放射線性についても確認し，逆浸透法が放射性廃液処理に有効であることを確認した。

それから約20年を経て，福島第一原発事故で放出されたセシウムにより汚染された廃棄物，およびその焼却灰，あるいは下水汚泥やその焼却灰の埋め立て処分地からの雨水等による浸出水が問題になった。最終処分や，中間処分も含めて多くの処分がこれからも行われることを考えると，浸出水中のセシウムの監視と管理は重要な課題となる。

このような状況を踏まえ，環境省は凝集沈殿・砂濾過，生物処理，活性炭吸着，キレート樹脂処理等の現行の浸出水処理工程でのセシウム除去の検討を行った。安定セシウムは普通の焼却灰中にも一定濃度存在しているため，福島第一原発の事故の影響を受

先達の横顔

Pioneer's Profile

こやま・あきお

●学歴

京都大学工学部衛生工学科卒業［昭和46年（1971）］
京都大学大学院工学研究科衛生工学専攻修士課程修了［昭和48年（1973）］

●職歴

京都大学原子炉実験所廃棄物処理設備部門助手［昭和48年（1973）］
同原子炉安全管理研究部門助手［平成7年（1995）］
同原子炉安全管理研究部門助教授［平成12年（2000）］
同原子力基礎工学研究部門助教授［平成15年（2003）］
同原子力基礎工学研究部門教授［平成18年（2006）］
同定年退職［平成25年（2013）］

けていない地域においても検出されることを利用して，複数の最終処分場の浸出水処理施設において安定セシウムを測定し，浸出液等に陽イオンとして溶存するセシウムは，現行の浸出水処理工程ではほとんど除去されないことが明らかになった。

一方，逆浸透膜の設備を有する浸出水処理施設においては，除去率98.7％以上の結果が得られ，20年前の研究結果があらためて確認された。逆浸透膜を使用した設備を有する廃棄物処分場の浸出水処理施設においては，放射性セシウムが混入したとしても放流水中の放射性セシウム濃度は極めて低く抑えることができると考えられる。

活性汚泥法による放射性核種の除去

逆浸透法の検討を始めた頃，病院で診断用に使用される^{99m}Tc（テクネチウム99m）が河川水中から検出されたという情報が話題になった事がある。これは下水に流れ込んだ放射性核種が廃水処理過程をすり抜けて環境に流出したと考えられることから，活性汚泥処理プロセスでの放射性核種の取り込みについて検討した。

二次廃棄物の処分の問題もあるので，放射性廃水を活性汚泥処理することはあまり想定されないが，前述の状況を踏まえ，特性を知るために実験を行って，それほど高くはないものの，いくつかの放射性核種に対して一定の処理能力を持つことを確認した。

原発事故後，福島県などの多くの下水処理場では下水汚泥中にセシウムが濃縮され指定廃棄物として保管されており，このケースでも以前の検討結果が思いがけず実証されることになった。逆浸透法による放射性セシウムの処理とともに，研究結果は想定していないところで意味を持つことがあることを知った。

先達からの招待状　Invitation from Pioneers

衛生工学の面白さに魅かれた人生

松下 潤

衛生工学科に学んだインフラストラクチャーの発想

学問には，各々固有の命題と命題を解くための独自の方法論がある。私が学んだ衛生工学の場合，与えられた命題は，経済活動に伴い劣化する環境を再生する，あるいは賦存する資源を有効利用することにより持続可能な社会を築くことであり，それらを解くための方法論として(1)個別の要素技術の研究開発と(2)それらの要素技術から成るインフラストラクチャー(以下インフラと呼ぶ)の体系構築という二つの切り口を持つことに特徴があったと思う。

そのうち(2)のインフラは，産業や生活の基盤を形成する施設の総称で，具体的には，道路や鉄道，港湾，空港などの「交通系」，河川やダム，上・下水道などの「水系」，廃棄物収集・処理などの「環境衛生系(廃棄物系)」，電気・ガスなどの「エネルギー系」等に分類される。社会資本と同義語であるが，それとの対比では，民間資本としての「建築物系」がある。

都市空間をこのように捉えると，その構成要素はインフラと建築物の二つしかない。都市の持続性や魅力という意味では，インフラと建築物のバランスというものが関係してくる。また，インフラの中でも衛生工学が担う分野のウエイトは大きく，大局的には都市計画や地域計画のあり方にも遡及するような学際性を備えた学問領域であると理解することができた。

都市の魅力という視点から見ると，例えば，ナポレオン三世治世(1852–1870)に凱旋門とルーブル宮殿とを繋ぐシャンゼリゼ大通りの街並みを整備し，道路地下には上・下水道を敷設したことにより，きれいなセーヌ川を都市軸として持つパリはそういう資格を持つ街のひとつだろう。「これがパリの街角だともっと楽しめるはずだよ」と，吉田キャンパス向かいのカフェ・進々堂でクロワッサンを注文し珈琲に浸して食べながら，海外経験の妙味をそれとなく伝授してくれたＹ先輩らの，都会的で，自由闊達な発想に大きな刺激を受けたことが思い出される。

更には，経済成長により膨張しがちな都市の持続性を担保するという視点からは，21世紀は石油ではなく「水をめぐる戦争の世紀になる」という，世界銀行のイスマエル副総裁の発言(1995)にも見るように，その際に水系インフラが重要な役割を担うと考えられる。このことを四半世紀も前に喝破された恩師の末石冨太郎先生の存在は，私にはたいへん大きかった。具体的には，現行の水道システムを質の高い飲料用水道と低質のトイレ等の雑用水道(下水処理水再利用)に二元化することで，賦存する水資源を有効利用すべきと力説される先生のお姿から，水循環や資源循環はいずれ「資源小国日本」にとって必須の課題になるはずだとの認識を持つに到ったのである。

このような背景から，卒業時，上・下水道等の個別要素技術的な業務よりも，建築系も含めた総合的なインフラ整備業務に関心を持ち，日本住宅公団(以下住都公団と呼ぶ)を志願した。幸い同公団の都市開発部門のインフラチームに配属になり，四半世紀ほどの間に各種インフラ整備に係る幅広い実務経験を積むことができた。

その過程で蓄積した都市化社会における総合的なインフラ整備政策に関する比較考

証をもとに，東京大学大学院工学研究科（都市工学専攻）に博士論文を提出する運びとなった。主査を引き受けて頂いたのは，大垣眞一郎先生である。

都市化社会におけるインフラ整備の方法論

日本の経済社会は，戦後から今日まで70年余の間に大きく変化した。戦災で灰燼に帰した国家から，いわゆる「吉田ドクトリン[1]」のもと，高度経済成長期を経て「経済大国」と呼ばれる国家へと変貌を遂げ，日本の農村社会は短期間のうちに崩れ，都市化社会に移行していった。住都公団に入社したのはちょうど高度経済成長期の末期のことで，直ぐに石油危機が始まる。当時の社会のニーズは複合的で，急激な経済成長の歪みとしての産業公害問題や乱開発への反省のもと，水系・環境衛生系のインフラ整備を急ぐと同時に，石油危機を奇貨として，我が国の資源・エネルギーの海外依存体質を抜本的に見直すことにもあった。

住都公団の都市開発部門は，日本全体の市街化面積の凡そ5％相当，延べ面積400㎢強の市街地整備実績を持つ専門組織である。インフラチームは，将来的政策を先導する形でのモデルシステムを考案し，実装することを目標としていた。このため，常に最先端の情報をもとに創造力を働かせる必要があり，なかなか刺激的な職場であったと思う。

当時は，経済復興期に重点投資が行われ一定のインフラストックを形成済みのエネルギー系は別格として，水系・環境衛生系はいわばゼロベースからのスタートだったため，急激な都市化に即応しうるほどガバナンス（財源や組織）が強力ではなかった。「シビルミニマム」として，市民生活に直結する上・下水道や廃棄物系インフラ整備への重点投資を求める声が全国的に強まった由縁でもあるが，市街化の圧力にインフラ整備が追い付けないケースがしばしばであった。

住都公団では，都市開発工程に合わせたタイムリーなインフラ整備が必須であったことから，各インフラ管理者の財源面や技術面への補完措置を導入し，それらの整備を促進する必要に迫られた。具体的には，前者の財源面の補完措置には，大蔵省等5省協定に基づく資金立替制度[2]等があり，後者の技術面の補完措置には，水系に絞っても，都市河川分野での都市型洪水対策としての流出抑制策（雨水調整池や各戸貯留・浸透施設），水道分野での開発地区単独の水道事業や雑用水道，下水道分野での集合浄化槽（コミュニティプラント）など様々な非構造物対策があった。

1）安全保障の多くを米国に依存し，日本の政府予算においては，経済成長を最優先課題とするという国家方針・国家戦略。首相としてこの方針を打ち出した吉田茂にちなむ。

2）当時の建設省，大蔵省，文部省，厚生省，自治省で了解された協定。大規模な宅地開発等に際して必要となる，インフラ整備のための自治体の急激な費用負担を軽減するため，住都公団等が公共施設や利便施設の建設費を立替し，市町村は立替金を長期で返済して当該施設を取得する，とした協定。

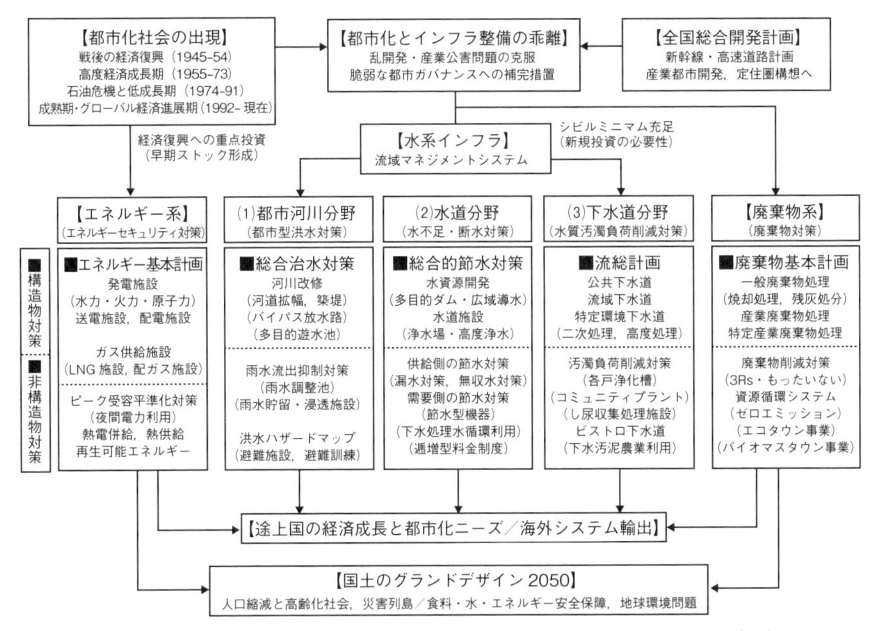

図1　都市化社会における総合的なインフラ整備施策（全体体系図）

このような都市化社会における総合的なインフラ整備施策は，インフラ，即ち構造物対策と非構造物対策とを組み合わせる手法である。行政的には，各々(1)総合的治水対策，(2)総合的節水対策，(3)流域別下水道総合整備計画などと呼ばれる。少し応用すれば，石油危機後に必要となった省エネルギーや資源循環システム導入の際にも有効な方策となりうるものである。

そのうち(1)(3)については，JICA専門家として1980年代にタイに派遣された時，バンコク首都圏に生じていた都市型洪水や水質汚染対策への応用可能性を実地検証し，ODA資金を得て実装することができた。このような方法は，急激な都市化に直面する途上国にも適用性が高いと見ることができる。インフラ整備のフロンティアは国内からむしろ海外にシフトしているともいえよう。

以上の都市化社会の総合的なインフラ整備施策の体系を描いたものが，図1である。私の博士論文の基本骨格となるものである。

大学での教育研究の方針，次世代への期待

大学における教育研究は，2000年に芝浦工業大学に移籍してから始まる。若い世代にとって大事なことは，専門知識をもとに，社会の課題に対して合理的な解決策を考案できる力を鍛えることではないか。このような思いから，図1の枠組みをベースにした

教育研究に注力してきた。現在の中央大学研究開発機構では，先端的な亜臨界水技術[3]を基軸とした次世代環境産業形成・促進業務に就いている。増大するごみ問題に悩む途上国も対象である。このように，衛生工学科で学んだインフラの発想を社会に幅広く還元していくことが，自分にとってのライフワークになりつつある。

翻って，日本という国家を冷静に見れば，「極東」（Far East）ということばに形容されるように，世界の中枢の欧米諸国から遠く離れた位置にあり，地政学的リスクの高い島国である。国内的には，経済のグローバル化と相まち，地方からの工場の急速な海外移転に伴い人口縮減を招き，農地や宅地の過剰と荒廃，インフラストックの老朽化などの様々な問題に迫られている。国際的には，地球の人口増加や経済成長に付随し，都市の膨張をいかに制御するかが喫緊の課題であり，中・長期的には，間違いなく「食料・水・エネルギーの安全保障」まで視野に入れる必要がある。

国土交通省の「国土のグランドデザイン 2050」は，これらの諸課題を列挙するが，各論レベルでの具体的な解決策をどうすべきか，どうできるかは実はこれからである。環境衛生工学を志向する若い世代がおおいに力を発揮できるフロンティア分野が，そこにある。

3）亜臨界水技術とは，高温高圧（100～200℃・10～20気圧）の水蒸気が持つ強力な分解力で，バイオマスを低分子化し，資源化する技術のこと。

先達の横顔

Pioneer's Profile

まつした・じゅん

●学歴

滋賀県立高島高等学校卒業［1967年］
京都大学工学部衛生工学科卒業［1971年］
京都大学大学院工学研究科修士課程修了（衛生工学専攻）［1973年］
東京大学大学院工学研究科（都市工学専攻）論文博士 博士（工学）［1998年］

●職歴

日本住宅公団入社［1973年］
　住宅・都市整備公団関西文化学術研究都市整備局工事部 都市施設課長，首都圏都市開発本部事業第一部 都市施設課長，本社都市整備部都市施設課長を経て，神奈川地域支社 都市整備部次長。
国際協力事業団専門家（タイ派遣），バンコク首都圏庁勤務［1981-83年］
（財）リバーフロント整備センター研究第一部（主任研究員）［1986-88年］
都市基盤整備公団退職［2000年］
芝浦工業大学・システム理工学部教授就任［2000年］
芝浦工業大学定年退職，同大学名誉教授，SIT総合研究所客員教授就任［2014年］
中央大学・研究開発機構教授就任［2014年，現在に至る］

●専門分野

原点は，都市インフラ計画・マネジメント。現在は，先端技術の亜臨界水反応装置による資源循環産業創生に関する産学連携型研究業務に継続的に取り組んでいる。

難しくて面白い環境技術の世界

竺 文彦

私は，学部は石油化学科で学び，大学院は衛生工学科で研究して，福井工業大学の土木工学科に勤め，その後，龍谷大学理工学部物質工学科，環境ソリューション工学科に勤めた後，2016年3月に定年退職して，現在は，NPOおおつ環境フォーラムや環境技術学会の活動をしています。私の経歴を振り返りながら，これまでやってきたことを紹介いたします。

有機化学から衛生工学へ──公害と琵琶湖の水環境への関心から

私は，1967年に京都大学工学部石油化学科に入学し，学部では有機化学を学びました。石油化学科に入ったのは，多分，豊かな社会を築いていくためには，石油を素材とした有機化学が必要だと考えていたのだろうと思います。卒業研究は，シリカゲルに吸着する芳香族炭化水素の吸着の方向性についての研究でした。しかし，学部で学んでいく間に，当時の社会的な問題であった公害問題などに関心を持つようになり，4年生になって就職を考えた時，石油化学会社に勤めるより，排水の処理などの仕事をしたいと考えるようになりました。また，当時は琵琶湖の水質の悪化，富栄養化や臭い水が社会的な問題となっていて，私が大津で生まれ育ったことも影響したのだと思いますが，琵琶湖の水の問題にも関心が強くなりました。自分の進路をいろいろ考えていたのですが，具体的にどうすれば良いかわからず，衛生工学科の事務室を訪ねて，相談しました。事務室の方から，研究室を紹介していただき，翌年は研究生となって，実験のお手伝いをしたり，学部の勉強をしたりして，その翌年から大学院に進みました。

学部の石油化学科では，有機化学や量子化学を学び，ガスクロマトグラフィーなどで分析をして，分子，原子のレベルで議論をしていたのですが，研究生として土木工学の実験を見せてもらったら，土に杭を打ち込んだり，皿の粘土の滑り方をみたりする実験があって，同じ工学かと驚きました。すごくラフな分野だという印象を受けたのですが，学んでいくうちに状況がだんだん理解できるようになり，石油化学は科学の面が強く，土木工学は実学の面が強いことがわかってきました。また，面白く思ったのは，学問分野とその分野の人の性格が似ているように感じたことです。化学は，緻密で細かい人が多く，土木は，大まかで寛容な人が多いように感じました。

大学院では，修士課程から博士課程に進学し，富栄養化試験としてAGP（Algal Growth Potential）[1]に関する実験研究を行いました。セレナストラムという藻類を用いた培養試験です。リンや窒素，その他の栄養源を添加して藻類の増殖をみる試験方法の開発をしました。大学院では実験に没頭していた感じで，お昼頃大学に行って，夜中まで実験をして朝方に帰るというような日々を過ごしていました。自分の好きな研究に集中できて本当に幸福な時期であったと思います。

福井工業大学から龍谷大学へ――研究と教育の深化

博士課程を終えて，福井工業大学の講師として勤務することになりました。土木工学科の中に流体システムコースができて，それを担当することになったのです。福井工業大学は私立で工学部のみの大学です。その頃，この大学は事務局の権限が強く，教授会もほぼ事務局の方針を承認するような感じでした。ただ，教員にとっては，いろんな委員会などに出る必要が無く，研究と教育に集中できる点ではいい大学だったと思います。学生は，北陸出身者が多く，都会的ではなく，素朴なひとが多かったと思います。研究面では，最初は測定機器も何もない状態で卒業研究などをやらなくてはいけなくて困ったのですが，河川の生物学的判定など機器が無くてもできることから始めて，徐々に器材を揃えていきました。幸いにも，大学のすぐ傍に下水処理場があり，市の下水道課の方とも親しくなり，実験場所として利用させてもらえるようになりました。下水処理場には，教科書に出てくる典型的な散水ろ床[2]が稼働していました。このほかにも，分析機関の方や鯖江の高専の先生とも親しくなり，協力いただきました。設備が整っていなかったことが，他に協力を求めたりすることで，人間関係を作っていくことに役立ったと思います。研究のテーマとしては，農村部の集落排水施設や浄化槽について研究しました。

私の家は寺で，西本願寺の研究所にも関係し，環境問題について発言したりしていたのですが，ある日，西本願寺の方から，「龍谷大学に理工学部を設立する構想があります。文系の大学は経営的には楽ですが，福井工業大学さんのように単科の理系の大学はどのような経営状態にあるのか知りたいので，紹介してほしい。」という連絡がありました。そこで，大学の事務局に紹介をして，同時に私自身，龍谷大学の理工学部の設立の準備もお手伝いすることになりました。環境の学科を是非作りたいと考えたのですが，

1）試水中のリン、窒素などを摂取して藻類が増殖する量を測定して，潜在的な試水の富栄養化の能力を測定する微生物培養試験方法。

2）砕石やプラスチックろ材を積み上げたろ床に排水を散水し，ろ材表面に付着した生物膜によって排水を浄化する排水処理方法。

大学がシンクタンクに構想を依頼した結果，数理，電子，機械，化学の４学科ということになり，私は化学の教員として龍谷大学に移ることになりました。

1989年に大津市の瀬田に龍谷大学理工学部，社会学部が設立されて，自宅から通うことになりました。初年度は１年生しかおらず，教員も少なく，全学科の１年生に教養課程の化学などを教えていました。設備なども整っていなかったので，他学科の学生が私の研究室に来てパソコンを使ったりして，アットホームな雰囲気がいっぱいでした。今でもこの頃の１年生，２年生とはお付き合いがあります。

また，福井工業大学では，事務局が中心になって，物事がどんどん進んだのに対して，龍谷大学では委員会を作って検討をして，決まったことを全学部で検討して，承認されないと物事が進まないという面があり，すごく民主的なんだけれども面倒くさくて，時間がかかり，教員としてはどちらがいいんだろうかと思うこともありました。

環境先進国ドイツでの研究と環境ソリューション学科の創設

1999年にドイツで１年間研究することとなり，半年間はアーヘンの下水の研究所で，半年間はアウグスブルグの廃棄物の研究所で過ごしました。環境分野で新しい試みをしているドイツで生活したことは，私のものの考え方を広げるために大いに役立ちました。ドイツ人は金曜日の午後になるとそわそわしだして帰っていくし，夏休みもしっかり１か月ほど休むのですが，生産性は高く，日本人のサラリーマンが家庭で夕食を食べていないことや夏休みもしっかりとれていないことなどについて少し馬鹿にしていました。いろいろと環境関連の施設の見学もしましたが，どの町にも堆肥化施設があり，あちこちにメタン発酵施設がみられるのは羨ましく思いました。ドイツでは，ドライな廃棄物は焼却をして発電，温水の供給を行い，ウェットな廃棄物はクールに処理するという方針を決めて，堆肥化やメタン発酵技術が進んだとのことです。

帰国後，龍谷大学では４学科から２学科増やすことになり，環境ソリューション工学科を立ち上げました。新しい学科を立ち上げる際には，構想から人事から建物から，いろいろの困難がありましたが，何とかスタートして，また新しい学生と付き合うことになりました。やっと私の本来の学科ができて，琵琶湖の水質，底泥の研究や浄化槽の研究などを進めることができました。ただ，４年生の卒業研究では，本人の希望をできるだけ聞いてテーマを決めるようにしていたのですが，学生が考えるテーマはニュースで聞いた内容など学問的にはレベルの高くないものが多く，学生の希望に沿った研究をやらせるのか，あるいは，こちらからレベルの高いテーマを与えて研究させた方がいいのか，迷いました。

考えてほしい微量汚染物質，廃棄物処理のことなど

2016年3月で定年退職して，現在は環境のNPOや環境技術学会の活動をしています。もう現役ではないので，世の中のことはお手伝いする程度にと思っていますが，若い方々に考えていただきたいことを挙げておきます。

微量汚染物質については，ダイオキシンの問題が起こり，続いて環境ホルモンが話題になりましたが，実証的な裏付けが乏しくすこし勇み足のような点もあり，急速に社会的関心が薄れてしまいました。しかし，人工的な微量物質が人体に何らかの影響を与えている可能性はあり，変異原性として把握できる場合もあれば，人間の精神的な活動に影響するような，把握することが非常に困難な場合も考えられます。すぐには成果が得られないかもしれませんが，しっかりとデータを蓄積しなければいけない分野であると思います。琵琶湖の水質についても，一般の関心は富栄養化や臭い水問題から外来魚や水草の繁茂などの生態的な分野に拡散していますが，やはり農薬，医薬品などの微量汚染やウイルスの汚染などを常に監視していくことが必要だと思います。

ドイツでは，1990年代に生ごみの堆肥化が進み，現在では数多くのメタン発酵施設が建設されて，廃棄物からエネルギーを取り出す努力が続けられています。日本では家庭からの廃棄物は基本的には焼却されています。最近ではごみ発電をやるようになりましたが，相変わらず生ごみを焼却しています。ごみ発電の効率を考えれば水分を多く含む生ごみは除外すべきだと思いますし，生ごみは焼却ごみから除外して，堆肥化やメタン発酵することが望ましいと思います。このような考え方から，滋賀県の甲賀市と大津市で家庭ごみから生ごみを分別し，堆肥化を行っています。しかしこうした先進的な例はあるものの，家庭生ごみの堆肥化はあまり普及していません。また，日本では北海道を除いてあまりメタン発酵が普及していません。これは，メタン発酵で出てくる脱離

先達の横顔

Pioneer's Profile

じく・ふみひこ

●学歴

滋賀県立膳所高等学校卒業［昭和41年（1966年）］
京都大学工学部石油化学科卒業［昭和46年（1971年）］
同大学院修士課程修了［昭和49年（1974年）］
同大学院博士課程中退［昭和52年（1977年）］

●職歴

福井工業大学建設工学科 講師［昭和52年（1977年）］
福井工業大学建設工学科 助教授［昭和58年（1983年）］
龍谷大学理工学部物質化学科 助教授［平成元年（1989年）］
龍谷大学理工学部物質化学科 教授［平成10年（1998年）］
龍谷大学理工学部環境ソリューション工学科 教授［平成15年（2003年）］
龍谷大学理工学部環境ソリューション工学科退職 名誉教授
［平成28年（2016年）］

液をドイツでは液肥として利用できるのに対し，日本は水田が多いためそうはいかず，脱離液を処理しなくてはいけないため採算が合わないことが原因です。脱離液を出さないメタン発酵技術を開発する必要があります。あるいは最近ドイツで開発されているように嫌気的な堆肥化によりメタンを取り出す技術を採用することも考えられます。衛生工学の分野の技術は社会的な技術であり，社会システムと関連しながら利用されていくところが難しいところでもあり，面白いところでもあると思います。

先達からの招待状 Invitation from Pioneers

研究と技術を最適化する若い力への期待

水環境に関する水工学的アプローチの経験から

松尾 直規

私は，京大入学後ただちに硬式野球部に所属し，教室にいる時間よりもグランドにいる時間のほうが長い（大学紛争のせいもあったが）学生生活を送った。衛生工学科４年次の夏に，当時野球部長であった石原藤次郎先生に呼ばれ，大学院へ進学して野球部のコーチをやれと言われ，大学院試験をその約１週間後に受けたが，見事に不合格となり，卒業後１年間を土木工学科の高棹琢馬先生の研究室で教務補佐員として勤めた。この間に土木の先生方や同級生，先輩，後輩とつながりができ，昭和50年に大学院衛生工学専攻修士課程を修了した後には，指導教授であった末石冨太郎先生のお計らいもあって，河川工学講座の岩佐義朗先生の研究室で助手を務めることになった。また，同時期に硬式野球部の監督を拝命し，午後3時から8時ごろまではグランドで，それ以外は研究室で過ごす生活が始まった。

野球部監督の研究テーマはダム貯水池

岩佐研で取り組んだ研究テーマは，ダム貯水池の水理，水質であった。この課題については，貯水池での水温成層の形成に伴う春から夏にかけての冷水問題が国内外で扱われ，成層状態下での取水に伴う流れの特性解析や，鉛直一次元モデルによる水温成層の数値解析がすでに行われ，対策として表層取水が行われるようになっていた。また，洪水時の濁水長期化についても電力ダムなどで社会問題となり，選択取水等による対策が求められていた。

私が最初に取り組んだ課題は，水温成層の分類と評価法であった。全国38か所の多目的ダム貯水池における13年間の水温分布，流量の月変化に関するデータを分析し，水温成層の形成に関して，太陽エネルギーを主要因とする成層Ⅰ型，流出入熱量を要因とする成層Ⅱ型，夏季にのみ弱成層を形成する中間型，成層が形成されない混合型に分類した。また，それらを分類する指標として，年平均回転率，内部フルード数[1)]を提示し，その適用性を検証した。これらの指標は，その後にダム貯水池での水温成層の有無を判定する指標として実用に供されている。水温成層については，洪水の流入によるその破壊と変形メカニズム，およびその判定指標についても検討した。

次に取り組んだ課題は，濁水長期化であった。洪水時における濁水の性状，および流入，貯留特性のデータ分析によって，濁水長期化の実態と特徴の把握を行ったうえで，水深方向と流下方向の流れ，水温，濁度の変化を扱う一方向多層モデルを開発した。このモデルは，水理学的に現象を解くモデルとして世界に先駆けたものであり，濁水長期化が問題となっている全国各地のダム貯水池に適用して，その現象再現性を検証するとともに，現象特性の解析や選択取水などの濁水長期化対策効果の予測を行った。濁水長期化の課題については，その後も洪水時の濁水のみならず，貯水位低下時の濁水や，濁水の早期放流，濁水バイパス，フェンス工による濁水対策などの解析を，現在に至るまで継続しており，それらの研究成果は現地に適用されている。

ダム貯水池における３つ目の課題は，富栄養化である。この課題では，植物プランクトンを中心とする生態学的な生産・消費過程をそれまでの一方向多層モデルに組み込むとともに，植物プランクトン（クロロフィルaを指標とする）の３次元分布を解析するための二方向多層モデルを開発した。これらのモデルによるアオコや淡水赤潮などの現象解析と観測データによる現象特性の把握によって，貯水池内の流れと植物プランクトンの増殖，集積特性との関連を明らかにした。さらに，それらの成果に基づき，選択取水，フェンス工，曝気循環などによる植物プランクトンの増殖，集積抑制対策についても検討した。

このうち，曝気循環については，室内実験により気液混相流[2)]の特性把握を行うとともに，それを解析するための数理モデルを開発し，その現象再現性を確かめたうえで，そのモデルを二方向多層モデルに組み込んで，曝気循環による植物プランクトンの増殖抑制効果を予測，解析した。なお，これらの成果は，曝気循環によるアオコ対策，フェ

1）密度成層の安定度を表すパラメータの一つであり，密度差による重力作用と流れによる慣性力との比で表示される。

2）気体と液体とが混じり合った流れであり，ここでは水中に空気（気泡）を注入した時に生ずる気泡とその周囲水の流動を指す。

ンス工による赤潮対策として実用に供されている。

河口域や河川，都市型水害も課題に

昭和56年に，中部大学（当時は中部工業大学）に移ってからは，上述のダム貯水池の課題に加え，河口域ならびに感潮都市河川の水理・水質課題にも取り組んだ。具体的には，長良川河口堰の建設と運用に関して，堰上流の湛水域（淡水域）および下流の汽水域（感潮域）の流れと各種水質の解析，名古屋市内の中川運河，堀川，新堀川の水質改善に関する現地調査や数値解析，さらには各種対策効果の予測などである。

また，平成12年の東海豪雨による大規模な浸水被害を契機に，都市型水災に関する研究を，京大防災研から中部大学へ着任した武田誠君と共同して行い，河川，地表面，下水道における降雨に伴う流れを一体的に解いて，都市での浸水現象を解析するモデルを開発するとともに，その現実問題への適用を行ってきた。これらは，外水氾濫，内水氾濫，およびそれらの複合氾濫の解析，地下街や地下鉄への氾濫水の侵入問題，雨水貯留施設やポンプ施設等の浸水低減効果の解析・予測である。この成果は，名古屋市における氾濫ハザードマップの作製に利用されている。

以上が，私の主な研究経歴であるが，社会活動としては，上述した研究成果の還元とともに，木曽川，矢作川，庄内川，宮川，櫛田川，雲出川，鈴鹿川などの1級河川水系，愛知県，三重県，名古屋市が管理する数多くの河川水系の河川整備計画流域委員会委員長および委員を務めてきた。以下では，こうした活動を通じて，河川，特に都市河川における治水と環境の問題について，考えていることを述べることにする。

自然共生型流域圏の形成をめざして

都市河川の環境問題は，自然共生型都市の形成に関わる課題であり，健全な水，エネルギー，物質の循環系を有する自然共生型流域圏の形成が不可欠である。そのことを考えれば，都市河川の洪水対策と環境対策は不可分なものとして一体的に進められなければならない。「安全・安心」な都市は，「快適」な都市でもあり，洪水による都市域の浸水とライフラインの被災は，快適な都市生活の阻害，さらには下水道からの汚水の流出といった衛生上の問題や災害後のごみ問題，生物の生育・生息空間の破壊などを引き起こす重大な環境問題でもある。

したがって，都市河川の洪水対策の推進による治水機能の向上は，健全な水循環系の構築と自然共生型流域圏及び河川の形成に寄与する限り，環境問題の解決につながるものである。しかしながら，過去を振り返れば，「3面張り」に代表されるように，河道改修などの洪水対策が必ずしも環境の改善に寄与してきたとは言えず，むしろ生物の生育・生息環境を破壊したり，河川景観の悪化，親水機能の阻害，水質の悪化などを招いたことも否定できない。

これからの都市再生に不可欠な都市河川の洪水対策と環境対策は，互いに競合するものではない。補完し合い相乗的な効果を生み出すものとして，一体的に様々な施策を推進することが今後の重要な課題である。そのためには，次のような事項について留意する必要がある。

- 河川改修にあたっては，生物の生育・生息場の保全や改善に努めるとともに，その改変が避けられない場合は，そうした場の復元，創出による代替え措置を講ずる。
- 河川の環境整備は治水機能を阻害しないように行う一方で，治水整備に合わせて河川景観や親水機能の向上を図る。
- 下水道整備と河道整備との連携を図り，治水安全度にアンバランスを生じないようにする。
- 下水道整備が平常時の河川流量の低下を招かないような措置を講ずる。
- 都市域における雨水の浸透及び貯留機能の向上を図り，雨水の流出抑制と余剰地下水の有効利用を念頭においた河川流況の改善を図る。
- 雨水貯留施設の目的に応じた最適運用を図る。特に合流式下水道地域では，降雨初期の高濃度汚水の流出防止と，雨水流出のピークカットを両立し得る運用方法を開発する。
- 超過洪水時の合流式下水道からの汚水流出情報や，災害復旧時の放置自動車やごみ処理に関する情報など，水災情報と合わせて環境問題に関わる情報提供を積極的に

先達の横顔

Pioneer's Profile

まつお・なおき

●学歴
愛知県立旭丘高校卒業［昭和43年（1968）］
京都大学工学部衛生工学科卒業［昭和47年（1972）］
同大学院工学研究科修士課程修了［昭和50年（1975）］
工学博士（京都大学）［昭和57年（1982）］

●職歴
京都大学教務補佐員（工学部土木工学教室）［昭和47年（1972）］
京都大学助手（工学部土木工学教室）［昭和50年（1975）］
中部工業大学講師（工学部土木工学科）［昭和56年（1981）］
中部工業大学助教授（工学部土木工学科）［昭和57年（1982）］
中部大学教授（工学部土木工学科）［平成4年（1992）］
中部大学工学部長、兼工学研究科長［平成23年（2011）］
中部大学学監［平成27年（2015）］
中部大学工学部長、兼工学研究科長［平成29年（2017）］ 現在に至る

行う。

- 市街地の清掃，ごみのポイ捨て防止，降雨時の家庭排水の自粛など，降雨流出に伴う河川への汚濁負荷の流出抑制に努める。また，そうした自助・共助努力の啓発と体制整備を進める。
- 河川管理や環境整備に関して，行政と地域住民との連携・協力関係を日常的に構築し，水災情報や環境情報の収集・伝達及び共有体制を確立して防災・減災や環境改善に資する。

なお，自然共生型都市に関する課題の解決には，これらの個々の課題に対する更なる調査，研究の実施と有用な技術開発が不可欠であるとともに，全体を見渡したうえでの，研究や技術の総合化，最適化が求められる。広い視野と学識を持ち，こうした課題に取り組むことができる研究者，技術者に期待したい。

先達からの招待状　Invitation from Pioneers

閃きと感動
渦の発生数研究に取り組んで

八木 俊策

研究経緯

卒業論文のテーマは「沈殿池短絡流の発生特性」で，末石冨太郎先生（当時京都大学教授），住友恒先生（当時助教授）に指導していただいた。大学紛争の喧騒の中，京都大学土木総合館地下実験室において，微流速条件下での管路オリフィスの損失水頭[1]に関する実験を行った。その実験結果を末石先生の沈殿池整流壁に関する研究に加味して卒業論文とした。修士論文では卒業研究を発展させる方向で「境界面における渦による水量水質交換に関する研究」を行った。*Journal of Fluid Mechanics*（流体に関する国際論文誌）にあった渦輪の美しい写真と境界層理論を用いたモデルに魅せられて，短絡流界面での渦と水質交換に関するモデルを作成し，実験的に検証した。しかし，時間不

1）オリフィスとは薄い壁に開けた小さな穴のことで，流体が管路内のオリフィスを通過する際に流体のエネルギー損失が生じる。この損失エネルギー量を流体の単位重量あたりで表したものを損失水頭という。

足，力量不足に終わった感がある。京都大学大学院修士課程修了後，川崎重工業に就職し，公害防止システム室で排煙脱硝装置の開発に従事した。１年程度ではあったが，企業での研究開発を経験できたことは有意義であった。

その後，大阪大学工学部環境工学科で末石先生の助手を務める機会をいただき，渦と水質交換の研究を再開することになった。本腰を入れて研究に取り組むため，流体力学，渦，乱流理論等の国内外の文献を渉猟した。層流から乱流への遷移領域に注目し，流れの安定性理論を適用して，渦の発生数を説明するモデルの作成に注力した。いくつかの論文と自分の実験結果を突き合わせているうちに，ある考えが閃いた。早速，渦の発生数を求めるモデルを作成し，それに基づく実験をしたところ，ぴったり一致した。この時のことは今でも鮮明に覚えている。振り返ってみれば，これまでの研究生活の中で，私にとっては最も大きな感動であった。住友先生（当時京都大学教授）からは，この研究成果を沈殿池除去率[2)]や河川等の移流拡散現象に適用するよう指導していただき，「凹凸流路における水質伝播に関する基礎的研究」をまとめ，京都大学から工学博士の学位を取得した。

「あいまい工学」と遺伝アルゴリズムをヒントに

学位取得後に次の研究テーマを探していたとき，科研費（文部省科学研究費補助金）の「大気汚染・水質汚濁現象を統合した都市環境制御の研究」（代表・末石冨太郎）に加えていただいた。末石先生から「あいまい工学」というのがあるらしいというヒントをいただき，ファジィ制御を合流式下水道ポンプ操作に適用した。ファジィ制御は，言葉の通りあいまいさを扱うことのできるファジィ集合を用いた制御法である。東京設計の倉敷三樹男氏がこの研究に関心を示され，寝屋川北部流域下水道ポンプ場のデータ収集等でご協力いただいた。この研究成果は末石先生が中心となって開催された都市雨水排除の国際会議で発表した。

合流式下水道ポンプ操作にファジィ制御が使えるということは確認できたが，その効果はひとえに制御規則に依存する。これを熟練オペレータへのヒアリングにより手作業で作成するのはきわめて困難であり，いわゆる機械学習により自動的に制御規則を作成する必要があった。その手法を探っていたときに，摂南大学でシステム系を担当している教員から遺伝アルゴリズムを教えてもらった。遺伝アルゴリズムは生物の遺伝と進化のプロセスを取り入れた最適化や学習のための方法である。求めるべき解を

2）傾斜板沈殿池の板上に阻流板を取り付けて流路境界を凸凹形状にすると，沈殿池の除去率が向上するという研究報告があった。しかし，筆者の理論的・実験的研究によると，逆に除去率は低下するという結果になった。この理由を学位論文で考察した。

生物の遺伝子配列のようにコード化し，選択・交叉・変異などの遺伝的操作によって，目的への適応度を高める方法である。実際の下水道ポンプ場における降雨強度や下水管水位に対するポンプ操作記録によって検証したところ，現行の制御結果とほぼ同じ制御ができることを確認した。さらに，下水水質を入力変数に加えて学習させたところ，下水管水位，河川水位の条件を満たしながら，雨水ポンプからの汚濁排出量を低減できるような制御規則をえることができた。

合流式下水道ポンプ制御の研究をそろそろ終えようと思っていた矢先に，京都大学時代に水処理の講義を受けた豊橋技術科学大学・北尾高嶺先生から連絡があり，排水処理の高度化にファジィ制御を使ったらどうかと考えているので，協力してほしいという依頼があった。当時，大阪工業大学の石川宗孝先生（京大院出身）が中心となって活動していた次世代水処理研究会に加わった。そこで排水処理インテリジェント部会を立ちあげて，水処理メーカー技術者との共同研究を始めた。この研究により，「嫌気・好気活性汚泥処理方法及び装置」の特許を取得した。また，この研究がきっかけとなって，京都大学の津野洋先生から，マレーシアの大学にファジィ制御に関心のある研究者がいるので，「日本学術振興会の拠点大学共同研究（マレーシア，中国）」に参加しないかとのお誘いを受けた。その後，UKM（マレーシアの国立大学）を訪問し，摂南大学・大阪工業大学にマレーシアから先生をお招きしてセミナーを開催するなどの交流ができた。「ファジィ制御を用いた二槽式間欠曝気法による窒素・リン除去効率の改善」は，マレーシア・サバ大学で開催された人工知能に関する国際会議で発表した。活性汚泥中の様々な微生物が働きやすいように，曝気時間を調整して好気・無酸素・嫌気状態をつくり，富栄養化の原因である排水中の窒素・リンを除去する方法の改善である。除去率の改善だけでなく，消費エネルギーも低減できた。一方，研究会の参加企業がこの制御方式を商品化し普及させようとした。しかし，残念ながら売れたのは２件程度と聞いている。

様々な共同研究を経てマイクロバブル研究へ

京都大学名誉教授・摂南大学工学部長であった合田健先生からは，閉鎖性水域に関する国際会議がボルチモアで開催されるので，研究発表しようというお誘いを受けた。瀬戸内海の内湾・灘における漁獲統計を用いて，魚種多様性と海域水質との関係を発表した。また，合田先生のお勧めで，ストックホルムで開催された国際会議において，私の同期生である高橋正氏らとの共同研究成果である「大阪湾の水質管理に関する研究」（環境庁委託研究）を発表した。

京都大学衛生工学科出身で大阪大学に勤務しておられた芝定孝先生とは，科研費の研究の後も共同研究をさせていただき，酸性雨に関する雨滴のガス吸収等について教えていただいた。また，合田先生とも繋がりのある摂南大学・金子光美先生には，水系感染症のリスク評価に関する科研費の研究メンバーに加えていただいた。大阪大学でリスクの研究を横からみていたので，違和感はなかったが，それほど満足のいく研究成果は得られなかった。しかしこのときに勉強したことは，後々講義資料として役に立っている。

2010年度に摂南大学工学部が理工学部に改組され，新設の生命科学科に移籍することになった。この新学科では実験に力を入れるということで，新しい研究テーマとして，マイクロバブルに注目した。これまで共同研究をしていた水処理メーカーの技術者にも協力をいただいて，マイクロバブル発生装置，気泡粒径分布測定装置，オゾン発生器等の実験設備を揃え，現在も研究を続けている。

環境教育に経済学やマネジメントの概念を導入

大阪大学助手のときは学生実験や設計演習等を担当しただけであったが，摂南大学工学部経営工学科では，環境経営・情報処理等の講義を担当した。この学科は生産管理・経営管理・環境管理・情報システムの４領域で構成されていた。着任当初は講義の準備に明け暮れていたが，これは私自身が環境に関して体系的に学び直すいい機会でもあった。都市環境・自然環境・地球環境に加えて，環境経済学や環境マネジメントの概念を取り入れた。生命科学科が完成年度を迎えた後，2014年度から都市環境工学科に移籍した。かつて合田先生，海老瀬潜一先生が担当された研究室を引き継ぐことになり，現在は学部で環境衛生工学・地球環境学等を，大学院で水環境工学特論を教えている。京都大学卒業後は大阪大学環境工学科，摂南大学経営工学科・生命科学科と渡り歩き，最後に自分の故郷に帰ってきたような気がしている。

社会活動，大学運営，そして繋がり

2008年ごろのことだが，当時の大阪府知事と大阪市長が府市統合の具体化として，水道事業の統合に合意し，水道システムの技術面や運営組織について検討するための検証委員会が設置された。私は大阪府推薦の委員として加わった。いざ検討が始まると，双方が合意を目指すどころか，逆に真っ向から対立することになり，挙句の果てに知事と市長が反目することになった。これがきっかけとなって，大阪府知事が大阪市長に転身することになったといわれている。また，大阪府水道部を母体として，大阪広域水道企業団が誕生した。水道統合が単なる技術的な問題にとどまらず，行政組織や政治状況にも影響を与えたことを感慨深く振り返っている。

そのほかに京都大学衛生工学科出身ということもあってか，いくつかの自治体から，上下水道関係の審議会委員を仰せつかった。また，JICA（国際協力機構）から，廃棄物の専門家として，アフリカのガーナへ派遣されたこともある。この時は大学時代に学んだ廃棄物の知識が役に立った。

大学内では数年前から，学生部長や副学長を兼務するようになり，大学運営に関係する仕事が増えてきた。急激な18歳人口減少期の到来により大学経営が厳しくなる「2018年問題」が取り沙汰されるなか，新学部開設やキャンパス整備等，数多くの業務が山積している。そのひとつとして，全学的な環境マネジメントの推進に取り組んでいる。学生が卒業した後も環境に関心を持ち続け，持続可能な社会の構築に貢献してほしいからである。2年程かけて準備し，2015年1月に環境マネジメントの国際規格ISO14001の認証を取得した。その後1年ごとの定期審査を経て，現在は更新審査と改訂規格への移行審査に取り組んでいる。当初の目標は，「紙・ごみ・電気」であったが，これからは全学的な環境教育の充実に力を入れていく必要があると思っている。

以上のように，衛生工学・環境工学の先生方や卒業生との繋がりは，私のこれまでの歩みの大きな支えになってきた。このことを改めて痛感し，感謝の念を禁じ得ない。

先達の横顔

Pioneer's Profile

やぎ・しゅんさく

●学歴
兵庫県立姫路西高等学校卒業［1967年］
京都大学工学部衛生工学科卒業［1972年］
京都大学大学院工学研究科修士課程修了［1974年］

●職歴
川崎重工業㈱入社［1974年］
大阪大学工学部環境工学科助手［1975年］
摂南大学工学部経営工学科講師［1987年］
同・助教授［1989年］
同・教授［1999年］
摂南大学理工学部生命科学科教授［2010年～2014年］
摂南大学学生部長を兼務［2010年～2016年］
摂南大学理工学部都市環境工学科教授［2014年～現在］
摂南大学副学長を兼務［2015年～現在］

4大学を渡り歩いて

石川 宗孝

2017年の8月初旬，大阪工業大学工学部環境工学科の同窓会を発足させた。環境工学科の設置から12年目の出来事である。私は環境工学科設置の責任者として，設置前は文部省への申請，コースの構成，教員募集などの手続きに費やされ，設置後は，入学募集や就職先の確保，学科構成を将来的にどのようにするかなどの難問を抱えていたが，やっと，10年目を超えて，一区切りつき，次の世代に渡すことがきるとほっと一安心したところである。しかし，昨今の環境分野は安定しているとは言いがたく，非常に難しい時代に入ったことも実感している。

私は，京都大学大学院修了後，勤務先として四つの大学を渡り歩いた。これは非常に特異的なことではないだろうか。それぞれの大学でどのような研究活動をしたか，思考がどう変遷したか，経緯をまじえてお伝えしたいと思う。

大学院時代――基礎を学び，実験に明け暮れる

卒論，修論は岩井重久先生，北尾高嶺先生にたいへんお世話になった。パイプ沈殿池，生物学的接触ろ床法[1)]の開発と運転，接触材を用いた化学的リン除去といった物理，化学，生物などの基本的な手法を学んだ。特に，北尾先生には京大構内にある実験施設（当時，明治村と呼んでいた）に通いながら実験のノウハウを伝授していただいたことを覚えている。ある日，下水処理を行っている接触ろ床槽内の透明度が増し，処理水の透視度が1m以上になっていた。直ぐに，先生に報告した後に水質分析を行ったが，BOD，CODは通常と変わらず，がっかりした覚えがある。結局，亜硝酸性窒素の影響と解り，その後，この現象がN-BOD，N-CODと呼ばれるようになったことなど楽しい出来事として思い出される。

山口大学時代――窒素除去機構の解析に取り組む

私の研究者生活は山口大学工学部土木工学科に採用されてからで，当時は中西弘先生，浮田正夫先生が在籍された。両先生は瀬戸内海の富栄養化機構を解明する大きな

1）生物学的接触ろ床法には，好気性ろ床法や接触曝気法などの好気性処理と嫌気性ろ床法などの嫌気性処理とがあり，その総称。主に，浄化槽や小規模排水処理などに多く使用されている。

取組みをされていた。海域，河川の現状分析や工場排水の田圃などへの流入，流出源の分析など，海域や河川に流入する流域の汚濁解析を夜を徹してされており，最初に思ったことは，これは敵わないので他の分野がやれないかということだった。先生方に相談すると，中西先生から違う分野では忙しく指導できないので，自分で開拓し，資金も自分でさがすように言われたことを覚えている。当初は途方にくれたが，後で考えると，私にとって非常に励みになる言葉であった。

赴任後すぐに，山口県では，し尿処理施設の新築，改築が盛んとなり，中西先生の勧めもあり，この分野の研究をやってみようかということになった。最初は気軽にはじめたが，深みにはまり込んだようだ。下水と違い，し尿処理は原水濃度も高く，臭いの問題など住民にとっては迷惑施設と考えられていた。しかも，従来のBOD除去だけでなく，窒素，リンなどの栄養塩除去からCODや色度の除去まで要求される状況で，かつ悪臭対策や汚泥処理まで含めた全処理システムを一括発注するということであった。各環境系企業や技術者にとっても技術革新につながる多大なメリットがあるため，多くの精鋭（京大卒業生も多数）を集めて種々のシステムを提案する状況が始まったばかりであった。当初は，各市町村より，わが市，町，村のし尿処理の改造か新設をどのようにするか，各企業のシステムの特徴はどうかなどの相談が多かった。しかし，私自身が勉強途上で，処理施設の運転管理者や企業の方々に教えていただくような状況であった。

そのうち，嫌気性消化槽を好気性消化槽に改造した曝気槽において，窒素除去率が70～80％と高くなる施設が見つかり，このメカニズムを解くことを目的として，施設の処理状況の分析，室内実験による再現，窒素除去機構解析などを始めた。当時の窒素除去方式は，BOD酸化，硝化及び脱窒反応をどのように効率的に結びつけるかの技術が盛んに研究されていた。硝化槽から脱窒素槽へポンプで返送するいわゆる循環方式や，長時間曝気槽の流出端より流入端に戻す方式あるいは各反応菌を有効に保持するため，3槽を分離独立する方式など百家争鳴の時代であった。

私の場合は，曝気槽が完全混合型の大型単一槽である。この解決には，それぞれの反応も重要ではあるものの，槽内の流体の混合特性も影響すると考えた。そこで，室内実験で単一の曝気槽を槽列モデル型の槽として製作し，各槽それぞれにポンプで上流部に戻す逆混合流を生じさせることにより，逆混合・槽列モデル型曝気槽として混合特性実験を行った。その結果，逆混合流量を変えることにより，単一槽を完全混合，中間の流れ及び押出し流れとして，再現することができた。

並行して，反応モデルを作った。単一の槽内で有機物（BOD）除去作用，硝化作用及び脱窒作用は，DO濃度，pH（アルカリ度）などの環境因子が関わるとし，最終的には，いずれの反応もダブルMonod型式を採用した。BOD除去反応はBODとDO濃度を，これに，脱窒反応によって減少するBODを足す式，硝化反応はDOとアルカリ度の影響を考慮した式，脱窒反応は負の影響を考慮したDO濃度とBOD濃度を加えた反応式を作った。そして，混合特性と反応モデル式を合成した収支式から予測した結果と実際の水質分析結果がよく合うことを証明した。ここにだどり着くには多くの研究者や卒業生の協力を得た。多くは学会論文として発表した。これが，私の博士論文となった。

京大，福井工大時代——事務との両立と研究範囲の拡大

1986年に京都大学へ異動となった。田舎の大学で自由にやっていた私にとっては，緊張したが，顔見知りの先生ばかりで助かった。研究としては，今まで提案していた窒素除去モデルを下水へ適用すること，廃棄物埋立浸出水の水質分析と予測などがあったが，それとは別に，学外委員会の事務局，研究会の事務局など事務的な仕事を多く抱えた。事務的な能力が皆無の私にとり，これはきつい仕事であった。両方できての京都大学ということを思い知ったわけである。1989年に赴任した福井工業大学では，池やダム湖の浄化手法，植物抽出液（サポニン）による曝気槽の改善と油分除去などについて理論と実験による解析をすすめるなど研究範囲が拡がった。

大阪工大時代——余剰汚泥の発生しない水処理をめざして

1993年に大阪工業大学工学部土木工学科に赴任した。学科内はこれぞ土木という雰囲気が漂い，卒業生のほとんどが公務員，ゼネコン及び建設コンサルタントに就職するという学科であり，今までの大学では感じない雰囲気があった。どうも，私の所属する衛生工学研究室に配属される学生はこの雰囲気から逃れて別方向へ進みたい学生のようであった。大阪地域は，バブルがはじけたにもかかわらず，赴任直後から，企業からの相談件数や大阪府，周辺都市の委員会に出席する機会が多くなってきた。トピックスとして，数社の環境系企業から「汚泥の出ない水処理施設や大幅に余剰汚泥量を減量させる装置を開発したが，理論的な裏づけがほしい」という相談があった。こうした状況から，私の研究室では，余剰汚泥の発生しない水処理を一つのテーマとして取り上げることにした。この時期には，大学院生，卒研生及び企業からの研究生も増え，研究に大きく貢献してもらった。同時に，余剰汚泥の発生抑制や水処理装置の維持管理など数々の水処理の問題を取り上げる研究会，「次世代水処理研究会」を作り，種々の意見を聞く交流の場として，また卒業生の就職先選びの場として大いに役立てた。

テーマである余剰汚泥の削減は，主に，生物処理施設から発生した余剰汚泥を対象に，

物理化学的手法である水熱反応，超音波装置を用いて行った。水熱では汚泥の可溶化，超音波では細胞膜を破壊して死滅した汚泥を再度，曝気槽へ戻して曝気槽の微生物に食餌させる汚泥削減の方法である。解析する条件は，水熱反応では，可溶化した液のCOD物質が易分解性物質または難分解性物質になる割合，超音波では，細胞膜の破壊により溶出した液のCOD，残部の細胞膜SS（浮遊物質）及び破壊されずに残る汚泥のSS割合などを同定して，COD，SS増加分が従来の活性汚泥法に影響を与えないか連続実験と予測計算を行った。これらの結果から，企業では実用化，われわれは論文を作成することになる。研究室一同及び次世代水処理研究会の方々の協力を得て，大きな成果を得た。幸いにも，企業数社とは共同特許をとり，論文では，3人が博士論文を取得した。

新しい環境工学は今からだ

大阪工大勤務は四半世紀となった。そろそろ移籍をと思うことも何回かあったが，幸いにも，土木工学科から独立して環境工学科を設置せよといわれ，そちらに専念するようになった。設立前後は，京大の諸先輩にたいへんお世話になり，人事では，後輩も教授，准教授に就任して，今では要として活躍している。私は，環境工学科の一年生向けに「環境工学入門」を担当して，地球環境，地域環境（公害），個人の社会的責任などについて講義もしている。時には，CO_2の話題を提供して，「東日本大震災時の原発事故以後，エネルギー由来のCO_2濃度の上昇を誰も言わなくなり，中国からは越境汚染物がわが

先達の横顔

Pioneer's Profile

いしかわ・むねたか

●学歴
京都大学大学院工学研究科修了［昭和50年（1975）］

●職歴
山口大学工学部助手［昭和50年（1975）］
京都大学工学部助手［昭和61年（1986）］
福井工業大学工学部講師［平成元年（1989）］
大阪工業大学工学部助教授［平成5年（1993）］
大阪工業大学工学部教授［平成10年（1998）］
大阪工業大学特任教授［平成25年（2010）］　現在に至る

愛知県臨海環境整備センター専門委員
枚方市環境影響評価審査会会長
大阪府公害審査会委員
大阪府環境審議会水質部会専門委員
大阪広域水道企業団総合評価等入札契約制度評価委員
大阪府生活環境影響評価審議会委員（会長）
関西・アジア環境・省エネビジネス交流推進フォーラム水分科会調査・検討委員会委員長（大阪商工会議所）
泉北環境整備施設組合資源化センター専門委員

国に絶えず飛来している。この状況にわれわれは何をなすべきか」と問うこともある。環境工学は終わったわけではなく，逆に環境問題は地球的なものから身近にまで広がり，新しい環境工学は今からだと話している。

京大など高偏差値の大学ではこれから何をなすべきか？　非常に難しい課題であるが，やはり，知の学問に専念していただきたい。数々の環境問題に対して，理論を詰め，将来予測を行い，それをもって，環境行政や環境技術へ提言，助言を行っていただきたい。今日まで先駆者として，理論，予測から設計，施工，管理までの全てを網羅しすぎていたのではとも考える。中堅の大学では，提言，設定された数式や基準値を駆使して，設計，施工及び管理を行うことに優れた人材も輩出している。公害など，ある程度，安定してきた事柄に対しては，大学の住み分けも必要であり，分担することで，裾野の拡がりもできると考える。若いみなさんの活躍に期待している。

先達からの招待状　Invitation from Pioneers

工学のコアとしての環境工学

松岡 譲

私は1969年から2016年の間，京都大学工学部衛生工学科（後の地球工学科環境工学コース）に学生及び教員として在籍しました。衛生工学科に入ったのは，水道屋だった親が給排水や簡易水道建設の仕事をしていたからです。1976年に京大に就職し，途中，国立公害研究所（現在の国立環境研究所）及び名古屋大学に転出したこともありましたが，大半の時間を京大衛生工学（環境工学）教室で衛生工学あるいは環境工学の教育・研究に費やしてきました。そのうち，前半は住友恒教授[1)]のもとで上水道の，後半は地球環境問題の教育・研究に携わりました。前半のテーマについては他の方がお書きになられるでしょうから，ここでは後半の経験から，皆さん方に興味を持っていただきたい二つのテーマ，「地球環境問題の統合評価」及び「人間安全保障工学」と，それらから見た環境工学の特徴について書きます。

1）京都大学名誉教授，1979年～2002年の間，工学部衛生工学科水道工学講座を担任し，水道工学に関する教育・研究及び我国水道界の指導的役割を果たされました。

地球環境問題の統合評価[2)]

「今, 何をすべきかを, その行動の結果を予想して, それを参照しながら決める」というのは, 日常, 私たちが行っているやり方です。地球環境問題でも同じです。地球環境の将来は, 人々が, これまで, また, これから行う各種の判断や行動に大きく左右されます。「今, 何を判断してどういう行動を起こすか, あるいは起こさなかったらどうなるか」を比較しながら, 対応策を進めなければなりません。ただ, 地球環境問題では, 関連する要素が自然科学, 社会・人文科学, 工学技術から, 世界各国の人々や政府の立場・見方など様々な分野に及んでいます。したがって, それらを論理整合性を保ちつつ繋ぎあわせ, 合理的に検討を行うことが必要となります。こうした作業を,「地球環境問題の統合評価」と言います。温暖化問題・地球生態系保護・地球規模水問題などの地球環境問題を検討するのに欠かせなくなってきた学問分野です。

しかし, この「地球環境問題の統合評価」は, 昔からあった学問ではありません。地球環境, 例えば地球温暖化の研究は, 昔から行われてきました。米国では1980年代には本格的にされていましたが, それは地球科学上の検討課題としてであり, 人間活動と自然が入り混じった問題として取り扱ったものではありませんでした。

しかし, 環境工学の見方に立つと, 地球環境問題とは自然現象と社会・経済現象を総合した問題であり, それを解決するには, 関連する自然・社会・経済現象の確かな理解に立ち, 必要な政策や技術（工学的なもの, 社会・経済的なもの, 既に成熟しているもの, これから開発するものなどを含む）を, 問題解決に向けて適切なタイミングで展開・適用していくことを考えなければいけません。また, 温暖化問題に限らず地球環境問題では, 影響や被害を体感してから対策を立てていては間に合いません。利害関係者もさまざまな立場から全世界にまたがっています。そうしたことも考えながら, 関連する要素を統合し, 論理的かつ一気通貫したやり方で, 政策や行動計画を策定することが必須となってきます。

それまで水道工学の研究をしていた私が, 国立環境研究所の人たちと地球温暖化研究を始めたのは80年代後半ですが, 当時, 上の見方に立った研究は, ほとんどありませんでした。そこで, 取り敢えず1）人口変化・経済成長・土地利用変化・エネルギーの生産消費に関する技術進歩などとそれに基づく温室効果ガスの排出・吸収, 2）大気・海洋・大陸での温室効果ガスの循環・変化, 3）気候・海水面の変化, 4）水文・自然生態系・農林業・社会・産業などへの影響・適応, の四領域について, これまでの研究で分かっていることを取りまとめ, コンピューターを使った定量的なシミュレーションモ

2）詳しく知りたい人には, 松岡譲「科学の最前線と政策の現場をつなぐ地球環境の統合評価モデリングの課題」所収『新版 環境学がわかる』（AERA MOOK, 朝日新聞社, 2005年）などがあります。

デルで表現しました。さらに，それを使用して，人口変化・経済発展・技術進歩・エネルギー選択などの違いが，将来社会と温暖化問題をどのように変えるかを解析しました。私たちはこのやり方を90年代半ばには確立していましたが，2000年頃からはIPCC[3]やその他の国際的機関も，この方法を地球環境問題の定量的検討法として採用するようになりました。

このような1）関連分野の知見や知恵を領域横断的（トランス・ディシプリナリー）に集結し，2）それらをコンピューターモデルとして定量的・透明的に表現し，3）さらに，それを利用して地球環境政策や対策技術の開発計画を策定・評価するやり方を，地球環境問題の「統合評価」（Integrated Assessment，略してIA），また，その基本的なツールとなるコンピューターモデルを「統合評価モデル」と呼んでいます。私たちは，自分たちのモデルをAIM（Asia-Pacific Integrated Assessment Model）と名付けましたが，その開発には，私たちの研究室及び国立環境研究所の皆さんの他に，アジア諸国の若い研究者の方々にも参加して頂きました。研究開始から20年あまり経ち，彼らは日本を始めアジアを代表する温暖化専門家となり，IPCCなどを舞台に世界の気候変動政策の策定に大きな貢献をされています。

だからといってIAMの研究が終わったわけではありません。残っている課題は沢山あります。持続可能社会に向けたダイナミックな議論，例えば，技術・社会イノベーションとか制度・文化要因などを考慮した地球社会の持続可能な発展シナリオなどはその一つです。その他，経済的競争力を損ねずむしろ強化する環境政策の検討とか，産業政策・交通政策・土地利用政策・ライフスタイル変革などをウィン・ウィンに組合せる方法など，多くの重要かつ魅力的な課題が統合評価に期待されています。

人間安全保障工学

21世紀になり，気候変化はほぼ疑いないものになりました。温暖化問題は他人事ではなく，それを乗り越えるには今後数十年以内に世界全体の社会・経済システムを大きく変更しなければならないこと，しかも，SDGs[4]などの課題群と同時に解決しなければならないことも，明確になりました。こうした中，私たちは，上記の「統合評価」アプローチを道具にアジア各国の中央政府・地方政府・研究機関の人たちと協働し，国・地域レベルの持続的発展社会計画や低炭素社会計画策定のお手伝いをしてきました。

3）気候変動に関する政府間パネル。気候変動政策を作るのに必要な基礎的・科学的知見のとりまとめを行う国連の組織で2007年にノーベル賞を受賞。

4）持続可能な開発目標。地球環境と人々の暮らしを持続的なものとするため，世界各国が2030年までに取り組む17分野の目標。貧困と飢餓の終結，安全な水と衛生（ここでは，「人間の排泄物の適切な処理」を意味します）の確保，安全かつ強靭で持続可能な都市・人間居住の実現などから構成されています。

その数はアジア地域を中心に33の国・地域に及びました。計画の作り方には共通点も多くありましたが，具体的な施策や技術は地域によりかなり違ったものとなりました。日本のような工業先進国とカンボジアのような低開発国では，経済や技術のレベルが違い，直面している課題も大きく異なります。低開発国では，まず，安全な水と衛生の確保とか安全かつ強靭な人間居住の整備などが大きな課題となります。それらと低炭素化（現在では低炭素化では不十分で脱炭素化としなければいけませんが）をどのように組合せ，どのようなスケジュールで取り組んでいけばよいかをデザインするのは「統合評価」の恰好の課題です。ただし，そうした作業を誤りなくかつ統合的に行うためには，①その地域の自然・社会・経済的状況や時代背景の確かな理解と取り組むべき課題・内容に関する正しい認識，が必須です。さらに，そうした認識に立って，②徹底した現場主義に努め，適正な地域固有性の積極的取り組みを行い[5)]，③技術・制度・それらを支える体制や社会などの間の共進化[6)]を促す工夫，さらには，策定した計画の遂行を確実なものとする④重層的なガバナンス構造[7)]の存在が重要なことを経験しました[8)]。

しかし，こうした工夫や注意点は「統合評価」に限ったことではありません。暗黙知[9)]のレベルであったかもしれませんが，衛生工学の分野では，古くから良く知られていた事柄でした。私たちが2002年に京大都市環境工学専攻[10)]を作った時，その設置趣旨を「健康かつ安全な環境の構築に向け，それを実践する国際的な視点と広く深い視野を備えた新しい型の技術者，研究者，プランナーの養成」[11)]と書いたのですが，実はこの表現に関してはあまり胸に落ちず気になっていました。そうした中，上の経験とこれまで衛生工学で受けた教えを合わせ考えてみると，上記の諸点こそが，ここで

---

5) 対象現場の自然・社会・歴史条件が大きく異なるため，それらと技術・制度などのマッチングが必須となります。とりわけ海外事業では重要で，「地域適正技術」などとも言われます。

6) 技術進歩が制度変化をもたらし，また，制度改革が技術進歩をもたらすというように，技術・制度・体制・社会が互いに刺激しあい協働して進化するプロセス。わが国の70年代の自動車排ガス規制では，厳しい規制目標が技術革新を強制的に発現させ，日本の自動車産業隆盛のキッカケを作りました。また，日本の水道は，現在，安全な水をほぼ100%の普及率で給水していますが，それに至るにはこの共進化メカニズムを促すような戦略的工夫が大きく役立ちました。

7) 自助・互助・公助などのように，個人・コミュニティー・政府などが各々の役割を認識し協働して対処する構造。羽仁進の映画監督デビュー作となった『生活と水』（1952，岩波映画ライブラリー）では，簡易水道布設を題材に自助・互助の重要性を感動的に描いています。

8) 前注を含め，より詳しい説明は，松岡譲・吉田護（編著）『人間安全保障工学』（京都大学学術出版会，2013年）にあります。

9) 個人の技術・ノウハウ・ものの見方など，明示的に記述できにくい知識。

10) 京大環境工学コース（学部）に接続する大学院の専攻組織。環境工学専攻，環境地球工学専攻などを改組して設置されました。

11) 京都大学が文部科学大臣に提出した『京都大学大学院工学研究科…都市環境工学専攻…設置計画書』，2002。

言う「広く深い視野を備えた新しい型」の主要な部分であり，それらを明示知化し体系的な教育・研究を行わなければならないと思うようになりました。そんな思いに立ち，2007年，京大の土木・建築・防災研究所・地球環境学大学院の方々と共同して，上記の四点を柱とした「人間安全保障工学」の教育・研究拠点構築を考え，グローバルCOE[12]に応募しました。「人間安全保障工学」と名付けたのは，今の衛生工学や環境工学を見ますと，本来の目標であったはずの，いのち（生）を衛（まも）り，健康かつ安全な環境の構築に向けての強烈かつ目的的な希求がおざなりになりがちだ，と感じていたためです。先進国で安全な水・衛生サービスの整備などが一巡したことに加え，目覚ましい進展をしている関連要素技術の取り込みに忙しかったためでしょうが，おざなりにしておいて良いものではありません。また，「人間安全保障工学」と取り立てて言ったのは，それが衛生工学や環境工学の外にあると言うのではなく，むしろ，人間の安全保障を実践的に支える学問としての衛生工学や環境工学の使命を明示的に再自覚したいとの思いからでした。グローバルCOEの要件である先端的な内容ではなく審査員の方々も戸惑われたようで意地悪い質問もありましたが，それでも採択いただきました。補助金交付期間は2008年度から5ヵ年でしたが，この間，アジア地域7か所に研究者・学生が常駐する海外拠点を設け，現場主義に立った研究・教育を推進し，人間安全保障工学の普及に努めました。そうした努力により，この事業による博士学位取得者はこの期間に限っても148名に及び，また，京大環境工学・土木系学科の世界ランキング（QS学科別ランキング[13]）が，当初の世界22位から7位（2013年）に上昇するなど思わぬ副次効果もありました。補助金交付は2013年に終了しましたが，人間安全保障工学の教育プログラムは米田稔教授が中心となり，現在も継続しています。こうした努力が，「広く深い視野を備えた新しい型の技術者，研究者，プランナーの養成」に役立ち，近い将来，彼らが世界を引っ張っていってくれることを心から期待しています。

工学のコアとしての環境工学

私は，「統合評価」や「人間安全保障工学」を環境工学のコアだと確信していますが，私の研究室出身者以外の方は，そう考えてはおられないかもしれません。京都大学に衛生工学講座が出来たのは明治30年（1897）ですが，それ以降，京大環境工学グループは，上下水道整備・廃棄物処理・地域環境保全などの分野でわが国をリードし，他分野に

12) Global Center of Excellence。先端的な内容で世界をリードし創造的な人材育成を図る国際的に卓越した教育・研究拠点の形成を目的とした文科省の補助事業。

13) イギリスの大学評価機関クアクアレリ・シモンズ社による学科別世界ランキング。

はない独自の技術を多く開発してきました。確かに，そうした技術は環境工学の中核をなすものです。しかし，それらに加え，環境工学固有の技術を，また場合によっては他分野からの借り物の技術であっても，それらを目的に向け，統合し実践に繋げる事も重要です。これらのやり方については，これまでは，経験などを通じ培われる個人レベルの暗黙知の範囲だと思われてきました。しかし，問題や当事者の広領域化と複雑化に伴い，「統合評価」とか「人間安全保障工学」などの体系的かつ明示化されたワザ（技法）によって，工学技術や社会科学さらに現場知などを「健康かつ安全な環境の構築」に向け紡いでいかなければいけなくなっており，それも，私は環境工学の重要な役割だと思っています。

ただ，環境工学の範囲をこのように取ると，工学との関係が気になります。というのは，わが国では「工学」の定義を「数学と自然科学を基礎とし，ときには人文科学・社会科学の知見を用いて，公共の安全，健康，福祉のために有用な事物や快適な環境を構築することを目的とする学問」[14]としているからです。私は，この定義はなかなか良く出来ていると思っていますが，これですと，私の考えている環境工学はほぼ「工学」と重なってしまいます。言い換えれば，「工学」が，もしこの字句どおりなら，環境工学にわざわざ「環境」という接頭語を付ける必要はなくなります。でも，実際の工学では，電気工学・機械工学・工業化学・情報工学などと専門分科し，その枠内でのみ成りたつ固有の内的論理を確立してしまっています。言い換えれば，そうした教育を叩き込まれることによって，その道の専門家となっているのですから，それを超えた発想をする事は不可能です。「雀百まで踊りを忘れず」なのです。

こうした専門分科の弊害は，「専門バカ」とか学問の「タコツボ化」などの言葉でわかるように繰り返し言われてきました。でも，こうした「タコツボ化」をする理由がないわけでもありません。明治初期にわが国理工学教育の基礎固めをした一人である大鳥圭介[15]は「人各其門ヲ分テ入ルニアラザレバ，焉ゾ能ク其堂ニ上ルヲ得ルヤ」などと専門分科を勧め，「昔時博学多才ト称セラルル人ハ皆諸芸を兼該セシモノノ如シト雖モ其実ハ唯ワズカニ各科ノ門墻（もんしょう）ヲ窺ウノミ，決シテソノ蘊奥（うんおう）ヲ究メシモノニ非ルナリ」[16]と領域横断的な態度をクサしています。確かに19世紀・20世紀の近代化の過程ではこうした主張にもある程度の説得性を持ちましたが，21世紀の今，「タコツボ化」した科

14）工学における教育プログラムに関する検討委員会，『8大学工学部を中心とした工学における教育プログラムに関する検討』（1998年）。

15）1833～1911。江戸から明治時代にかけ幕臣・軍人・官僚として活躍。東大工学部の前身である工部大学校の初代校長も務めた。戊辰戦争で幕軍として五稜郭に立てこもり，日清戦争前後には清国・朝鮮公使として外交工作を行ったことでも有名。

16）大鳥圭介，工学叢誌 緒言，1881年。

学技術の限界と弊害もハッキリとしてきました。

そもそも「技術」とか「工学」とは，課題解決に向け人の役に立ってナンボのもののはずです。しかし，専門分科してしまった○○工学にとっては，専門である○○の範囲でしか答えを見つけることは出来ませんから，その答えは極めて限定的なものとならざるを得ません。そうした中，環境工学では工学の目的である「公共の安全，健康，福祉のために有用な事物や快適な環境を構築する」という課題がまずあり，その解決に向け学問領域には拘らず，関連する他の専門分科の知恵や技術を横断し必要なら改良して使用することを本分としています。そうした意味から，「環境工学」こそが「工学」のコアであると考えており，また環境工学技術者も，その矜持を忘れてはいけないと思っております。

先達の横顔

Pioneer's Profile

まつおか・ゆずる

●学歴

1950年生，愛知県出身。
愛知県立時習館高等学校卒業［昭和44年（1969）］
京都大学工学部衛生工学科卒業［昭和48年（1973）］
京都大学大学院工学研究科博士課程衛生工学専攻中退［昭和51年（1976）］

●職歴

京都大学工学部衛生工学科水道工学講座助手［昭和51年（1976）］，国立公害研究所（現在の国立環境研究所）研究員［昭和56年（1981）］，京都大学講師，同助教授を経て，名古屋大学工学部社会環境学科教授［平成7年（1995）］。その後，京都大学教授に転任［平成10年（1998）］し，大学院工学研究科環境工学専攻（現・都市環境工学専攻）環境システム工学講座大気・熱環境工学分野，大学院地球環境学堂地球益学廊環境統合評価モデル論分野を担当。平成28年（2016）退職。

この間，国連大学高等研究所兼任教授，日本学術会議連携会員，IPCC主執筆者，ミレニアム・エコシステム・アセスメント（国際連合環境プログラム／世界銀行）総括エディター，グローバルCOE「アジア・メガシティの人間安全保障工学拠点」リーダー，「アジア地域の低炭素社会シナリオの開発」（地球規模課題対応国際科学技術協力プログラム，科学技術振興機構／国際協力機構）リーダーなどを務める。

●主な著書

『Climate Policy Assessment』［編著，Springer，2003］，『エネルギーと環境の技術開発』［編著，コロナ社，2005］，『人間安全保障工学』［編著，京都大学学術出版会，2013］，『Challenges for Human Security Engineering』［編著，Springer，2014］など

●主な受賞

日経地球環境技術賞大賞（日本経済新聞社，1994），土木学会論文賞（1998，2002）など

これから環境学を学ぶ若い人たちへ
環境学を開発途上国で実践する

酒井 彰

私は，大学院修了後，約20年，建設コンサルタント会社に勤務したのち，流通科学大学へ赴任した。最近十余年は，開発途上国への衛生技術の伝播を主な仕事のひとつとしている。その活動を通じて，日本ならびに当該国の若者とも活動の現場で接する機会をもつことができた。私の経験から，若い人たちにこれからの活躍への期待を込めたメッセージを送らせていただきたい。

バングラデシュにおける環境衛生式トイレ普及活動

1999年，日本下水文化研究会というNPO法人の代表を務めることになり，新たな活動展開として，基本的な生活条件の確保が不十分な開発途上国において，生活環境改善につながる活動を始めた。具体的には，バングラデシュの農村地域で，屎尿の農地還元を意図したエコロジカルサニテーション[1]・トイレ（以下「エコサン・トイレ」と呼ぶ）を導入する活動を2004年から行ってきた。農村域で普及しているピット・ラトリン[2]と呼ばれるトイレの状況——とくに，毎年のように被害が発生する洪水期には，衛生環境の維持が難しいことを観察し，エコサン・トイレのニーズはあるとの感触を得た。しかし，長く現地で活動する日本人も含む多くの方から，ムスリムの人たちは屎尿の農地還元などしないとの指摘があり，政府の方針で農村のトイレタイプは決められているから，他のトイレタイプの普及は考えない方が良いなどとも言われた。そんななか，現地の政府機関やNGOの協力のもと，10か所ほどの農村で，エコサン・トイレの普及を図り，これが受容されることを実証した。そして，地元コミュニティ組織（Community Based Organization: CBO）による管理，生産物（乾燥便）の村のなかでの流通，さらに援助に頼るのではなく，肥料や医療費に掛かる家計負担を減じながら，自己資金でエコサン・トイレを作っていく仕組みの適用などを試みてきた。

バングラデシュは，飲料水として利用されている地下水の砒素汚染が深刻な国であ

1）屎尿の安全な処理，資源としての利用を意図した衛生技術のことを言い，その意図を持ったトイレはエコサン・トイレと呼ばれる。筆者のグループが導入したタイプは，屎尿を分離し，尿は液肥として利用可能で，乾燥させた便は肥料・土壌改良のために農地に還元できる。

2）地面に掘った穴（ピット）に排泄し，病原菌の拡散を抑えることを意図したトイレ。コンクリートリングや現地で調達できる材料でピットを補強するが，底は素掘りのままのことが多く，屎尿は地下に浸透する。

る。いくつかの代替水源のなかから，ため池を飲料水源とし，これを保全することも意図してエコサン・トイレを普及し，「水と衛生」を統合的に改善するプロジェクトをある村で実施した。実施にあたっては，同様の施設の失敗例を調査し，そうした失敗原因を克服することを意図しながら進めた。しかしながら，プロジェクト後，ため池の水を処理する施設が自立的に管理されない。その原因を見出し，考え得る打開策を試みたが，結局，そのコミュニティにとって，砒素汚染対策と衛生改善が真に必要とされているものであったのかというところに行き着いた。もちろん，砒素による健康被害は深刻で，その村の誰もがそのリスクに曝されているし，そのことを認知していないわけではない。我々の価値観からすれば，安全な飲料水を求めることの優先度はかなり高いはずだが，この村の多くの人には，日々の生活のなかで，優先的に取り組もうという問題意識は持たれなかったようだ。結局，啓発活動を行いつつ，モノの提供を行ったものの，コミュニティによる管理へ移行する段階で失敗に帰してしまった。

エコサン・トイレの場合でも，村単位の管理がほとんど機能していない例は少なくない。うまくいかない理由をコミュニティの能力や社会関係資本の脆弱性に帰してしまうことは簡単だが，対象のコミュニティが提供した施設を受け入れられるように，この脆弱性の克服を図ってきたのかと問われると答えに窮する。プロジェクト・スキームがこうした社会的準備活動に時間をさけるようになっていないということもまた事実である。成功事例は，たまたま，リーダーの存在などで有利な条件を有するコミュニティに限られているのかもしれない。また，我々が日本の日常において，水の供給やし尿処理を丸ごと行政にオマカセしているにもかかわらず，バングラデシュのコミュニティには，丸ごと自分たちでやることを強要するというのも，たとえ，バングラデシュの地方政府が弱体だとしても矛盾を感じる。

その後，活動の場を都市スラムに移した。バングラデシュでは，ミレニアム開発目標（MDGs）の期間中，都市域における改善された衛生設備の普及率は，農村域に追い抜かれてしまった。容易にピット・ラトリンを普及できる農村と比べて，サイクロンに被災したことなどが原因で都市へ流入する人口を受け入れるなかで，衛生設備の普及率向上が困難なのは容易に想像できるところだ。バングラデシュ第3の都市であるクルナ市にある都市スラムで行ったプロジェクトでは，共同トイレの屎尿処理に消化反応槽を適用した改造を行った。プロジェクトでは，トイレの更新に着手しつつ，スラム住民に対して啓発活動を行い，プロジェクト後の自立的管理と，人々のトイレ使用や手洗いに関わる行動変化を期待したが，とくにトイレ使用に関わる行動に変化は見られなかった。使用後，便が流されないままになっていることは日常茶飯だ。施設機能的には，消化ガスは順調に発生しており，近くの飲食店に燃料として販売し，その収益で，定期的清掃を行っている。便の洗い流しは，この清掃に依存している。

このような活動を行うなかで，活動の意味を若い人たちと共有するため，いくつかの大学やJICAが行うスタディツアーの視察先として，我々のフィールドを提供するとともに，2011年度からは，京都大学大学院地球環境学舎の院生をインターンとして迎え入れている。

活動の過程で見出された研究課題

活動を実践するなかで，以下のようにさまざまな研究課題が明らかになった。これらの課題は，プロジェクトのターゲットとされた人々が，提供された施設を日常生活のなかで利用し，衛生的な生活環境を享受し，健康リスクを削減するという，本来のプロジェクト目標につながるものである。

コミュニティ施設の自立的管理の要件

自立的管理が成立したときには，図1に示すように，コミュニティのなかに健康リスクや砒素汚染リスク削減に向けた行動規範が形成され，コミュニティメンバー，管理組織がそれぞれの役割・責務を果たすことで，組織運営と人々の行動がかみ合ったコミュニティが形成される。そして，相互の信頼関係のもとに，生活環境改善が維持されていく。

コミュニティ施設の自立的管理を形成するうえでの関係者の関与

社会開発プロジェクトの失敗は，対象コミュニティにおける社会関係資本にも影響を与え，後続するプロジェクトの実行を困難にする可能性がある。例えば，住民管理組織の成立過程において，CBO（管理組織）の役割，役員構成についてコミュニティ内部での十分な合意が得られないまま実施されたプロジェクトでは，コミュニティメンバーに

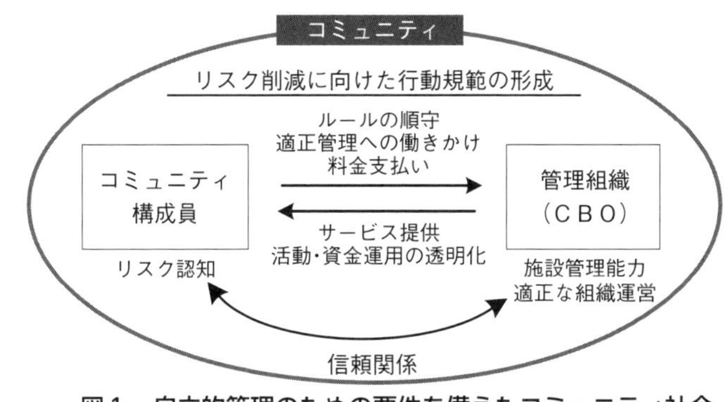

図1　自立的管理のための要件を備えたコミュニティ社会

よる施設の継続的利用は妨げられ，メンバー相互の信頼性は低下してしまう。

プロジェクトを実施する機関は，コミュニティの社会関係資本の脆弱さに配慮した計画プロセスの採用，ならびに適切な役員構成と役割を規定する管理組織の形成に加え，プロジェクトの事後評価，必要に応じた啓発活動のフォローアップといった関与が求められる。さらに，一定水準の管理レベルを確保するため，地方政府が専門の管理要員を確保し，複数のコミュニティ施設を巡回管理することも必要となる。本来，基本的生活条件の確保は地方政府の責任であり，CBOとの役割分担のもと，管理の適正化が図られなければ，社会開発プロジェクト本来の目的を達成することは難しい。

スラム住民の行動変化を促すための介入方策

これはこれからの課題となるが，地球環境学舎の院生をインターンとして迎えて以降，下痢症リスク分析を行うフィールドとして活動地域を提供してきた。ワークショップを通じ，この成果をスラム住民と共有した結果，意識変化はみられているものの，フォーカスグループディスカッションを通じて，例えば石鹸を用いた手洗い行動への変化を妨げる個人的・社会的要因や物理的制約が存在していることが明らかになっている。今後の課題として，啓発活動の工夫や手洗い場の設置といったことを住民参加のもとで進めるなどの介入が求められている。

活動に関与した若い人の声

我々の活動サイトでインターンとしての経験をした大学院生のひとりは，将来，活躍したいと考えているフィールドをイメージできたと述べている。また，別の学生は，今後の研究のターゲットとして想定される人々と接し，その人々の日常の習慣や価値観

先達の横顔

Pioneer's Profile

さかい・あきら

●学歴

京都大学大学院工学研究科衛生工学専攻修士課程修了［1976年］
京都大学博士（工学）［1996年］

●職歴

株式会社日本水道コンサルタント（現社名日水コン）入社［1976年］
流通科学大学商学部教授［1997年］
同経済学部教授［2015年］　現在に至る
NPO法人日本下水文化研究会代表

を感じ取れたことは貴重な経験であり，望ましい介入策を考える際に反映させたいと述べている。

こうした人たちが，我々が手探りで進めてきた活動を新たな発想のもとに継承発展していってくれるものと期待しており，このような学習の場を継続的に作っていくことは，日本がグローバル社会で一定の役割を担い続けていくためにも欠かせないことだと思われる。

先述のように，都市スラムにおいて，住民に衛生行動の変化を促す活動を継続することを考えているが，その際に，ともに活動する人材を求めてJICAの求人サイトに掲載したところ，欧米の大学院で学ぶ複数の女性からの応募があった。NGOの活動現場で経験を積み，その後国際機関で働くというキャリア形成のルートも少なくないと聞く。

このように環境学あるいはそれにかかわる公衆衛生等に高い関心をもつ若い人たちが存在する一方，環境への関心が低く，基本的な知識をほとんど有しない若者が少なくないことも事実である。私は現任校で，専門科目として環境に係る科目を講じている。市民目線，消費者目線で講じようと努めてはいるが，毎年，講義の初めで行うアンケート結果を見ると，多くの学生にとって，今でも関心のある環境問題は「公害」であり，地球規模の環境問題やその原因を正しく理解していないように思える。世の中で，エコな行動と言われていることに関心はあっても，その行動が目的化してしまっている。我々の環境学が，将来世代にわたって，地球社会に貢献していくためには，底辺・裾野を広げることも必要であり，そのために何をなすべきかということも問い直してみる必要がある。

先達からの招待状　Invitation from Pioneers

大きな責任と学問的妙味

細井 由彦

『静脈系システム』と『廃棄物めがね』の衝撃

私は昭和45年（1970）に衛生工学科に入学した。衛生工学科での講義は，本に書いてあるようなこと，ハウツー的なことは自分で勉強しなさいという雰囲気で，考え方や本質論を展開されるようなものが多く，教科書に沿って順に説明される授業に慣れていたためにとまどい，理解するのに苦労したという印象がある。後になってみれば，それこそが日本をリードする先生方から直接話を聞くという大学の価値であったと思う。

印象に残っているのは，平岡正勝教授の講義で「静脈系のシステム」という言葉を聞いたこと。下水や廃棄物など使用後のものを処理する静脈系。供給を司る動脈系と同じ価値があり双方が働いて循環することで社会がうまくいくという。末石冨太郎教授の「廃棄物めがね」という言葉。飛行機から眼下の都市の林立するビル群を見て，「これは将来全てゴミだ！」と感じたという話。今では普通のことかも知れないが，経済成長が進む中で，大量消費，大量廃棄の時代には新鮮な発想で「目から鱗が落ちる」感じだった。

また，入学した頃，原子核工学科ではなく，衛生工学科に放射性廃棄物の処理処分や環境への影響を研究している講座があると聞き，当時はこんなことも衛生工学が扱うのかと思っていたが，東日本大震災における福島原子力発電所の事故を目の当たりにし，改めて先生方の先見の明に感心してしまった。卒業研究のために水道工学研究室に入り，末石教授，住友恒助教授のご指導の下で，水質汚濁に関する研究を始めた。水質汚濁のメカニズムを水理学，流体力学の知見を活用して明らかにしていこうとするもので，その当時の研究室の中心的なテーマの一つであった。

実験や観測の結果を説明する自分のオリジナルなモデルをつくれといつも言われ，悶々とする日が続くことが何度もあった。とにかくオリジナルなもの，新しい発想が求められた。振り返ってみると，これまでのものから切り口を変えてみたり，他の領域の発想を取り入れて考えたり，まさに今で言うイノベーションであり，そのトレーニングだったのかと思う。

❖ 市民・行政とともに挑んだ水環境保全研究

大学院を修了して間もなく徳島大学に赴任して教員としての生活が始まった。衛生工学，いわば土木工学という社会基盤をつくり運営する学問分野の中における環境工学を専攻する者は，その当時四国の大学には私だけで，まだまだ衛生工学・環境工学は認知度が低かった。衛生工学の研究，教育を知ってもらおうと，身近な課題である水環境保全に関するテーマを中心に研究を始めた。徳島市内の河川は，下水道の普及が遅れていたこともあり，川底にヘドロがたまり，水の透明度が低く水環境的には非常に悪い状況にあった。一通りの水質調査ができる体制を整え，学生達とともに現地に出て調査を始め，汚染の状況の把握とそのメカニズムの解明に取り組んだ。海に近いために潮の満ち引きの影響を受け，生活排水の流れ込んだ水が市内の河川中を往復しながら停滞し，水質悪化を引き起こしている状況を明らかにしていった。私の異動後も研究は活発に続けられ，市民や行政の熱心な努力もあって水質の回復が進み，今では河川に沿って水際公園が整備され，様々なイベント，周遊船の運航や寒中水泳大会まで開かれるようになっており，当時からは想像もできないすばらしい都市空間を形成している。

1991年に鳥取大学に異動してからも，再び環境工学の研究室をつくるところから始まり，水質問題を扱うことから体制を整えていった。当地では生活系の排水というよりは，農地，森林や都市路面などから雨水により流出する汚染，いわゆるノンポイント汚染[1)]が中心であった。これは琵琶湖や霞ヶ浦などの流域を対象にして長期にわたり地道な研究が続けられており，それぞれのフィールド特有の事情もあり，研究成果を蓄積しながら一般的な法則を少しずつ明らかにしていくという，地道な息の長い研究課題である。しかしこれもまた，随時，研究の成果はそれぞれの現地において，水環境の改善を目指す行政による施策や市民の活動に学術的な裏付けを提供する重要な役割を担っている。

❖ 水道システムの信頼性の向上と維持

もう一つのメインテーマとしてきたのが，水道システムの維持や管理，信頼性に関する研究である。水は人間の生活に欠かせないものであり，水道のトラブルは人々の命や健康，社会の活動に致命的な影響を及ぼす。

1980年代，水道管路の老朽化による事故の発生率についての調査分析を始めた。水道管の事故は，事故現場における水の噴き出しによる周辺への影響や断水をもたらすが，これには，水道管の古さや，管の材質，埋設環境（地質や道路交通量など）が影響しており，それらと管路の事故の発生の関係を定式化した。都市内の水道管路は複雑なネットワーク形状になっており，一部における破損事故は他のところにも影響を及ぼす。都市内給水区域全体の事故発生確率とそれによる影響を求め，水道給水システムの信頼性を評価した。当時，日本より早く近代的水道の普及が進んだ米国では，水道管の事故予測や給水システムの信頼性に関する研究が行われていたが，我が国では始まったばかりであった。

1995年に発生した阪神・淡路大震災においては，神戸市をはじめとする周辺市町において水道は大きな被害を受け，市民に重大な影響を及ぼした。それ以降も，大きな地震が各地で頻発し，地震に強い水道にしていくことが重要な課題になっている。地震に強い水道とは，施設の強度を増すだけではなく，施設破損時の市民に対する応急給水の体制，断水からの早期の復旧体制の強化なども含まれ，市民への影響を最小限に抑えるための総合的な戦略を作り上げるために，ハードからソフトまで多面的に様々な分野の

1）非点源汚染。生活排水や工場排水は流出源が明確なポイントソース（点源）とよばれるのに対し，発生源を点として特定できないもの。

研究が求められる。

地震時の水道管の破損発生，給水車などによる応急給水における，市民が水を得るための労力や満足度，さらに施設の耐震化や応急給水，復旧体制や住民への影響などを組み込んだ地震対策を考えるシミュレーションモデルなどを研究した。施設やシステムに目を向けたハード面の対策だけではなく，人間の感覚面なども取り入れ検討することが，人間社会を対象とする環境工学の面白いところでもある。人間に関わるものとして，浄水場の運転管理におけるヒューマンエラー（うっかりミスなど）を減らす方法，効果的な運転人員配置など，人間が介する浄水場の信頼性についての研究も行った。

2000年に入った頃から，中，小規模の水道及び下水道事業の問題も取り上げるようにした。水道や下水道は都市の重要なインフラであり，得てして大都市部の課題が研究テーマとして取り上げられがちであるが，小さな市町村の水道や，下水道等の生活排水処理施設は，対象地域や利用者，施設，職員などの事業規模が小さいゆえの課題を抱えている。例えば，人口密度の高い都市部では，水道水の給水や生活排水の処理において，水道管路で浄水場から給水し，また下水道管路で一カ所に水を集めて処理することが効率的であるが，人口密度が低い地域では，管路の延長あたりに接続する人口が少なくなり，長い管路を建設し維持することはかえって非効率であり，水処理施設を集中化するよりは，分散化する方が有利になることもある。どの程度の規模で分散化するか，分散することにより数が増えた施設の点検，維持管理をどのように効率的に進めるかなど，経済性や運用の仕方などに，都市部とは異なった多様な方策を検討することが求められる。

また，急速に進む人口減少と過疎化が，小規模な水道や下水道事業においては重要な課題になってきている。普及，拡張時には将来の人口増を見越して建設を行ってきたが，これらの施設がいっせいに老朽化してきており，その更新が必要になってきている。人口減少に向けてどのように対応していくか，世界が経験したことのない課題に我々は直面しており，新たな発想による検討が必要とされている。この課題においても，例えば，大都市部では現存のシステムを継続使用することを前提に長期的な視点で費用効率のよい施設の更新や維持管理法の研究が重要であり，小規模な事業体では，利用者すなわち費用負担者の減少が顕著で，現存のシステムを存続することの非効率性や費用負担も念頭に置いた検討が必要になる。

このような人口減少問題及び中小規模の水道，下水道の課題に対して十数年間にわたり研究を行ってきたが，最近では人口減少時代への対応に関する研究が全国的に行われるようになってきている。この課題は，早晩，周辺の東アジア諸国も遭遇することであり，我が国での成果は海外にも貢献することができるようになる。

学問の壁を越えてイノベーションをおこす醍醐味

環境学は自然環境から社会環境まで，幅広い分野にまたがるが，ここで言う「衛生工学を源流とする環境学」は，安全，快適な人間の生存の場をつくるということを原点にして，その目的のために様々な学問分野の知見を取り入れて形成されて来ている。

目の前に降りかかる問題をどのように解くか。水環境研究のところで触れたように，行政や市民と一緒になって社会の環境を改善しつくっていく，上下水道のところで触れたように，伝統的工学の範疇を越えて人間の行動や感性も取り込んでいくなど，何でも取り入れていくところ，学問の壁を越えて幅広い分野の知識を使って，前例にとらわれない発想で答えを探っていく，イノベーションをおこしていくのが環境学の醍醐味であると思う。

我が国はこれから超スマート社会（Society5.0）をめざす。AIやIoTなどの先進的情報通信技術，ますます進化するバイオテクノロジー，2017年のノーベル経済学賞で話題になった行動経済学（経済学に心理学を加味して人間の行動を分析する学問）のような経済学分野の発展など，様々な分野の最新の知見を取り入れ，安全で快適な社会，人類の持続可能な世界の建設に貢献する，大きな責任と学問的妙味に富んでいるのが環境学であると言える。

先達の横顔

Pioneer's Profile

ほそい・よしひこ

●学歴
大阪府立北野高等学校卒業［昭和45年（1970）］
京都大学工学部衛生工学科卒業［昭和49年（1974）］
同大学院修士課程修了［昭和51年（1976）］
同大学院博士課程単位取得退学［昭和54年（1979）］
工学博士［昭和55年（1980）］

●職歴
京都大学工学部衛生工学科助手［昭和54年（1979）］
徳島大学工業短期大学部土木工学科講師［昭和54年（1979）］
同助教授［昭和58年（1983）］
鳥取大学工学部社会開発システム工学科教授［平成3年（1991）］
鳥取大学副学長［平成23年（2011）］
鳥取大学理事・副学長［平成25年（2013）］

先達からの招待状 Invitation from Pioneers

公害・環境問題の社会・経済性

若井 郁次郎

「環境」と「健康」の複眼で捉える

環境は，人を取り巻く生活空間であり，それは地球そのものである。地球は，46億年前に誕生した。その後，地球に空気と水と太陽光による光合成という生物反応をもつ植物が創られ，長い時間の中で植物，そして動物の進化を経て，土も加わって，微生物や植物や動物からなる自然生態系が築かれてきた。人は，この自然生態系の恵みを受けて暮らしている。今も，地球の本源は，空気，水，土の３要素と，宇宙からの太陽光であり，これらの間の物質やエネルギーの循環である。この自然な物質やエネルギーの循環が不安定になり，また，循環の中に有害な物質やエネルギーが加わり，自然や社会の現象として顕在化してきたのが，公害・環境問題である。

公害・環境問題は，産業革命以後，科学・技術の進歩と人口増加があいまって，物資やエネルギーの大量生産・大量消費・大量廃棄が急速に広がり，国土や地球の汚染が深刻になり，大きな社会問題となった。そこで起こった重大な危機は，不特定多数の人の生命が失われ，健康被害が続出したことである。日本が経験した過酷な公害問題の代表的なものが，水俣病，新潟水俣病，イタイイタイ病，四日市ぜんそくの四大公害病である。また，長期的に地球的規模で農業から生活環境まで幅広く被害が生じると懸念されているのが地球温暖化問題である。

このように，公害・環境問題を考えるときには，人の健康と環境の相互の関係を見つめることが必要になる。この見方は，人を中心としているようであるが，人と共生する植物や動物にも共通する。言い換えれば，これは，環境の異変や異常による影響から生命や健康を守ることである。この基本理念を科学的に解明し，過酷な公害・環境問題を二度と繰り返さないように取り組む学問が衛生工学であり，環境学である。ちなみに，用語「衛生」は，中国の古典『荘子』の「庚桑楚篇」に出てくる字句であり，これに由来する，文字通り「生を衛る」ことである。衛生行政は，明治初期から積極的に取り組まれ，公衆衛生の普及とともに，衛生は，一般に広く使われる言葉になっている。

公害・環境問題を人の健康から見ると，医学であり，科学・技術の現象で見ると，工学や理学になる。このため，問題解決には，複数の学問領域の研究成果を取り入れ，環境と健康の相互の関係を解明する必要がある。こうした研究の成果は，人間社会や生物社会に応用して人や生き物の生命と健康へ及ぼす重大な影響を予防し，安全で安心して暮らせる社会づくりにつながるように利活用される。このため，環境と健康の両眼による公害・環境問題の見方，考え方は，問題解決への重要な発想の原点となる。

❖ 土地利用の再編による公害・環境問題の解決の試み

人は，地上で生活し，いろいろな活動をしている。このため，人は生活や活動に伴い，正の影響や負の影響を周辺の人や活動にあたえる。正の影響に比べ，負の影響が他の人の生活や活動に及ぶとき，その程度が大きくなり広くなると，社会問題化することになる。これは，影響者と被影響者の構図として見ることができる。このような影響者と被影響者の構造をもつ公害・環境問題の解決には，次の３つの方法がある。すなわち，影響者における発生源対策，被影響者における影響対策，そして人が生活や活動をする土地利用の再編である。発生源対策は，汚染された空気や水や土を発生する源での対策であり，例えば，汚染物質の除去や浄化により解決する方法である。影響対策は，被影響者のいる場において，例えば，騒音を軽減するために二重窓ガラスや防音壁を取り付け，解決する方法である。最後の土地利用の再編は，公害・環境問題による影響の程度に応じて，例えば，住宅地から工業地に用途を転換し，現行の土地利用を計画的に再編し，解決する方法である。ここでは，第３の方法として，大阪伊丹空港（現大阪国際空港）周辺地域での航空機騒音問題の解決を試みた，土地利用の再編による事例を紹介する。

大阪伊丹空港の周辺地域における航空機騒音問題の社会的背景は，次のようであった。戦後の日本は，「国破れて山河在り，城春にして草木深し」（杜甫「春望」）のように国土が荒廃する中で，戦災復興を経て，高度経済成長を迎え，人口の都市集中が起こり，都市公害が著しくなった。大阪市においても自動車や工場からの排気ガスなどによる公害が悪化してきたことから，大阪市内から周辺地域へ多数の人が移住し，大阪伊丹空港を取り囲むように住宅が密集して立地した。当時，航空機のジェット化が進み，大阪市の周辺地域は，航空機騒音の激甚地域となった。また，住宅性能が低かった住宅事情も航空機騒音による公害問題を深刻にした。

こうした大阪伊丹空港の周辺地域における公害問題の解決の方法として，筆者は，土地利用（住宅，商業，工業）の再編計画を考えた。そこで，土地利用の再編による居住行動として，今後も現地で住み続ける順応，現地の土地利用を変える転換（住宅から商業または工業へ），現地から他の地域へ出ていく移転の３種類を設定した。一方，土地の環境水準を評価するための地形や地盤の自然条件，騒音や大気汚染などの社会的条件，駅までの距離のような経済的条件からなる環境評価項目を設定した。そして，土地利用再編の対象地域をメッシュに分割した。これらの前提条件や環境評価項目により，各メッシュの土地利用にふさわしい一定の環境水準を達成するに必要な費用を推計した。この問題は，土地の総需要量と１メッシュの土地利用の容量という制約条件のもとで，土地利用の再編に要する総費用の最小化を目的とする，連立１次方程式で定式化した。これは，線形計画法であり，その最適計算を実施した。こうした最適計算により，K.W. カップ著『社会的費用』を参考に，空港がある場合の土地利用再編に要する総費用と，空港がない場合の総費用とを算出し，両者の差分を航空機騒音による社会的費用として推計した。

公害から環境への問題変化と環境学の役割

大阪伊丹空港の周辺地域で起こっていた航空機騒音問題は，影響者と被影響者との対立構造であった。しかし，現在，人類が直面している環境問題は，両者の重なりの構造が変化してきている。つまり，影響者が結果として被影響者になる図式である。例えば，自動車を運転する人は，自ら排気ガスを出し，その排気ガスの影響を受けている。また，地球温暖化問題も同じである。このように現代の環境問題は，複合的な問題に変化している。この種の問題解決は，科学・技術の知見だけでなく，経済学や社会学の知見の取り入れが必要になる。

経済学は環境経済学という分野を，社会学は環境社会学という分野を，それぞれ展開し始めている。これらの新学問分野は，人間の価値観や合理的行動を問い，自然環境，都市環境，生活環境における共通のルールとしての社会的規範を模索している。また，環境法や環境哲学という法学分野での環境問題の展開も進められている。このように持続可能な地球環境の保護・保全に向けて，学問分野が一丸となって進歩し続けている。

学問は，量的な豊かさを超え，苦労を重ね，社会を質的に豊かにするためにあると考

先達の横顔

わかい・いくじろう　Pioneer's Profile

●学歴

京都大学工学部衛生工学科卒業［1971年］
京都大学大学院工学研究科交通土木工学専攻修士課程修了［1973年］

●職歴

京都大学工学部 助手（交通土木工学教室勤務）［1973年］
同退職［1982年］
株式会社日建設計（都市計画部のち，計画事務所に改称）
　計画主管［1982年］
同退職［2001年］
大阪産業大学人間環境学部都市環境学科
　（のち生活環境学科に改称）教授［2001年］
同定年退職［2015年］
大阪産業大学人間環境学部生活環境学科 非常勤講師
　（兼）立命館大学政策科学部 非常勤講師［2015年～2018年］
モスクワ州国立大学地理・生態学部 講師［2017～2018年］

える。日本国憲法第25条で謳われている，健康で文化的な生活，公衆衛生の向上と増進を目指して，環境学は，力強く前進し貢献していくことが日本だけでなく，世界で求められている。そして，環境学の飛躍的な進歩には，次世代の情念が原動力として不可欠である。

先達からの招待状　Invitation from Pioneers

環境工学への誘い

市川 新 ―― 元環境工学専攻客員教授

中国に伝わる古い話を紹介します。

昔あるところに隣り合った二つの小さな町がありました。1つの町では大きな猫がいつも退治したネズミをくわえて歩き回っていたので，町の人はこの猫をよく仕事をしていると賞賛していました。一方の町では，大きな猫がいつも城門の脇の日当たりのいい場所で昼寝ばかりしているので，その町の人はみっともないからと言って，その猫を追い払ってしまいました。すると，町中でネズミが猛繁殖し，とても住めない町になったそうです。役に立たないと思われていた猫がネズミの繁殖を防いでいたのですが，その番人がいなくなったことにより，初めて町の人は「寝ている猫」の大きな仕事に気が付いたそうです。

環境工学の極意はこの昼寝をしている猫のように，人知れず町を，地域を，国を，世界を守ることだと思っています。

環境工学の前身は衛生工学といいます。これは18世紀の半ばに英国で発生した工学です。産業革命で多数の労働者が都市に流入しましたが，その生活環境は劣悪で伝染病が発生し大きな社会問題となりました。その当時はまだ細菌学が確立していなかったので，その対策は手探りでしたが，汚染されていない水を飲むこと，生活の周辺からし尿を中心とした汚物を速やかに排除することがその対策として有効ではないかと考えられるようになり，そのための施設，すなわち上水道と下水道の建設が始まりました。このような「衛生施設を作る建設事業」つまり，社会の病気を治すための施設を建設する工学が，「衛生工学 Sanitary Engineering」と名づけられ発展してきたのです。

日本では明治維新以降コレラが蔓延したことから，この衛生工学導入の必要性が叫ばれるようになり，明治19年に永井荷風の父親が英国でウイリアム・K・バルトンという若い衛生工学者をスカウトしてきて，衛生施設の建設の指導に当たらせる傍ら，東京大学で衛生工学の授業を始めさせました。このような実績があったことと，当時東京はじめ大都市で上水道の建設が急務であったことから，明治26年に東京大学に講座制がしかれた時に，工学部土木工学科では，衛生工学が橋梁工学，河川工学，鉄道工学の講座とともに四本柱の1つとして発足し，爾来教育・研究が行われてきました。この講座は現在の東京大学工学部都市工学科に発展しています。

明治30年に新設された京都大学工学部土木工学科には，三高から東京大学に進んだ大井清一先生が明治32年に卒業されると同時に京都大学工学部衛生工学講座の助教授に就任し，その後教授に昇進され，昭和12年に定年退官されるまで「衛生工学」の教鞭をとるとともに地域の衛生施設の建設に貢献されました。

戦後，進駐軍が衛生工学の必要性を強調したこともあり，昭和32年に設立された北海道大学についで，昭和33年に京都大学にも衛生工学科が設立され，その後発展して環境工学専攻になりました。衛生工学は地域の衛生状況を改善・保全するものだったのですが，時代とともに対象が大きくなり，都市の環境，地域の環境，国際環境の保全，さらには人類の持続可能な技術の発展に貢献するように広がってきたので，名前も広義に対応すべく環境工学となりました。

環境のレベルは，それより一時代前の環境対策の成果により決定されるものです。将来の状況が十分予測され，それに必要な対策がなされている場合，つまり将来が十分予測され制御されるようなシステムになっているときには，いい環境を保全することが可能です。一方，「いい環境の中にいる人」にとっては，ここまで保全に努力した人たちの貢献が見えにくいものです。つまりいい環境に住んでいる人・社会では，衛生工学・環境工学への関心が薄くなることでもあります。

社会の発展が予測を上回ったり，対策が不十分であったりすると，いい環境が維持されず，公害が発生してしまいます。昭和40年代に公害が社会問題となったのは，それまでの対策が十分でなかった，あるいは環境工学が予測したより早いスピードで社会の変化が起きたことによるものです。日本の高度成長期の，水俣病，イタイイタイ病，四日市喘息等の公害の発生に対し，多くの人が関心を持ちました。とくに，若い高校生がこの状況を打破しようと大きな使命感を持って環境工学に参加してくださいました。その方々の努力のおかげで，現在の環境が形成されていると思っています。そこに衛生工学というか環境工学のパラドックスがあります。

今，大気にせよ，水にせよ，見かけ上はいい環境になっています。それにもかかわらず，多くの人が環境に関心を持っています。新聞紙上でも，エコカー，エコセメント等々，エコを標榜しない産業・商品は存在しません。しかし一方で，人類を危険にする環境破壊，例えば地球温暖化や微量汚染問題がじわじわと進んでいます。そのような危機を先取りし，その対策を立て，そして多くのエコ事業を総括して，本当のエコを確立するための理念は何かを考えることが，今求められていることだと思います。

環境工学はこのような，人類のますますの発展に貢献するすばらしい仕事です。それを実行できる・貢献できるのは，これから学ぼうとする君たちだと思っており，君の決断を促したいと思っています。

私は，京都大学には三年弱しか勤務していませんでした。その当時も現在も工学部の学生の殆どが大学院に進学しますので，最低でも６年間勤めなければ学生を育てたことにはなりませんが，同僚の先生方のご配慮で，卒論から修論までの最後の部分を担当させていただき，合計９人の学生を卒業・卒院させることが出来ました。その中の一人は，現在 JICA（国際協力事業団）に勤め，諸外国（その中にはアフガニスタンもあります）に派遣され大活躍しています。またもう一人は衆議院議員となり，2017年には環境省の政務官として活躍しています。

そんな人材が育つことがこの環境工学コースのすばらしいところですので，優秀な高校生が多数進学されることを切に希望しています。

先達の横顔

Pioneer's Profile

いちかわ・あらた

●学歴
東京都立戸山高等学校卒業［1955年］
東京大学工学部土木工学科卒業［1961年］
東京大学大学院数物系研究科修士課程（土木工学専門課程）修了［1963年］
東京大学大学院数物系研究科博士課程（土木工学専門課程）中退［1964年］

●職歴
東京大学工学部都市工学科 助手［1964年］
東京大学工学部都市工学科 講師［1965年］
東京大学工学部都市工学科 助教授［1968年］
東京大学を定年退官［1997年］
京都大学寄附講座（水資源質総合計画講座）客員教授［1997年］
同講座終了に伴い退官［2000年］

リスクマインドが開く環境工学の明日

内山 巌雄 ―――――――――――――――― 元都市環境工学専攻教授

2018年は，京都大学に衛生工学が創立されて60周年になる。この機会に，私の環境保健学の研究の道のりの一端と，研究の楽しさを，若い皆さんに少しでも伝えられたらと思い筆を取った。

医学的視点が生きる衛生工学の伝統

私は，衛生工学科の卒業生ではないが，環境工学専攻・都市環境工学専攻の環境衛生学講座に８年間勤務し，2009年３月に定年退職した。都市環境工学専攻の前身の衛生工学科は，工学部にありながら，設立当初から環境衛生学講座の教授に医学部出身者を迎えるというポリシーがあり，私はその伝統を引き継いだ４代目の教員ということになる。そして私が退職した後も，医学部出身の高野裕久教授が国立環境研究所から着任され，この伝統は脈々と引き継がれている。工学部の中の環境系の学科として，衛生・公衆衛生学的な観点をもった医学部出身者と共に，環境と人の健康との係りを常に考えて勉強し，研究するという先駆的な考え方に敬意を表していたので，私の教育・研究生活の最後を都市環境工学専攻で過ごすことができたのは大きな喜びであった。

京大に赴任する前は，私は厚生労働省の管轄する国立公衆衛生院（現保健医療科学院）に籍を置いており，廃棄物工学，水道工学といった工学系の研究者も多い職場で仕事をしてきたので，工学部に来ても特に違和感はなかった。そして京大での教育，研究は，同僚の先生方や学生諸君との議論の中で大いに進展し，これまで私が行ってきた大気汚染や有害化学物質の生体影響，有害化学物質のリスク評価に関する研究のみでなく，ナノ粒子の生体内挙動に関する研究，微量化学物質曝露の定量的評価としてのバイオマーカーの開発，有害化学物質に関するリスクコミュニケーション手法に関する研究等に幅を広げることができた。

光化学オキシダントの研究からリスクマネジメントへ

私が環境問題に取り組んだのは1982年頃からであるが，公害による大気汚染が一段落し，光化学オキシダントが問題になっていた時で，オキシダントの主成分であるオゾンの生体影響に関する実験的研究を行ったのが最初であった。1970年代，運動中の学生が気分が悪くなって倒れたり，手足のしびれを訴えるなどの集団被害があり，大気汚染の呼吸器系への影響だけでは説明できない症状であり，その解明が期待されていた。それはまた環境汚染の原因が工場に由来する産業型公害から，自動車排ガスなどの移動発生源，廃棄物などに原因が由来し，人が多く集まる都市の問題でもある都市型公害へと移行したことを意味していた。さらには一国だけでは解決できない地球温暖化などの地球環境問題が注目を集め，長らく日本の環境政策の基本であった公害対策基本法が環境基本法（1993年）と改められ，この中で，環境を保全する責務が，産業界や行政に加えて，われわれ国民にも責務があると明言された時代である。

前述した動物実験では，オゾンの影響が呼吸器系にとどまらず循環系にも影響し，心拍数，血圧の低下をきたすこと，睡眠時のレム睡眠を減少させることなどを見出した。このこと等が評価され，米国環境保護庁（EPA）から研究費をいただいて，1987年から1年間ハーバード大学公衆衛生大学院に客員研究員として留学することができた。

当時米国では，従来の大気汚染物質（二酸化硫黄，粒子状物質，オゾンなど）の他に，微量ではあるが，発がん性のある化学物質が環境中に存在するようになったこと，発がんの影響には「この量までは安全」という「いき値」（threshold）がないという観点から，1983年に米国NRC（National Research Council）が，“Risk Assessment in the Federal Government: Managing the Process” を公表し，これからの環境中の発がん物質の管理に関してリスクアセスメント（リスク評価）を導入すべきという方針を示した時期であった。化学物質管理でいう「リスク」とは，「ある化学物質の曝露により起こり得る望ましくない影響（発がん）の発生の予測値」と定義されている。これは癌が発症するまでには何年もの潜伏期間があるので，ある化学物質に曝露されることによって将来おこるであろう癌の発生確率を予測（リスク評価）して，事前の対策によってその確率をできる限り最小にしよう（リスク管理）とするものである。渡米前からこの「リスク」の考え方が重要になると感じていた私は，実験の合間にハーバード大学に設立されたリスク分析研究センターでの講演会に出席したり，夏季休暇中にEPAのリスクアセスメントオフィスの知人を訪ねて話を聞いたり，資料を集めたりして大いにその熱気にふれることができた。この時の経験や，培った人と人とのネットワークが，私の帰国後の「リスク」の研究に大いに役立ったのは言うまでもない。被害が顕在化してから対策を立てたり，健康被害の補償をする事後対策が主であったわが国の環境行政にとって，将来を予測して被害を未然に防止したり，被害を最小にしようとする「リスク評価」，「リスク管理」の考え方は，環境学と環境行政にとって大きな転換点であったと言える。

最近は若い人たちの留学熱が冷めてきたと言われるが，私の経験から言えば，3か月間や1年間の短期間でも留学して，外国で暮らすことをお勧めする。同じ研究分野や自分の関心のある分野で，外国の友人，知人を作ることには，意識して積極的に行えば，十分すぎる時間である。以前に比べれば英語を苦にしない学生が多くなってきているので，チャンスを生かさない手はない。

私の場合は，1994年12月に開催した「有害大気汚染物質対策に関する国際シンポジウム」の事務局長を任されたときに，演者の人選や交渉など，渡米時代に培ったネットワークをフルに活用し，米国，オランダ，ドイツからのエキスパートを呼ぶことができた。そしてこのシンポジウムを機会に，わが国でも本格的なリスク評価についての道筋と環境基準値のリスクレベルについて議論されるようになり，1996年に発がん物質であるベンゼンの大気環境基準の設定に，初めてリスク評価が採用された。私が「リスク」の勉強を始めてから，約10年が経っていたことになる。

リスクの視点で拡がる研究

京大に赴任した時は，まさに環境問題に関してリスクの概念を用いて評価することが急速に広まってきていた時期であり，私も多くの環境基準値や指針値の設定，法律の改正等に関与していたので，学生諸君にもまずこの「リスク」の概念やリスク評価，リスク管理について理解してもらうことに力を注いだ。それと同時に，環境問題の解決には，工学，医学だけではなく，学際的な視野も必要と考え，大学の中に閉じこもらずに，人と人との交流，他の大学の研究室や，研究機関との交流も積極的に行った。

学生が卒業論文や修士論文に取り組む時には，各研究室が論文のテーマをいくつか示して希望する学生を募集するが，私は示したテーマの他に「環境と健康リスク」に関したものであれば，学生がやってみたいと提案するテーマは極力受け入れるように心掛けた。環境問題は，現在問題になっている事案を解決することだけではなく，これから問題になるかも知れないことを先取りして研究し，被害を防止する対策を見つけ出すことは，まさにリスクの未然防止つながることになるからである。学生の提案するテーマには，そのような貴重なアイディアも含まれていた。

そのような中で印象に残っているテーマは，「神経を介したナノ粒子の曝露経路に関する研究」や「大学における化学物質の管理状況の把握と実験室環境のリスク評価手法に関する研究」である。前者は，酸化チタンの光触媒作用を用いた製品が実用化されようとしていた時期で，そこに使用されている酸化チタンの粒子径がnm（ナノメートル）単位のものであり，生体への影響は未知のもので超微小粒子，ナノ粒子と呼称されていた。現在問題になっている$PM_{2.5}$と言われる微小粒子の単位がμm（マイクロメートル）であるから，ナノ粒子はその1,000分の1の大きさの粒子である。その粒子が生体内へどのように侵入するか，どのような経路が考えられるか，そしてそれをどのような手法で証明するか，興味はつきなかった。学生たちは工学系の知識を駆使して，岩手医科大学サイクロトロンセンターや，兵庫県の高輝度光科学研究センターのSPring-8を使用した実験などを行っていった。博士課程の学位を取得した学生は，京大の准教授になった現在もこのテーマに取り組んでくれているなど，10年先を見据えたテーマであった。また，後者のテーマは，国立大学が2004年4月に国立大学法人に移行するに伴い，大学の実験室も労働安全衛生法の適用を受けるようになったが，実験室の室内環境はこれまでは自主的な管理に任されていたので，法が規定する濃度を超えている場合もあり，多くの関係者が法の規制に戸惑っていた。このテーマは博士課程に入学した学生が問題意識を持って始めた研究であり，当時の各実験室の実態を明らかにするとともに，使用している化学物質の量や種類から予めリスクを評価する手法を考案したもので，その後の研究室の環境改善に大いに寄与した。この学生は，現在は京都市の職員として，日夜環境問題の解決に取り組んでくれている。

その他，米国EPAの研究者を長期間招聘して学生と共同研究をしてもらったり，中国の重慶医科大学，鞍山市などと協力して，北海道の研究機関が開発したバイオブリケット（硫黄を吸着して二酸化硫黄ガスの排出を低減した豆炭）の民間への普及をすすめ，健康影響の低減を確認する疫学調査に学生も参加してもらうなど，国際交流にも力を入れたが，学生達も喜んで私の期待に応えてくれた。

現在は多くの分野で「リスク管理」の重要性が指摘されているが，それを担うリスクマインドを持った人材はまだまだ少ない。リスク評価やリスク管理の不確実性やその手法は現在も研究・発展途上にあり，その研究者の育成にも力を注いだつもりであるが，同時にその研究を支え，社会に還元するリスクマインドを，私の在任期間中の学生が少しでも理解して，後を継いでくれればと願っている。

先達の横顔

Pioneer's Profile

うちやま・いわお

●学歴

東京都立新宿高等学校卒業［1965年］
東京大学医学部保健学科卒業［1971年］
東京大学医学部医学科卒業［1975年］
東京大学　医学博士［1983年］

●職歴

東京大学医学部付属病院 内科研修医，非常勤医員［1975年］
国立公衆衛生院労働衛生学部 研究員［1982年］
米国ハーバード大学公衆衛生大学院 客員研究員［1986年］
国立公衆衛生院労働衛生学部 部長［1989年］
京都大学大学院工学研究科環境工学専攻 教授［2001年］
京都大学大学院工学研究科都市環境工学専攻 教授［2003年］
京都大学名誉教授，ルイ・パストゥール医学研究センター上席研究員［2009年］

持続可能な環境の創成を担う

中西 弘

はじめに

すでに本書第1部，第2部で語られているが，1958年（昭和33年）に京都大学工学部に衛生工学科が設立された。これは工学部の土木工学科を母体にして，医学部の公衆衛生学，衛生学の学科や工学部の化学工学科，さらに理学部の化学や分析化学等の学科の協力を得て発足したものである。その設立を中心的に牽引されたのは土木工学科出身の当時の石原藤次郎工学部長や土木工学科衛生工学講座（水道，下水道，放射能）の岩井重久教授である。

設立当時の衛生工学科は，水質工学，放射線衛生工学，装置工学（化学工学）と環境衛生工学の4工学講座より成り立っていた。

なお，衛生工学科としては，その前年の1957年（昭和32年）に北海道大学工学部に発足している。これが衛生工学科としての最初であり，京都大学は2番目である。その後，東京大学工学部に都市工学科，大阪大学工学部に環境工学科等々，各大学に衛生工学に関係した学科が設立された。

また，衛生工学科は土木工学と公衆衛生との融合したものであり，その先駆者として東京大学の広瀬孝六郎教授（上下水道工学，1899年－1964年）の存在が大きい。

出会い

筆者は京都大学の農芸化学科の出身であり，化学職として京都市に応募して昭和31年から5年間，水道局で水道水の水質検査に従事してきたが，単調な水質検査業務に飽き足らず，水道，下水道分野から水環境全般にわたる課題の追究に関心を注いできた。

その手段としては京都大学の衛生工学教室との学術交流である。京都大学の衛生工学科は昭和33年に発足したが，岩井重久先生の研究室は大気や水中の放射能の調査・研究で有名であり，当時はまだ大気中での原爆や水爆の実験が行われていたので，大気中の放射能の測定に岩井研究室が大きな役割を担っていた。

残念ながら当時の京都市水道局にはこの放射能測定装置はなく，水道水を蒸発乾固した試料を岩井研究室に届けるのが私の役目であった。こうした中で，岩井研のスタッフや学生さんとも親しくなり，岩井研の研究会にも参加するようになった。そのうち，新しく水質工学（水道・下水道）を担当されることとなった合田健教授の目に留まり，合田研の助手（化学部門担当）として採用したいという依頼を受けた。

水道局から大学に移ることに関しては，給与差等いろいろの問題もあったが，大学での研究生活は魅力的であり，私の強い希望もあり，1960年（昭和35年）4月より7年間，衛生工学科の教官の一員となった。

以上が衛生工学科の教員になった私の経緯であるが，私が衛生工学科に魅力を感じたのは，衛生工学科が新しい課題である環境問題に取り組む魅力ある新鮮な学科であり，環境問題の解決なくして人類の幸せはあり得ないからである。

具体的には，水道事業という我々の生活の場への安全な生活用水としての飲料水の供給，使用後の生活用水の速やかな排除と浄化のための下水道の創設，豊かな生活の結果，廃棄される廃棄物の速やかな排除と安全な処理，また，豊かな産業活動に伴う産業用水の確保，産業排水の処理，産業廃棄物の安全な処理，膨大な大気汚染物質の処理，騒音・振動対策，放射線廃棄物の処理等々である。

その上さらに環境学は，地球温暖化等の地球規模の問題を抱えている。

❖研究活動

水質工学研究室（合田教授）では，義務的な用事は少なく，自由に研究活動に時間を使うことが出来た。ただ，研究費申請の時期（1月，2月）には研究費申請書類の作成に追われた。

私的になるが中西の主な研究課題は以下である。

1．上水道施設における塩素殺菌処理に関する研究

先達の横顔

Pioneer's Profile

なかにし・ひろし

1931年12月生まれ。

●学歴
京都大学農学部農芸化学科卒業［1956年］

●職歴
京都市水道局勤務［1956年（1961年まで）］
京都大学工学部衛生工学科勤務［1961年（1968年まで）］助手，助教授を経て
山口大学工学部土木工学科教授［1968年（1995年まで）］
大阪工業大学土木工学科教授［1995年（1999年まで）］
一般財団法人九州環境管理協会副理事長［1995年（2002年まで）］

●その他，審議会委員等
中央環境審議会瀬戸内海部会長，山口県環境審議会会長，山口県都市計画審議会会長，宇部市・山口市・防府市環境審議会会長など。

●専門
環境工学，水質工学

2．接触酸化法を中心とした鉄・マンガン除去の研究——特にマンガンの除去について
3．活性汚泥法による下水浄化に関する研究，生物活性度とその動力学

❖ おわりに

環境学を専攻する学生諸君，環境学を専攻したことの幸せを喜びましょう。また，たとえ希望に添えずに環境学を選んだとしても，それが不幸とは考えずに，幸せな選択であったと考えよう。環境学は人類を幸せにする価値のある魅力あふれる学問なのである。

◉第4部　研究室紹介

京都大学の環境工学の現在

環境デザイン工学講座

教授　高岡昌輝
准教授　大下和徹
助教　藤森　崇
助教　日下部武敏

循環型社会における，廃棄物の有効利用および適切な管理を目指して

廃棄物は集積された貴重な資源です。積極的に，再資源化，エネルギー回収を図り，同時に環境汚染やリスクを最小化することが強く求められています。私たちの研究室では，移動現象や環境システム工学等の学理と，基礎およびフィールド実験から得られる知見を基に，物質やエネルギーの動態を解析し，循環・代謝機能を担う技術社会システムや環境プラントの計画，設計，制御等について研究し，最適な循環・代謝システムをデザインすることを目指しています。

持続可能な資源循環技術，廃棄物処理・管理技術の開発およびシステムの構築

廃棄物循環資源は様々な成分，元素からなり，バイオガス化や焼却，溶融などの熱処理等の中間処理およびエネルギー・資源回収が行われ，一部はリサイクルされ，残りは最終処分されます。

例えば，最終的な残渣中には有用金属とともに有害金属や放射性物質なども濃縮されます。それぞれの成分や元素に応じて，環境保全，省資源・省エネルギーの面からリサイクル技術，廃棄物処理・管理技術の開発が必要です。また，それらの技術を適用する場（国）などを考慮すると，それらの技術の組み合わせや連携などのシステム構築も必要となってきます。

研究室では，要素技術の開発を行うとともに，トータルコストやライフサイクルを考慮した真の循環・代謝型システムの構築を目指した研究を行っています。

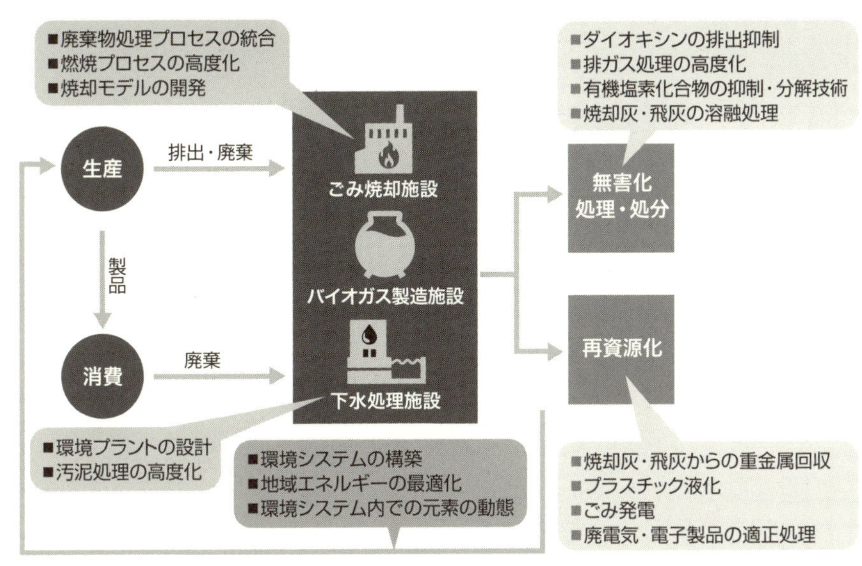

図１　研究テーマの概要

図２　環境試料の「その場観察」実験装置
〈高輝度光科学研究センター SPring-8〉

環境試料や化学反応過程のキャラクタリゼーション

新しい技術の開発には対象物質の徹底的なキャラクタリゼーション（特性把握）が必要です。例えば廃棄物中の重金属の存在形態は，適切な廃棄物処理法の選択・設計や，資源の回収・再利用の推進に必須の情報です。また，物質の物理化学的な存在形態により毒性や環境中への移行の容易さ，化学反応性が大きく異なります。

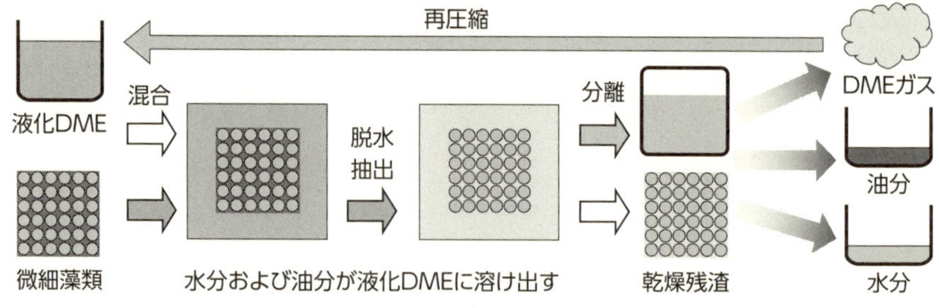

図3　液化 DME を用いた微細藻類からの油分抽出フロー図

実験室内機器だけでなく，世界最先端の大型放射光施設（SPring-8）での分析方法などを組み合わせて，廃棄物などの環境試料を分析し，新しい技術の開発や様々な元素や物質の挙動の解明に取り組んでいます。

研究室では，廃棄物や土壌，水に微量に含まれる有害金属の挙動や焼却プロセスにおけるダイオキシン類の生成機構を明らかにするなどの研究を行い，機構解明に基づいた技術開発や環境科学・環境工学の理解を目指しています。

革新的技術を用いたバイオマスおよび廃棄物のエネルギー化プロセスの構築

湿潤廃棄物として，下水汚泥や家畜糞尿は，我が国で最も多く発生する産業廃棄物ですが，カーボンニュートラルなバイオマスとして位置づけられています。また，同じバイオマスとして，近年光合成により油分を高収率で蓄積する微細藻類が注目されています。これらは高含水であり，燃料として利用するには，省エネルギーでの脱水および油分の抽出と，その高効率化が重要です。

そこで，私たちの研究室では液化ジメチルエーテル（液化 DME）を用いた溶媒抽出による，新しい下水汚泥，家畜糞尿の脱水，微細藻類からの油分抽出プロセスを提案しています。この方法では，常温で対象物の脱水および油分抽出が可能となること，溶媒としての液化 DME が繰り返し利用できることが最大の利点です。

研究室の紹介ページ

http://www.env.kyoto-u.ac.jp/special/waste2.html

環境衛生学講座

教授　高野裕久
准教授　上田佳代
助教　本田晶子

環境からの健康リスクの低減を求めて

現代社会の都市化，産業化，複雑化等に伴い，環境汚染とその社会および人への影響が危惧されています。環境汚染の健康リスクを評価するためには，人と人をとりまく環境影響因子とその相互関係について十分な情報を収集し，現状の曝露量の推定およびその影響について量的な関係や発現機構を研究することが重要です。

環境衛生学講座では，上記のような研究から健康リスクを総合的に評価する手法を確立し，人の健康被害を未然に防止し，さらに人の健康を維持増進することを目標としています。

大気汚染物質の健康影響に関する研究

実験的アプローチと疫学的アプローチを用いて，大気汚染物質の健康影響を総合的に評価します。

大気汚染物質には種々の成分が含まれますが，健康影響を規定する要因は明らかにされていません。一方，大気汚染物質の健康影響は，疫学的にも実験的にもアレルギー疾患や呼吸器疾患

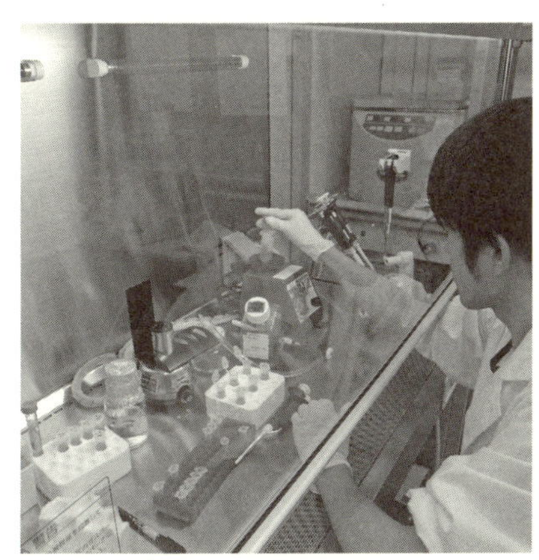

写真1　無菌操作の様子

を有する人々の間で発現しやすいことが知られています。そこで，実験的アプローチでは，微小粒子・エアロゾル，黄砂，およびそれらに含まれる芳香族炭化水素や金属などの大気汚染物質構成成分の健康影響について，呼吸器系，免疫・アレルギー系を中心に実験的に評価するとともに，影響発現機構を明らかにします。

疫学的アプローチでは，微小粒子状物質をはじめとする大気汚染物質や，近年関心が高まっている黄砂や越境大気汚染物質が人の集団に及ぼす健康影響について，環境測定データと種々の健康影響指標のデータを用いることにより定量的に評価をします。

健康影響の低減をめざす環境医工学的研究

環境汚染物質の健康影響を低減するためには，発生源に対する対策とともに発生後の環境医工学的対策も有効と考えられます。一般環境に存在し，近年その健康影響が大きな社会問題となっている花粉等のアレルゲンや環境汚染物質を対象とし，環境医工学的にその影響を低減する試みについて検討します。

環境化学物質の健康影響に関する研究

環境中の化学物質は日々増加し，生活空間にも普遍的に存在しています。高毒性物質の大量曝露による健康影響発現の危惧は減じていますが，低毒性物質の微量曝露による健康影響は未だ明らかにされていません。可塑剤をはじめ，身の回りの環境化学物質の健康影響を，培養細胞や動物を用いて実験的に評価します。また，影響発現機構の解明をめざしています。

環境疫学手法を用いた研究

環境中の様々な因子が健康に及ぼすリスクを評価するためには，実際に生活している人々が，一般環境において曝露された場合の結果として生じる健康事象の分布や頻度について評価する環境疫学研究が重要です。環境疫学研究では，適正な曝露評価や，曝露と健康影響の関連を定量的に評価する統計手法を検討して，環境因子が疾患の発生や症状に及ぼす影響について定量的に評価するとともに，環境因子の影響を受けやすい集団（高感受性集団）についても明らかにします。

研究室の紹介ページ

http://www.env.kyoto-u.ac.jp/special/health1.html

環境システム工学講座
水環境工学分野

准教授　西村文武
講師　日高　平
講師　水野忠雄

健全な水環境の保全と創造を目指して

私たちの研究室では，流域の水質，水量および水場を考慮に入れての健全な水環境の保全と創造ならびに健全な水循環系の確立のために教育・研究をしています。水環境中での水質変化とその要因分析，物質の移行・濃縮・変換を含めた水質汚濁機構と汚濁物質の運命，水質評価のための各種指標とその測定・分析方法，水質保全技術，水処理技術，汚濁物負荷低減と資源循環回収技術などについて，研究しています。実験による研究実施が主ですが，現地調査（フィールドサーベイ）や計算機によるシミュレーションも行っています。

健全な物質循環を促進する新たな社会基盤の構築に関する研究

人間の活動域で発生する廃水や廃棄物に含まれる有害物質を適切かつ効率的に処理し，同時に内在する資源やエネルギーの回収を行うことで，安全で健全な物質循環を可能とする，エネルギー・資源を回収する新しい都市廃水・廃棄物処理システム技術の開発を行います。このシステムを21世紀の新たな社会基盤施設として確立し実装することを目指しています。そのための新しい概念のシステムを提示し，その各要素プロセスに必要な設計・操作手法の解明と提示を行っています。

具体的には，生物反応と物理・化学的反応を組み合わせたシステムを想定し，分子生物学的手法等の種々の最新の科学的知見や手法を導入した解析を行い，適用性・実現性について評価していきます。

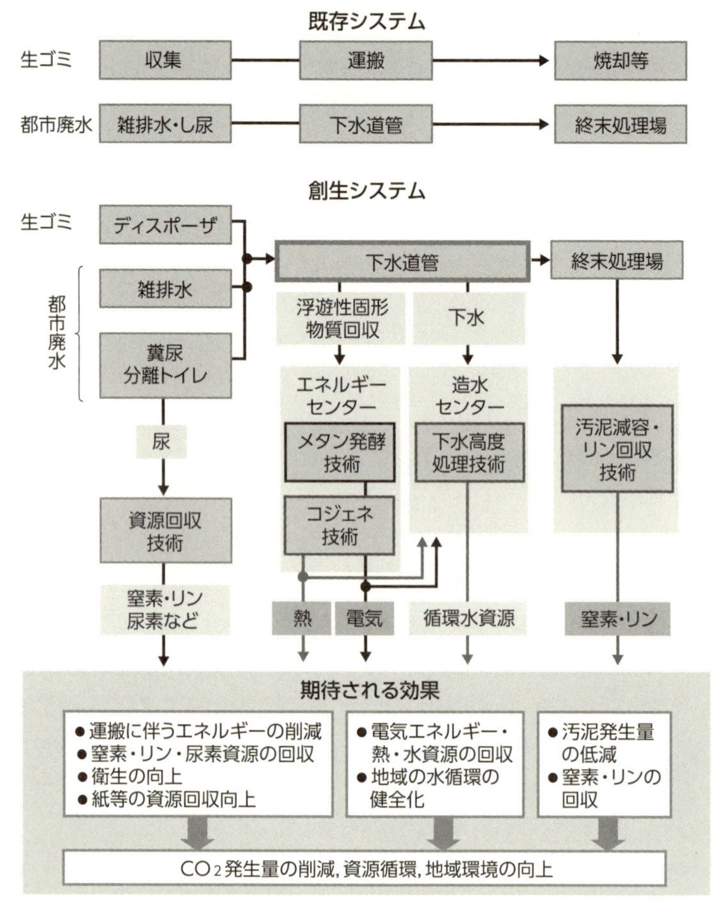

図1 資源回収型の都市廃水・廃棄物処理システムと要素技術

物理・化学的酸化反応を用いた水処理

公共の上下水処理において，濃度が極低いにもかかわらず，異臭味（上水），ヒトへの健康影響（上下水），放流先の水生生態系への影響（下水）が懸念される化学物質や病原微生物の存在が指摘されています。これらの中には，従来の生物反応を活用した処理法では除去しえないものも存在し，紫外線やオゾン，パルス放電等を用いた物理・化学的な酸化処理に期待が寄せられています。

これらの処理方法の最適な設計や運転のために，実証的検討および理論的解析の両面からのアプローチで研究を行っています。特に，除去対象物質と生成抑制対象物質のバランスの達成，共存物質としての有機物の反応性評価および有機物の処理性能への影響に焦

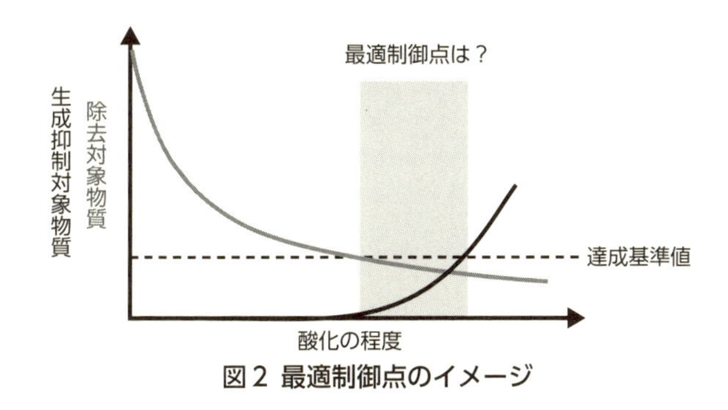

図２ 最適制御点のイメージ

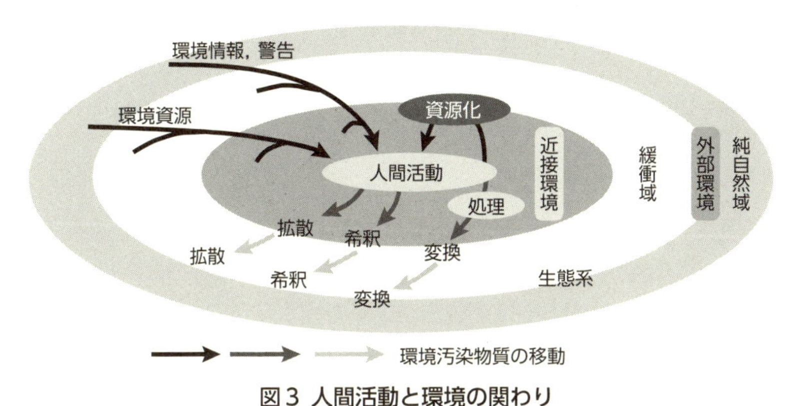

図３ 人間活動と環境の関わり

点を当てています。さらに，オゾン等の物理・化学プロセスを核とした新規な水処理プロセスの開発にも取り組んでいます。

水質汚濁機構の解明

人間の活動に伴って種々の有害物質が環境に排出され，それらは環境中で輸送・変換され，生態系を通じて濃縮され，水質汚濁問題を引き起こします。同時に，我々人間の生存の基盤である生態系にも甚大な悪影響を及ぼします。これら汚染物質の発生機構，環境中での輸送・変換機構，生態系での移行・濃縮機構および環境影響についてのフィールド調査を基礎とした研究を実施し，動態把握を行うとともに，適切な流域管理手法の開発に必要な情報整理と考察を行います。

環境システム工学講座

環境リスク工学分野

教授　米田　稔
准教授　島田洋子
助教　五味良太

ひとと環境の健康・安全を科学する

種々の有害物質に日常的に曝露される今日，健康影響を心配する人も多いでしょう。しかし，どの物質がどの程度の悪影響をひき起こすのかが分からなければ，対策が必要かどうかや対策を施す優先順位等を議論することができません。私たちにとって，どの環境問題がどの程度重要なのか？ どうすればその悪影響を低減できるのか？ この課題に取り組むのが環境リスク研究です。

環境汚染物質による健康リスクの予見的評価

私たちは多くの微量環境汚染物質に日常的に曝露され，潜在的な健康リスクの下に生活していますが，そのリスクの大きさについては，未知の物質が数多く存在します。このためDNA解析や動植物を用いた毒性の評価，数値シミュレーションによる環境中動態と曝露量評価，人体中での挙動モデルの作成などによって，十分なデータが存在しない物質の健康リスク評価を行う手法を開発し，実際の化学物質などに適用します。

環境放射能のリスク評価と除染対策

2011年，福島第一原子力発電所の事故により環境中に拡散することとなった放射性物質が，今後どのように挙動し，実際に付近住民および日本人全体にどの程度のリスクとなるかを評価します。また，現在提案されている各種除染対策についてもその効果を検討し，最適

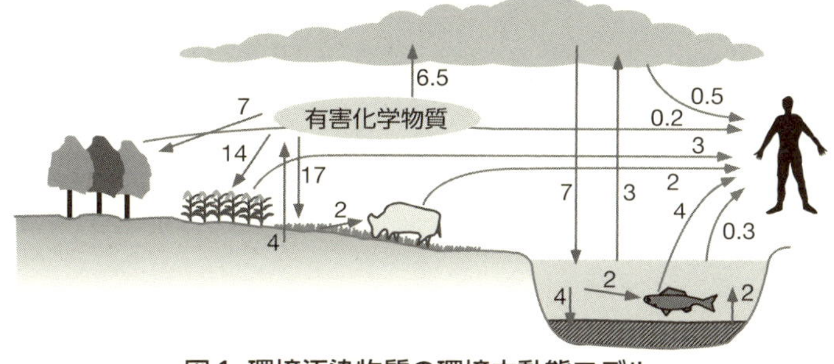

図１ 環境汚染物質の環境中動態モデル

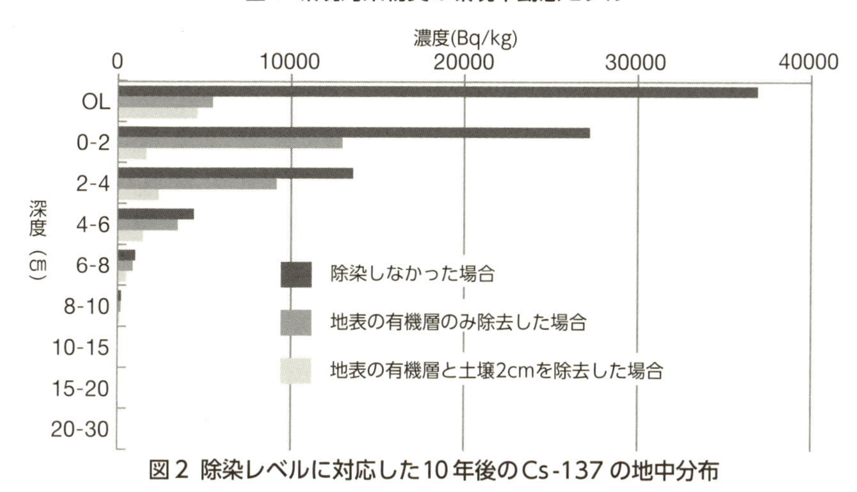

図２ 除染レベルに対応した10年後のCs-137の地中分布

な除染計画を提案します。

粒子状物質のリスク評価と対策

自動車，焼却炉からの排気ガス，ナノ材料を使用した化粧品や新機能性材料など，これらに含まれる粒子状物質が環境中に放出され，私たちの生活空間にも到達します。また，原子力発電所事故時の放射性プルーム（放射性雲）にも多くの粒子状物質が含まれていると考えられています。

粒子状物質では，ガスやイオンと異なり，大きさ，元素組成，表面積，形状などの物性を考慮したリスク評価が求められます。フィールド調査，細胞・動物を用いた生物試験，風洞を用いた大気中挙動試験などによって，様々な粒子状物質の環境中挙動を評価し，そのリスク低減策を提案します。

研究室の紹介ページ

http://www.env.kyoto-u.ac.jp/special/risk1.html

環境システム工学講座
大気・熱環境工学分野

准教授　藤森真一郎

統合評価モデルを用いた地球環境シミュレーションと政策提言

気候変動問題はいくつかの点で従来の環境問題と異なる性格を持っています。環境負荷物質の排出と問題の顕在化の間に時間の遅れがある点，エンドオブパイプ的な従来の技術的な環境対策のみでは解決が難しい点，世代間や南北間，あるいは企業や一般市民など様々なアクターが気候変動対策と気候変化による影響を受け，関与している点などです。これらの複雑な問題に対処するために，統合評価モデルというエネルギー，経済，農業，土地利用，水利用，大気汚染物質の拡散などを統合的に解析するコンピューターシミュレーションモデルを用いて，主として気候変動や大気環境に関連する研究を行っています。

環境影響および環境政策評価のための統合モデルの開発

このテーマでは，2030年から2100年といった短中長期に及ぶグローバルの温室効果ガス削減に関する研究を中心に行っています。2015年に採択されたパリ協定では2030年頃の温室効果ガス削減目標並びに中期的な低排出社会へ向けた戦略の策定，さらに究極的な気温安定化目標などが定められ，各国はそれに応じて様々な政策を導入していくことが求められます。私たちの研究室では，温室効果ガスの削減は技術的にどれほど可能か，またそれにかかる費用はどの程度か，といった問に答え，社会的変革の提言，政策提言をして，社会へ貢献することが目的です。

対象は全世界，各国など様々なスケールを対象とします。その中でも特にア

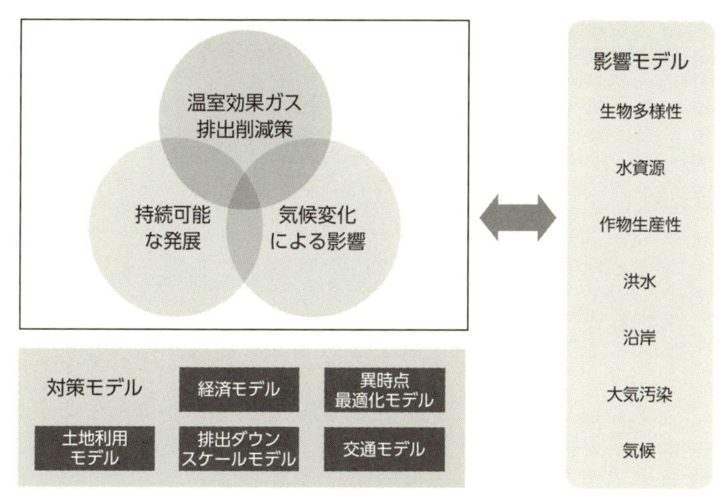

図1 研究の対象とシミュレーションモデル

ジアは世界全体の温室効果ガス排出量の半分近くを占めており，この地域で温室効果ガスが削減できるかどうかは，世界の気候変動対策の一つの鍵であり，研究の対象としても優先的に扱います。アジア各国は多様な政治体制，エネルギーシステム，温室効果ガスの構成を有しており，さらに各国の政策には異なる優先事項があります。例えば近年では中国の大気汚染は深刻であり，気候変動対策と大気汚染対策は一体となって進められています。そのような各国に応じた低炭素戦略を本テーマでは扱っています。

温暖化による被害の経済的評価

温暖化は様々な影響を人間システムに及ぼします。私たちの研究室では，農業，水資源，洪水，健康，海面上昇などの分野でそれぞれ発生する影響の費用を主として経済モデルを用いて算定しています。対象は世界全体，アジアといった広域を対象として，温暖化を防止することのメリットを伝え，温暖化政策への貢献を目指します。気候モデル（GCM: General Circulation Model）から得られる気候データを各分野に特化したモデルに入力し（他の研究機関などとも協力），その結果を経済モデルで解析しています。

大気汚染シミュレーションと大気汚染の各種影響評価

アジア，とりわけ中国，インド，東南アジアはこの10−20年程度目覚ましい経済発展を遂げましたが，一方で環境問題も深刻化しています。その中でも

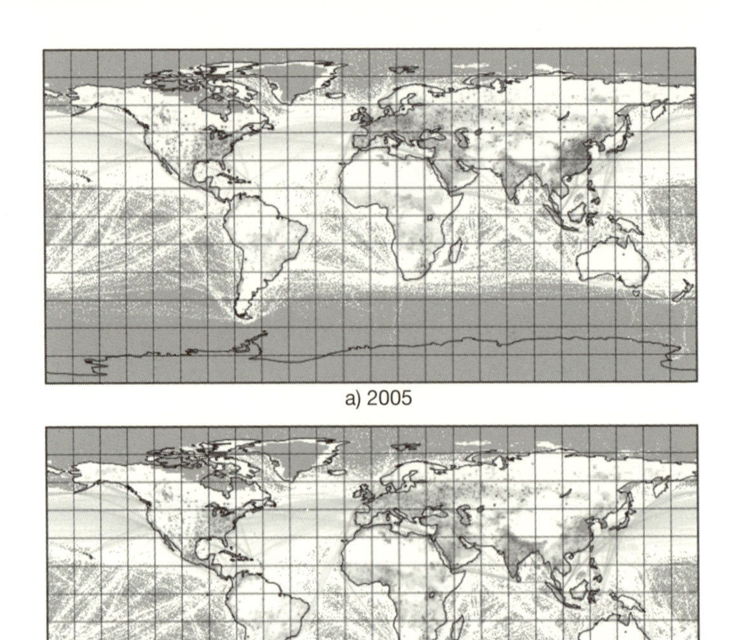

図2　硫黄酸化物排出量 (Kg/(m²·sec))（2005 年と 2100 年）

大気質の悪化は目に見えて顕著で，各国政府は何らかの対応を求められています。このテーマでは大気汚染物質拡散モデル，気象モデルなどを用いて大気汚染物質の排出源に対するエンドオブパイプ的対策やエネルギーシステム変更などの政策による大気質の改善の効果を示すこと，健康影響の改善，またそれに伴う経済的な便益を評価するなどの研究を行っています。

研究室の紹介ページ

http://www.env.kyoto-u.ac.jp/special/atmosphere1.html

環境システム工学講座

都市衛生工学分野

教授　伊藤禎彦
准教授　小坂浩司
助教　中西智宏

都市・地域への水供給問題を通じ，生（いのち）を衛（まも）る「衛生」理念の実現へ向けて

私たちの研究室では，上水道や飲み水に関連する教育と研究を行っています。研究の対象領域は図 1 に示すとおりです。水源や流域における諸課題，浄水処理における諸課題，水道水の安全性に関する諸課題，配水系を含む上水道システムに関する諸課題といった広い範囲を扱っています。

研究活動の理念は，環境中に存在するヘルスリスクに対し，これを工学的にコントロールすることです。研究領域として上水道とその関連分野を取り上げていますが，これを上記理念の技術的展開の場として位置付けています。

また，安全な水というだけではなく市民の満足度向上に寄与する水道水の供給，水循環・水再利用システムの構築，配水システムにおける震災対策なども所掌範囲となります。さらに，わが国は人口減少時代を迎え，この先長期にわたってこの傾向が継続します。このような社会環境変化に対応した上水道システムの持続的再構築という観点から，水源水質－浄水処理プロセス－配水プロセス－水道水質に関するトータルソリューションを追求します。

人口減少社会へむけた上水道システムの再構築と高機能化に関する総合的研究

わが国の上下水道システムは成熟した社会インフラですが，人口減少社会に移行した現在，上下水道システムもこれに適応させていかなければなりません。特に，水需要量の減少が進む地域での配水に焦点を当てると，①浄水

配水システムに関する研究
- 配水管内環境の管理・制御の高度化
- 人口減少地域における配水管網
- 給配水システムにおける再増殖微生物管理

浄水処理と水道水質管理に関する研究
- カルキ臭，消毒副生成物の生成メカニズムと制御
- 微生物学的安定性を確保するプロセス構築
- 微量汚染物質の変換過程と管理体系の構築
- 腸管系微生物を対象とした定量的微生物リスク評価と制御

水源水質に関する研究
- 消毒副生成物前駆物質・微量汚染物質の排出特性解析，キャラクタリゼーション
- 病原微生物の存在実態把握

図 1　研究の所掌領域

処理における懸濁物質等の除去，②配水管網における水理条件の管理・制御，③洗管技術の３つの段階を組み合わせた管理・制御手法を確立させる必要があります。特に，配水管内環境の管理を高度化させるニーズが高まっており，浄水処理との関連では，これからは，配水管内環境に対しても責任をもった浄水処理プロセスという観点が必要になるでしょう。

この研究では，浄水場から配水系に流入する固相量の定量とその制御，配水管テストピースを用いた微粒子等の付着・堆積過程の把握，配水管内環境形成のモデル化と制御性の検討などを行っています。その究極の目的とは，「浄水処理で何を除去し，配水系に何を流し，人々に何を飲んでもらうのか？」について熟考し，トータルソリューションを導き出すことにあります。この研究によって，人口減少社会へ向けた上水道システムの明るい将来像を描きたいと考えています。

安全・安心で快適な飲料水の確保を目的とした次世代型浄水処理プロセスの開発と水質管理システムの構築

わが国では安全で安心な水道水が供給されていると思われていますが，実際には，水源における突発的な事故の検知，急激な水質変動に対応した浄水プロセス，配水システム内での残留塩素等の最適化等，様々な課題があります。

この課題では，水源〜配水に至る各地点での高感度水質センサー群等のモニタリング技術，実際の浄水プロセスにおける流動特性・反応機構を踏まえ

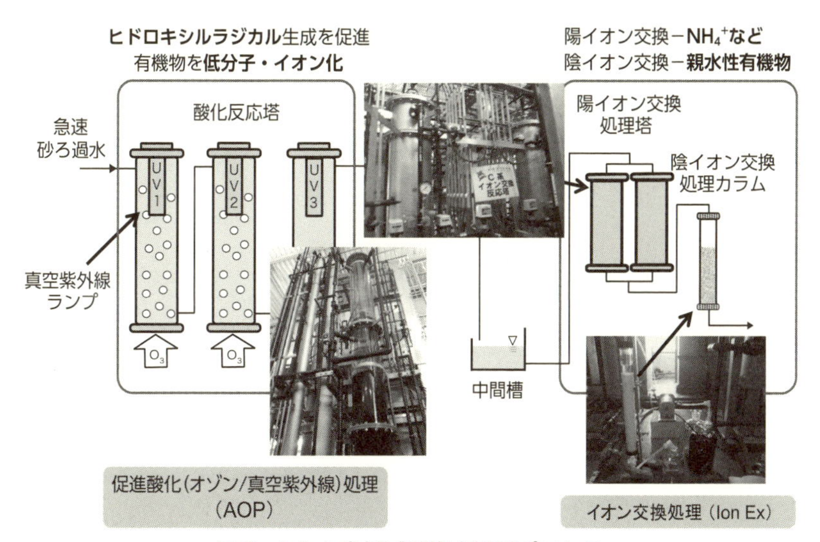

図 2　カルキ臭低減型浄水処理プロセス
〈写真：大阪市水道局最適先端処理技術実験施設〉

たプロセス管理の最適化，カルキ臭評価技術の開発とカルキ臭低減型浄水処理プロセスの開発（図 2），水質事故発生時の原因物質特定手法の開発等の研究を行い，次世代の浄水処理プロセスの開発と水質管理システムのあり方について提案します。

変換過程を考慮した化学物質管理手法の確立

私たちが日々の生活で用いる化学物質の環境・健康リスク評価は一部の例外を除き，原体の評価に限られています。しかし，2012 年に利根川水系で起こった水質事故からも明らかなように，これらの物質が水処理過程・環境中で変換された場合の環境・健康リスクについても十分考慮する必要があります。

この分野では人為由来の多様な化学物質の変換過程を，液体クロマトグラフィー－タンデム質量分析計（LC-MS/MS），飛行時間型質量分析計（LC-Q-TOF/MS）などの最新の質量分析技術を用いて追跡し類型化を図ることで，化学物質の変換過程を考慮した新たな管理体系を提案することを目指しています。

水道水の微生物的安全性の評価・管理・制御に関する研究

ヒトに対して病気を引き起こすウイルス，細菌，原虫などをまとめて病原微生物といいます。水道水の安全性を確保するためには，これらの病原微生物の管理が重要です。しかし，現在の水質基準では一般細菌，大腸菌の測定

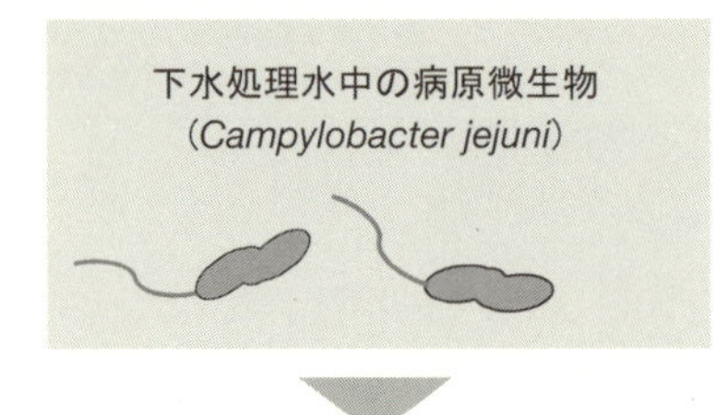

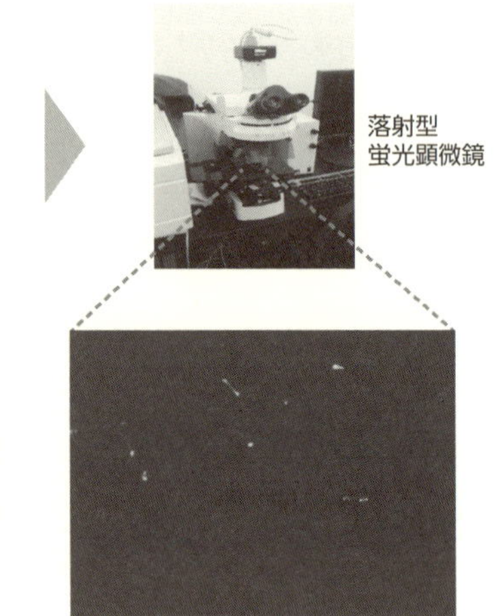

菌体の構造を質量数から推定
(LC-Q-TOF/MS)

観察画像の一例
(白色の点が微生物を示す)

図3　病原微生物の質量分析実験

が求められるだけなのです。そこで，私たちの研究室ではリスク評価に基づいた水道水の安全管理に着目しています。

具体的には，リスク管理を行うために定量的微生物リスク評価（Quantitative Microbial Risk Assessment）手法を取り入れ，浄水処理プロセスを対象として病原微生物の年間感染確率を推定するとともに，リスク制御を行う上での重要管理ポイントの抽出を試みています。また，微生物の種類により引き起こされる健康影響は異なることから，障害調整生存年数という新たな指標を用いて，統合的な健康影響評価にも取り組んでいます。

これらの研究を進めていく上では，水道水源での病原微生物の実態調査，浄水処理プロセスによる病原微生物の除去レベルやその除去・不活化メカニズムの把握，ヒトに健康影響を引き起こす微生物の種類の同定などが必要であり，遺伝子解析や質量分析などの最先端技術を駆使した実験（図3）に取り組んでいます。この研究における考え方と手法は，発展途上国における衛生的な水へのアクセス問題に大いに貢献するものでもあります。

研究室の紹介ページ

http://www.env.kyoto-u.ac.jp/special/water2.html

物質環境工学講座

環境質管理分野
（流域圏総合環境質研究センター）

教授 清水芳久
准教授 松田知成

分子レベルから流域レベルまでの環境質管理を研究

人間活動などに伴う汚染物質（人為起源汚染物質）や自然由来で汚濁を引き起こす物質（自然汚濁物）の発生機構，それらの環境中での蓄積・輸送・変換機構，生態系内での移行・濃縮機構および生物や環境へのそれらの影響についての研究を推進しています。同時に汚染物質による汚染防止に必要な技術や政策論についての研究も実施しています。とりわけ，琵琶湖岸にある研究室（流域圏総合環境質研究センター）の特性を生かし，琵琶湖やその流域での汚染に係わる研究を精力的に展開しています。

統合的湖沼流域管理のための水文・水質シミュレーションモデルの開発と地域との協働

流域における様々な情報をGIS（地理情報システム）上で整理し，複数のシナリオに基づく流域環境の将来の違いを量と質の両面から予測（シミュレーション）し，次にこの結果を関連団体や流域住民に提示して情報を共有した上で，最終的により良い流域システムの構築を目指そうとする研究です。

シナリオに基づく流域環境の将来予測から得られる成果は，現行の“Government”パラダイムの行政システムにおいても有効な流域管理方策を誘導するものです。一方，関連団体や流域住民とのコミュニケーション・協働から得られる実施経過をも含めた成果は，流域を対象としたボトムアップ方式の“Governance”の仕組みづくりのために有用な情報や経験を提供す

図1 琵琶湖・淀川流域の鳥瞰図

ることになります。

この研究から得られる成果は，最終的には地域社会・地域経済と流域の人間活動やエコシステムを有機的に繋ぐ「持続可能な統合的流域管理」に通じると考えられます。さらには，この「持続可能な統合的流域管理」を通じて，より良い行政システムが誘導され，構築されることにも繋がると期待できます。

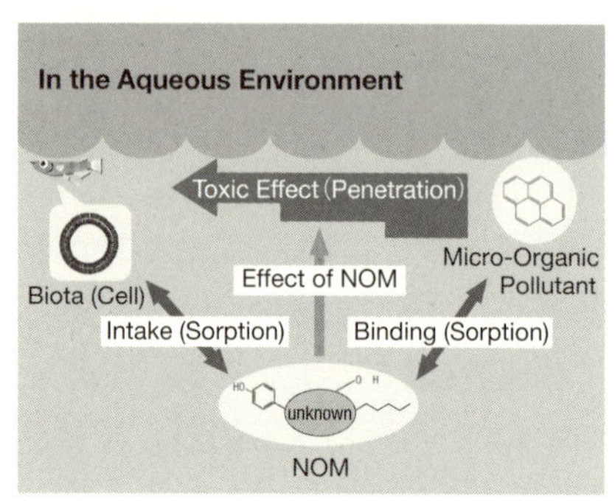

図2 フミン質による微量汚染物質の細胞膜透過性の制御

水環境中天然有機物群の特性解析とその影響解明

水環境中には微量汚染物質のキャリアーとなり，それらの蓄積性や毒性を抑制する機能を有する天然溶存有機物（NOM: Natural Organic Matter）があります。それらを抽出・分画（例えば，疎水性酸・塩基，親水性酸・塩基，コロイド成分，多糖類等）し，各分画に対して液体クロマトグラフィー－高分解能質量分析計（LC/MS/MS），核磁気共鳴装置（NMR），フーリエ変換赤外分光光度計（FTIR）等の高度機器分析を実施し，これらの結果を基に，水環境中に存在するNOM成分の起源，分解，生産等を考慮した上で，各NOM分画を代表する有機化合物群の化学構造を同定する研究です。

近年，湖沼（特に琵琶湖）では，流域における下水処理の普及によりBODは減少しています。しかしCODは漸増傾向にあるのです。この研究により同定されるNOM分画および有機物群は，これらの現象の原因を解明することにも繋がると考えられます。また，水環境中のみならず，上水処理，下水処理等におけるNOMの普遍的な機能や影響を解明することにも利用することが可能であると考えられます。

DNAアダクトームによる未知DNA損傷の構造決定とその生物影響評価

DNA損傷は，発がんや老化の原因であると考えられています。これらは，外来の紫外線，放射線，発がん物質などによって引き起こされるだけでなく，体内で生じる活性酸素，活性窒素，過酸化脂質などによっても生じます。

この分野の研究グループは，LC/MS/MSを用いることにより，様々なDNA損傷を高感度（一億塩基あたり一個のレベル）に定量できることを示してきました。また，未知のDNA付加体を網羅的に解析するDNAアダクトーム解析法を確立しました。

これらの研究の結果，生体内には未知のDNA損傷が多数存在していることが明らかとなりつつあります。DNAアダクトーム解析によって生体内で普遍的に検出されるDNA付加体について，その化学構造を明らかにし，その突然変異誘発能およびDNA修復メカニズムについても明らかにする予定です。

環境汚染バイオマーカーの探索と新規環境汚染物質の単離同定

環境汚染のバイオマーカーを開発するため，環境汚染物質曝露の有無で変動する生体内の低分子化合物（ホルモンやビタミン等）やタンパク質を，メタボロームやプロテオームの手法を用いて単離同定しています。この研究は，LC/Q-TOF/MSを用いてデータをとり，強力なソフトウエアを用いて，何千ものピークの中から，バイオマーカー候補を抽出するものです。

同定された生体低分子やタンパク質は，曝露マーカーや影響マーカーとして，環境汚染やその生物影響の評価に使用することができ，さらに，化学物質による毒性メカニズムの解明にも寄与できます。

一方，未知の環境汚染物質をバイオアッセイ（生物検定）とHPLC（高速液体クロマトグラフィー）による分離を組み合わせた手法で単離同定する研究も精力的に行っています。

研究室の紹介ページ

http://www.env.kyoto-u.ac.jp/special/water3.html

物質環境工学講座

環境質予見分野

（流域圏総合環境質研究センター）

教授　田中宏明
講師　山下尚之
助教　中田典秀
助教　井原　賢

環境質の向上と評価，環境汚染の防止と環境の修復のために

人や社会の活動などに伴う汚染物質の環境中での挙動と人の健康や水生生態系への影響について研究を行っています。フィールド調査と実験を基礎とし，機器分析や生物材料を用いて生物学的な応答を分析するバイオアッセイなどを用いた環境汚染物質の存在実態の把握とその管理技術，健全な都市水循環系の構築に関する研究を行っています。

水域における病原ウイルスによる汚染実態と適切な指標微生物の評価

水環境中にはさまざまな病原微生物が存在し，なかでもウイルスは大腸菌などの細菌に比べ，水中での生残性や塩素消毒に対する耐性が高いと言われています。この研究では，琵琶湖や淀川流域を対象水域として，病原ウイルスによる汚染実態を把握するとともに，病原微生物汚染に対する雨天時の未処理下水による影響を調査します。また，植物ウイルスを含む健康関連微生物を網羅的に測定することによって病原ウ

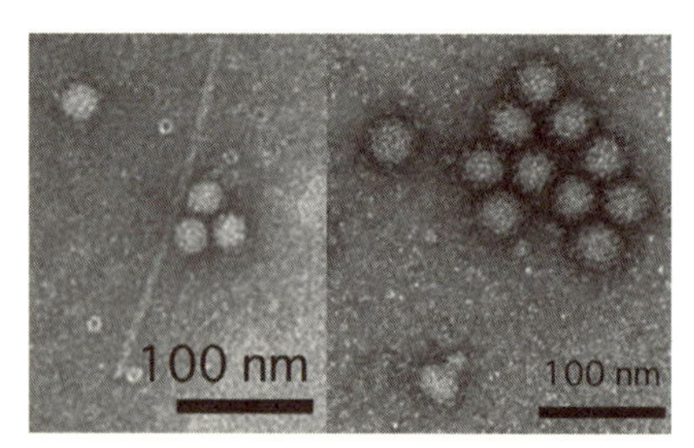

写真1　ノロウイルス（左）、カリシウイルス（右）の電子顕微鏡写真
〈国立感染症研究所 宇田川悦子博士提供〉

写真2 下水再生水を用いた野菜栽培
〈沖縄〉

イルス汚染の把握における適切な指標微生物を評価し，将来の環境基準の設定に貢献します。

競争力のある水の再利用技術の開発に関する研究

持続可能な水資源確保，環境管理，エネルギー管理の視点から，水の再利用の研究の必要性は，世界的に高まっています。この研究では，精密濾過（MF）膜，限外濾過（UF）膜，ナノ濾過（NF）膜，逆浸透（RO）膜など有機・無機膜やオゾン・UV・光触媒などの酸化技術やMBRなどの生物処理と組み合わせた水再生技術を実験室，パイロット，実証スケールで検証し，再生水の水質やリスクを評価し，その安全性と処理エネルギーやコスト削減の研究を行っています。再生水規格のISOや国内外の再生水利用に貢献し，2030年の国連のSDGs実現に貢献します。

変換過程を考慮した日用化学物質の管理手法と水環境中挙動の把握に関する研究

現在の化学物質管理の法体系では，都市の水循環（上下水道，河川流下）で化学物質が受けうる化学的，生物学的な変化（変換過程）やそれにより生じる化学物質については考慮されていません。そこで，変換過程を考慮した生成能試験を日用化学物質や環境試料へ適用し，既存の管理体系では見過ごされている化学物質の存在を明らかにします。また，液体クロマトグラフィー－高分解能質量分析計（LC/MS/MS）を駆使し，前駆物質や生成物の同定に挑戦します。以上の研究成果より，変換過程を考慮し

写真3 下水処理場内に設置した高度処理実験装置

写真4 河川での調査風景
〈バングラデシュ〉

た化学物質の都市水循環における新規管理手法を提案します。

In vitro バイオアッセイを利用した水環境中の医薬品の毒性評価に関する研究

これまで，医薬品による水環境の汚染が国内外で数多く報告されています。生体内で特異的な生理活性を発揮するようにデザインされているため，ヒトを含む生態系に悪影響を与える可能性が懸念されています。年々増え続ける医薬品，それに伴う水環境の汚染状況の把握に向け，世界的にも先進的な研究，特に医薬品の生理活性を測定できる *in vitro*（生体外）バイオアッセイを適用し，水環境中の医薬品の生理活性の実態把握や水生生物への影響を解明する研究を進めています。さらに，前述の各種の下水処理技術の検証から，生理活性をどの程度まで削減すれば安全であるか提示することも目指しています。

研究室の紹介ページ

http://www.env.kyoto-u.ac.jp/special/water4.html

物質環境工学講座

環境保全工学分野（環境科学センター）

教授 酒井伸一
准教授 平井康宏
助教 矢野順也

廃棄物から社会を視る，その知見を循環型社会形成へ

廃棄物から社会を視ることは，循環型社会形成への知見を与えてくれます。廃棄物の適正管理技術や化学物質動態との関連を持たせながら，主に物質循環のシステム解析から循環型社会形成モデルに関する研究を行っています。京都大学の環境管理を担当していることから，教育研究の環境保全と安全管理に関する検討も行います。

循環型社会形成に向けたライフサイクル分析に関する研究

再生可能資源や廃棄物を利用する技術やシステム，持続可能な循環型社会をめざした中長期のシナリオについて，エネルギーや温室効果ガスなどを指標としてライフサイクル分析を行っています。3R（Reduce, Reuse & Recycle）方策や廃棄物管理に関する技術やシステムを対象として，様々なシナリオや新たな提案を解析の対象としています。

循環型社会形成と物質フロー・化学物質コントロールに関するシステム解析

循環型社会におけるモノの流れを把握し，あるべき流れを考えるためには，社会経済活動における素材や製品の生産・使用・廃棄の実態，それらプロセスからの化学物質の環境排出，自然環境における化学物質の挙動を把握することが必須です。そこで，物質フローモデルや環境動態モデルを用いて，モノのライフサイクルの記述と環境負荷

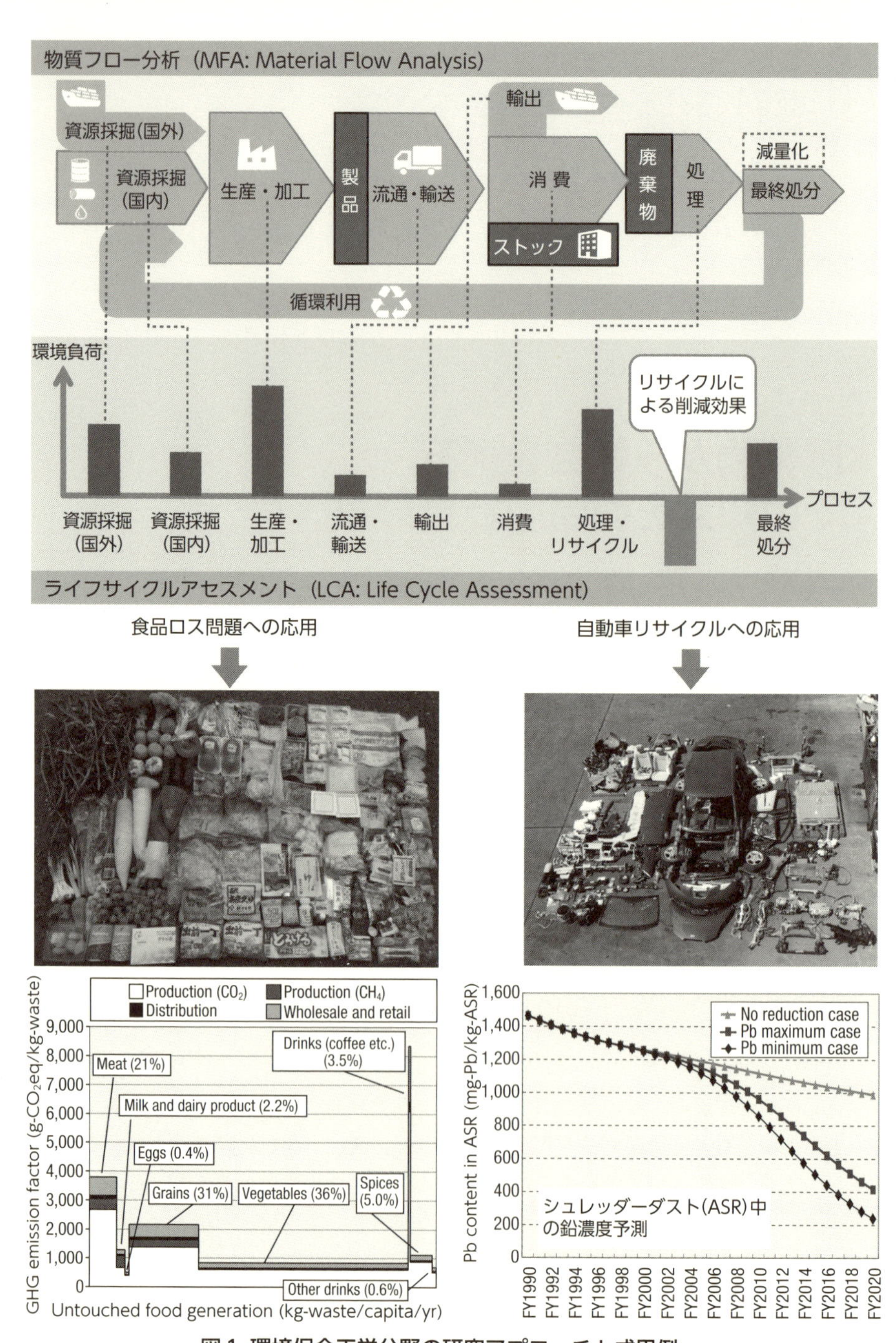

図１ 環境保全工学分野の研究アプローチと成果例

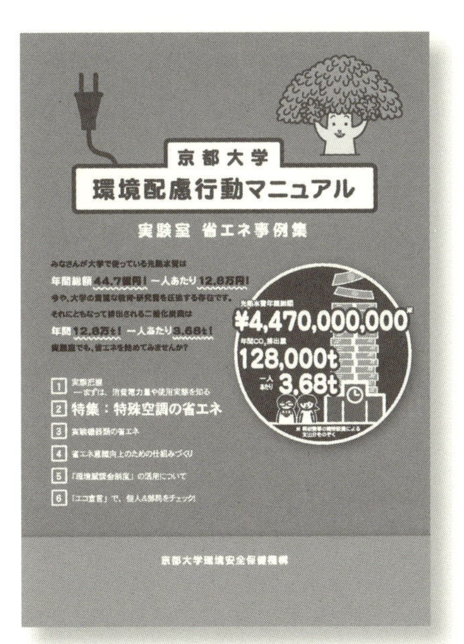

図2 エネルギー・資源指標の基礎研究を応用した学内における環境保全への取り組み

の試算と実測による検証を行っています。さらに，個別リサイクル制度や特定の有害物質使用を控える制度といった政策シナリオの効果を予測することも重要な研究課題となります。

循環型社会形成モデルに関する研究

天然資源の消費抑制と環境負荷の低減を原則とした循環型社会の構築に向けては，ごみから社会を視ることで得られた知見の蓄積とともに，循環に向けた技術やシステムの構築への課題と解決方策を研究する取り組みが求められます。社会応用を図る際には，人や企業の行動が重要であり，市民への行動調査による要因抽出や事業活動の費用推定をもとに，社会行動モデルを構築し，制度設計に活用しています。また，災害時に発生する災害廃棄物に対する工学的･政策的対策を検討するとともに，こうした社会ストックを活用するための長期ビジョンを考えています。

教育研究の環境保全と安全管理

教育研究環境での実験安全管理，環境指標やエネルギー・資源指標（溶剤や重金属類，温室効果ガスなど）に関する基礎研究を行うことにより，その環境マネジメントシステムや環境報告書への応用を進める研究を行っています。

研究室の紹介ページ

http://www.env.kyoto-u.ac.jp/special/waste1.html

物質環境工学講座

安全衛生工学分野
（安全科学センター）

教授　橋本　訓
准教授　松井康人

安全で安心な職場を支える新技術を探究する

わが国では1972年に，職場環境を健全なものとする法令が体系化され，安全衛生管理を担う専門職制度も整備されてきました。一方で，職場で扱う有害物質の多種・多様化や，労働者の勤務形態は時代と共に変化を続けています。本研究室では，先端技術を駆使した調査と，得られた結果に基づく仮説の検証，推算による改善策の提案を通じて，安全で安心な職場を提供する新技術を探究し，社会に貢献します。

また，京都大学環境安全保健機構の一部門として，本学における火災や事故の情報収集，解析，安全教育を実施し，再発防止と安全文化の醸成に貢献します。

職場環境の定量的評価とエビデンスに基づいた改善措置

化学物質や粒子状物質，物理的有害要因，労働態様に係わる有害因子，安全に係わる危険因子など，職場環境におけるすべてのリスクの程度を，それぞれ個別に，客観的に，可能な限り科学的に定量評価し，そのエビデンスに基づき優先順位を決定し，これを削減する管理が求められています。

そのために，実際の労働現場で調査を実施したり，発生源の一部を模擬的に実験室で再現したり，ヒトの呼吸器における吸入モデルを作成したりすることで，新たな評価技術の探究や，改善に向けた提案を行います。

スキルの習得や調査，研究に留まらず，安全で安心な職場環境を形成するための，「計画－実施－評価－改善」の一連過程を，自身で管理できるエキスパートを養成しています。

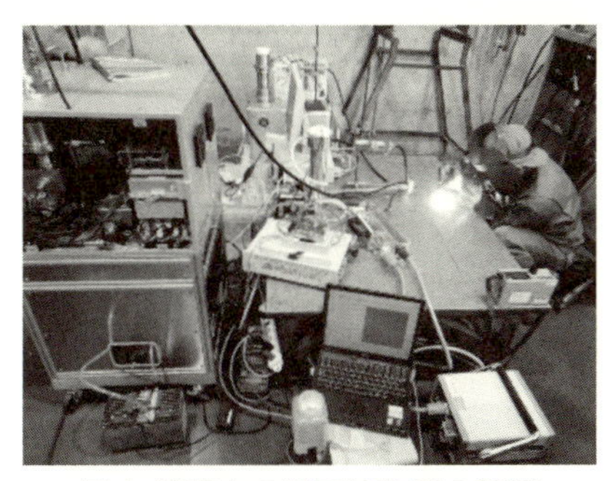

図1 溶接中の粒子状物質の計測

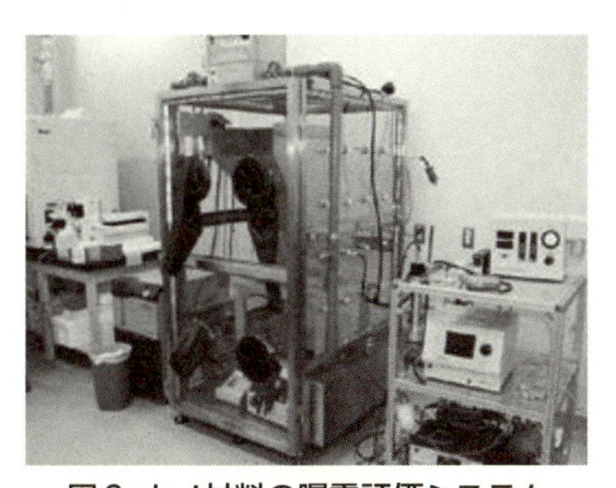

図2 ナノ材料の曝露評価システム

生物学的指標を活用した有害物質の曝露評価

ヒトへの有害物質の曝露経路は,「経皮・経気道・経口」に大別されます。空気中や食品などに含まれる物質の濃度から,ヒトへの曝露量として試算することも可能ですが,血液や尿,唾液,毛髪などの生体試料中の指標を計測することで,曝露量を推定できます。これらのバイオマーカーは,健康診断での値のように,曝露量を反映するのみならず,疾患などへの影響量を現す時もあるのです。

中でも,リスクが懸念されているアクリルアミドやアルデヒド類は,血中のたんぱく質やDNAと結合すると考えられており,その寿命に応じた累積的な曝露評価が可能であると期待されています。体内に摂取されてから,分解,排泄されるまでをトレースし,有用な生物学的指標の探索と,より精密な曝露評価を研究しています。

ナノマテリアル・粒子状物質の曝露評価手法の確立

酸化チタンやカーボンナノチューブなど,多くの種類のナノマテリアルが開発され,すでに市場に出回っているのが現状です。また,アスベスト様作用をはじめ,これらの有害性についても検証が進んでいます。

一方で,これらの材料が製品として使用された際に,ヒトにどれほど曝露があるのかについては知見が不足しています。チャンバーを用いた1粒子追跡システムを開発することで,国際標準としての曝露評価手法を提案しています。これにより,事業者自らが評価する自主管理体制が期待されます。

研究室の紹介ページ

https://www.env.t.kyoto-u.ac.jp/ja/information/laboratory/safety

物質環境工学講座

放射能環境動態分野
（複合原子力科学研究所）

准教授　藤川陽子
助教　窪田卓見

放射能等の汚染物質の環境動態・安全評価・環境浄化の研究

本研究室では放射性物質・放射線を利用して，放射性廃棄物の地中処分に係る地質環境中の放射性物質の動態や汚染された環境の浄化方法についての基礎研究を行っています。また，得られた基礎研究の成果を社会に還元するため，表流水や地下水・土壌・汚泥等の浄化のパイロットプラントの建設にも取り組んでいます。

放射性廃棄物の最終処分と放射性核種の環境動態

原子力の利用に伴い様々な放射性核種を含む発電所廃棄物が発生してきました。また，福島第一原発事故後，放射性降下物の多かった地域で放射性セシウム（Cs）を含む上下水道汚泥や廃棄物焼却灰，除去土壌，農林水産物系の廃棄物が大量に発生しています。これら廃棄物の最終処分は地中埋設が基本方策ですが，特に長半減期の核種を高濃度に含む高レベル放射性廃棄物等については処分場を構成するバリア機能を持つ人工構築物（人工バリア）に加え，天然の地層（天然バリア）を利用した深地層処分を行い，長期にわたる処分の安全性確保を図ることになっています。

高レベル放射性廃棄物については，半減期が長く放射線学的毒性の高いプルトニウム等が注目されがちですが，これらの核種は還元的な地下環境では移動し難いことが知られています。むしろ処分の安全性を左右するのは一旦地質環境中に放出されると移動しやすいI-129，Se-79，Tc-99，C-14や，ガラス固化された廃棄物から溶出しやすいCs-135になります。また，浅地層

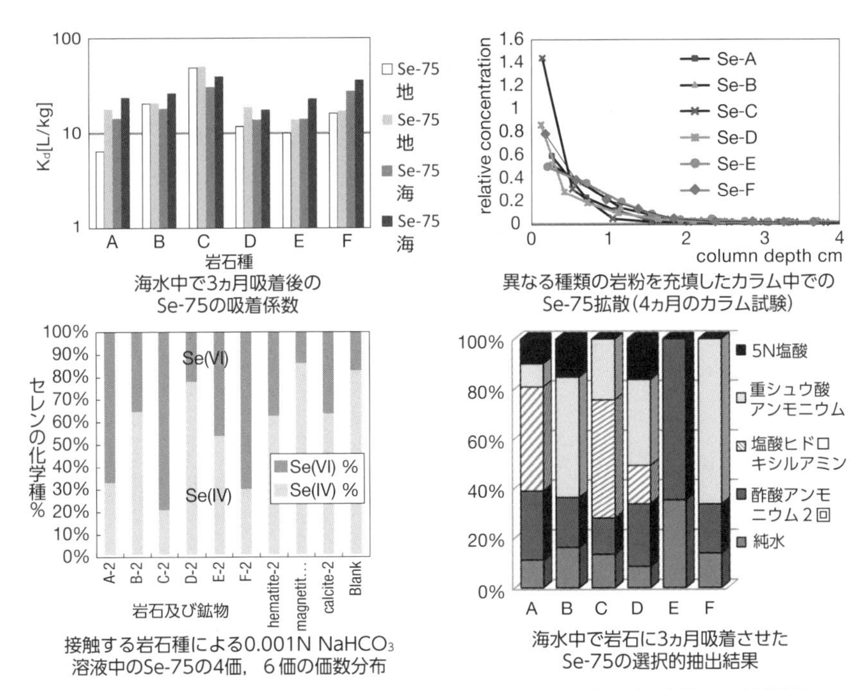

図1 放射性セレンの岩石への吸着分配・拡散・溶接中存在形態・吸着機構

処分対象となる廃棄物中にも多い放射性核種であるCo-60，Mn-54，Sr-90等も注目されます。

私たちは放射性廃棄物処分の安全上，重要な核種について，地層を構成する岩盤への吸着分配特性，細孔への拡散，化学的・生物学的過程による存在形態変化を明らかにし，地下環境での核種移動速度を算定する基礎情報を得ることを目的として試験研究を行ってきました。核種の化学的存在形態，また拡散カラム吸着試験と回分式吸着試験等の試験方式によって，地層処分の重要核種の移行特性パラメータが異なることがわかっており，検討を続けています。

一方，福島第一原発事故に伴い，一般・産業廃棄物の焼却灰に放射性セシウムが含まれるようになった問題に対処する技術開発に着手しました。焼却灰からCsを抽出，抽出液にフェロシアン化物（Ferと略称）イオンを添加して形成される微量の難溶性Fer結晶にCsを取り込ませ，放射性セシウムを含む焼却灰を大幅に減容する手法を用い，東北地域で現場試験を行っています。

さらに2016年度からは，東北の現地自治体とも連携し，福島第一原発事故以来，放射性セシウムを含有するようになった各種のゴミ焼却灰の性状調査やこれら焼却物の最終処分場の周辺地下水等の調査に着手しました。今後は，この連携研究を強力に推進する予定です。

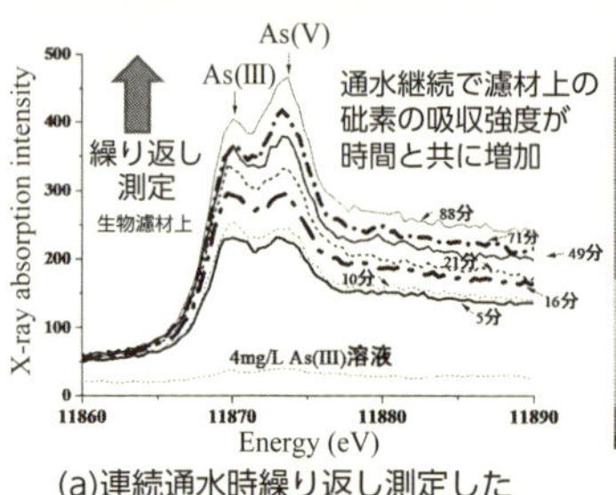

(a)連続通水時繰り返し測定した As K吸収端XANESのスペクトル

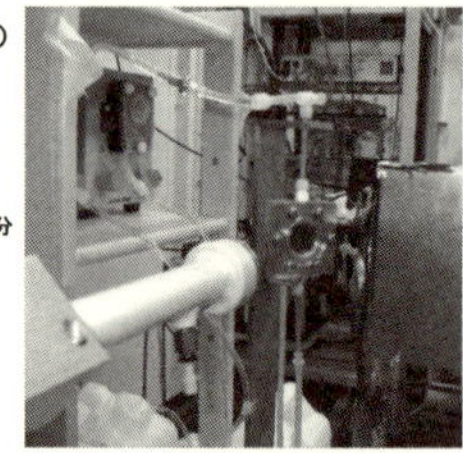
(b)測定風景

(c)高輝度光科学研究センターSPring-8

図2 連続通水条件下での砒素の吸着反応をSPring-8のX線吸収分光法で観測

アジア途上国の環境問題に対応する技術開発と環境汚染物質の安価な分析法の研究

アジアの大河流域で地下水中に多く存在し，何百万人もの人々に健康被害をもたらしている砒素を鉄バクテリア生物濾過法により除去する技術開発を実施してきました。鉄バクテリア生物濾過法は，アジア地域の砒素含有地下水が多量の鉄を含むことを利用しています。砂などの濾材を充てんした濾過塔に，この地下水を通水すると，地下水中に多い鉄バクテリアが濾材上に繁殖し，地下水中の溶存性の鉄を酸化して鉄酸化物を形成します。連続的に形成される鉄酸化物に，地下水中の砒素が吸着して水相から除去され，濾過層の逆洗と共に少量の汚泥中に濃縮されて排出されるものです。処理用薬剤や交換の必要な消耗品がないため，開発途上国でも適用可能であり，処理水分析の結果，高い砒素除去率を得ています。

この方法の砒素除去メカニズムを解明するため，高輝度光科学研究センターのシンクロトロン放射光施設SPring-8において，連続通水条件下でのX線吸収微細構造測定等を行いました。日本およびベトナムでの現場パイロット試験を経て，研究成果はベトナム農村での浄水施設建設として結実しました。

現在，やはりアジア地域の地下水に多いアンモニアの嫌気性アンモニア酸化法による処理および鉄バクテリア法におけるマンガン除去率の向上を目指して研究を進めています。

また，ボルタンメトリ法による微量元素分析やキャピラリー電気泳動法（いずれも電気化学的分析法の一つ）によるフッ素化合物分析など，比較的安価な分析手法の環境分析への適用の研究を行っています。

研究室の紹介ページ

http://www.env.kyoto-u.ac.jp/special/radioactivity2.html

物質環境工学講座

放射性廃棄物管理分野
（複合原子力科学研究所）

准教授　福谷　哲
助教　池上麻衣子
助教　芝原雄司

放射性廃棄物管理に関する工学的研究

放射性廃棄物管理にはその特殊性から放射線安全性に関する十分な配慮が必要とされ，このため，放射性廃棄物処理・処分にともなう種々の問題点について工学的に研究を行っています。現在の中心的なテーマとして，放射性廃液処理に関して，塩分濃度が極めて高い蒸発濃縮液の脱水・安定化，エネルギー消費が少なく二次廃棄物発生量が少ない膜分離処理法の開発の研究を行っています。また，放射性廃棄物処分場や放射性降下物の放射性核種の移行による影響の評価を行うため，セシウム，ヨウ素，鉛等の核種について気温，降雨等の気象要因や土壌水分の変動と，地表，通気層，帯水層にわたる核種の移動挙動との関連メカニズムを解明するためのカラム実験と，実環境中での核種移動を調査するフィールド実験を行っています。

原子力施設由来の放射能汚染に対する分析・除染・浄化に関する研究

東京電力福島第一原子力発電所の事故で，セシウム-137をはじめとする放射性物質によって環境が大規模に汚染されました。環境修復に向けて私たちの研究室では除染および土壌系・水系の浄化に関して，吸着材の開発等共同研究を開始しました。今後，吸着材の有用性の検討，効率的な除染モデルの検討等研究を進めていく予定です。

また，福島原発由来の核分裂生成物であるストロンチウム-90，燃料成分であるウラン，プルトニウム等を環境試料から検出し，その同位体比を精密に測定して環境中放射性元素の由来を解明する取り組みを開始しました。過去に研究実績のほとんどない放射性テルルに関して植物移行に関する研究も行っており，加速器で放射性テルルを生成して実験に供する予定です。

使用済み核燃料から有用な金属を回収して再利用することを目指したプログラムが開始されており，パラジウム，ジルコニウムを対象にクリアランスレベルの設定に向けた実験も行っています。

写真1 京都大学研究用原子炉

原子力施設の事故にともなう放射能汚染と災害評価に関する研究

原発等の原子力施設において放射能放出をともなう事故が発生した場合の環境影響を、さまざまな放射能放出モード，気象条件下でシミュレーションし，周辺地域での放射能汚染や被ばく線量の評価を行います。また，旧ソ連チェルノブイリ原発事故や東海村JCO臨界事故など，実際に起きた原子力施設の事故例について，既存のデータを詳細に再検討しながら，未解明な問題点を明らかにし，放射能汚染や被ばく線量などの新たな解析を行って災害規模の独自な評価を試みます。

また，原子力施設から環境中に放出される放射能について，低レベル放射能の測定法を開発するとともに，環境中における放射能濃度を短期的・長期的に観測し，原子力施設の平常運転がもたらしている環境影響を明らかにします。

具体的には，ゲルマニウム半導体測定器による低レベルγ線分析法の開発，携帯型スペクトロメーターによる野外測定法の開発，原子力施設周辺の環境モニタリング，およびそれらのデータに基づく被ばく線量評価などの課題に取り組んでいます。

研究室の紹介ページ

http://www.rri.kyoto-u.ac.jp/WD/rwm.html

地球環境学堂 地球親和技術学廊

環境調和型産業論

教授 藤井滋穂
准教授 田中周平
助教 原田英典

水環境の保全・管理，物質の循環利用の促進，省エネルギー産業の構築

水質分析・水処理技術，微量汚染物質の分析・処理技術，衛星・土地利用データ解析技術等を駆使し，水環境の保全・管理，物質の循環利用の促進，省エネルギー産業の構築等を考究しています。さらに，現場主義の調査・実験とモデル化解析による実用的・実践的な研究を展開しています。

水環境における新規微量化学物質の運命予測と効率的処理方法の開発

この分野の研究では，生活関連の化学物質（有機フッ素化合物類 PFCs とその類縁化合物，新規化学物質等），農薬，多環芳香族炭化水素（PAHs），重金属類，病原微生物を対象に，日常生活用品からの溶出機構の解明，局所的発生源での効率的回収・処理対策の検討，雨天時流出機構の調査と対策の検討，高濃度排出源での生物濃縮調査を行います。ベトナムのダナン市では道路面排水を対象に植生を利用した土壌浸透処理を，下水・産業廃水を対象にセラミック膜処理を行い，タイのバンコク市では産業廃水を対象に吸着処理を行います。また，国内では産業廃水を対象にUV処理を行います。結果を集約し，都市水循環系における挙動モデルを作成し，効率的対策を実施する最適場所・規模・内容を検討します。検討においては，都市の発展性，現場での汎用性，安全性，経済性を視点に入れ，実際の水処理現場で適用可能な技術の開発を進めます。

河口部の水生植物群落の持続可能な維持管理手法の実践

琵琶湖東岸の流入河川である野洲川河口部の水生植物群落を対象に，地域住民と連携した環境学習会，自然観察会，ヤナギ類幼木の除去，水位と植生の関係解析等を通じた持続可能な参加型環境教育プログラムを実践し，地域住民と連携した河川植生の維持管理手法を提案することを主目的としています。

具体的には，2010 年 10 月に自生ヨシを移植することで再生した野洲川河口部の水生植物群落を対象に，①地域住民との事前学習会（水辺環境に関する基礎知識，植生調査の基礎，携帯型 GPS の操作法，植生区分踏査法，植物社会学的調査法の基礎に関する学習会を開催），②春夏秋の自然観察会（植物，魚類・エビ類の観察），③単独測位携帯型 GPS 装置を駆使した植生調査および環境調査による河川水位と河川植生との関係解析，④地域住民との成果報告会を通じて，地域住民と連携した持続可能な河川植生の維持管理手法を検討しています。

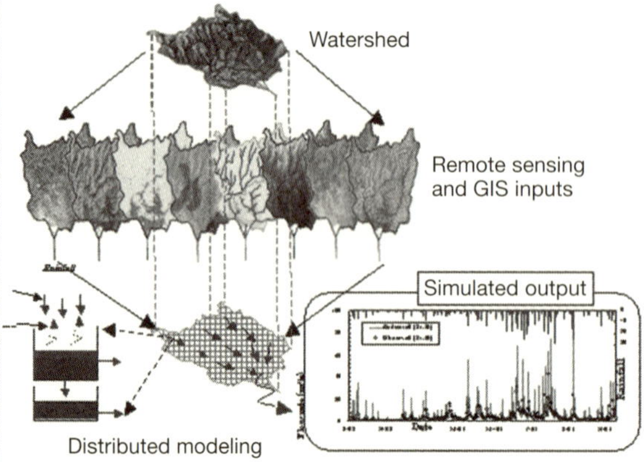

図 1　流域の水・汚濁物の循環とその管理手法に関する研究

東日本大震災後の北上川左岸ヨシ群落の植生構造調査

東日本大震災により北上川河口部のヨシ群落が大きなダメージを受けました。河口部右岸側のヨシ群落は地盤沈下の結果，その姿を消しています。一方，河口部左岸側のヨシ群落は，橋げたが流されるほどの津波の影響にも耐え，半分程度のヨシ群落が繁茂しています。一方で，(1)ヨシの背丈が震災前ほど高くならない，(2)ヨシが生育せずに泥干潟のような状態が続くなど，震災前のような青々とした広大なヨシ群落は復元していません。現地では，(1)についての理由の検討，(2)に関してヨシの人工植栽の必要性についての議論が起こっているのが現状です。

この研究では，上記の背景を踏まえ，ヨシの背丈が震災前ほど高くならない理由の検討，および，かつてヨシが生育した空間で現在ヨシが生育できていない理由の検討を行うことを主目的としています。さらに，泥干潟化したかつてのヨシ群落において，残存するヨシ根圏の採取を行い，その鉛直方向への分布と再生可能性の有無を検討します。上記の結果を集約し，今後，ヨシの人工植栽が必要であるか，もしくは自然に回復することを待つべきであるかを検討するための，基礎データを収集しています。

アジア・アフリカ諸国の非衛生地域におけるし尿汚染対策と衛生リスク解析

世界で年間 70 万の子供が下痢症で亡くなっており，下痢症は子供の死因第 2 位です。その 88% は基本的な水と衛生（WASH: Water, Sanitation and Hygiene）の確保により防げると言われ，WASH の確保は国連持続可能な開発目標にも掲げられる喫緊の課題です。中でも，し尿・下水処理がままならない地域におけるし尿の管理はその中心課題です。本テーマでは徹底した現場主義の下，海外拠点を持つベトナム，あるいはバングラデシュ，ウガンダ，ケニア，マラウィといったアジア・アフリカ諸国にて，し尿処理腐敗槽とし尿汚泥の管理，病原性細菌の網羅的定量と下痢症リスクの解析，都市河川のし尿汚染解析，都市下水の排出特性解析，および循環型ドライトイレの持続可能性に関する研究に取り組みます。効果的で環境に調和した衛生改善を実現する介入方法のデザインを，その目的とします。

ペルフルオロ化合物類の前駆体および中間生成体の環境中への拡散防止技術の開発と適用

私たちの身の回りには人工的に作り出された有機化合物があふれています。本テーマでは，遺伝子損傷性や神経毒性が強く疑われているペルフルオロ化合物類（PFCs）の 600 種類以上の前駆体を対象に，特定排出源であるフッ素化学工場からの排水および排気を通じた環境中への拡散防止技術を開発します。特に，大気拡散する前駆物質量を抑制し，

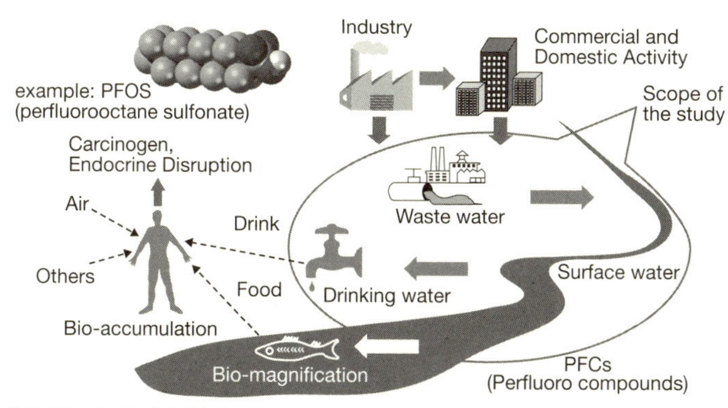

図 2 難分解性有機残留汚染物 POPs の水環境中での分布把握と制御に関する研究

荷電反発を利用した膜処理技術を導入することで対象物質を選択的に濃縮する方法を開発します。さらに濃縮液を対象に紫外線照射等による完全分解，無害化を行い，枯渇資源のひとつであるフッ素の回収プロセスを開発します。

また，環境中に放出された前駆体からの中間生成体の挙動を明らかにし，生物影響試験を行うことで，緊急に管理すべき前駆体およびそれらを含む製品の特定を行います。さらに，日用品からのマイクロプラスチック生成能試験とナノプラスチックの計測方法の開発を行います。

植生の多様性評価手法の開発と植物・土壌を利用した水質浄化技術のアジアへの展開

沿岸水生植物群落では多くの生物種が，それぞれの環境に応じた相互の関係を築きながら多様な生態系を形成し，私たちの暮らしの基礎を支えています。本テーマでは，土壌や植物を利用した水質浄化効果の検証試験から，GPSを駆使した生物多様性評価手法の構築まで多岐にわたる課題を対象とします。例えばヘキサコプターによる空撮と現地調査を組み合わせ，北上川河口部ヨシ群落の震災影響調査，琵琶湖への外来植物オオバナミズキンバイ侵入調査と防除対策の検討等に適用します。琵琶湖流域では植生を利用した水質浄化試験が行われており，そこで開発された手法を東南アジアの発展途上都市（ベトナム国ダナン市，ネパール国カトマンズ市等）に適用します。

琵琶湖植物プランクトンデータベースシステムの構築と種遷移の検討

琵琶湖においては，南湖水草の復活等，生態学的なレジームシフトが様々なところで認められます。とりわけ植物プランクトンでは，琵琶湖代表固有種であるビワクンショウモがほとんど観察されないなど大きな変化が生じていますが，その原因等は不明なままです。

私たちの研究室では，多種多様な琵琶湖水質データを統一的に保管し，かつ異なる調査結果を有機的に活用できるデータベースおよびその活用システムを開発してきており，この研究ではそのシステムを植物プランクトンに拡張するとともに，そのデータ解析を通じて，琵琶湖植物プランクトン種の遷移原因を，琵琶湖周辺環境負荷・湖内水質・気象条件との関連から検討します。

研究室の紹介ページ

http://www.env.kyoto-u.ac.jp/special/water5.html

エネルギー科学研究科
エネルギー社会・環境科学専攻
エネルギー環境学分野

教授　東野　達
准教授　亀田貴之
助教　山本浩平

大気環境科学とLCTに基づく人間活動の環境影響評価

私たちの研究室では，図 1 に示すように自然科学的及び社会・経済的視点の両面から，人間活動がもたらす環境への影響評価に関わる研究を進めています。一つは黄砂や $PM_{2.5}$ に代表される大気中の微小粒子（エアロゾル）の性状と生成・変質・輸送などに関する実験的，理論的研究に基づいて，地域～地球規模大気環境問題の解明と評価に取り組んでいます。同時に，ライフサイクル思考（LCT，例えば製品の原料採掘から廃棄までの一生（ライフサイクル）について環境への負荷・影響を考えること）の視点から，生産・消費などのグローバルな経済活動と環境が調和した社会の実現に向けて，大気環境問題に関わる自然科学的成果と社会・経済分析手法の融合を図りながら，人間活動の総合的な分析・評価体系の確立を目指します。

大気エアロゾルの性状特性と変質過程の解明及び発生源推定

アジアでは，急速な経済発展に伴い増加している化石燃料燃焼由来の酸性ガスや人為起源粒子に加え，泥炭火災などのバイオマス燃焼による有機炭素粒子，黄砂などの自然起源粒子が発生しており，それらは変質を受けながら拡散・輸送されていきます。これらの汚染物質は局地的な気候変動やヒトの健康に影響をもたらすことから，その性状（粒径，化学組成，光学特性など）や変質過程を明らかにするための観測・室内実験，統計モデルによる発生源推定を行っています。例えば，化石燃料の燃焼により生成する多環芳香族炭化水素（PAH）は，それ自身人体に有害な化

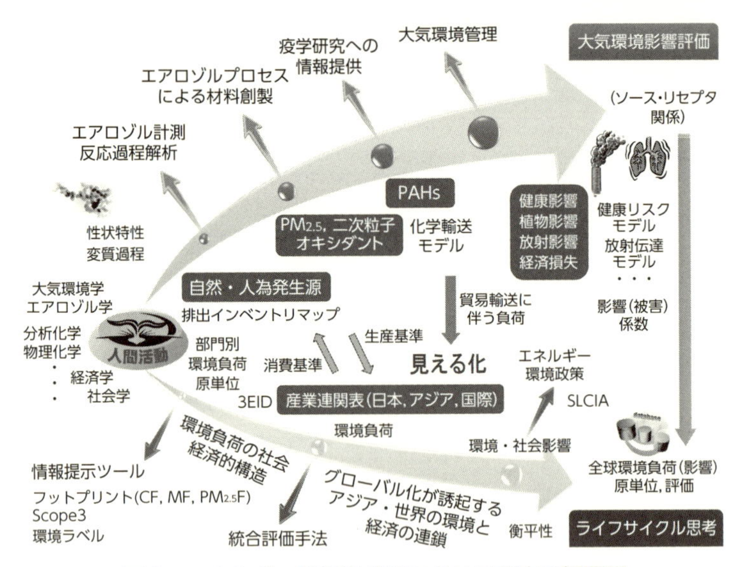

図 1　エネルギー環境学分野における研究の概要図

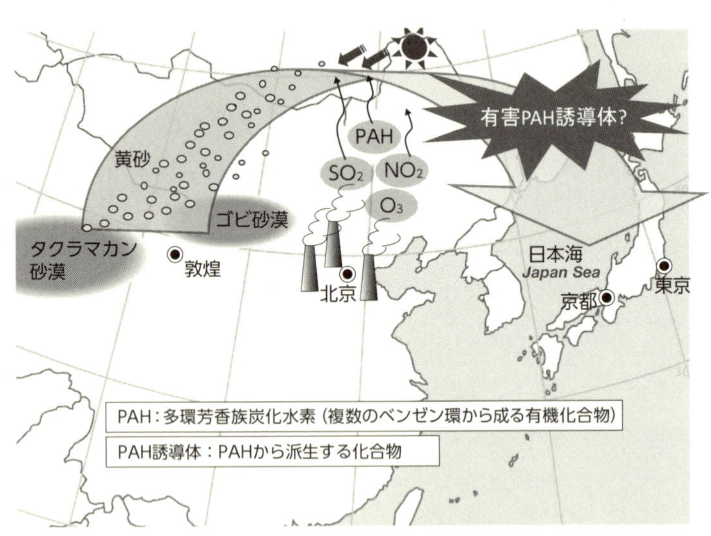

図 2　黄砂表面における有害 PAH 誘導体生成のイメージ図

合物ですが，図2に示すように黄砂粒子に付着すると，より有害な化合物（PAH 誘導体）へ速やかに化学変化することがわかりました。実際の環境大気における PAH や PAH 誘導体濃度を計測するとともに，スモッグチャンバーなどの実験装置を用いた室内反応実験を行い，大気内反応による PAH 誘導体の生成機構等について研究しています。

環境モデルを用いた大気環境の管理・影響評価手法の開発

大気質（化学輸送）モデルや大気圏・水圏・地圏中の環境動態をモデル化した多媒体モデルなどの環境モデルを援用して，都市域からアジア域における $PM_{2.5}$，オキシダント，重金属などの環境負荷物質の動態解析と環境影響評価を行っています。

また，広域における環境汚染物質分布推定手法の一つである，空間統計学に基づく環境汚染物質の濃度分布予測モデルの開発を行い，これを用いた環境汚染現象の空間スケール（空間代表性）に関する検討も行っています。今後の発展としては，これらの数理モデルを統合することにより，大気を中心とした環境管理・環境影響評価手法の確立を目指しています。

人間活動が誘因する環境負荷・影響と社会・経済的構造との隠れた連鎖の解明と評価

環境負荷は生産活動により生じるという見方は一面的であり，生産に係わるグローバルなサプライチェーン全体，さらには生産を誘発する我々の消費が環境負荷や影響を生み出しているとする消費基準の考え方から，経済－環境負荷・影響の構造解明とそれに必要な統合分析手法の理論的枠組みについて研究しています。特に，社会・経済活動のグローバル化による国際的な経済と環境の隠れた連鎖を解明するために，わが国，アジア及びグローバル産業連関表を用いて家計消費やインフラなどの固定資本形成が誘引する経済部門や国際間の環境負荷・影響の構造，貿易輸送も含むわが国や主要国の消費が諸外国に誘発する間接的な環境負荷（温室効果ガス，大気汚染物質，希少資源量など）や漏れ（例えば，先進国での生産活動が途上国に移転することで全体として環境負荷が増加すること）を推計し，科学的知見に基づく政策立案への貢献を目指しています。

さらに環境影響評価には，発生源すなわち経済部門の排出量と，その影響を受ける地域におけるインパクト（健康影響など）の定量的関係を大気環境科学から明らかにし，その成果を社会経済分析法に導入することで，国際的に衡平な排出量・影響量の評価基準の確立を指向しています。

研究室の紹介ページ

http://www.env.kyoto-u.ac.jp/special/atmosphere2.html

〈環境マインド〉のルーツと京都の知の伝統
――あとがきに代えて

環境工学の歴史については，本書のあちこちで繰り返し紹介してきました。しかし，京都大学の特徴を作った秘密については，まだ詳しくは語っていません。

今，全国の大学にある環境工学系の学科，講座の中で，なぜ京都大学だけが，大気・水といった基本的な課題から，エネルギー，リサイクルと廃棄物処理，温暖化や酸性雨，さらには放射能の問題まで，ありとあらゆる環境問題を扱えるようになったのか？ 本書を閉じるに当たって，このことについて紹介しておきたいと思います。

戦後，京都大学の衛生工学科の設立にあたって，指導的役割を果たしたのは，当時土木工学の教授であった，石原藤次郎です。石原は，戦争によって荒廃した国土復興に尽力しましたが，その際，最も基本的な事柄，すなわち「安全な国土」をどう保障するかという観点から，京都大学に防災研究所を設立する運動の中心となりました。工学（土木・建築），理学（地震・火山），農学（地滑り）など，それまでは各学部の中に閉じこもって研究されてきた事柄を，学部の壁を超えた総合災害対策の研究組織として編成した先駆的指導者だったのです。

この頃の京都大学は，自然科学（湯川秀樹・朝永振一郎のノーベル賞学者に発する理論物理学）や人文科学（桑原武夫，貝塚茂樹，今西錦司，梅棹忠夫，上山春平）の分野で，「新京都学派」と呼ばれるキラ星のように新しい学問体系が生み出されていました。そうしたうねりと人のネットワークを背景に，石原は，日本の都市復興過程での衛生工学の必要性を先見し，土木工学から後輩だった岩井重久，合田健，末石冨太郎を推薦し，医学部公衆衛生学の西尾雅七教授と図って，医学分野から庄司光と山本剛夫を招き，化学機械から高松武一郎と平岡正勝を招いて衛生工学科を開設したのです。

一方，原子力の平和利用が始まり，京都大学に原子炉実験所が設立されると，放射線から身を守るための放射線衛生工学の重要性を認識して，土木工学から高橋幹二，当時米国カリフォルニア大学バークレー校に留学していた井上頼輝，理学部の化学から筒井天尊，大塩敏樹を招いて，他の大学にはない特色を持った衛生工学科を設立したのです。このように，極めて広い専門分野を対象とする教育研究組織を，高度成長が始まり環境問題が顕在化する前のこの時期に設立したことが，後になって，京都大学が地球環境問題の広い分野に対応する人材を養成できたことに繋がったのです。

本書第２部で述べたように，地球環境問題は，人類が産業革命を起こした時代にまで遡って検討すべき課題であり，すなわち人類社会の在り方そのものに関わっています。それだけに容易に解決するものではありません。国連が呼びかける「持続可能性」「持続可能な開発」というテーゼを受け止める解答は，個別科学の枠を超えて，自然科学と人文学，社会科学の文字通りの対話と融合の中で見出されることは明らかです。そうした意味で言えば，私たちは，より根本的かつ広い概念としての「環境学」を拓く必要があります。

言うまでもなく，自然科学の根本問題は宇宙・太陽系の生成と将来を考えることですが，その際，問題になるのが，ルドルフ・クラウジウスが唱えた熱力学第二法則に従って，宇宙・太陽系はエントロピー増大，すなわち秩序だった状態からより無秩序な状態へと変化を続けているということです。その一方で，地球の全ての生命体は，個体のレベルではエントロピー縮小，すなわち秩序だった有機的システムの生命を作り出すことにより生きて子孫を生産しており，様々に種を変異させながら「持続発展」を行ってきました。ここに地球環境問題の命題としての「持続可能性」を考える重要なヒントがあります。

エントロピー増大とエントロピー縮小という矛盾。このように捉えたとき，京都大学の知として思い浮かぶのが，「絶対矛盾的自己同一」という哲学命題を残した西田幾多郎です。西田とその門下生は，戦前，最初の「京都学派」と呼ばれる日本独自の哲学体系を生み出しましたが，この「絶対矛盾的自己同一」というテーゼは，国際社会，国，組織や個人にも，よく当てはまります。国連では様々な国の利害が重なり，各国においては歴史と地政学的条件の下，様々な政治・経済状況が錯綜し，貧しい農業国と先進工業国という南北問題，また「自由主義」と「専制主義」といった体制間の問題など，地球は様々なレベルでの矛盾を抱えています。地球環境問題を解決するには，こうした矛盾関係が重なりあっている状況を解明し，エントロピー法則を根底から理解する必要があるのです。

先に述べたように，京都大学には，理系文系それぞれの重厚な「知の蓄積」とともに，それらを繋いで新しい地平を拓いてきた伝統があります。優秀な意欲ある若者に，この京都大学の伝統を踏まえ，複雑な地球環境問題を解決する方向・方法を創造的に見出して欲しいと切に思います。

最後になりましたが，本書の出版は，京都大学の総長裁量経費を充当していただくことで可能となりました。全学から多くの企画提案がある中で，山極壽一総長の深い洞察とご理解を得，本書への推薦文までいただけたことに深く感謝致します。また出版企画を持ち込んだ時から，最後の発行に至るまで，京都大学学術出版会の鈴木哲也編集長には多大な協力を得ました。京都大学衛生工学・環境工学の発展の特徴を，客観的な視点で捉えてくれた氏のおかげで，本書が，受験生・若者にも手に取りやすい書物になったことを大変喜んでいます。京都大学を挙げて刊行できた本書が，21世紀に大学で学ぼうとする若者と，その志を育む年長世代の人々に，少しでも役立てば幸いです。

「環境工学への誘い」刊行委員会

索 引

■一般事項

数字／アルファベット

３R（Reduce, Reuse, Recycle） 57, 68, 91, 95
—— イニシアティブ 57
４大公害病 63 →イタイイタイ病, 第二水俣病, 水俣病, 四日市ぜんそく
AIM モデル（気候変動のためのアジア太平洋統合評価モデル） 61-62 →環境システム学
BOD（生物化学的酸素要求量） 9, 39-40
CO_2（二酸化炭素）
—— 排出量と世界平均気温偏差の推移 120
日本の—— 排出量 59
COD（化学的酸素要求量） 77
DDT 57
JCO臨界事故 115
NEDO（新エネルギー・産業技術総合開発機構） 95
NO_x（窒素酸化物） 46, 54, 70, 125
O_x（光化学オキシダント） 46, 70
PCB（Polychlorinated biphenyl ポリ塩化ビフェニル化合物） 57, 68, 77, 90,（PCB） 100-101
—— の分解処理技術 100-101
PM2.5粒子 31, 71-72, 121
ppm, ppb, ppt 121
PPP（Public Private Partnership：官民パートナーシップ） 22
PFI（Private Finance Initiative：民間資金を活用した公共施設の建設・運営管理） 22
SPM（suspended particulate matter：浮遊粒子状物質） 70-71
SO_x（硫黄酸化物） 46, 125
SPring-8 288
VOC（揮発性有機化合物） 70, 103

あ／ア

アース・オーバーシュート・デー 58 →脱炭素革命
悪臭 73
特定—— 物質 73-74
足尾銅山 46, 74, 82 →渡良瀬川の鉱毒問題
アスベスト（石綿）被害 17, 68-69, 91
アセットマネジメント 22-23
油臭魚問題 76
諫早湾埋め立て・南総開発（長崎県南部総合開発） 9
石原藤次郎 23
イタイイタイ病 5, 46, 63, 74, 76, 82
一極集中の国土構造 7
医療系廃棄物 105
『奪われし未来（*Our Stolen Future*）』 56 →コルボーン, シーア
エアロゾル 31
衛生（命を衛る）の思想 42 →荘子 庚桑楚編
衛生工学の誕生 3, 42
エコロジカル・リュックサック 92 →資源リサイクル
江戸川 25
塩素系農薬 57
エンドユーズモデル 62
汚染者負担 87
オゾン層破壊（オゾンホール） 58, 126-127
汚泥 105
温室効果ガス→地球温暖化ガス
温暖化による被害の経済的評価 297 →地球温暖化

か／カ

カーソン, レイチェル 52
カーボンニュートラル 80, 96
核実験と放射能汚染 112 →放射能汚染
拡大生産者責任 89 →リサイクル
核の冬（Nuclear Winter） 112
カドミウム汚染 46, 74, 76
カネミ油症 100
神岡鉱山 74, 83 →イタイイタイ病
環境医工学 290
環境インフラ整備の現状 4, 12, 21
環境疫学 290
環境基準 66
環境経済学 20, 32
環境工学
——（衛生工学）の教育 18, 27, 35, 38
——（衛生工学）のグランドデザイン 24
—— の卒後進路 24, 27-28, 34
—— とエネルギー問題 30-31
—— の源流 42 →衛生の思想, 衛生工学の誕生
環境システム学 61-62
環境省（旧環境庁） 10, 31, 61, 67
環境庁の設置 67
環境政策→「環境問題への対策をめぐる国際的な枠組み」「環境関連の主な法律（日本）」を参照
世界の—— の推移 64
日本の—— の推移 64

環境派経済人 14
環境ホルモン物質（内分泌攪乱物質） 56, 78
環境マネジメント 21
企業の環境方針 13
気候変動 48
京都大学
　―― 原子炉実験所 24
　―― 工学部衛生工学科の創設 128
　―― 大学院環境工学専攻・工学部環境工学コースの国際協力 139
　―― 大学院環境工学専攻・工学部環境工学コースの卒後進路 139
　―― における環境工学の歴史と現状 128
　―― の環境工学関係教育研究組織の変遷 134
　―― 衛生工学科・衛生工学専攻のカリキュラム変遷 130
京都大学の環境工学関係の研究教育組織（現在）
エネルギー科学研究科
　エネルギー社会・環境科学専攻エネルギー環境学分野 323
工学研究科
　環境衛生学講座 289
　環境デザイン工学講座 286
　環境システム工学講座 環境リスク工学分野 294
　環境システム工学講座 大気・熱環境工学分野 296
　環境システム工学講座 都市衛生工学分野 299
　環境システム工学講座 水環境工学分野 291
　物質環境工学講座 安全衛生工学分野（安全科学センター） 312
　物質環境工学講座 環境質管理分野（流域圏総合環境質研究センター） 303
　物質環境工学講座 環境質予見分野（流域圏総合環境質研究センター） 306
　物質環境工学講座 環境保全工学分野（環境科学センター） 309
　物質環境工学講座 放射性廃棄物管理分野（複合原子力科学研究所） 317
　物質環境工学講座 放射能環境動態分野（複合原子力科学研究所） 314
地球環境学堂 地球親和技術学廊
　環境調和型産業論 319
グリーンエコノミー・イニシアティブ 57-58
経済開発機構（OECD） 53
経済企画庁 8
経済産業省（旧通産省） 10, 31
下水汚泥 80
　―― 中の放射性物質 19
下水処理 47, 80-81
原子力 47 →放射性物質, 放射能汚染
原子力発電所事故と放射能汚染 47, 113, 115
　スリーマイル島 ―― 47, 115
　チェルノブイリ ―― 47, 115
　福島第一 ―― 14-15, 20-19, 47, 60, 92, 115-118
原爆による放射能汚染 111
ゴア, アルバート, Jr. 57
光化学スモッグ 45, 70 → O_x
公害 63
　典型 7 ――（大気汚染, 水質汚濁, 土壌汚染, 騒音, 振動, 地盤沈下, 悪臭） 66
　―― 国会 63, 66
公共経済学 36
公共財 36 →アセットマネジメント
鉱山排水 46, 74 →水質汚濁
工場排水 46 →水質汚濁
厚生労働省（旧厚生省） 8, 10, 24
国際原子力機関 115
国際標準化 23
国土交通省（旧建設省, 運輸省） 8, 10
国立環境研究所 33
古典的な衛生工学の課題 4, 37, 60
　安全な水とトイレを世界中に（Clean Water and Sanitation; Ensure availability and sustainable management of water and sanitation for all.） 60
ごみ 16, 87 →廃棄物
　―― 焼却施設からのダイオキシン類検出 97
　―― 処理に係るダイオキシン類発生防止等ガイドライン 97
　―― 処理による温室効果ガス排出削減 96
　―― の収集 47
　―― の溶融処理 16
　―― 発電 95, 287
　高齢化社会と ―― の質の変化 104-105
コルボーン, シーア 56

さ／サ

災害廃棄物 92 →廃棄物
　―― の焼却処理 93
　阪神淡路大震災の ―― 92
　東日本大震災の ―― 92
最終処分場 88 →廃棄物
　―― の再生 16
再生可能エネルギー 29, 37, 38, 59, 62, 67
境川流域下水道問題 32

産業革命 42
―― の負の側面 44
産業廃棄物 87, 104 →廃棄物
産業排水 46
酸性雨（Acid rain）61, 124-125
東アジア―― モニタリングネットワーク(EANET) 125
資源リサイクル 14, 92 →リサイクル
持続可能な開発（Sustainable Development）54
臭気指数 74 →悪臭
重金属 15, 103
循環型社会 88-90
省エネルギー 62, 67, 80
焼却技術 93-96
浄水処理 81
人権, 平和の諸課題と環境問題 55
人口減少
―― と衛生施設の維持管理問題 7
―― と廃棄物問題 104, 107
宍道湖淡水化問題 9
神通川 82 →イタイイタイ病, 神岡鉱山
新日本窒素肥料株式会社（現チッソ株式会社） 76 →水俣病
水銀 46
有機―― 中毒 76 →水俣病
水系伝染病 11
水質汚濁 74, 76-77, 293
―― の歴史（日本）75
水質保全技術 291
水道事業 47
水力発電 43
スマートシティ・コンパクトシティ構想 108
『成長の限界（*The Limits to Growth*）』52, 61 →ローマクラブ
生物多様性 61
石油危機（オイルショック）67
セベソ事故 53 →ダイオキシン
戦争と環境破壊 47, 57, 109
騒音 20, 73
荘子 庚桑楚編 42 →衛生（命を衛る）の思想

た／タ

ダイオキシン 10, 15, 68, 72, 84-85, 96, 98-100, 103
―― 処理技術 15-16, 98-99 →溶融
―― 類排出量の推移 100
大気汚染 31, 45, 69 → PM2.5, エアロゾル, 光化学スモッグ
―― の性質の変化 45
―― の始まり 45
―― の年平均濃度の推移 71
大気圏内核実験 111
第五福竜丸事件 111
代替フロン→フロン
第二水俣病（新潟水俣病）63, 76
脱炭素革命 58
地域循環共生圏 108
地域分散型エネルギー 29
地下核実験 112
地下水汚染 82-83 →土壌汚染
―― ・土壌汚染の歴史（日本）82
地球温暖化 14, 48, 59, 119
―― ガス（温室効果ガス）80, 91
―― 対策の方法論 32 →環境システム学
―― の歴史 119
地球環境問題（地球温暖化, オゾン層の破壊, 酸性雨, 有害廃棄物の越境移動に伴う環境汚染, 海洋の汚染, 野生生物の種の減少, 熱帯林の減少, 砂漠化, 開発途上国の公害問題）61, 119
―― を解決する国際社会の取り組みの歴史 48 →「環境問題への対策をめぐる国際的な枠組み」
地方自治体 29
中国の高濃度大気汚染 72
『沈黙の春(*Silent Spring*)』52 →カーソン, レイチェル
豊島問題 15, 89, 102-103 →産業廃棄物, 廃棄物
典型７公害→公害（大気汚染, 水質汚濁, 土壌汚染, 騒音, 振動, 地盤沈下, 悪臭）66
東京ごみ戦争 86 →廃棄物
東西冷戦の終焉と環境問題 55
特定有害物質 85
都市型・生活型環境問題 47, 67-68
土壌汚染 82 →地下水汚染
豊洲市場問題 33

な／ナ

内分泌かく乱化学物質→環境ホルモン
長與専斎 42
南北問題 53
新潟水俣病→第二水俣病
日本における〈環境問題と政策〉63 →「環境関連の主な法律（日本）」
農業の健全性 7

は／ハ

バイオマス・エネルギー 29-30
廃棄物 85-86

産業―― 87, 104
―― 焼却施設とダイオキシン類汚染 89, 97
―― 処理・管理技術 93, 106
―― 対策と地球温暖化対策 91
―― の資源化・再利用 94-95 →循環型社会, リサイクル
―― の収集・運搬システム 105
―― 量の推移(日本) 87
最終処分場 88
東京ごみ戦争 86
排出者責任 87
不法投棄問題 89
リサイクル 89-90
煤塵 45-46 →大気汚染
廃炉 118
バブル経済と環境問題 88
非核三原則 112
東日本大震災 14, 19, 47, 60, 92, 117 →原子力発電所事故, 放射能汚染
―― の災害廃棄物 14
―― の津波堆積物 92
被ばく線量 110 →放射線
病原性微生物 78
プラズマ溶融炉 101 → PCB の分解処理, 溶融
フロン 54, 126-127
代替―― 126
ベルリンの壁の崩壊 55
放射性セシウム 19-20, 109
放射性物質 109
―― による汚染→放射能汚染
―― の除染・中間貯蔵 14
―― の濃縮技術 99
放射線 108-110
―― 障害 110
―― 量 109
放射線衛生工学 23-24
放射能汚染 47, 93, 99, 108-115
ポリ塩化ビフェニル→ PCB

ま/マ

膜ろ過 81 →浄水処理・下水処理
水処理技術 17, 291
水俣病 18, 63, 76

や/ヤ

有機水銀→水銀, 水俣病
溶融 15-16, 104, 287 →廃棄物処理
四日市ぜんそく(四日市大気汚染) 3, 63, 70

ら/ラ

リサイクル 89-90 →廃棄物
資源―― 92
拡大生産者責任 89
リスク論 20-21, 34
冷戦 53
ローマクラブ 52
六価クロム化合物 88
ロンドンスモッグ事件 70 →大気汚染

わ/ワ

渡良瀬川の鉱毒汚染 74, 82 →足尾銅山
『われら共有の未来(*Our Common Future*)』 54

■環境問題への対策をめぐる国際的な枠組み

EU ソフィア議定書 54
COP 3(国連気候変動枠組条約第 3 回締約国会議) 31, 56, 122
POPs(残留有機汚染物質)規制条約 57, 80, 90, 101
MDGs(ミレニアム開発目標) 4-5, 57, 59
MOTTAINAI 運動 57
SDGs(持続可能な開発目標) 4-5, 58-60
アジェンダ21 55
オゾン層の保護のためのウィーン条約 127 →モントリオール議定書
海洋汚染防止条約(IMCO 条約) 53
環境教育政府間会議 54
気候変動に関する政府間パネル(IPCC) 54, 61, 120
気候変動枠組条約 122
京都議定書 122 → COP 3
国際人口開発会議 56
国連海洋法会議 53
国連環境計画(UNEP) 53, 57
国連環境開発会議(地球サミット/リオ・サミット) 55, 122 →アジェンダ 21, 森林原則宣言, リオ宣言
国連環境と開発に関する世界委員会 54
国連砂漠化防止会議 54
国連人間環境会議(ストックホルム会議) 53, 120
国連人間環境会議10周年記念ナイロビ会議 54
国連人間居住会議 54
国連水会議 54
国連ミレニアム・サミット 57
砂漠化対処条約 56
持続可能な開発に関する世界首脳会議(ヨハネスブルグ・サミット/リオ+10) 57
持続可能な開発のための2030アジェンダ 60

社会開発サミット 56
森林原則宣言 55
生物多様性条約（カルタヘナ条約） 57
世界気候会議 55, 120
世界食糧会議 53
世界女性会議 56
世界人権会議 56
世界人口会議 53
第4回国連貿易開発会議（UNCTAD）総会 54
第7回国連緊急特別総会 53
長距離越境大気汚染条約 125
トロント会議 120
バーゼル条約（有害廃棄物の国境を越える移動及びその処分の規制に関するバーゼル条約） 55, 89
パリ協定 31, 62, 123
フィラハ会議 120
包括的核実験禁止条約（CTBT） 113
モントリオール議定書 54, 127
ラムサール条約 52
リオ宣言 56
ワシントン条約（絶滅のおそれのある野生動植物の種の国際取引に関する条約） 53

■環境関連の主な政策枠組・法律（日本）

PCB特別措置法 68
悪臭防止法 73
アスベスト（石綿）健康被害救済法 91
有明海及び八代海の再生特別措置法 77
エネルギーの使用の合理化等に関する法律（省エネ法） 67
オゾン層保護法 127
汚物掃除法 86
化学物質の審査及び製造等の規制に関する法律（化審法） 77
環境影響評価法 68
環境基本法 26, 56, 77-78
国等による環境物品等の調達の推進等に関する法律（グリーン購入法） 90
建設工事に係る資材の再資源化等に関する法律（建設リサイクル法） 90
公害対策基本法 56, 66, 76
工場排水規制法（工場排水等の規制に関する法律） 25, 76
湖沼水質保全特別措置法 77
災害対策基本法 93
再生資源の利用の促進に関する法律（再生資源利用促進法　リサイクル法） 67, 88
資源の有効利用の促進に関する法律（資源有効利用促進法） 90
循環型社会形成推進基本法（循環基本法） 90, 95
使用済小型電子機器等の再資源化の促進に関する法律（小型家電リサイクル法） 91
使用済自動車の再資源化等に関する法律（自動車リサイクル法） 91, 127
食品循環資源の再生利用等の促進に関する法律（食品リサイクル法） 90
水質汚濁防止法 76-77, 83
水質保全法（公共用水域の水質の保全に関する法律） 25, 76
水道原水水質保全事業促進法 78
水道水源水域の水質保全特別措置法 78
清掃法 86
瀬戸内海環境保全臨時（後に特別）措置法 77
騒音規制法 73
ダイオキシン類対策特別措置法 57, 68, 78, 84, 90, 95, 98
地球温暖化対策推進法 122
地球温暖化対策推進大綱 57
地球温暖化防止行動計画 57
特定化学物質の環境への排出量の把握及び管理の改善の促進に関する法律（化管法） 78
特定家庭用機器再商品化法（家電リサイクル法） 89, 127
特定産業廃棄物に起因する支障の除去等に関する特別措置法（産廃特措法） 91
土壌汚染対策法 84
日本版マスキー法 62
農用地の土壌の汚染防止法 83
煤煙規制法 70
煤煙排出規制法 66
廃棄物処理法 87, 93
琵琶湖保全再生法 78
フロン排出抑制法 128
放射線障害防止法 110
ポリ塩化ビフェニル廃棄物の適正な処理の推進に関する特別措置法 90
水循環基本法 26
容器包装に係る分別収集及び再商品化の促進等に関する法律（容器包装リサイクル法） 89

■「環境工学への誘い」刊行委員会（学部衛生工学の卒年順）

松井 三郎（まつい さぶろう）
京都大学名誉教授，専門は環境微量汚染物質制御，地球環境学（1966年卒）

笠原 三紀夫（かさはら みきお）
京都大学名誉教授，専門は大気環境科学，エアロゾル学，エネルギー環境学（1966年卒）

森澤 眞輔（もりさわ しんすけ）
京都大学名誉教授，専門は環境リスク工学，放射線衛生工学，土壌・地下水環境管理（1969年卒）

津野 洋（つの ひろし）
京都大学名誉教授，専門は水質工学（1970年卒）

松岡 譲（まつおか ゆずる）
京都大学名誉教授，専門は環境システム工学（1973年卒）

伊藤 禎彦（いとう さだひこ）
京都大学大学院工学研究科 都市環境工学専攻 環境システム工学講座 都市衛生工学分野教授，専門は水供給システム，水質衛生（1984年卒）

高岡 昌輝（たかおか まさき）
京都大学大学院工学研究科都市環境工学専攻 環境デザイン工学講座 教授，専門は廃棄物処理・処分・管理（1991年卒）

環境マインドで未来を拓け――いのち（衛生）をまもる工学の60年

2018年8月22日　初版第一刷発行

編　集　「環境工学への誘い」刊行委員会

発行人　末　原　達　郎

京都大学学術出版会
京都市左京区吉田近衛町69番地
京都大学吉田南構内（〒606-8315）
電　話（075）761-6182
FAX（075）761-6190
URL http://www.kyoto-up.or.jp/
振　替 01000-8-64677

ISBN 978-4-8140-0177-4
Printed in Japan

印刷・製本　㈱クイックス
装幀　森　華

定価はカバーに表示してあります